西安交通大学本科"十二五"规划教材

U0290644

大学化学

编著 王明德

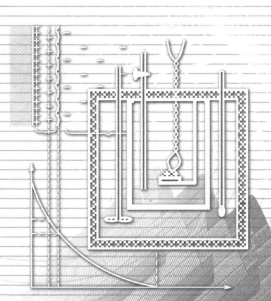

西安交通大学出版社
XI'AN JIAOTONG UNIVERSITY PRESS

内容简介

本书旨在强调化学变化的基本规律和化学基本理论的指导意义,并为非化学化工类专业的理工科大学生构筑一个完整的化学知识体系。书中涵盖了化学反应热效应、化学反应的方向和限度、水溶液中的平衡、化学反应速率、表面现象、电化学基础、原子结构与元素周期律、化学键与分子结构等内容。

本书内容丰富,覆盖范围广,起点高,可作为要求较高的理工科非化学化工类专业的教材,也适合与化学基本知识相关的理工科非化学化工类专业的科研工作者参考。

图书在版编目(CIP)数据

大学化学/王明德编著.—西安:西安交通大学出版社,2014.6
ISBN 978-7-5605-6047-2

Ⅰ.①大… Ⅱ.①王… Ⅲ.①化学-高等学校-教材
Ⅳ.①O6

中国版本图书馆 CIP 数据核字(2014)第 038793 号

书　　名	大学化学
编　　著	王明德
策划编辑	任振国
责任编辑	任振国　张　梁
出版发行	西安交通大学出版社
	(西安市兴庆南路 10 号　邮政编码 710049)
网　　址	http://www.xjtupress.com
电　　话	(029)82668357　82667874(发行中心)
	(029)82668315　82669096(总编办)
传　　真	(029)82668280
印　　刷	陕西宝石兰印务有限责任公司
开　　本	787mm×1092mm　1/16　印张 18.5　彩页 1　字数 448 千字
版次印次	2014 年 6 月第 1 版　2014 年 6 月第 1 次印刷
书　　号	ISBN 978-7-5605-6047-2/O·457
定　　价	38.00 元

读者购书、书店添货、如发现印装质量问题,请与本社发行中心联系、调换。
订购热线:(029)82665248　(029)82665249
投稿热线:(029)82664954
读者信箱:jdlgy@yahoo.cn

前　言

从 20 世纪初到现在，电子、材料、生命、航空航天等现代应用科学技术发展非常迅速。仅就近二三十年内电子通信和互联网技术的发展而言，不断涌现的新思想和新技术让人目不暇接、眼花缭乱。这些纷至沓来并令人兴奋的智慧火花，在让世界为之振奋和激动的同时，也在人类未来的美好蓝图上勾画出绝妙的一笔又一笔。但仔细想一想，在种种自然现象和规律中，在五花八门的各应用科学领域，无不有数学模型、物理运动及化学变化。换句话说，数理化作为自然科学的基础学科虽然藏身于众多应用科学的背后，但人类在享受现代科技的丰硕成果时，应时刻牢记基础学科的主干作用。只有在基础扎实、主干健康茁壮并不断给枝头输送营养的情况下，大树才会枝繁叶茂，才会展现出繁花硕果。化学作为三大理科基础学科之一，在许多应用科学领域中都扮演着这样的重要角色。

化学不仅与材料、能源、环保、生命等许多理工科专业密切相关，而且与人们的衣食住行等日常生活更是密不可分。大学化学作为理工科非化学化工类专业重要的基础课程，需要从理论方面对中学阶段学到的偏重于经验的化学入门知识进行必要的补充和加强。对理工科非化学化工类专业而言，大学化学是建全化学基础知识体系以期达到理论指导实践和灵活运用化学知识的必不可少的重要环节。在毕业生后续的学习和工作中，大学化学基本知识会为他们不断学习新知识、提出新问题、解决新问题、获得新突破搭桥铺路，搭建必不可少的知识平台。

学习化学基本理论不是零碎的、经验的或概念类化学知识的堆积，而是学习和掌握化学变化遵循的基本规律，学习和掌握如何驾驭化学反应使其朝着既定的方向发生变化，并有能力进一步控制化学变化的节奏和程度。大学化学可以帮助理工科非化学化工类专业的学生构筑一个较完整的化学知识体系，可以帮助他们在未来的学习和工作中登高望远俯瞰全局，为他们的研究工作提供强有力的支持。

大学化学主要讲述化学基本原理，它是全面培养非化学化工类理工科专业高素质人才的重要组成部分。其内容涉及伴随状态变化过程发生的能量变化问题，涉及不同变化过程的可能性及受影响的因素，涉及化学反应速率及受影响的因素，涉及不同状态变化过程的最大限度及受影响的因素，涉及物质的微观结构与宏观物理化学性质的关系等。这些问题在材料、能动、电气、电子、生命、医学、环境、农林等众多专业领域都是普遍存在的。不仅如此，在学习这些化学知识的过程中，这种严谨科学的思维训练对所有人都是积极有益的，在他们往后的工作实践中都会自觉或不自觉地得到启发和帮助。

化学基本理论知识有广阔的用武之地。与化学相关的专业领域非常广泛，如材料化学、环境化学、表面化学、半导体化学、核化学、生物化学、化学仿生学、化学电源、地球化学、海洋化学、大气化学等。仅就材料科学而言，必要的化学基本理论知识有助于许多与材料科学相关的研究工作，如绝缘材料、半导体材料、超导材料、储能材料、高性能金属与合金材料、光电功能材料、信息储存材料等。这种与化学密切相关的知识领域数不胜数，而且绝大多数都需要大学毕业后边工作边学习。到那时,如果没有扎实的大学化学基础知识,可能就很难入门了。这再次说明:化学基本理论知识对培养高素质的拔尖人才是至关重要和不容忽视的。

本书涵盖了理工科非化学化工类专业大学化学课程的全部内容。与目前国内许多大学化学教材相比,具有起点高、内容丰富等特点。该书作为教学讲义,在西安交通大学钱学森实验班的大学化学教学环节连续使用了五年。在此过程中,编者对其中的内容不断进行修改和完善。虽然书中包含的基本知识点较多,但在编写过程中,从前到后力图避免知识点的简单罗列,力图避免给学习者一个需要死记硬背的错觉。与此同时,切实注重前后内容的衔接,切实注重叙述内容的逻辑性、严密性和启发性,切实注重不同知识点的关联与相互印证,切实注重文字表述的可读性。所有这些都是以有利于学习者充分理解和掌握化学基础知识,有利于灵活运用化学基础知识,有利于进一步提高理工科非化学化工类专业人才培养质量为出发点的。

本书编者长期从事理工科化学基础课教学工作,对大学化学教学中的重点难点有充分的把握,有丰富的教学经验。在本书的编写过程中,经过广泛调研,收集资料,征询各方意见,从而使得本书在前后内容衔接上自然合理、相辅相成。这都对提高大学化学教学质量提供了强有力的支持。书中带星号的章节可作为选学内容。

书中的内容安排和文字表述虽经编者反复推敲斟酌,但由于水平有限,书中的不当之处在所难免,希望热心读者多提宝贵意见。

编　者
2014.1

目　录

第0章 绪 论

到目前为止，已被人们发现的天然和人工合成的化学物质有几千万种，化学反应更是多得无法计数。化学变化与人类的衣食住行无不密切相关，能源、医学、生物、材料、海洋、大气、土壤等科学领域无不涉及化学的奥秘。回顾一下在中学阶段学习过的原子、分子、电子、摩尔等基本概念，这些对我们认识客观世界、认识和掌握物质不灭定律、建立科学的唯物主义世界观的帮助都是显而易见的，对我们后来进一步学习物理学、电学、生物学奠定了坚实的基础。除此以外，在中学阶段，还学习和掌握了许多侧重于经验的、琐碎繁多的、容易忘记的化学知识，如一些常见化学物质的性质、化学现象、化学物质的分子式和结构式、化学反应方程式等。实际上，这些零碎的容易忘记的知识都有一个共同点，即可以帮助我们理解和巩固一些基本的化学知识点，如酸碱盐、烷烯炔、醇醛酸的基本性质等。获得这些知识后再回头看，会发现对学习过的分子式、结构式和化学反应方程式等多记住几个和少记住几个关系不大，关键是应在已花费精力铺垫的基础上进一步学习和掌握一些最基本的化学理论知识，使我们的化学知识水平真正迈上一个新台阶。

近代具有很高数学修养的哲学家康德(I. Kant，1724—1804)曾说过"在自然科学的各个分支中，只有那些可以用数学描述的科学才算得上是真正的科学"。在我们已有的偏重于经验和死记硬背的化学知识的基础上，的确有必要强调和强化化学基础知识的系统性和完整性，有必要强调和强化化学变化的基本规律，有必要强调和强化化学基本理论的指导意义。对于非化学化工类的科研工作者来说，仅仅牢记一些侧重于经验的、琐碎繁多的化学现象和化学反应方程式意义不大。在化学基本理论知识贫乏的情况下，用化学基本理论去帮助指导实践将无从谈起，这样会使得中学阶段花大量时间和精力学习化学、铺垫化学基础的付出得不到应有的回报。

对于理工科非化学化工类专业的学生而言，由于化学基本理论不仅涉及到不同物质的稳定性、不同变化过程的可能性和现实性(即变化速率)、化学反应的最大限度等，因此还要进一步讨论这些问题的受影响因素有哪些、怎样受影响、如何对此进行人为干预等。在各不同专业领域，不仅这些问题都是普遍存在的，而且与此类似的问题也是普遍存在的。这说明化学思维方式方法在一定程度上具有广泛性和通用性。所以，有必要使这种化学思维方式方法扎根于普通学习者的脑海，使他们在今后的学习和研究工作中常常自觉或不自觉地得到启发和帮助。这种启发和帮助仅靠偏重于经验并需要死记硬背不同物质的化学性质和化学反应方程式的积累是根本无法实现的。

大学化学的学习，就是要培养和提高学习者的推理演绎和逻辑思维能力，使理工科非化学化工类专业学生的化学知识水平真正迈向一个新台阶，把他们从令人眼花缭乱的化学现象和化学反应方程式里解放出来。与此同时，真正使学习者体会到化学基础知识的重要性，真正使他们不仅懂化学，而且随时都能轻装上阵地用化学。通过大学化学的学习，就是要为理工科非化学化工类专业的学生构筑一个完整的化学知识体系。有根有据有较强说服力的化学基本理论知识的补充有助于进一步深入理解和巩固学习过的各种物理变化和化学变化过程;有助于根据需要进一步学习或自学与化学密切相关的新知识,如材料化学、表面化学、环境化学、等离子体化学、摩擦化学、半导体化学、化学电源等;有助于从事与材料科学密切相关的各专业的研究开发,如绝缘材料、超导材料、半导体材料、储能材料、信息储存材料、压敏材料、光敏材料、气敏材料等。

大学化学课程强调逻辑思维的严密性,强调对化学基本概念和基本理论的理解,最大限度地避免强制学习者死记硬背。使化学基本理论知识真正成为一种常用工具,使学习者用起来更加灵活自如,必要时能在茫茫无际的知识库中快速找到所需的知识点,并进行深入细致、有理有据的推敲分析,而不是在反应方程式和公式的茫茫大海里寻针。这种效果对于每个学生而言都是"公益性"的,即不论将来从事什么工作,这种效果都只有百利而无一弊。

1. 大学化学的学习内容

在中学化学里,我们学习过许多无机化学和有机化学的基础知识,定性地了解了许多物质的特性,接触到了许多化学反应,观察过许多较典型的化学现象。但仅仅知道这些、仅仅能写出一些化学反应方程式是远远不够的。例如,对于水分解反应

$$2H_2O =\!=\!= 2H_2 + O_2$$

我们都知道,这个反应很容易逆向进行,甚至发生爆炸。可是,该反应有无正向发生的可能呢?正向反应的条件是什么?实际上这个反应可以通过电解的方法来实现,但问题是为什么用电解的方法才能使该反应发生,为什么也有许多反应无需电解就能发生?

又如合成氨反应:

$$N_2 + 3H_2 =\!=\!= 2NH_3$$

这是合成氨工业的主反应。首先,在常温常压下把氢气和氮气混合就能反应生成氨气吗?实际上影响化学反应的因素很多,如温度、压力、浓度、光照、催化剂等。问题是这些因素如何影响化学反应?怎样控制这些条件?其次,在一定条件下把 3 mol H_2 和 1 mol N_2 放在一起,足够长时间后它们就能完全反应变成 2 mol NH_3 吗?实际上,一定条件下化学反应一般都有平衡存在,反应物的转化率不可能达到百分之百。问题是平衡转化率究竟受哪些因素的影响?如何定量控制反应物的转化率?

还有许多类似的问题仅靠反应方程式是根本无法回答的。化学反应方程式的左右两边之所以用等号相连,原因是物质不能消灭也不能创生,在反应前后原子的种类和数目相等。一个反应方程式是对化学现象的一种解释,但是同一场合在不同条件下或不同时刻的化学现象往往千差万别。由此可见,仅死记硬背许多反应方程式是远远不够的,而且这样做的必要性也不大。实际上,对于理工科非化学化工类专业的学生或研究工作者而言,一般在具体工作中遇到的需要讨论分析的化学反应数目并不多,但重要的是认识和掌握大学化学的基本内容、认识和掌握化学变化所遵循的普遍规律。只有这样,才能变被动为主动,才能对具体问题作深入细致的讨论分析。大学化学主要涉及以下几方面的内容。

1) 化学热力学

根据物质不灭定律写出化学反应方程式是比较简单的,但是一个方程式所表示的反应是否在任何条件下都能发生就不一定了。另一方面,严格说来任何反应都不能进行完全,都存在化学平衡。那么,在一定条件下当化学反应达到平衡时,反应物的转化率或者产物的产率是多少?反应限度受哪些因素影响?怎样人为干预或改变反应限度?这些问题在科研和生产实践中

都是非常重要的。即使上述问题都解决了,反应中的能量变化也是一个很现实的问题。在一个特定的反应场合,如果反应所需要的热量不能及时补充或反应放出的热量不能及时被导出,这都会使反应条件发生变化,都会对化学反应产生影响。有关化学反应的可能性、限度及能量变化都属于化学热力学讨论的范围。

2)化学动力学

化学动力学主要讨论分析化学反应速率及其受影响的因素。不同化学反应的反应速率差别悬殊,反应速率可以快至猛烈的燃烧或爆炸,也可以慢至岩石的风化、煤和石油的形成。为何某些反应较快而另一些反应较慢?决定反应速率的根本原因是什么?一个反应从反应物到产物到底是怎样完成的?如何精确地改变或控制一个反应的反应速率?为何催化剂能改变反应速率?其中存在哪些普遍规律?这些都是化学动力学将要讨论的内容。只有认识和掌握了这些基本知识,我们才能有针对性地探讨和控制一个化学反应的反应速率。

3)原子结构和分子结构

结构化学是物理化学的一个重要分支。结构化学主要是用量子力学方法讨论原子和分子的微观结构,从而阐明不同物质的宏观物理性质和化学性质与其微观结构之间的关系。为什么烯烃比烷烃活泼?为什么己三烯比苯活泼?为什么红外光谱和紫外可见光谱可用于不同化学物质的分析测试?怎样对红外光谱和紫外可见光谱进行准确的剖析判断从而得出正确的结论?导体、半导体和绝缘体的本质区别是什么?如何改变半导体的导电性能?不同物质的热学性能、光学性能、电学性能和机械性能各不相同,这又是为什么?如何根据不同需要选用不同的物质?如何根据需要研制开发许多新物质和新材料?凡此种种,这些问题只有借助于原子结构和分子结构知识才能充分认识和理解,只有借助于原子结构和分子结构知识才能对未知的实验现象进行合理的预测和判断,才能正确而有效地指导科研与实践。

2. 课程特点与学习方法

大学化学有以下特点:第一,化学反应少(不引入新的化学反应)但基本概念多而且严密,公式多而且适用条件严格;第二,其内容从前到后一环套一环,且难度逐渐增大。这些特点在与化学热力学相关(即第 1 章和第 2 章)的内容中表现得尤为突出。其实,作为一门科学的基本理论知识,这是很自然的。了解了该课程的学习内容及其特点之后,我们不仅要迎难而上,而且更要讲究学习方法和策略。只有这样,才有望达到事半功倍的效果。具体在学习中应注意以下几个方面。

(1)充分理解为上策,死记硬背要不得。

虽然书中给出的公式较多,但其中绝大部分都是在讨论问题的过程中为了便于理解而引出的,其编号是为了便于在别处引用而给出的,真正最基本的需要牢记的公式并不多。这如同我们充分掌握了理想气体状态方程及其中各变量的物理意义以后,实际遇到的不论是等温过程、等容过程、等压过程,还是温度、压力、体积均发生变化的过程,我们都能够灵活处理,而不必花费时间去死记理想气体的等温方程、等压方程和等容方程。所以在学习过程中,对书中的内容从前到后只要求理解即可。实际上,如果真正把书中的知识都理解了,其中公式的主次地位也就大致清晰了,主要公式及其使用条件也就自然地记住了。

(2)多看书,多思考,多做练习。

由于该课程的理论性较强,课堂授课在注重前后内容的系统性和连贯性这种粗线条的基础上,只能讲授一些重点难点,而且对于同一个问题还可以采用多种与书中不同的方法去讲解,故课堂讲授内容是有限的。正因为这样,课后要及时系统地看书复习。实际上,鉴于课堂授课的上述特点,即使课堂上都听懂了,课后看书未必都能完全看懂。所以在看书过程中,要多提问题、多思考、多分析、多比较、多讨论。

即使课堂上都听懂了,书也看懂了,可是实际上对知识的掌握往往还不够扎实、缺乏灵活性。这种缺陷只有通过作练习才能被发现,问题的出现才会促使我们回头再看书、再思考、再讨论。只有反复进行消化吸收,才能达到充分理解、举一反三和融会贯通的目的。

第1章　化学反应热效应

1.1　基本概念

各种不同的竞技场上都有各自的比赛规则,各种游戏场所也都有各自的游戏规则。此处将要引出的基本概念就如同比赛规则或游戏规则。只有把基本规则都弄清楚了,比赛才有可能顺利进行,在游戏中才有可能取得好成绩,游戏才会有趣味。

1. 系统与环境

系统(system)是被考察研究的对象。系统是客观世界的一部分物体,被人为地用一定界限和其他物体分开。这种界限在有些情况下可以看得见摸得着,在有些情况下看不见摸不着。如把一瓶空气中的氧气作为研究对象时,系统与其他物体之间的界限就看不见摸不着。

环境(surrounding)是系统以外但与系统有直接或间接相互作用的其他物体。此处所说的相互作用可以概括为系统与环境之间的物质交换和能量交换。除此以外,系统与环境之间概无别的相互作用。严格说来除了系统以外,其余的整个宇宙空间都是环境。但在具体讨论问题时为了简单起见,一般只把那些与系统有明显相互作用的其他物体作为环境来考虑。系统与环境彼此间的主要相互作用形式如下:

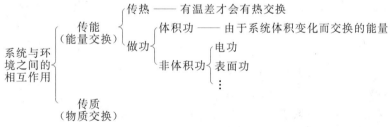

系统的划分方法是多种多样的,通常怎样划分有利于讨论分析问题就怎样划分。由于我们的考察对象是系统,所以也常把系统以外的部分即环境叫做外界。根据系统与环境之间相互作用的不同,常把系统划分为敞开系统、封闭系统和孤立系统。**敞开系统**(open system)是指与环境之间既有物质交换又有能量交换的系统。如烧杯里的溶液,其溶剂分子甚至还有溶质分子可以挥发跑到空气中,空气中的氧气、氮气、二氧化碳等也可以溶解到溶液里。与此同时,若溶液的温度不同于室温,则烧杯里的溶液还会对环境放热或从环境吸热。实际上,即使此时系统与环境之间没有温差,在物质交换的过程中也会有能量交换。因为原子和分子一直都处在杂乱无章的运动状态,有运动就有能量,有物质交换就有能量交换。**封闭系统**(closed system)是指只与环境有能量交换而没有物质交换的系统。如一个出口阀门关闭的氧气瓶中的氧气就属于封闭系统,一瓶未开盖的饮料也属于封闭系统。封闭系统与周围环境只会有能量交换而没有物质交换。**孤立系统**(isolated system)是指与环境之间既没有物质交换也没有能量交换的系统。严

格说来,没有真正的孤立系统,但是在一定条件下可以把有些系统近似当作孤立系统来处理。如带有瓶塞的热水瓶中的水。

今后本课程中若无明显标志或特别说明,则把所涉及到的系统都默认为是封闭系统。对于处在敞口容器内的凝聚态物系(非气体),通常也可以将其视为封闭系统。因为在状态变化过程经历的有限时间内,这种系统与环境交换的物质很少,可以忽略不计。如在敞口容器内物质的融化过程或凝固过程,又如在敞口容器内无气体参与的化学反应等。

2. 状态与状态函数

热力学性质是系统的宏观物理性质和化学性质的总称[①]。如温度 T、压力[②] p、密度 ρ、电导率 κ、pH 值、溶解度、弱电解质的解离度等,它们都是热力学性质。热力学性质几乎囊括了系统的所有宏观物理性质和化学性质,但不包括微观性质,如键长、键角、不同分子轨道的能级间隔等。**平衡状态**(equilibrium state)是指系统的所有热力学性质分别有唯一确定值的状态。通常把平衡状态简称为**平衡态**或**状态**,故通常所说的状态就是指平衡状态。如把盖有盖子的一杯热水放在桌面上,这时杯中的水并非处于平衡状态,因为各处的温度不同,各处的密度、电导率、折光率等也都彼此有别,此时该系统没有确定的温度、密度、电导率等。但是若室温不变,足够长时间后其中的水就处于平衡状态,因为足够长时间后各处的温度、密度、电导率等都相同,即此时杯内的水有确定的温度、密度和电导率等。又如把 1 mL 盐酸刚刚加入到一杯水中,此时该系统就不是处于平衡状态,因为各处溶液的浓度、电导率、pH 值等许多宏观物理性质和化学性质暂时都没有确定的值。如果充分搅拌后,该系统就处于平衡状态了。这时系统中各处的浓度、电导率、pH 值等各种宏观物理性质和化学性质都分别有唯一确定值。

状态函数(state function)是由系统状态所决定的单值函数或单值变量。此处的状态如同自变量。状态变了,状态函数就有可能(但未必)发生变化。人们也常把状态函数简称为态函数。系统所有的热力学性质都是状态函数。根据状态函数的定义,状态函数的组合必然也是状态函数。如温度与压力的乘积($p \cdot T$)、温度的平方与压力之比(T^2/p)等,它们都是由系统状态所决定的单值函数,它们都是状态函数。不过,虽然 $p \cdot T$ 和 T^2/p 都是状态函数,但是它们没有明确的物理意义,不是我们通常所说的热力学性质。状态函数的基本性质如下:

(1)状态函数的组合仍然是状态函数。

(2)状态函数的值只与系统所处的状态有关,与系统的历史无关。

(3)当系统发生状态变化时,状态函数的改变量只与始态和终态有关,而与态变化的具体路线无关。如在 100 kPa 下把水从 20 ℃ 加热到 87 ℃,这时水的密度、折光率、电导率等都会发生相应的变化,但是它们的改变量分别有唯一确定的值,其值与水温升高过程是借助于什么工具或通过什么方式来完成的无关。

(4)在循环过程中,状态函数的改变量为零,原因是完成一个循环后系统又回到了原来的状态,作为状态函数也就恢复到了原来的值。

---

① 通常当系统状态变化时,系统的宏观物理性质和化学性质都有可能发生变化,但微观性质一般是不变的,如键长、键角、偶极矩等。

② "压力"这个词的英文是 pressure,它是指单位面积上受到的力,其 SI 单位为 Pa(即 N·m⁻²)。在物理学中将该物理量叫做压强;在化学中常把该物理量称作压力,但其含义与压强的相同。在生产实践中,也常把该物理量称作压力,如各种流体管道和压力容器上用于测定 pressure 的压力表。

充分认识和理解上述状态函数的基本性质会对后续的讨论有很大帮助。

3. 状态的描述

同一个系统可以处于各种各样不同的平衡状态。如在 0.1 MPa 下,虽然温度分别为 20 ℃、21 ℃ 和 22 ℃ 的水都处于平衡状态,但是它们各自所处的平衡状态是截然不同的。怎样才能把各不相同的状态描述清楚呢?

通常用指明化学成分、物理状态及独立的热力学性质的数值这种方法来描述系统的状态。其中用化学成分说明系统中含有哪些物质,用物理状态说明系统中的物质是固态(常用 s 表示)、液态(常用 l 表示)、气态(常用 g 表示)还是水溶液(常用 aq 表示)。若固体存在不同的晶型,这时还需要注明是什么晶型,如石墨和金刚石。

一个系统的热力学性质虽然很多,但是这些性质并不是完全独立的。如对于液态水而言,当温度和压力确定后,它的密度、电导率、折光率等就分别都有了唯一确定的值,此时系统的状态也就完全确定了。这就是说,虽然系统有许许多多不同的热力学性质,但这些热力学性质并不是完全独立的。所以,描述系统状态时只需给出独立的热力学性质的数值即可。

如　　　　$H_2O(s, -23\ ℃, 0.13\ MPa)$

又如　　　盐酸($10\%, 10^5\ Pa, 12.4\ ℃$)

又如　　　$KCl(aq, 0.3\ mol \cdot L^{-1}, 0.095\ MPa, 24.2\ ℃)$

系统的状态可以用上述形式表示,也可以用文字叙述,关键是要把化学成分、物理状态以及独立的热力学性质的数值描述清楚。

一个系统到底有几个独立的热力学变量呢?这其中虽有规律可循,但大学化学不考虑这种复杂问题。我们只需要知道,组成恒定不变的系统只有两个独立的热力学性质即可。当系统的化学成分、物理状态和两个独立的热力学性质确定后,系统的状态就完全确定了。

4. 平衡态热力学

热力学可分为平衡态热力学和非平衡态热力学。**平衡态热力学**只讨论从一种平衡状态到另一种平衡状态之间的变化,但在状态变化过程中系统未必每时每刻都处于平衡状态。化学中所讨论的热力学即化学热力学主要是平衡态热力学。

我们知道:物质有固、液、气三种不同的物理状态。这些状态可以单独存在,也可以同时存在。一个系统内可以只含一种物质,也可以包含多种物质。当一个组成恒定不变的封闭系统处于平衡状态时,虽然系统有很多状态函数,但是独立的状态函数只有两个。如对于一定量的理想气体,不论其中含有多少种气体,只要在 p、V、T 三个状态函数中任意给出两个,则第三个也就确定了,与此同时它的密度、折光率、热胀系数、热容等所有的状态函数就都确定了。换句话说,此时不论谁去测定该混合气体的密度、折光率、热胀系数、热容等,其准确测量结果都是相同的。从本质上讲,组成恒定不变的封闭系统只有两个独立的状态函数。当两个独立的状态函数确定以后,整个系统所处的平衡状态就确定了。所以,描述封闭系统的状态时,只需要给出两个独立的状态函数的数值即可。又如一瓶未启封的无标签溶液,在一定的温度和压力下,该溶液的状态就确定了,它的密度、电导率、pH 值、热容等就都是确定的。不论谁去测它的这些性质,只要测定方法正确,测量仪器也准确,则测量结果必然相同。

5. 理想气体

理想气体遵守的状态方程如下:

$$pV = nRT \tag{1.1}$$

其中，p 代表理想气体的压力；V 代表理想气体的体积；n 代表理想气体的物质的量，即摩尔数；T 代表理想气体的绝对温度；R 是气体常数，其值为 $8.314 \text{ J} \cdot \text{K}^{-1} \cdot \text{mol}^{-1}$，该常数会经常用到，应牢记。

实际上，真正的理想气体是不存在的。理想气体的英文名称是 ideal gas，即理想气体是一种想象当中的气体。从理想气体的状态方程式(1.1)可以看出，理想气体的微观模型具有以下特点：

(1) 理想气体分子没有尺寸，而是一个个几何点。因为根据式(1.1)，$V = nRT/p$，当 $p \to \infty$ 时，$V \to 0$，故理想气体分子没有尺寸。

(2) 理想气体分子之间无相互作用。因为根据式(1.1)，$p = (n/V)RT$，由此可见，在一定温度下，不论是什么气体，只要单位体积内的分子数（即单位体积内物质的量 n/V）相同，其压力就相同。这说明理想气体分子之间没有相互作用。如果理想气体分子之间有相互作用，则一定温度下即使单位体积内的分子数相同，也会由于不同分子间的相互作用有别，从而导致单位器壁表面受气体分子碰撞的剧烈程度存在差异，使它们的压力会有所不同。

对于实际气体而言，如果其压力较小，其温度又不是很低，则它的体积一定很大（相对于凝聚态物质），分子间距也一定很大。这时分子间的相互作用一定很弱，分子间的相互作用可忽略不计。这时与总体积相比，分子本身所占的体积很小，也可以忽略不计。从微观模型的角度出发，此时的实际气体与理想气体相似，可以按照式(1.1)把实际气体近似当作理想气体来处理。但是当实际气体的温度很低或压力较大时，如果仍套用式(1.1)，结果通常会产生较大的误差。

1.2　热力学第一定律和体积功的计算

1. 热力学第一定律

根据能量守恒定律，在状态变化过程中系统总能量 E 的变化情况（即增量）应等于系统从环境吸收的热 Q 与环境对系统所做的功 W 之和，即

$$\Delta E = Q + W \tag{1.2}$$

如果 $Q > 0$，这表明系统的确从环境吸收了热；如果 $Q < 0$，即系统从环境吸收的热小于零，则表示系统对环境放出了热。W 是环境对系统所做的功。如果 $W > 0$，这表明环境的确对系统作了功；如果 $W < 0$，即环境对系统做的功小于零，则表示系统对环境做了功。换句话说，在状态变化过程中，系统与环境不论以热的形式交换能量还是以做功的形式交换能量，对于系统而言收入的均大于零，支出的均小于零。

系统的总能量由三大部分组成，即把宏观系统看做一个整体时的整体动能、整体势能以及蕴藏于系统内部的与原子或分子的杂乱无章运动有关的能量即**热力学能**(thermal energy)。热力学能亦称为**内能**。整体动能与整个系统的宏观运动状态（即速度）有关；整体势能与系统所处的环境（即外场）有关，如重力场的大小、电磁场的强弱等；而热力学能（常用 U 表示）包括微观粒子的多种不同运动形式的能量和不同粒子彼此之间的相互作用能。其中，平动能是指整个分子作为一个整体，其质心在三维空间运动时的动能；转动能是指分子绕通过其质心并相互垂直的轴的转动运动能；振动能是指分子内各个原子在其自身平衡位置附近的振动所具有的能

量;电子运动和核运动(此处指核自旋运动)也都有各自的运动能。

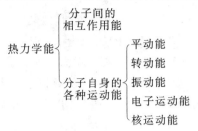

在外场恒定不变的情况下,对于无整体运动即宏观静止的封闭系统而言,在状态变化过程中,系统的整体动能和整体势能均保持不变。在这种情况下,系统总能量的改变量就等于系统热力学能的改变量。所以在平衡态热力学中,能量守恒定律的数学式(1.2)可以改写为

$$\Delta U = Q + W \qquad (1.3)$$

式(1.3)是热力学第一定律的数学式,它是能量守恒定律在平衡态热力学中的一种具体表达形式。热力学第一定律可用文字叙述为:在状态变化过程中,系统热力学能的增量等于系统从环境吸收的热与环境对系统所做的功之和。

　　例 1.1　在一个绝热水箱中装有水,水中有电热丝,并由蓄电池供电。假设电池本身在放电过程中不吸热也不放热,而且水温升高时水的密度近似不变。当分别把电池、电热丝、水、水和电热丝、电池和电热丝作为系统时,请判断加热水的过程中 Q、W 及 ΔU 分别是正、是负还是等于零。

　　解　根据此题目的要求并结合热力学第一定律,判断结果见下表。

系统	电池	电热丝	水	水＋电热丝	电池＋电热丝
Q	0	－	＋	0	－
W	－	＋	0	＋	0
ΔU	－	＋	＋	＋	－

此处需要注意,热和功不是系统的性质,不是状态函数,它们只是系统与环境之间两种不同的能量交换形式。它们只在状态变化过程中才出现,态变化停止后热和功也就不复存在了。例如,不能说 1 升水中含有多少热或多少功。在状态变化过程中系统吸收或放出热量后,只能说系统的能量增加了或减少了,而不能说系统的热量或系统的功增加了或减少了。这如同雨水下到湖里,雨后只能说湖中的水增多了,而不能说湖中的雨增多了。

功有多种形式,首先可将其分为体积功和非体积功。**体积功**就是在状态变化过程中由于系统的体积变化而导致的系统与环境之间交换的那部分能量。除体积功以外,其余所有形式的功均称为非体积功,如电功、表面功、辐射功、电介质极化过程中的功、磁介质磁化过程中的功等。在热力学第一定律中,W 为环境对系统所做的总功,其中既包括体积功 W_{p-v},也包括非体积功 W'。在化学热力学部分,通常在无明显标志或文字说明的情况下,都默认系统与环境彼此之间只有体积功而没有非体积功。在电化学中,与原电池和电解池有关的状态变化过程都涉及到非体积功(电功)。当用电炉给水加热时,如果把水作为系统,则水与环境之间没有非体积功。虽然其中电源与电炉之间有非体积功(即电功),但是由于两者都属于环境,系统与环境之间并没有非体积功。

2. 体积功的计算

设有一个圆筒如图 1.1 所示,其横截面积为 A,其内装有一定量的气体。假设其活塞既无重量,与筒壁之间也没有摩擦,活塞对气体的压力为 p_e。现以其中的气体为系统。当从活塞上去掉一个砝码时,系统就会膨胀并推动活塞对外做功(系统对外界做功就是对环境做功)。在膨胀过程中,系统对外所做的功(等于外界对系统所做功的负值)可以表示为

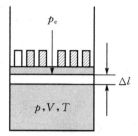

图 1.1　膨胀与压缩

$$-W_{p-V} = 力 \cdot 路程 = \underbrace{p_e \cdot A}_{力} \cdot \underbrace{\Delta l}_{路程} = p_e \cdot \Delta V$$

其中的力是膨胀过程中系统对外做功时,系统施加给环境的力。该力与环境施加给系统的力互为作用力与反作用力,其值大小相等而方向相反。所以,该力的大小可以用 $p_e \cdot A$ 表示。此处的 p_e 代表在系统与环境的边界上靠近环境一侧的压力,也就是环境施加给系统的压力。通常把 p_e 称为 **外压**(external pressure)。此处需要注意:在单位面积上系统对环境施加的力未必等于系统内部的压力 p,因为在膨胀过程中系统内部不同区域的压力可能相同也可能不同,故不能轻易用系统内部的压力 p 来代替环境的压力 p_e。如在密闭容器内的爆炸反应,在爆炸的瞬间系统内部各处的压力是不同的,不同于系统施加给环境的压力。但与此同时,不论在什么情况下,系统施加给环境的力都与环境施加给系统的力大小相等。如此说来,根据上式,环境对系统所做的体积功可以表示为

$$W_{p-V} = -p_e \cdot \Delta V \tag{1.4}$$

式(1.4)只适用于环境的压力 p_e 恒定不变的态变化过程。实际上,在许多状态变化过程中,p_e 是时间和空间的函数,这时不能直接使用上式计算体积功。不过,这种情况已超出了化学热力学的讨论范围,此处不必多虑。

待高等数学中学习了微积分以后,结合图 1.1 和式(1.4)的导出过程很容易看出,对于无限小的态变化过程,无限小的体积功可以表示为

$$\delta W_{p-V} = -p_e \cdot dV \tag{1.5}$$

其中的 dV 是体积的微分。对于一个有限的(非无限小)态变化过程,由上式可得

$$W_{p-V} = \int_{V_1}^{V_2} -p_e \cdot dV \tag{1.6}$$

式(1.5)和式(1.6)是最原始的体积功计算式,只有在可逆过程(将在第 2 章中介绍)中才能将其中的外压 p_e 用系统的压力 p 来代替,这属于特例。

例 1.2　在 20 ℃ 下,1 mol 压力为 500 kPa 的理想气体反抗 200 kPa 的恒定外压一直膨胀到不能继续膨胀为止(即达到平衡)。求该过程中环境对系统所做的功 W。

解
$$V_1 = \frac{nRT}{p_1} = \frac{8.314 \times 293}{500 \times 10^3} \text{ m}^3 = 4.87 \times 10^{-3} \text{ m}^3$$

膨胀到平衡时,系统的压力 p_2 与外压 p_e 相等,所以

$$V_2 = \frac{nRT}{p_2} = \frac{8.314 \times 293}{200 \times 10^3} \text{ m}^3 = 12.18 \times 10^{-3} \text{ m}^3$$

由式(1.4)可得

$$\begin{aligned}
W &= -p_e(V_2 - V_1) \\
&= -200 \times 10^3 \times (12.18 - 4.87) \times 10^{-3} \text{ J} \\
&= -1462 \text{ J}
\end{aligned}$$

$W < 0$ 意味着环境对系统做的功小于零,实为系统对环境做了 1462 J 的功。

　　Q 和 W 不是状态函数,也不是状态函数的改变量。所以在状态变化过程中,Q 和 W 不仅与始终态有关,通常也与态变化的具体路线有关。如欲将一个大木箱用滑动的方式从 A 点移动到 B 点,其始态和终态是确定的。不论沿哪条路线完成这个状态变化过程,其状态函数的改变量 ΔU 都是相同的,这时 $Q = \Delta U - W$。可是,因不同路线的摩擦系数不相同,沿着钢化玻璃通道完成这个状态变化过程时环境对系统做的功 W 必然较少,沿着普通水泥路面完成这个状态变化过程时环境对系统做的功 W 必然较多。所以,沿着钢化玻璃通道完成这个状态变化过程与沿着普通水泥路面完成这个状态变化过程时的 Q 也不相同。故 Q 和 W 都不是状态函数,也不是状态函数的改变量。

1.3　等容过程和等压过程

　　在热力学第一定律中,W 表示在状态变化过程中环境对系统所做的总功,其中既包括体积功 W_{p-V},也包括非体积功 W'。但前边也讲过,在目前所讨论的范围内,若无特别说明或明显标志,就默认系统与环境之间只有体积功而无非体积功。

1. 等容过程

　　等容过程(isochoric process) 亦称为恒容过程,就是环境的体积 V_e 恒定不变的过程,即

$$V_e = 常数 \tag{1.7}$$

严格说来,除系统以外的其余部分(包括整个宇宙空间)都是环境。因此在等容过程中,既然 V_e 为常数,那么系统的体积 V 也必然恒定不变为常数,即等容过程中 $dV = 0$。所以在没有非体积功的等容过程中,根据式(1.6),环境对系统所做的体积功亦为零,即

$$W = W_{p-V} = 0$$

由热力学第一定律数学式(1.3)可知:在等容过程中,系统从环境吸收的热即等容热 Q_V 就等于系统内能的增量,即

$$Q_V = \Delta U \tag{1.8}$$

这就是说,热虽然不是状态函数,也不是状态函数的改变量,但在没有非体积功的等容过程中,系统吸收的热即等容热在数值上等于系统热力学能的增量。这时 Q_V 也只与始终态有关而与态变化的具体路线无关。不过应切记,白马是马,但是马未必都是白马。不能因为此处 Q_V 只与始终态有关而与路线无关就说 Q_V 是状态函数或状态函数的改变量。同时请注意,在等容过程中,必然 ΔV 等于零,必然 W_{p-V} 等于零。可是,ΔV 等于零的过程未必是等容过程,W_{p-V} 等于零的过程也未必是等容过程。

　　如果要计算一个等容变温过程的热效应,则

$$Q_V = \Delta U = nC_{V,m}\Delta T$$

其中,$C_{V,m}$ 为等容摩尔热容,即 1 mol 物质在等容条件下升高单位温度时需要吸收的热量,其单位是 $J \cdot K^{-1} \cdot mol^{-1}$。

2. 等压过程

　　任何概念的引入都是为一定目的服务的。如果概念与其用途脱节,这种概念的引入就毫无意义了。等压过程亦称为恒压过程。不论如何称呼,此概念的用途或欲说明的问题都是相同的。

此书中将其称为等压过程。**等压过程**(isobaric process)是指环境的压力 p_e 恒定不变为常数的过程，即

$$p_e = \text{常数} \tag{1.9}$$

由于平衡态热力学讨论的都是从一种平衡状态到另一种平衡状态之间的变化，所以等压过程中系统的始态压力 p_1 必然等于 p_e，系统的终态压力 p_2 必然也等于 p_e，否则始态和终态就不可能是平衡状态。但是在等压过程中（即在始态与终态之间），系统的压力 p 可以恒定不变，也可以发生波动。例如，设在图 1.1 所示的圆筒内，除了有一定量空气外，还有一个小花炮。最初该系统静止不动，这是始态。当点燃小花炮时，活塞就会被推动并上移，最终又会到达一个新的状态即终态。在此变化过程中，p_e 恒定不变，故该过程是一个等压过程。在此变化过程中，虽然 $p_1 = p_e$，$p_2 = p_e$，但系统（包括圆筒内的气体及其他物质）的压力并非恒定不变，而是有波动的。又如，迅速加热或冷却圆筒内气体的过程也都是等压过程。因为其中系统的压力虽然会有波动，但环境施加给系统的压力 p_e 恒定不变，而且态变化前后气体的压力相等且等于外压 p_e。

我们常把等压过程中系统吸收的热称为**等压热**，并把它用 Q_p 表示。根据热力学第一定律，在没有非体积功的等压过程中

$$\Delta U = Q_p + W_{p-V} = Q_p - p_e \Delta V$$
$$= Q_p - p_e(V_2 - V_1)$$

即

$$U_2 - U_1 = Q_p - p_2 V_2 + p_1 V_1$$

所以

$$(U_2 + p_2 V_2) - (U_1 + p_1 V_1) = Q_p \tag{1.10}$$

定义

$$H = U + pV \tag{1.11}$$

把 H 称为**焓**(enthalpy)。由于 U、p、V 均为状态函数，所以它们的组合即焓也是状态函数。由定义式(1.11)可以看出，焓具有能量的量纲。根据焓的定义，式(1.10)可以改写为

$$Q_p = \Delta H \tag{1.12}$$

这就是说，在没有非体积功的等压过程中，系统吸收的热即等压热在数值上等于焓的改变量。这时，Q_p 也只与始终态有关而与态变化的具体路线无关。从上述讨论过程可以看出，不论等压过程中系统的压力有没有波动，(1.12)式都是成立的。

值得注意的是，不能因为 Q_p 只与始终态有关而与路线无关，就说 Q_p 是状态函数或状态函数的改变量。与此同时，等压过程中必然 $\Delta p = 0$，可是 $\Delta p = 0$ 的过程未必是等压过程。

如果要计算一个等压变温过程的热效应，则

$$Q_p = \Delta H = nC_{p,m}\Delta T$$

其中，$C_{p,m}$ 为等压摩尔热容，即每摩尔物质在等压条件下升高单位温度时需要吸收的热量，其单位是 $J \cdot K^{-1} \cdot mol^{-1}$。

由于许多化学反应都是在等压或等容条件下完成的，19 世纪以前尤其是这样，故人们在长期的科研和生产实践中总结出了盖斯定律。**盖斯定律**是指一个化学反应不论是一步完成还是分几步完成，其反应热效应相同。现在看来这是必然的，因为在没有非体积功的等压过程或等容过程中，热效应等于状态函数的改变量，故其值只与始终态有关，而与路线无关。可是，如果化学反应既不是在等压条件下进行，也不是在等容条件下进行，这时盖斯定律就未必正确了。或者说，盖斯定律只在某些特定条件下才是正确的。

例 1.3　在 25 ℃ 和 100 kPa 下，由反应 $2CO(g) + O_2(g) = 2CO_2(g)$ 生成 2 mol $CO_2(g)$ 时，系统的焓变为 $\Delta H = -565.98$ kJ。求该过程的 Q 和 ΔU。

解　　由于该过程是等压过程而且无非体积功,所以

$$Q = Q_p = \Delta H = -565.98 \text{ kJ}$$

由焓的定义式(1.11)可知

$$\Delta U = \Delta H - \Delta(pV) = \Delta H - \Delta n \cdot RT$$
$$= [-565.98 - (2-1-2) \times 8.314 \times 298.15 \times 10^{-3}] \text{ kJ}$$
$$= -563.50 \text{ kJ}$$

3. 热容

热容 C(capacity of heat)是指在一定条件下,一定量物质升高单位温度时需要吸收的热量,其单位是 $J \cdot K^{-1}$。通常,加热条件不同,热容也就不同。所以热容又分为**等压热容**和**等容热容**,并分别用 C_p 和 C_V 表示。它们是指一定量的物质分别在等压条件下和在等容条件下升高单位温度时需要吸收的热量,即

$$C_p = \left(\frac{Q}{\Delta T}\right)_p = \frac{Q_p}{\Delta T}, \qquad C_V = \left(\frac{Q}{\Delta T}\right)_V = \frac{Q_V}{\Delta T}$$

由于 C_p 和 C_V 都与物质的量有关,物质的量越多其值就越大,故在具体应用时会稍有些不便。因此,有必要引入摩尔热容或比热容。摩尔热容是指 1 mol 物质在一定条件下升高单位温度时需要吸收的热量,其单位是 $J \cdot K^{-1} \cdot mol^{-1}$。常把**等压摩尔热容**用 $C_{p,m}$ 表示,把**等容摩尔热容**用 $C_{V,m}$ 表示。而**比热容**是指单位质量的物质在一定条件下升高单位温度时需要吸收的热量,其常用单位是 $J \cdot K^{-1} \cdot g^{-1}$。当然比热容也分为等容比热容和等压比热容。

凝聚态物系指的是液体或固体而不是气体。对于凝聚态物系,有

$$C_p \approx C_V, \qquad C_{p,m} \approx C_{V,m}$$

对于理想气体,有

$$C_p - C_V = nR, \qquad C_{p,m} - C_{V,m} = R$$

例 1.4　已知金属铜的等压摩尔热容为 24.47 $J \cdot K^{-1} \cdot mol^{-1}$。在常压下,当把 0.5 kg 金属铜从 500 ℃ 冷却到 15 ℃ 时,计算:

(1) 该过程的热效应(即系统吸收的热)。

(2) 该过程中金属铜的 ΔH 和 ΔU。

解　　(1) $Q = Q_p = nC_{p,m}(T_2 - T_1)$

$$= \frac{500}{63.54} \times 24.47 \times (15 - 500)$$
$$= -93390 \text{ J} = -93.39 \text{ kJ}$$

系统吸收的热 Q 小于零说明:实际上系统是对外放热的。

(2) 由于该过程是一个等压过程而且无非体积功,故

$$\Delta H = Q = -93.39 \text{ kJ}$$

由焓的定义式(1.11)可知,　　　　$\Delta U = \Delta H - \Delta(pV)$

又因为该过程中铜的体积 V 变化很小,可以忽略不计,而 p 本身是恒定不变的,故

$$\Delta(pV) \approx 0, \qquad \Delta U \approx \Delta H$$

所以　　　　　　　　　　　　　　$\Delta U \approx -93.39 \text{ kJ}$

4. 等温过程

等温过程(isothermal process) 是指环境的温度 T_e 恒定不变为常数的过程,即

$$T_e = 常数 \tag{1.13}$$

由于平衡态热力学讨论的是从一种平衡状态到另一种平衡状态之间的变化,所以始态和终态的温度必然都等于环境的温度,否则始态和终态就不可能是平衡态。所以在等温过程中,必然 $T_1 = T_e$,也必然 $T_2 = T_e$。与等压过程类似,在等温过程中系统的温度 T 可以恒定不变,也可以发生波动。例如,把一个盛放有反应物的容器放在 120 ℃ 的恒温箱内使其发生反应。放在恒温箱的目的就是要尽量使反应混合物系统的温度维持在 120 ℃ 附近。如果实际反应是放热反应,则反应过程中反应物系统的温度会高于 120 ℃;如果实际反应是吸热反应,则反应过程中反应物系统的温度会低于 120 ℃。不论实际反应过程中系统的温度是否有波动,也不论温度的波动范围大小,由于反应过程中环境的温度 T_e 始终维持在 120 ℃,而且反应开始前和结束后系统的温度也都是 120 ℃,所以该反应过程是一个等温过程。

在描述态变化时,人们也常说在一定压力下(如在 150 kPa 下),其意是指系统受到的外界压力 p_e 一定。所以,在一定压力下的态变化过程就是等压过程。在描述态变化时,人们也常说在一定温度下(如在 350 ℃ 下),其意是指系统感受的环境温度 T_e 一定。所以,在一定温度下的态变化过程就是等温过程。

1.4　焦耳实验

1843 年焦耳用低压气体(可近似看做理想气体)做了一个实验,如图 1.2 所示。开始左侧是低压气体,右侧是真空,水浴的温度为 T。打开中间活塞后,气体就向真空膨胀。平衡后测得水浴的温度没有发生变化仍为 T。

现在分析一下该实验结果。由于低压气体膨胀前和膨胀后水浴的温度未发生变化,这说明低压气体在膨胀过程中没有吸热也没有放热,气体的温度也未发生改变。在这种情况下,对于其中的气体(即系统)

$$Q = 0, \qquad \Delta T = 0$$

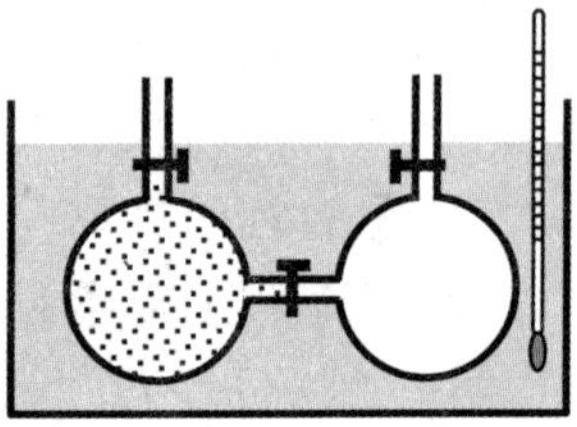

图 1.2　焦耳实验装置图

该过程是向真空膨胀,向真空膨胀也叫做**自由膨胀**。在自由膨胀过程中,体积功为零。因为在整个膨胀过程初级阶段,虽然系统的体积很快就变化为原来的两倍,但由于 $p_e = 0$,故 W 为零。在后续的变化过程中,虽然右侧气体的压力及其施加给器壁的压力都在不断增大,器壁施加给系统的压力 p_e 也在不断增大(即 $p_e > 0$),但这时系统的体积却不再发生变化了,即 $\Delta V = 0$,所以在后续变化过程中 W 仍然为零。所以,在自由膨胀过程中,体积功都等于零。

结合焦耳实验结果,由热力学第一定律可知

$$\Delta U = Q + W = 0 + 0 = 0$$

我们知道,当温度和压力一定时,任何气体的状态都是确定的,那么它的所有状态函数也就都有了确定的值。这就是说,气体的所有状态函数都是其温度和压力的函数,即

$$U = U(T, p)$$

由焦耳实验结果可知,理想气体的热力学能与压力无关,而只与温度有关,即 $U = U(T)$。这就是说,理想气体的热力学能只是温度的函数。其实这是很自然的,原因很简单,因理想气体分子彼此之间无相互作用,所以分子间距的大小不影响热力学能,即压力或体积的变化不影响热力学能。

根据焓与内能的关系,对于理想气体而言
$$H = U + pV = U(T) + nRT$$
即
$$H = H(T)$$
所以,理想气体的焓也只是温度的函数。

例 1.5 在 300 K 下,1 mol 理想气体由 1000 kPa 等温膨胀至 100 kPa。计算该过程沿不同路线完成时的 W 和 Q。

(1) 自由膨胀。

(2) 在 100 kPa 的压力下膨胀。

解 (1) 自由膨胀就是向真空膨胀,所以
$$W = -p_e \Delta V = 0$$
又因为理想气体的内能只是温度的函数,而且在 300 K 下发生的态变化过程就是等温过程,其始态温度与终态温度相同并等于环境温度 300 K,所以
$$\Delta U = 0$$
$$Q = \Delta U - W = 0 - 0 = 0$$

(2)
$$\Delta V = V_2 - V_1 = nRT \left(\frac{1}{p_2} - \frac{1}{p_1} \right)$$

$$W = -p_e \Delta V = -p_e nRT \left(\frac{1}{p_2} - \frac{1}{p_1} \right)$$

$$= -100 \times 10^3 \times 1 \times 8.314 \times 300 \times \left(\frac{1}{100 \times 10^3} - \frac{1}{1000 \times 10^3} \right) \text{ J}$$

$$= -2245 \text{ J}$$

由于这是一个在 300 K 下的等温过程,故 $\Delta U = 0$,所以
$$Q = -W$$
$$= 2245 \text{ J}$$

由例 1.4 也可以看出,Q 和 W 除了与始终态有关外,还与路线有关。

1.5 反应进度和标准状态

1. 反应进度

化学反应常伴随着热的吸收或放出。如果反应器是密闭的、绝热的,则随着反应的进行,系统的温度就会降低或升高。我们把化学反应过程中系统吸收的热量称为**反应热效应**。吸热反应的反应热效应大于零,放热反应的反应热效应小于零。热化学就是研究化学反应热效应的。反应热效应与反应的多少密切相关,但如何表示反应的多少呢?

以下列化学反应方程式为例:
$$aA + bB = dD + eE \tag{A}$$

这个配平的反应方程式只表达了参与该反应的物质种类,以及在反应过程中消耗的反应物与生成的产物彼此之间的比例关系,它并不能说明实际反应系统中到底发生了多少反应。换句话说,反应方程式中的等号仅仅是从物质不灭定律的角度考虑的,反应前后原子的种类和数量分别相等。至于反应到底发生了没有、反应进行了多少等许多问题仅从反应方程式是看不出来的。另一方面,在反应过程中系统的许多状态函数的改变量以及反应的热效应均与反应的多少有关。因此为了妥善处理好这些问题,有必要引入反应进度的概念。

状态变化就是终态与始态的差别,所以上述反应方程式可以改写为

$$d\mathrm{D} + e\mathrm{E} - a\mathrm{A} - b\mathrm{B} = 0$$

即

$$\sum_{\mathrm{B}} \nu_{\mathrm{B}} \mathrm{B} = 0$$

从物质不灭定律的角度考虑,反应前后的差别的确为零。上式中的 ν_{B} 称为反应方程式中 B 物质的**计量系数**。计量系数是没有单位的纯数。上式中的加和是对反应中涉及到的不同物质 B 进行加和,也就是说可以把上式展开为

$$\nu_{\mathrm{A}} \mathrm{A} + \nu_{\mathrm{B}} \mathrm{B} + \nu_{\mathrm{D}} \mathrm{D} + \nu_{\mathrm{E}} \mathrm{E} = 0$$

其中

$$\nu_{\mathrm{A}} = -a, \nu_{\mathrm{B}} = -b, \nu_{\mathrm{D}} = d, \nu_{\mathrm{E}} = e$$

这就是说,产物的计量系数为正,反应物的计量系数为负。

由配平的反应方程式(A)不难看出,在反应过程中

$$\frac{\Delta n_{\mathrm{A}}}{-a} = \frac{\Delta n_{\mathrm{B}}}{-b} = \frac{\Delta n_{\mathrm{D}}}{d} = \frac{\Delta n_{\mathrm{E}}}{e}$$

即

$$\frac{\Delta n_{\mathrm{A}}}{\nu_{\mathrm{A}}} = \frac{\Delta n_{\mathrm{B}}}{\nu_{\mathrm{B}}} = \frac{\Delta n_{\mathrm{D}}}{\nu_{\mathrm{D}}} = \frac{\Delta n_{\mathrm{E}}}{\nu_{\mathrm{E}}}$$

其中,Δn_{B} 为 B 物质的摩尔数增量。故一般说来,在反应过程中虽然不同物质的量的变化情况不尽相同,但是各物质的量的变化与其计量系数的比值却彼此相等。又因为物质的量的变化情况与反应发生了多少密切相关,故此处定义

$$\xi = \frac{\Delta n_{\mathrm{B}}}{\nu_{\mathrm{B}}} \tag{1.14}$$

从该定义式可以看出,ξ 的单位是 mol。ξ 值的大小可以反映反应发生了多少,所以称 ξ 为**反应进度**。由上述讨论可见,在同一个反应中不论用哪种物质表示反应进度,其值都相同。

若 $\xi = 1$ mol,就说发生了 1 mol 反应,并把它简称为**摩尔反应**。以上述反应(A)为例,结合反应进度的定义式(1.14),1 mol 反应就是指 a mol A 与 b mol B 发生反应生成了 d mol D 和 e mol E。如此说来,一个配平的反应方程式描述的就是 1 mol 反应。

另一方面,由反应进度的定义式(1.14)可以看出,若反应方程式的写法不同,摩尔反应的确切含义也就不一样。如把氢与氧化合生成水的反应可以写成

$$\mathrm{H}_2 + \frac{1}{2}\mathrm{O}_2 = \mathrm{H}_2\mathrm{O} \quad \text{或} \quad 2\mathrm{H}_2 + \mathrm{O}_2 = 2\mathrm{H}_2\mathrm{O}$$

根据第一个方程式,1 mol 反应是指 1 mol 氢与 0.5 mol 氧化合生成 1 mol 水的反应;根据第二个方程式,1 mol 反应是指 2 mol 氢与 1 mol 氧化合生成 2 mol 水的反应。所以今后在讨论与反应进度或摩尔反应相关的问题时,应同时给出与之相对应的配平的反应方程式。否则讲反应进度或摩尔反应是毫无意义的。

例 1.6　在 903 K、101.3 kPa 下,将 1 mol SO_2 和 1 mol O_2 的混合气体通过装有铂丝的玻璃管。然后将混合气体急速冷却,并将其通入 KOH 水溶液中以吸收 SO_2 和 SO_3。最后剩下的 O_2 在标准状况下(273.2 K,101.3 kPa)只有 13.5 L。求下列反应的反应进度。

$$SO_2 + \frac{1}{2}O_2 \Longrightarrow SO_3$$

解　剩余氧气的量为

$$n(O_2) = \frac{pV}{RT} = \frac{101300 \times 13.5 \times 10^{-3}}{8.314 \times 273.2}\text{mol} = 0.602 \text{ mol}$$

所以

$$\Delta n(O_2) = (0.602 - 1)\text{mol} = -0.398 \text{ mol}$$

$$\xi = \frac{\Delta n(O_2)}{\nu_{O_2}} = \frac{-0.398 \text{ mol}}{-1/2} = 0.796 \text{ mol}$$

摩尔反应热效应是指发生 1 mol 反应时系统吸收的热,常用 Q_m 表示,单位是 $\text{J} \cdot \text{mol}^{-1}$ 或 $\text{kJ} \cdot \text{mol}^{-1}$。由于许多反应通常都是在等压条件下完成的,故摩尔反应热效应等于摩尔反应焓,即 $Q_m = \Delta_r H_m$。所以,也常把摩尔反应热效应用 $\Delta_r H_m$ 表示,常把摩尔反应热也叫摩尔反应焓。其中下标 r 代表焓变是由反应(reaction)过程引起的,下标 m 代表焓变是由摩尔反应(molar reaction)引起的。根据摩尔反应热效应和反应进度,总反应的热效应可以表示为

$$\Delta_r H = \xi \cdot \Delta_r H_m \tag{1.15}$$

2. 标准状态

同样是 1 mol 反应,但反应前后各物质所处的状态可以千差万别,如温度、压力、浓度等。只要始态或终态有变化,通常摩尔反应热也就不一样。为了讨论问题方便,此处有必要引入(人为规定)标准压力和标准状态这两个概念。

标准压力是指 100 kPa 的压力,简称标准压力,常用 $p^\ominus$ 表示。引入标准压力后,便可以引入不同物质的标准状态。在 T 温度下,对不同物质的**标准状态**规定如下。

纯凝聚态物质:在 T 温度和标准压力 $p^\ominus$ 下纯物质所处的状态。

气体物质:在 T 温度和标准压力 $p^\ominus$ 下纯气体所处的状态。

溶液中的溶质:在 T 温度和标准压力 $p^\ominus$ 下浓度为 1 $\text{mol} \cdot \text{L}^{-1}$ 的状态。

根据上述规定,同一种物质在不同温度下的标准状态是不同的。标准状态一词用英文表示就是 standard state。标准状态与物理学中学习过的标准状况(standard condition)是截然不同的。标准状况只是对气体而言的,只要气体物质处于 0 ℃ 和 101 325 Pa,它就处于标准状况。气体物质的标准状况只有一种。标准压力与标准状况的压力不同,标准压力不等于一个标准大气压(1 atm = 101 325 Pa ≈ 101 300 Pa)。切忌将标准状态与标准状况混为一谈。

在 T 温度下(即所有反应物和产物的温度均为 T),当反应中的各物质都处于标准状态时,其摩尔反应热就是该反应在 T 温度下的标准摩尔反应热,常用 $\Delta_r H_m^\ominus(T)$ 表示。该符号的含义是:在 T 温度下从标准态的反应物到标准态的产物发生 1 mol 反应时系统的焓变。由于反应中的各物质都处于标准压力下,故该反应过程是一个等压过程,其标准摩尔反应焓等于标准摩尔反应热效应。通常一个反应在不同温度下的标准摩尔反应热效应是不一样的。

3. 热化学方程式

热化学方程式由两大部分组成,一是配平的反应方程式,二是摩尔反应焓即摩尔反应热效应。不过,这其中还有一些问题需要注意。

　　第一,若反应方程式的写法不同,1 mol 反应的确切含义就不一样。这就是说,摩尔反应焓 $\Delta_r H_m$ 的大小与配平的反应方程式的写法密切相关,所以应将二者同时写出。

　　第二,在反应方程式中应注明各物质的状态。例如是固态(s)、液态(l) 还是气态(g),如果固体物质存在不同的晶型,还应注明其晶型。只有这样,反应的始终态才是明确的,状态变化才是明确的,给出的状态函数改变量 $\Delta_r H_m$ 才有意义。例如在 298.15 K 下

$$C_2H_5OH(l) + 3O_2(g) == 2CO_2(g) + 3H_2O(l), \qquad \Delta_r H_m^{\ominus} = -1366.91 \text{ kJ} \cdot \text{mol}^{-1}$$

$$CaCO_3(s) == CaO(s) + CO_2(g), \qquad \Delta_r H_m^{\ominus} = 178.27 \text{ kJ} \cdot \text{mol}^{-1}$$

　　所以简单说来,热化学方程式有三个基本要素,即配平的反应方程式、各物质的状态以及该反应的摩尔反应热效应。对于某些常见物质,在不至于引起误会的情况下其物理状态在反应方程式中也可以省略。例如在 25 ℃ 下

$$2Cu + O_2 == 2CuO, \qquad \Delta_r H_m^{\ominus} = -310.4 \text{ kJ} \cdot \text{mol}^{-1}$$

此处虽然未注明各物质的物理状态,但是人们一般都会认为:在 25 ℃ 下,其中的 Cu 和 CuO 都是固体,其中的 O_2 是气体。

1.6　标准摩尔反应热效应的计算

1. 标准摩尔生成焓法

　　物质 B 在 T 温度下的**标准摩尔生成焓**是指:在 T 温度下,由指定态的单质生成 1 mol 物质 B 时的标准摩尔反应焓,并将其记为 $\Delta_f H_m^{\ominus}(B, \beta, T)$,其单位是 $J \cdot \text{mol}^{-1}$ 或 $\text{kJ} \cdot \text{mol}^{-1}$。此处,下标 f 表示生成过程(formation) 的焓变,β 是指 B 物质的物理状态或晶型。因为同是 T 温度和 $p^{\ominus}$ 压力下的 B 物质,当它的物理状态或晶型不同时,其标准摩尔生成焓就不同。由于该反应过程是在标准压力下进行的,是一个等压过程,故标准摩尔生成焓也就是**标准摩尔生成热**。根据标准摩尔生成焓的定义,液态水和气态水在 T 温度下的标准摩尔生成焓分别是下列两个反应在 T 温度下标准摩尔反应焓:

$$H_2(g) + \frac{1}{2}O_2(g) == H_2O(l)$$

$$H_2(g) + \frac{1}{2}O_2(g) == H_2O(g)$$

在 25 ℃ 下,$\Delta_f H_m^{\ominus}(H_2O, l)$ 为 $-285.83 \text{ kJ} \cdot \text{mol}^{-1}$,$\Delta_f H_m^{\ominus}(H_2O, g)$ 为 $-241.82 \text{ kJ} \cdot \text{mol}^{-1}$。同一种单质可以有多种不同的晶型或状态(如固态、液态和气态)。对于一些常见物质,在不至于引起误会的前提下,也可以把它的标准摩尔生成焓简记为 $\Delta_f H_m^{\ominus}(B, T)$,而不写出它的物理状态或晶型。在标准摩尔生成焓的定义中,一般指定态单质都是在通常条件下形态较稳定的单质。根据标准摩尔生成焓的定义,指定态单质的标准摩尔生成焓必然为零,而非指定态单质的标准摩尔生成焓一般都不等于零。

　　有了各物质的标准摩尔生成焓,就可以借此讨论任意化学反应 $aA + bB == dD + eE$ 的标准摩尔反应焓 $\Delta_r H_m^{\ominus}$,亦即标准摩尔反应热。根据物质不灭定律,任何化学反应中的反应物和产物均可由相同种类和数量的指定态单质生成,即

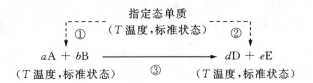

其中,① 是由指定态单质生成反应物的过程,② 是由指定态单质生成产物的过程,③ 是化学反应过程。因为状态函数的改变量只与始终态有关而与路线无关,所以从箭头方向看:

$$\Delta H_1 + \Delta H_3 = \Delta H_2$$

所以
$$\Delta H_3 = \Delta H_2 - \Delta H_1$$

即
$$\Delta_r H_m^{\ominus}(T) = \Delta H_2 - \Delta H_1$$

而
$$\Delta H_2 = d \cdot \Delta_f H_m^{\ominus}(D, T) + e \cdot \Delta_f H_m^{\ominus}(E, T)$$

$$\Delta H_1 = a \cdot \Delta_f H_m^{\ominus}(A, T) + b \cdot \Delta_f H_m^{\ominus}(B, T)$$

所以　　$$\Delta_r H_m^{\ominus}(T) = d \cdot \Delta_f H_m^{\ominus}(D, T) + e \cdot \Delta_f H_m^{\ominus}(E, T) - a \cdot \Delta_f H_m^{\ominus}(A, T) + b \cdot \Delta_f H_m^{\ominus}(B, T)$$

即
$$\Delta_r H_m^{\ominus}(T) = \sum \nu_B \Delta_f H_m^{\ominus}(B, T) \tag{1.16}$$

这就是说,一定温度下一个反应的标准摩尔反应焓等于同温度下发生 1 mol 反应时各物质的计量系数与其标准摩尔生成焓的乘积的加和。许多物质在 25 ℃ 下的标准摩尔生成焓有工具书可以查找,本书附录 Ⅰ 中列出了部分物质在 25 ℃ 下的标准摩尔生成焓数据。

例 1.7　求下列反应在 25 ℃ 下的标准摩尔反应热。

$$Fe_2O_3(s) + 3CO(g) == 2Fe(s) + 3CO_2(g)$$

解　查表可知,在 25 ℃ 下反应中各物质的标准摩尔生成焓如下:

物　　质	$Fe_2O_3(s)$	$CO(g)$	$Fe(s)$	$CO_2(g)$
$\Delta_f H_m^{\ominus}(B)/kJ \cdot mol^{-1}$	-824.2	-110.52	0	-393.51

所以　　$$\Delta_r H_m^{\ominus}(298.15\ K) = \sum \nu_B \Delta_f H_m^{\ominus}(B, 298.15\ K)$$

$$= [0 + 3 \times (-393.51) + 824.2 + 3 \times 110.52]\ kJ \cdot mol^{-1}$$

$$= -24.77\ kJ \cdot mol^{-1}$$

2. 标准摩尔燃烧焓法

物质 B 在 T 温度下的**标准摩尔燃烧焓**是指:在 T 温度下,1 mol 物质 B 完全燃烧(combustion)时的标准摩尔反应焓,并将其记为 $\Delta_c H_m^{\ominus}(B, \beta, T)$,其单位可用 $J \cdot mol^{-1}$ 或 $kJ \cdot mol^{-1}$ 表示。其中,下标 c 表示燃烧过程(combustion)的焓变,β 是指 B 物质的物理状态或晶型。由于同是 T 温度和 $p^{\ominus}$ 压力下的 B 物质,当它的物理状态或晶型不同时,其标准摩尔燃烧焓也就不同。此处完全燃烧是指 B 物质中分别发生下列变化:

所有 C 原子都变为 $CO_2(g)$;

所有 H 原子都变为 $H_2O(l)$;

所有 S 原子都变为 $SO_2(g)$;

所有 N 原子都变为 $N_2(g)$;

所有 Cl 原子都变为 HCl 水溶液。

由于该燃烧反应是在标准压力下进行的,它是一个等压过程,故标准摩尔燃烧焓也就是**标准摩尔燃烧热**。

　　既然对完全燃烧产物有了明确规定,根据物质不灭定律,一个配平的反应方程式中的反应物和产物分别完全燃烧时,必然会得到种类和数量都相同的完全燃烧产物,即

$$
\begin{array}{ccc}
 & \text{完全燃烧产物} & \\
\textcircled{1} & (T\ \text{温度},\text{标准状态}) & \textcircled{2} \\
aA + bB & \xrightarrow{\quad\textcircled{3}\quad} & dD + eE \\
(T\ \text{温度},\text{标准状态}) & & (T\ \text{温度},\text{标准状态})
\end{array}
$$

其中 ① 是反应物的完全燃烧过程,② 是产物的完全燃烧过程,③ 是化学反应过程。因为状态函数的改变量只与始终态有关而与路线无关,所以从箭头方向看

$$\Delta H_1 = \Delta H_3 + \Delta H_2$$

所以　　　　　　　　　　　　　$$\Delta H_3 = \Delta H_1 - \Delta H_2$$

即　　　　　　　　　　　　　　$$\Delta_r H_m^{\ominus} = \Delta H_1 - \Delta H_2$$

而　　　　　$$\Delta H_1 = a \cdot \Delta_c H_m^{\ominus}(A,T) + b \cdot \Delta_c H_m^{\ominus}(B,T)$$

$$\Delta H_2 = d \cdot \Delta_c H_m^{\ominus}(D,T) + e \cdot \Delta_c H_m^{\ominus}(E,T)$$

所以　$$\Delta_r H_m^{\ominus}(T) = a \cdot \Delta_c H_m^{\ominus}(A,T) + b \cdot \Delta_c H_m^{\ominus}(B,T) - d \cdot \Delta_c H_m^{\ominus}(D,T) - e \cdot \Delta_c H_m^{\ominus}(E,T)$$

即　　　　　　　　　　$$\Delta_r H_m^{\ominus}(T) = -\sum \nu_B \Delta_c H_m^{\ominus}(B,T) \tag{1.17}$$

这就是说,在一定温度下,一个反应的标准摩尔反应焓等于同温度下发生 1 mol 反应时各物质的计量系数与其标准摩尔燃烧焓乘积的加和的负值。许多物质在 25 ℃ 下的标准摩尔燃烧焓有工具书可以查找,本书附录 Ⅱ 中列出了部分物质在 25 ℃ 下的标准摩尔燃烧焓数据。

　　例 1.8　求下列反应在 25 ℃ 下的标准摩尔反应焓。

$$3C_2H_2(g,\text{乙炔}) =\!=\!= C_6H_6(l,\text{苯})$$

　　解　经查找,反应中各物质在 25 ℃ 下的标准摩尔燃烧焓如下:

物　质	$C_2H_2(g,\text{乙炔})$	$C_6H_6(l,\text{苯})$
$\Delta_c H_m^{\ominus}(B)/kJ \cdot mol^{-1}$	-1299.6	-3267.5

所以　　　$$\Delta_r H_m^{\ominus}(298.15\ K) = -\sum \nu_B \Delta_c H_m^{\ominus}(B,298.15\ K)$$

$$= (-3 \times 1299.6 + 3267.5)kJ \cdot mol^{-1}$$

$$= -631.3\ kJ \cdot mol^{-1}$$

　　根据前边的讨论,似乎仅用标准摩尔生成焓数据就可以求算所有反应的标准摩尔反应焓,似乎仅用标准摩尔燃烧焓数据也可以求算所有反应的标准摩尔反应焓,那为何还要同时引出标准摩尔生成焓和标准摩尔燃烧焓这两套数据呢?原因是许多有机化合物实际上很难或者根本无法直接由指定态单质生成,或者生成反应的副产物较多。这样也就很难通过实验得到某个指定有机化合物的标准摩尔生成焓数据。与此同时,也有许多无机物根本不能燃烧,如$CaCO_3$、Fe_2O_3 等,所以这些无机物也就无燃烧焓可言。在这种情况下,标准摩尔生成焓数据和标准摩尔燃烧焓数据在热化学中可以起到相互补充的作用,两者缺一不可。

　　对标准摩尔生成焓和标准摩尔燃烧焓概念一定要充分理解,在此基础上结合状态函数的性质才能灵活运用而不出差错,如

$$\Delta_c H_m^{\ominus}(\text{石墨},T) = \Delta_f H_m^{\ominus}(CO_2,g,T) \neq \Delta_c H_m^{\ominus}(\text{金刚石},T)$$

又如　　　$$\Delta_f H_m^{\ominus}(H_2O,l,T) = \Delta_c H_m^{\ominus}(H_2,g,T) \neq \Delta_f H_m^{\ominus}(H_2O,g,T)$$

3. 用其他方法计算

此处所谓其他方法,其本质就是紧紧抓住状态函数的改变量只与始终态有关而与路线无关这一点进行讨论分析。结合下面的例题,即可领会这种方法。

例 1.9　在 25 ℃ 下已知

① $C(石墨) + O_2(g) = CO_2(g)$,　　　$\Delta_r H_{m,1}^{\ominus} = -393.5 \text{ kJ} \cdot \text{mol}^{-1}$

② $CO(g) + \dfrac{1}{2}O_2(g) = CO_2(g)$,　　　$\Delta_r H_{m,2}^{\ominus} = -282.9 \text{ kJ} \cdot \text{mol}^{-1}$

求 25 ℃ 下反应 ③ 的标准摩尔反应焓 $\Delta_r H_{m,3}^{\ominus}$。

③ $C(石墨) + \dfrac{1}{2}O_2(g) = CO(g)$

分析: 反应方程式中给出了各物质的物理状态或晶型,各物质的温度已统一给出(均为 25 ℃)。各物质所处的压力已反映在摩尔反应焓的符号里,即该符号中的上标 $\ominus$ 表明反应前后各物质都处于标准状态,其压力必然都是标准压力。

解　通过比较这三个反应方程式可以看出:在不同反应中,同种物质的状态是完全相同的,所以反应 ③ 和反应 ② 这两步反应的总结果与反应 ① 完全相同,即

$$① = ③ + ② \tag{A}$$

这就是说,反应 ① 不论是一步完成还是通过反应 ③ 和反应 ② 分两步来完成,其结果是一样的。由于状态函数的改变量只与始终态有关而与路线无关,所以

$$\Delta_r H_{m,1}^{\ominus} = \Delta_r H_{m,3}^{\ominus} + \Delta_r H_{m,2}^{\ominus} \tag{B}$$

可以把(A)式改写为

$$③ = ① - ② \tag{A'}$$

同样也可以把(B)式改写为

$$\Delta_r H_{m,3}^{\ominus} = \Delta_r H_{m,1}^{\ominus} - \Delta_r H_{m,2}^{\ominus} \tag{B'}$$

所以　　　　　$\Delta_r H_{m,3}^{\ominus} = (-393.5 + 282.9) \text{ kJ} \cdot \text{mol}^{-1}$

　　　　　　　　$= -110.6 \text{ kJ} \cdot \text{mol}^{-1}$

通过比较上例中的(A)和(B)两式、比较(A')和(B')两式可以看出:在计算状态函数改变量时,化学方程式如同代数方程式,可以进行加减运算。在这样处理的过程中有一个问题需要注意,那就是仅当同一种物质在不同反应方程式中所处的状态完全相同时才能彼此加和或抵消。

例 1.10　在 25 ℃ 下已知

① $C(石墨) + \dfrac{1}{2}O_2(g) = CO(g)$,　　　$\Delta_r H_{m,1}^{\ominus} = -110.6 \text{ kJ} \cdot \text{mol}^{-1}$

② $3Fe(s) + 2O_2(g) = Fe_3O_4(s)$,　　　$\Delta_r H_{m,2}^{\ominus} = -1117.1 \text{ kJ} \cdot \text{mol}^{-1}$

求 25 ℃ 下反应 ③ 的标准摩尔反应焓 $\Delta_r H_{m,3}^{\ominus}$。

③ $Fe_3O_4(s) + 4C(石墨) = 3Fe(s) + 4CO(g)$

解　因为　　　③ $= 4 \times ① - ②$

所以　　　$\Delta_r H_{m,3}^{\ominus} = 4\Delta_r H_{m,1}^{\ominus} - \Delta_r H_{m,2}^{\ominus}$

　　　　　　　$= (-4 \times 110.6 + 1117.1) \text{ kJ} \cdot \text{mol}^{-1}$

　　　　　　　$= 674.7 \text{ kJ} \cdot \text{mol}^{-1}$

1.7　反应热效应的测定

1. 反应热效应的测定

用于实验测定反应热效应的仪器叫做量热计。图 1.3 是弹式量热计的工作原理示意图。其中的反应器是用导热性能很好的材料制作的刚性容器。其绝热壁内的水、反应器及所有附件的总热容有一定的值,可将其当作仪器常数。易燃烧物质在该装置中借助电火花的引发会发生燃烧反应,而且由于电火花本身产生的能量很少,所以可忽略不计。根据反应物的量可以计算反应进度 ξ。通过测量反应前后水浴温度的变化情况,结合该量热计的总热容,可以得到等容反应热效应 Q_V。由 Q_V 与 ξ 的比值便可得到该反应的等容摩尔反应热效应 $Q_{V,m}$。

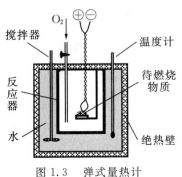

图 1.3　弹式量热计

2. $Q_{p,m}$ 与 $Q_{V,m}$ 的关系

实践中,虽然有许多反应是在一定压力下完成的,但是作为反应热效应的原始数据,有许多是用弹式量热计在等容条件下测得的等容摩尔反应热效应。在实践中,相对而言等压反应过程更常见。那么,怎样借助等容摩尔反应热效应计算同温度下的等压摩尔反应热效应呢?为此,有必要了解在一定温度下,等压摩尔反应热效应 $Q_{p,m}$ 与等容摩尔反应热效应 $Q_{V,m}$ 之间的关系。

现在考察一个可分别以等温等压和等温等容两种方式完成的反应:

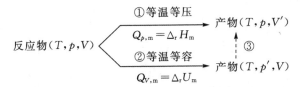

沿两条不同路线反应虽然得到了相同种类和数量的产物,但是产物所处的状态不同。不过,可以通过 ③ 这种简单变化过程使得产物从一种状态变到另一种状态。又因状态函数的改变量只与始终态有关而与路线无关,故从箭头方向看

$$\Delta U_1 = \Delta U_2 + \Delta U_3 \tag{1.18}$$

在一定温度下,压力变化时系统的体积会发生变化。体积变化的本质是系统内的分子间距发生了变化,结果会改变分子间的相互作用能,从而引起热力学能的改变。但对于理想气体而言,因其分子之间无相互作用,故其热力学能只是温度的函数而与压力无关,焦耳实验已验证了这一点。对于凝聚态物质而言,其体积对压力不敏感,所以凝聚态物质的热力学能对压力不敏感。对实际气体而言,它虽然与理想气体不同,但由于气体分子的间距很大,实际气体分子之间虽有相互作用,但相互作用很弱,其热力学能对压力也不敏感。所以不论反应产物是气体还是凝聚态物质,当过程 ③ 中的压力变化范围不很大时,过程 ③ 中热力学能的改变量都很小,都可以忽略不计,即

$$\Delta U_3 \approx 0$$

那么由式(1.18) 知

$$\Delta U_1 \approx \Delta U_2 \tag{1.19}$$

根据焓的定义 $\Delta H_1 = \Delta U_1 + \Delta (pV)_1$，将式(1.19) 代入此式可得

$$\Delta H_1 \approx \Delta U_2 + \Delta (pV)_1$$

即

$$\Delta H_1 - \Delta U_2 \approx \Delta (pV)_1$$

又因为过程 ① 是等压过程，过程 ② 是等容过程，所以

$$\Delta H_1 = Q_{p,m}, \qquad \Delta U_2 = Q_{V,m}$$

$$Q_{p,m} - Q_{V,m} \approx \Delta (pV)_1 \tag{1.20}$$

若等温等压反应中的总压力不很大，不仅反应前后凝聚态物质对 $\Delta (pV)$ 的贡献可忽略不计，而且可把反应中的气体物质都近似当作理想气体来处理。在这种情况下

$$\Delta (pV)_1 \approx \Delta (pV)_g = \sum \nu_{B,g} \cdot RT$$

其中的 $\sum \nu_{B,g}$ 是反应前后气体物质计量系数的加和。将此代入式(1.20) 可得

$$Q_{p,m} - Q_{V,m} \approx \sum \nu_{B,g} \cdot RT \tag{1.21}$$

例如在压力不很大的情况下：

对于反应 $N_2(g) + 3H_2(g) == 2NH_3(g)$

$$\sum \nu_{B,g} = 2 - 1 - 3 = -2, \qquad Q_{p,m} - Q_{V,m} \approx -2RT$$

对于反应 $2C(s) + O_2(g) == 2CO(g)$

$$\sum \nu_{B,g} = 2 - 1 = 1, \qquad Q_{p,m} - Q_{V,m} \approx RT$$

对于反应 $Cl_2(g) + H_2(g) == 2HCl(g)$

$$\sum \nu_{B,g} = 2 - 1 - 1 = 0, \qquad Q_{p,m} \approx Q_{V,m}$$

例 1.11　乙醇的燃烧反应如下：

$$C_2H_5OH(l) + 3O_3(g) == 2CO_2(g) + 3H_2O(l)$$

在 25 ℃ 下使 2.5 g 乙醇与过量的氧在弹式量热计中完全燃烧，实验结束后温度升高了 3.71 ℃。已知实验用量热计的总热容是 $20.0 \, kJ \cdot K^{-1}$。

(1) 计算在 25 ℃ 下乙醇燃烧反应的等容摩尔反应热效应 $Q_{V,m}$。

(2) 计算在 25 ℃ 下乙醇的标准摩尔燃烧焓。

解　(1) 在弹式量热计中的燃烧过程是一个等容过程，所以

$$Q_{V,m} = \frac{Q_V}{\xi} = \frac{-C_V \cdot \Delta T}{m/M}$$

即

$$Q_{V,m} = \frac{-20.0 \times 3.71}{2.5/46} \, kJ \cdot mol^{-1}$$

$$= -1365 \, kJ \cdot mol^{-1}$$

因反应放热，故 $Q_V < 0$。

(2) 如果该反应是在 25 ℃ 和等压条件下完成的，则由式(1.21) 可知

$$Q_{p,m} = Q_{V,m} + \sum \nu_{B,g} \cdot RT$$

因为

$$\sum \nu_{B,g} = 2 - 3 = -1$$

所以

$$Q_{p,m} = Q_{V,m} - RT$$

即
$$Q_{p,m} = (-1365 - 8.314 \times 298 \times 10^{-3})\ \text{kJ} \cdot \text{mol}^{-1}$$
$$= -1367\ \text{kJ} \cdot \text{mol}^{-1}$$

对于等压反应,摩尔反应热效应 $Q_{p,m}$ 等于摩尔反应焓 $\Delta_r H_m$。由于压力对摩尔反应焓的影响微乎其微,故如果压力不很大,则非标准压力下的摩尔反应焓与标准摩尔反应焓近似相等,即 $\Delta_r H_m$ 与 $Q_{p,m}$ 近似相等。所以 25 ℃ 下乙醇的标准摩尔燃烧焓为

$$\Delta_c H_m^{\ominus} = Q_{p,m} = -1367\ \text{kJ} \cdot \text{mol}^{-1}$$

1.8　反应热效应与温度及压力的关系 *

1. 反应热效应与压力的关系

设想在 T 温度下,有一个从纯物质到纯物质的反应。该反应可以在 $p^{\ominus}$ 压力下等压完成,也可以在 p 压力下等压完成。不论在什么压力下进行,都是等温等压反应,其摩尔反应焓都等于摩尔反应热效应。但是在两个不同压力下的摩尔反应焓严格说来是不相同的,因为这两种情况下的始态和终态都不相同。在 $p^{\ominus}$ 压力下的摩尔反应焓就是标准摩尔反应焓,可借助于同温度下的标准摩尔生成焓或标准摩尔燃烧焓进行计算。但是在 p 压力下的摩尔反应焓应该如何计算呢?

$$
\begin{array}{ccccc}
T, p^{\ominus} & aA & \xrightarrow{\ \ \Delta_r H_m^{\ominus}\ \ ①\ \ } & bB \\
 & \uparrow ③ & ② & \downarrow ④ \\
T, p & aA & \xrightarrow[\Delta_r H_m]{} & bB
\end{array}
$$

设想在 T 温度和 p 压力下的反应也可以绕道经过 ③、①、④ 三个步骤来完成,其中的过程 ③ 和 ④ 都是简单变化。所以

$$\Delta H_2 = \Delta H_3 + \Delta H_1 + \Delta H_4$$

即
$$\Delta_r H_m(T, p) = \Delta H_3 + \Delta_r H_m^{\ominus}(T) + \Delta H_4$$

此处的 ΔH_3 和 ΔH_4 都是简单的等温变压过程中焓的改变量。现以 ΔH_4 为例进行分析。

$$\Delta H_4 = \Delta U_4 + \Delta(pV)_4$$

在 $Q_{p,m}$ 与 $Q_{V,m}$ 之间关系的讨论中已经看到:在一定温度下,压力对内能 U 的影响可忽略不计,即 $\Delta U_4 \approx 0$。就 $\Delta(pV)_4$ 项而言,一定温度下对于理想气体,因 $pV(= nRT)$ 为常数,故 $\Delta(pV)_4 = 0$;一定温度下对于凝聚态物质,压力 p 变化时体积 V 的变化微乎其微,故 pV 随压力的变化微乎其微,即 $\Delta(pV)_4 \approx 0$,所以

$$\Delta H_4 \approx 0$$

同理
$$\Delta H_3 \approx 0$$

所以
$$\Delta_r H_m(T, p) \approx \Delta_r H_m^{\ominus}(T)$$

如此说来,在一定温度下,压力对摩尔反应焓的影响很小,这种影响在许多情况下可忽略不计。所以,通常对 $\Delta_r H_m(T, p)$ 和 $\Delta_r H_m^{\ominus}(T)$ 不必加以严格区分。

2. 反应热效应与温度的关系

设想有一个反应,该反应可以在 T_1 温度下从标准态到标准态发生,也可以在 T_2 温度下从

标准态到标准态发生。不论反应在哪个温度下发生,它都是等温等压过程,它的摩尔反应焓都等于摩尔反应热。但是在两种不同温度下的摩尔反应焓一般说来是不相同的,因为在两种不同温度下反应物的状态即始态不同,产物的状态即终态也不同。但是若 $\Delta_r H_m^{\ominus}(T_1)$ 是已知的,就可以借助反应中各物质的等压摩尔热容计算 T_2 温度下的 $\Delta_r H_m^{\ominus}(T_2)$。

$$
\begin{array}{ccc}
T_1, p^{\ominus} & aA \xrightarrow[\quad①\quad]{\Delta_r H_m^{\ominus}(T_1)} & bB \\[4pt]
& ③\uparrow \qquad\qquad & \downarrow④ \\[4pt]
T_2, p^{\ominus} & aA \xrightarrow[\Delta_r H_m^{\ominus}(T_2)]{\quad②\quad} & bB
\end{array}
$$

设想在 T_2 温度下的反应可绕道经过 ③、①、④ 三个步骤来完成,其中步骤 ③ 和 ④ 都是简单的等压变温过程,步骤 ① 是等温等压反应过程,那么

$$\Delta H_2 = \Delta H_3 + \Delta H_1 + \Delta H_4$$

即

$$
\begin{aligned}
\mathrm{d}\Delta_r H_m^{\ominus}(T_2) &= \Delta H_3 + \Delta_r H_m^{\ominus}(T_1) + \Delta H_4 \\
&= aC_{p,m}(A)(T_1 - T_2) + \Delta_r H_m^{\ominus}(T_1) + bC_{p,m}(B)(T_2 - T_1)^{①} \\
&= \Delta_r H_m^{\ominus}(T_1) + [bC_{p,m}(B) - aC_{p,m}(A)](T_2 - T_1)
\end{aligned}
$$

所以

$$\Delta_r H_m^{\ominus}(T_2) = \Delta_r H_m^{\ominus}(T_1) + \sum \nu_B C_{p,m}(B) \cdot (T_2 - T_1) \tag{1.22}$$

待高等数学中学习了微积分以后,结合式(1.22)的推导过程容易得出

$$\Delta_r H_m^{\ominus}(T + \mathrm{d}T) - \Delta_r H_m^{\ominus}(T) = \sum_B \nu_B C_{p,m}(B)\mathrm{d}T$$

即

$$\mathrm{d}\Delta_r H_m^{\ominus}(T) = \sum_B \nu_B C_{p,m}(B)\mathrm{d}T$$

所以

$$\frac{\mathrm{d}\Delta_r H_m^{\ominus}(T)}{\mathrm{d}T} = \Delta_r C_{p,m} \tag{1.23}$$

其中

$$\Delta_r C_{p,m} = \sum_B \nu_B C_{p,m}(B) \tag{1.24}$$

式(1.23)反映了一个反应的标准摩尔反应焓随温度(可以在不同温度下发生等温反应)的变化率。式(1.24)中的 $\Delta_r C_{p,m}$ 是发生一摩尔反应时等压摩尔热容的改变量。

在一定压力下,式(1.23)两边同乘以 $\mathrm{d}T$ 并进行定积分,整理可得

$$\Delta_r H_m^{\ominus}(T_2) = \Delta_r H_m^{\ominus}(T_1) + \int_{T_1}^{T_2} \Delta_r C_{p,m}\mathrm{d}T \tag{1.25}$$

式(1.25)称为**基希霍夫公式**。其中若选用 T_1 为 298.15 K,则借助于 298.15 K 下各物质的标准摩尔生成焓或标准摩尔燃烧焓以及各物质的等压摩尔热容,就可以计算得到任意温度 T_2 下的标准摩尔反应焓 $\Delta_r H_m^{\ominus}(T_2)$。

3. 相变热与温度的关系

为了讨论问题方便,有必要引入相概念。具有相同的宏观物理性质和化学性质的均匀部分属于同一个**相**。相反,宏观物理性质或化学性质不完全相同的部分就属于不同的相。如一杯处于平衡状态的水溶液,不论其中含有多少种溶质,不论其中溶质是什么,也不论其中各溶质的浓度是大还是小,由于各不同区域的浓度、密度、温度、电导率、pH 值等宏观物理性质和化学

---

① 如果物质的等压摩尔热容 $C_{p,m}$ 不是常数,而与温度有关,则此处就需要积分。

性质都相同,所以该系统中只有一个相。又如对于一杯氯化钠和蔗糖都溶解达到饱和的水溶液,其底部还有少许尚未溶解的固体蔗糖和固体氯化钠。该系统共有三个相,它们分别是溶液、固体蔗糖和固体氯化钠。固体蔗糖虽然有许多颗粒,但是它们彼此的宏观物理性质和化学性质都相同,所以属于同一个相。固体氯化钠也是如此。这就是说,属于同一相的物质可以是连续的,也可以是不连续的,只要它们的宏观物理性质和化学性质相同即可。又如,有两杯盐酸溶液,如果它们的温度、压力、浓度这三个参数中有一个不同,它们就不属于同一个相。

相变化是指同种物质在不同相之间的迁移过程。到目前为止,我们比较熟悉的相变化过程主要有熔化(fusion)及其逆过程凝固、蒸发(vaporization)及其逆过程凝结、升华(sublimation)及其逆过程凝华以及固体物质的晶型转化(如单斜硫转化为正交硫、红磷转化为白磷)等。通常在相变化过程中,系统的化学组成不变,即没有化学反应发生。但是在相变化过程中,系统的许多宏观物理性质和化学性质往往会发生明显的变化,如密度、硬度、浓度、pH值等。虽然从大的方面看,整个自然界有气、液、固三种物理状态,但整个自然界的相数是无限多的。

正常熔点和**正常沸点**分别是指在一个标准大气压力(即 101 325 Pa,而不是标准压力)下的熔化温度和沸腾温度。许多物质在其正常熔点和正常沸点时的相变热可从相关的工具书中找到,但在其他温度下发生相变化时其相变热如何求算呢?回顾一下前边有关基希霍夫公式的推导过程,再结合不同温度下发生的相变过程,很容易看出基希霍夫公式对于相变过程也是适用的。或者说,可以把相变化看做是一种简单的化学反应,也可以使用基希霍夫公式。下边给出两个例子。

例 1.12 在 80 ℃ 和 101 325 Pa 下,当 1 mol 水蒸气凝结成水时,求该过程的热效应。已知 $C_{p,m}(l) = 75.3 \text{ J} \cdot \text{K}^{-1} \cdot \text{mol}^{-1}$,$C_{p,m}(g) = 33.6 \text{ J} \cdot \text{K}^{-1} \cdot \text{mol}^{-1}$。另外,已知水在其正常沸点 100 ℃ 下的摩尔蒸发热为 $\Delta_{vap} H_m(H_2O) = 40.6 \text{ kJ} \cdot \text{mol}^{-1}$。

解

$$
\begin{array}{ccc}
100\ ℃,101\ 325\ \text{Pa} & H_2O(g) \xrightarrow[①]{\Delta_r H_m(373.15\ \text{K})} & H_2O(l) \\[2mm]
③\uparrow\ \ \ & & \ \ \ \downarrow④ \\[2mm]
80\ ℃,101\ 325\ \text{Pa} & H_2O(g) \xrightarrow[②]{\Delta_r H_m(353.15\ \text{K})} & H_2O(l)
\end{array}
$$

根据式(1.22)

$$\Delta_r H_m(373.15\ \text{K}) = \Delta_r H_m(373.15\ \text{K}) + \Delta_r C_{p,m} \cdot \Delta T$$
$$= -40.6 + (75.3 - 33.6) \times 10^{-3} \times (353.15 - 373.15)$$
$$= -41.4\ \text{kJ} \cdot \text{mol}^{-1}$$

所以该过程是放热的,放出的热量为

$$-Q = -n \cdot \Delta_r H_m = 41.4\ \text{kJ}$$

例 1.13 在 101.3 kPa 下,把 2 mol 水从 25 ℃ 开始加热,使其变为 101.3 kPa、120 ℃ 的水蒸气。求整个过程中系统吸收的热。已知

在 100 ℃ 下　　　　　　$\Delta_{vap} H_m(H_2O) = 40.6\ \text{kJ} \cdot \text{mol}^{-1}$

$C_{p,m}(l) = 75.3\ \text{J} \cdot \text{K}^{-1} \cdot \text{mol}^{-1}$,　　　$C_{p,m}(g) = 33.6\ \text{J} \cdot \text{K}^{-1} \cdot \text{mol}^{-1}$

解 因为这是个等压过程,而且无非体积功,所以 $Q = \Delta H$。又因 ΔH 只与始终态有关而与路线无关,因此特设计如下变化路线:

$$\boxed{\begin{array}{c} 25\ ℃,l \\ 101.3\ kPa \end{array}} \xrightarrow{①} \boxed{\begin{array}{c} 100\ ℃,l \\ 101.3\ kPa \end{array}} \xrightarrow{②} \boxed{\begin{array}{c} 100\ ℃,g \\ 101.3\ kPa \end{array}} \xrightarrow{③} \boxed{\begin{array}{c} 120\ ℃,g \\ 101.3\ kPa \end{array}}$$

$$\begin{aligned} \Delta H_1 &= n \cdot C_{p,m}(l) \cdot (373\ K - 298\ K) \\ &= [2 \times 75.3 \times (373 - 298)]J \\ &= 11.3\ kJ \end{aligned}$$

$$\begin{aligned} \Delta H_2 &= n \cdot \Delta_{vap}H_m(H_2O) \\ &= 2\ mol \times 40.6\ kJ \cdot mol^{-1} \\ &= 81.2\ kJ \end{aligned}$$

$$\begin{aligned} \Delta H_3 &= n \cdot C_{p,m}(g) \cdot (393\ K - 373\ K) \\ &= [2 \times 33.6 \times (393 - 373) \times 10^{-3}]kJ \\ &= 1.3\ kJ \end{aligned}$$

$$\begin{aligned} Q = \Delta H &= \Delta H_1 + \Delta H_2 + \Delta H_3 \\ &= 11.3\ kJ + 81.2\ kJ + 1.3\ kJ \\ &= 93.8\ kJ \end{aligned}$$

思考题 1

1.1 敞开系统、封闭系统及孤立系统彼此有什么不同?

1.2 绝热系统一定就是孤立系统吗?

1.3 系统与环境之间的相互作用有哪些?

1.4 热力学第一定律是否违背能量守恒定律,为什么?

1.5 什么是热力学性质?

1.6 在化学热力学中,所谓"状态"都是指平衡状态,更准确地讲都是指热力学平衡状态。那什么是热力学平衡状态呢?

1.7 什么是状态函数?状态函数有哪些性质?

1.8 把密闭容器内的气体作为系统时,系统施加给环境的压力与环境施加给系统的压力是否都相同?系统施加给环境的压力与系统内部的压力是否都相同?

1.9 什么是热力学能?

1.10 通常计算体积功时,为什么都要用环境的压力 p_e 而不能用系统的压力 p?

1.11 Q 和 W 分别代表什么?$-Q$ 和 $-W$ 又分别代表什么?

1.12 在状态变化过程中,$Q = 350\ J$ 和 $Q = -350\ J$ 分别意味着什么?

1.13 体积功除了与始终态有关外,与态变化的具体路线有没有关系?试举例说明。

1.14 对于变量 Q_p、$e^{1/RT}$、$p \cdot \Delta V$、$\Delta(pV/T)$、Q/T、$\ln(T_2/T_1)$ 以及 $\sqrt{RT/\pi}$,请区分哪些是状态函数,哪些是状态函数改变量,哪些既不是状态函数也不是状态函数改变量?

1.15 有人错误地认为 Q_V 和 Q_p 都是状态函数,也有人错误地认为 Q_V 和 Q_p 都是状态函数的改变量。请问为什么会出现这些错误的观点?

1.16　$Q_V = \Delta U$ 和 $Q_p = \Delta H$ 的使用条件分别是什么?

1.17　$\Delta V = 0$ 的过程必然是等容过程吗?

1.18　在等压过程中,系统的压力都恒定不变吗?

1.19　$Q = 0$ 的过程一定是绝热过程吗?

1.20　在一定温度下,凝聚态物质有没有标准状态?

1.21　每一种物质处于标准状态时的温度都是 25 ℃ 吗?

1.22　影响各物质标准状态的因素是什么?

1.23　在一定的大气压力下,欲将 500 mL 水从 20 ℃ 加热到 80 ℃。此过程中水吸收的热量与选用 500 W 的电炉还是 1000 W 的电炉是否有关,为什么?

1.24　盖斯定律是千真万确的吗?

1.25　为什么引入反应进度概念?

1.26　为什么反应进度与反应方程式的写法有关?

1.27　什么是摩尔反应?

1.28　为什么说摩尔反应和摩尔反应热效应都与反应方程式的写法有关?

1.29　解释符号 $\Delta_r H_m^{\ominus}(T)$ 中的 r、m、T 这三个字母分别代表什么,并用语言完整地描述符号 $\Delta_r H_m^{\ominus}(T)$ 的物理意义。

1.30　$\Delta_r H$ 与 $\Delta_r H_m$ 的物理意义有何区别?两者的单位分别是什么?

1.31　你能导出用标准摩尔生成焓计算标准摩尔反应焓的通式吗?

1.32　你能导出用标准摩尔燃烧焓计算标准摩尔反应焓的通式吗?

1.33　查表看,在 25 ℃ 下 C(石墨)的标准摩尔燃烧热分别与 $CO_2(g)$ 和 $CO(g)$ 的标准摩尔生成热是否相同,为什么?

1.34　查表看,在 25 ℃ 下 $H_2(g)$ 的标准摩尔燃烧热分别与 $H_2O(l)$ 和 $H_2O(g)$ 的标准摩尔生成热是否相同,为什么?

1.35　原则上有了不同物质在 25 ℃ 下的标准摩尔生成焓和标准摩尔燃烧焓数据,就可以计算化学反应在任意温度下的摩尔反应热效应。你知道这是为什么吗?具体计算时还需要哪些数据?

1.36　有了不同物质在 25 ℃ 下的标准摩尔生成焓和标准摩尔燃烧焓数据,并找到了各物质的等压摩尔热容。在这些前提条件下,从一定温度下的反应物开始,当发生等压绝热反应时,你能否根据态函数的改变量只与始终态有关而与路线无关这一点,设计适当的态变化路线并计算反应结束时的终态温度?

1.37　根据态函数的改变量只与始终态有关而与路线无关这一点,你能导出基希霍夫公式吗?

1.38　根据本章学习过的内容,可以分析计算在任意温度 T 下从纯物质到纯物质发生等压化学反应时的摩尔反应热效应。那么,在等温等压条件下对于溶液中的反应(即从溶液到溶液),借助于各物质的溶解热和等压摩尔热容数据,是否可以分析计算溶液中的反应在任意温度 T 下的摩尔反应热效应?

习　　题　　1

1.1　给 100 g 乙醇加热使其完全气化变成 80 ℃、10^5 Pa 的气体。已知乙醇的相对分子量为 46,在前述条件下可以把乙醇蒸气近似看做理想气体。

(1) 求所得乙醇蒸气的体积。

(2) 如果所得乙醇蒸气处于 80 ℃ 和 85 kPa,则其摩尔体积是多少?

1.2　在 15 ℃ 和 96 kPa 下,当 100 g CaC₂ 与过量水反应时,生成的乙炔气体反抗外压对环境所做的功是多少?

1.3　在 100 ℃ 和 101.3 kPa 下,把 1.5 kg 水加热使其完全气化。求该过程的 Q、W 和 ΔU。已知水的摩尔蒸发热(即摩尔气化热)为 40.66 kJ·mol⁻¹。

1.4　已知氧气的等压摩尔热容为 $C_{p,m} = 29.35$ J·K⁻¹·mol⁻¹。在 120 kPa 下将 3 mol 氧气从 20 ℃ 加热到 45 ℃ 时,求算该过程的 Q、W 和 ΔU。

1.5　一个密闭容器内装有氯气。现以氯气为系统,如题 1.5 图所示,当系统沿第一条路线 $a \to b \to c$ 发生状态变化时,系统从环境吸热 200 J,同时系统对外做功 70 J。当系统沿第二条路线 $a \to d \to c$ 发生状态变化时,系统对外只做了 15 J 的功。

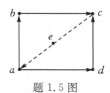

题 1.5 图

(1) 求系统沿第二条路线 $a \to d \to c$ 变化时吸收的热。

(2) 当系统沿着路线 $c \to e \to a$ 从末态回到初始状态时,环境需要对系统做功 35 J,这时系统将从环境吸收多少热?

1.6　在 0 ℃ 和 610 Pa 下,已知冰的摩尔熔化热为 6.02 kJ·mol⁻¹、液态水的摩尔蒸发热为 44.84 kJ·mol⁻¹。计算同温同压下把 2 mol 冰变为水蒸气时的焓变。

1.7　常压下已知水在 10 ℃ 和 70 ℃ 下的密度分别为 0.9997 g·mL⁻¹ 和 0.9778 g·cm⁻³,水在常压下的等压摩尔热容为 75.30 J·K⁻¹·mol⁻¹。计算在常压下把 10 kg 水从 10 ℃ 加热到 70 ℃ 时的 ΔU 和 ΔH。

1.8　在 25 ℃ 和常压下,把 1 mol MgSO₄ 溶解于一定量水中时放热 91.12 kJ。把 1 mol MgSO₄·7H₂O(s) 溶解于适量水中形成同样浓度的水溶液时吸热 13.79 kJ。请计算下列反应的摩尔反应热效应 $\Delta_r H_m$。

$$MgSO_4(s) + 7H_2O(l) = MgSO_4 \cdot 7H_2O(s)$$

1.9　在不同条件下将 5 mol 压力为 100 kPa、温度为 273 K 的理想气体加热到 323 K 时,求 Q、W、ΔU 和 ΔH。已知 $C_{p,m} = 29.1$ J·K⁻¹·mol⁻¹

(1) 等压加热。

(2) 等容加热。

1.10　在 25 ℃ 下,已知

$$2C_2H_2(g) + 5O_2(g) = 4CO_2(g) + 2H_2O(l), \quad \Delta_r H_m^\ominus = -2599 \text{ kJ·mol}^{-1}$$

如果在 25 ℃ 和大气压力下把 0.5 kg 乙炔完全燃烧,则

(1) 该反应的反应进度是多少?

(2) 求该反应的焓变 $\Delta_r H$。

1.11　在 600 ℃ 下已知下列反应的标准摩尔反应焓

① $3Fe_2O_3(s) + CO(g) = 2Fe_3O_4(s) + CO_2(g), \quad \Delta_r H_{m,1}^\ominus = -6.3$ kJ·mol⁻¹

② $Fe_3O_4(s) + CO(g) = 3FeO(s) + CO_2(g), \quad \Delta_r H_{m,2}^\ominus = 22.6$ kJ·mol⁻¹

③ $FeO(s) + CO(g) = Fe(s) + CO_2(g), \quad \Delta_r H_{m,3}^\ominus = -13.9$ kJ·mol⁻¹

求同温度下反应 ④ $Fe_2O_3(s) + 3CO = 2Fe(s) + 3CO_2(g)$ 的标准摩尔反应焓。

1.12 计算下列反应在 298.15 K 下的标准摩尔反应焓,所需数据可从附录中查找。

(1) $C_2H_4(g) + 2H_2O(l) \Longrightarrow 2CO(g) + 4H_2(g)$

(2) $Fe_3O_4(s) + H_2(g) \Longrightarrow 3FeO(s) + H_2O(g)$

(3) $C_2H_5OH(l) + 3O_2(g) \Longrightarrow 2CO_2(g) + 3H_2O(l)$

(4) $2CO(g) + O_2(g) \Longrightarrow 2CO_2(g)$

(5) $C_6H_6(l,苯) + 3H_2(g) \Longrightarrow C_6H_{12}(l,环己烷)$

(6) $CaCO_3(s) \Longrightarrow CaO(s) + CO_2(g)$

(7) $SO_2(g) + \frac{1}{2}O_2(g) \Longrightarrow SO_3(g)$

1.13 油酸甘油酯 $C_{57}H_{104}O_6$ 是一种脂肪。油酸甘油酯在人体内发生的反应如下:
$$C_{57}H_{104}O_6 + 80O_2(g) \Longrightarrow 57CO_2(g) + 52H_2O(g)$$

该反应在 25 ℃ 下的标准摩尔反应热为 -3.35×10^4 kJ·mol^{-1}。如果当代青年人平均日消耗 10×10^3 kJ 的能量,而且假设这些能量完全由这种脂肪来补充,则每个青年人平均日消耗多少克这种脂肪?

1.14 在 25 ℃ 和标准压力下,欲使 120 g 石墨完全燃烧变成 CO_2。该变化过程可以沿两条不同路线来完成。请分别计算沿不同路线燃烧时的热效应。所需的数据请查表。

(1) 反应一步完成,即
$$C(石墨) + O_2(g) \Longrightarrow CO_2(g)$$

(2) 反应分两步进行,即
$$① \quad C(石墨) + \frac{1}{2}O_2(g) \Longrightarrow CO(g)$$
$$② \quad CO(g) + \frac{1}{2}O_2(g) \Longrightarrow CO_2(g)$$

(3) 比较两种计算结果能说明什么?

1.15 在 298 K 下已知
$$C_3H_6(丙烯,g) + H_2(g) \Longrightarrow C_3H_8(g), \qquad \Delta_r H_m^\ominus = -123.8 \text{ kJ·mol}^{-1}$$
并且已知
$$\Delta_c H_m^\ominus(C_3H_8,g) = -2219.1 \text{ kJ·mol}^{-1}$$
$$\Delta_f H_m^\ominus(CO_2,g) = -393.6 \text{ kJ·mol}^{-1}$$
$$\Delta_f H_m^\ominus(H_2O,l) = -285.9 \text{ kJ·mol}^{-1}$$

(1) 求 298 K 下丙烯 $C_3H_6(g)$ 的标准摩尔燃烧焓。

(2) 求 298 K 下丙烯 $C_3H_6(g)$ 的标准摩尔生成焓。

1.16 正庚烷的相对分子量为 100。在 25 ℃ 下,把 1.250 g 正庚烷在弹式量热计中充分燃烧时放热 60.09 kJ。其燃烧反应为 $C_7H_{16}(l) + 11O_2(g) \Longrightarrow 7CO_2(g) + 8H_2O(l)$

(1) 正庚烷燃烧时放出的 60.09 kJ 热量是 Q_p 还是 Q_V?

(2) 求 25 ℃ 下正庚烷的标准摩尔燃烧热。

(3) 25 ℃ 下氢气和石墨的标准摩尔燃烧热分别为 -285.8 kJ·mol^{-1} 和 -393.5 kJ·mol^{-1}。求 25 ℃ 下正庚烷的标准摩尔生成焓。

1.17 在 298 K 下,已知反应 $C_2H_5OH(l) + 3O_2(g) \Longrightarrow 2CO_2(g) + 3H_3O(l)$ 的标准摩尔反应焓为 -1367 kJ·mol^{-1}。

（1）在 298 K 和标准压力下，燃烧 1 kg 乙醇会放出多少热量？

（2）在 298 K 下，在一个刚性密闭容器内燃烧 1 kg 乙醇会放出多少热量？

1.18　在 300 K 下的刚性密闭容器内，WC(s) 在过量氧中燃烧的等容摩尔反应热为 -1192 kJ·mol^{-1}。其燃烧反应如下：

$$WC(s) + \frac{5}{2}O_2(g) == WO_3(s) + CO_2(g)$$

已知在 300 K 和常压下，C(石墨) 单独燃烧生成 $CO_2(g)$ 和 W(s) 单独燃烧生成 $WO_3(s)$ 的摩尔燃烧焓分别为 -393.5 kJ·mol^{-1} 和 -837.5 kJ·mol^{-1}。

（1）求 300 K 下 WC(s) 标准摩尔燃烧焓 $\Delta_c H_m^{\ominus}$。

（2）求 300 K 下 WC(s) 标准摩尔生成焓 $\Delta_f H_m^{\ominus}$。

1.19　对于反应 $4NH_3(g) + 5O_2(g) == 4NO(g) + 6H_2O(g)$

（1）查表计算该反应在 25 ℃ 下的标准摩尔反应热 $\Delta_r H_m^{\ominus}$。

（2）已知 $NH_3(g)$、$O_2(g)$、$NO(g)$ 和 $H_2O(g)$ 的等压摩尔热容分别为 35.66 J·K^{-1}·mol^{-1}、29.36 J·K^{-1}·mol^{-1}、29.86 J·K^{-1}·mol^{-1} 和 33.58 J·K^{-1}·mol^{-1}。请用基希霍夫公式计算该反应在 860℃ 下的 $\Delta_r H_m^{\ominus}$。

1.20　已知 $C_{p,m}(I_2,s) = 54.98$ J·K^{-1}·mol^{-1}，$C_{p,m}(I_2,g) = 36.86$ J·K^{-1}·mol^{-1}，在 458 K 和 $p^{\ominus}$ 压力下碘的摩尔升华热为 25.5 kJ·mol^{-1}。另外已知在 298 K 下

$$2HI(g) + Cl_2(g) == 2HCl(g) + I_2(s), \qquad \Delta_r H_m^{\ominus} = 334 \text{ kJ·}\mathrm{mol}^{-1}$$

（1）求 298 K 和 $p^{\ominus}$ 压力下碘的摩尔升华热。

（2）求 298 K 下反应 $2HI(g) + Cl_2(g) == 2HCl(g) + I_2(g)$ 的标准摩尔反应焓。

第 2 章　化学反应的方向和限度

在相对静止而且外场恒定不变的情况下,热力学第一定律是能量守恒定律在封闭系统中的一种具体表达形式,所以封闭系统中发生的所有状态变化过程都遵守热力学第一定律。可是,在这样的封闭系统中,遵守热力学第一定律的状态变化过程是否都可以发生呢?那就不一定了。自然界里有许多系统都会自发趋于稳定,自发朝着能量降低的方向发生变化,但是不能因此就认为放热过程都能自发进行,那是错误的。如在 5 ℃ 下水能自发放热结冰吗?实际上,自然界有许多吸热过程也能自发进行。如干冰(固体二氧化碳)的升华过程、$CaCl_2$ 溶解于水的过程、2 ℃ 的冰熔化过程等,这些过程都是吸热的,都能自发进行。

既然遵守热力学第一定律的过程未必都能发生,那么一个过程能否发生与什么因素有关呢?一个能够发生的过程是一发不可收拾还是有一定的限度?若状态变化过程都有一定的限度(如化学平衡),那么这个限度在何处?如何预测?如何改变它的最大限度?关于这些问题都需要借助热力学第二定律才能分别得到满意的答案。

2.1　自发过程和可逆过程

1. 自发过程及其特点

所谓**自发过程**(spontaneous process),就是在无外界帮助的情况下能自动进行的过程。如热从高温物体传到低温物体,水从高处往低处流,气体从高压区往低压区扩散,溶液中的各组分都从各自的高浓度区往低浓度区扩散,等等。自发过程都具有以下共同特点:

(1) 有一定的推动力,如温差 ΔT、水位差 Δh、压力差 Δp、浓度差 Δc 等。

(2) 有一定的方向,其方向与推动力密切相关,如热传递只能朝着 $\Delta T < 0$ 的方向进行。

(3) 有一定的限度,当推动力减小到零时,态变化也就不能继续进行了。

(4) 自发过程都是**不可逆过程**,不会自动逆向进行使系统复原。

根据自发过程的上述特点,并结合无数实验事实,人们总结出了**热力学第二定律**:热不能自发地从低温物体传到高温物体,或者说热不能从低温物体传到高温物体而不引起任何其他变化。这就是说,一切状态变化过程都有一定的方向。遵守热力学第一定律的态变化过程未必遵守热力学第二定律。

不可逆过程是相对于可逆过程而言的。**可逆过程**(reversible process)就是能反向进行使系统复原而不给环境留下任何痕迹的过程,或者说能反向进行使系统和环境都复原的过程才是可逆过程。如果一个过程不是可逆过程,它就是不可逆过程。自发过程都是不可逆的。例如把两个温度不同的物体放在一起时,热量 Q' 从高温物体传到低温物体就是一个自发过程,如图 2.1 中

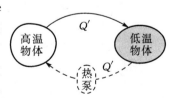

图 2.1　不可逆过程示意图

的实线所示.使系统复原的逆过程就是使热量 Q' 又从低温物体返回到高温物体.我们知道,这样的逆过程是不会自发进行的,必须借助于热泵如冷冻机、空调设备等才能完成.假设热泵工作时无摩擦即运转时不发热,当热泵运转一定时间把热量 Q' 从低温物体抽回到高温物体并停机后,低温物体和高温物体就都回到了原来的状态,热泵也恢复到了它自身的原来状态,但此时并非系统与环境都回到了各自的原来状态.因为对于热泵而言(即这时把热泵作为系统),因为

$$\Delta U = 0$$

所以

$$-Q = W$$

由于在热泵运转期间,环境对热泵做了功(电功),所以 $W > 0$.故由上式可知,热泵在运转期间对环境(如空气)放出的热量 $-Q$ 等于环境对热泵所做的功 W.这时从总能量看,环境并未发生变化,付出的功和得到的热数值相同,但实际上却出现了能量贬值.因为功可以百分之百地变为热,而热却不能百分之百地变为功.这种能量贬值是一种永远不可磨灭的痕迹.由此可见,热从高温物体传到低温物体这种自发过程是不可逆的.与此同时也可以说,热不可能从低温物体传到高温物体而不引起任何其他变化.

2. 可逆过程及其特点

前边说过,可逆过程是指能反方向进行使系统复原而不给环境留下任何痕迹的过程,它不是简单的能反方向进行的过程.

我们知道,当系统膨胀时环境的压力必小于系统的压力,当系统被压缩时环境的压力必大于系统的压力.以图2.2为例,在一定温度下,当理想气体从状态 A 变到状态 B 时,如果该变化过程中外压沿着 ① 所示的阶梯形路线变化,则结合体积功的计算公式,在此膨胀过程中系统对外所做的体积功等于阶梯型路线①与 V 轴之间围成的面积.

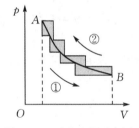

图 2.2　可逆过程示意图

当系统压缩复原时,如果外压沿着 ② 所示的阶梯形路线变化,则结合体积功的计算公式,在此压缩过程中环境对系统所做的功等于阶梯型路线 ② 与 V 轴之间围成的面积.在膨胀和压缩复原这个全过程中,系统从环境吸收的总热量为 Q.环境对系统所做的总功 W 等于压缩时环境对系统所做的功与膨胀时系统对环境所做的功之差,即 W 等于两个阶梯型路线所包围的面积(见图2.2中的阴影部分).系统复原后,系统的热力学能改变量为零.根据热力学第一定律:

$$\Delta U = Q + W = 0$$

所以

$$-Q = W > 0 \tag{2.1}$$

这就是说,在整个循环过程中系统对环境放出的热 $-Q$(Q 是系统吸收的热) 等于环境对系统所做的功 W,环境的总能量也没有发生变化.但由于功可以百分之百地变为热,而热却不能百分之百地变为功,所以在上述循环过程中,环境的总能量虽然未发生变化,但是却出现了能量贬值(功变为热).这就是上述膨胀过程反方向进行使系统复原时给环境留下的永远不可磨灭的痕迹.所以,沿阶梯型路线 ① 的膨胀过程是不可逆过程.

如果膨胀路线 ① 和压缩路线 ② 中的阶梯数目都趋于无限多,每个阶梯都趋于无限小,即膨胀时外压沿光滑曲线从状态 A 到状态 B,压缩时外压也沿光滑曲线从状态 B 到状态 A,则图2.2中的阴影部分的面积就趋于零,那么 W 就趋于零.这时根据式(2.1),$-Q$ 也趋于零.在这

种情况下,膨胀过程反向进行使系统复原后就不会给环境留下任何痕迹。这样的膨胀过程才是可逆的。如此说来,可逆过程具有以下基本特征:

(1) 推动力为无限小。设想把图 1.1 中活塞上的砝码更换成细砂子,可逆膨胀时一粒一粒缓慢地去掉砂子;可逆压缩时一粒一粒缓慢地加上砂子。

(2) 过程进行得无限缓慢。如果过程很快,其推动力就不可能无限小。例如,从活塞上每秒钟去掉 1 mol 细砂粒,这时推动力就不是无限小。

(3) 可逆过程中系统始终无限接近于平衡状态,即每时每刻系统的所有宏观物理化学性质都分别有确定的值。

(4) 当无限小的推动力改变方向时,过程的方向也会发生改变。

根据以上基本特征不难想象:可逆过程是由一连串平衡状态组成的。在可逆变化过程中,宏观看上去,系统就象是静止不动的。所以可逆过程也叫做**准静态过程**。

以图 1.1 为例,如果把活塞上的砝码更换成很细的砂子,并且假设活塞与气缸壁之间无摩擦。在这种情况下,若将活塞上的细砂子很缓慢地一粒一粒地去掉或加上,则所发生的过程就近似具有可逆过程的全部特点,可以被视为可逆过程。实际上,一定压力下不同物质在其熔点温度下缓慢熔化或缓慢凝固的过程、不同物质在其沸点温度下缓慢蒸发或缓慢凝结的过程、化学平衡的缓慢移动过程、溶质缓慢溶解于饱和溶液或从饱和溶液(非过饱和)中缓慢析出的过程等均可视为可逆过程。总之,在状态变化过程中,如果系统始终近似处于平衡,就可以把该过程近似看做可逆过程。

待高等数学中学习了微积分以后,就会容易理解在可逆膨胀过程中推动力为

$$dp = p - p_e$$

其中 p 和 p_e 分别是系统的压力和外压。$dp > 0$ 时膨胀,反之压缩。由此可得

$$p_e = p - dp$$

所以在可逆过程中

$$\delta W_r = -p_e \cdot dV = -(p - dp)dV$$

即

$$\delta W_r = -p \cdot dV$$

其中的二阶无穷小 $dp \cdot dV$ 可忽略不计

所以

$$W_r = \int_{V_1}^{V_2} -p \cdot dV \tag{2.2}$$

由式(2.2)可以看出,可逆过程中环境对系统所做的功只与系统的性质有关,从而使计算变得容易。如对于理想气体的等温可逆过程,由(2.2)式可知

$$W = \int_{V_1}^{V_2} -\frac{nRT}{V}dV = -nRT\ln\frac{V_2}{V_1} \tag{2.3}$$

系统膨胀时,必然 $p_e < p$,由体积功的原始计算式(见第 1 章)可知,在满足 $p_e < p$ 的前提下,p_e 越大系统对外做的功越多,可逆膨胀时系统对外做的功最多,系统对外做功的效率最高,即功的利用率最大;系统压缩时,必然 $p_e > p$,由体积功的原始计算式可知,在满足 $p_e > p$ 的前提下,p_e 越小环境对系统做的功越少,可逆压缩时环境对系统做的功最少,环境对系统做功的效率最高,即需要消耗的功最少。

3. 平衡状态与可逆性

在第 1 章中讲过,平衡状态就是系统的所有宏观物理性质和化学性质分别有唯一确定值

的状态。正因为如此,平衡状态是宏观上静止的状态,也是自发过程的极限状态。这时状态变化的推动力为零。

　　根据上述讨论已初步看到,可逆过程的基本特征是推动力无限小,过程无限缓慢,状态变化过程中系统总是无限接近于平衡状态,当无限小的推动力改变方向时状态变化的方向也要发生改变。由可逆过程的这些基本特征不难想象,可逆过程是由一连串平衡状态组成的。既然如此,就可以把用于判断状态变化过程是否可逆的判据作为平衡状态的判据。

　　实际上,平衡状态是一种动态平衡。当系统处于平衡状态时,虽然态变化的推动力为零,宏观上系统是静止不动的,但是由于微观粒子时时刻刻都在运动,正逆向变化永远不会停息,只是正逆向的变化速率相同,宏观上表现不出来而已。

2.2　熵

1. 熵的概念与熵增原理

由热力学第二定律可以证明:对于任意循环过程

$$\sum \frac{Q_i}{T_{e,i}} \leqslant 0 \quad \begin{cases} < 0, & \text{不可逆} \\ = 0, & \text{可逆} \\ > 0, & \text{不可能发生} \end{cases} \tag{2.4}$$

　　任意循环过程未必是等温过程,其中经历的环境温度可能是多种多样的,按照环境温度的不同可将该任意循环划分为许多段。上式中,$T_{e,i}$ 表示第 i 段环境的温度,Q_i 表示在第 i 段系统从环境吸收的热量。顾名思义,我们把 Q/T_e 称为**热温商**。所以根据式(2.4),任意循环过程的热温商不可能大于零。任意循环过程的热温商小于零时循环过程是自发不可逆的;任意循环过程的热温商等于零时循环过程是可逆的,其中每时每刻系统都处于平衡状态;热温商大于零的循环过程是不可能发生的。

　　1) 对于任意可逆循环

　　对于一个任意可逆循环,如图 2.3 所示。可以将该循环过程分为(Ⅰ)和(Ⅱ)两个可逆过程段。又因为在态变化过程中环境的温度可能不断发生变化,故由式(2.4)可知该任意可逆循环的热温商为

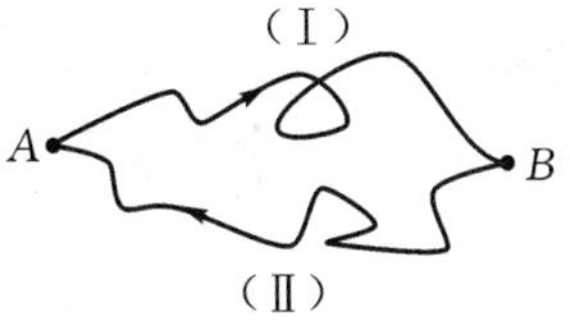

图 2.3　任意可逆循环

$$\sum \frac{Q_i}{T_{e,i}} = \left(\sum_{A \to B} \frac{Q_i(Ⅰ)}{T_{e,i}} \right)_{可逆} + \left(\sum_{B \to A} \frac{Q_i(Ⅱ)}{T_{e,i}} \right)_{可逆} = 0$$

由于可逆过程是能反方向进行使系统复原而不给环境留下任何痕迹的过程,因此系统在两个状态之间沿某一条可逆路线正向变化和反向变化时吸收的热必然大小相等而符号相反。所以

$$\left(\sum_{A \to B} \frac{Q_i(Ⅰ)}{T_{e,i}} \right)_{可逆} - \left(\sum_{A \to B} \frac{Q_i(Ⅱ)}{T_{e,i}} \right)_{可逆} = 0$$

$$\left(\sum_{A \to B} \frac{Q_i(Ⅰ)}{T_{e,i}} \right)_{可逆} = \left(\sum_{A \to B} \frac{Q_i(Ⅱ)}{T_{e,i}} \right)_{可逆} \tag{2.5}$$

由式(2.5)可以看出,从状态 A 到状态 B 的可逆热温商只与始态和终态有关,而与路线无关。这说明可逆过程的热温商一定反映了某个状态函数的改变量。我们将此状态函数称为**熵**,并把它用 S 表示,其单位是 $J \cdot K^{-1}$。

既然可逆热温商反映了系统的状态函数熵的改变量,那么对于一个任意的可逆状态变化过程 $A \to B$ 而言,其熵变就可以表示为

$$\Delta_A^B S = S_B - S_A = \left(\sum_{A \to B} \frac{Q_i}{T_{e,i}} \right)_{可逆} \tag{2.6}$$

结合图 2.2,考察 $A \to B$ 的膨胀过程,其路线 ① 中的台阶可以较大,可以较小,也可以无限小。虽然完成状态变化过程 $A \to B$ 的路线有无数条,有可逆路线也有不可逆路线,但是 ΔS 是状态函数的改变量,其值只与始终态有关而与路线无关。所以,不论实际变化过程是否可逆,ΔS 在数值上总等于沿可逆路线完成 $A \to B$ 这个态变化时的热温商。因此,为了求算态变化过程的熵变,常常需要在始态和终态之间寻找或设计一条可逆路线。

2) 对于任意不可逆循环

对于一个任意不可逆循环,若该循环过程是由不可逆过程段(Ⅰ)和可逆过程段(Ⅱ)组成的,如图 2.4 所示。这时,由式(2.4)可知

$$\sum \frac{Q_i}{T_{e,i}} = \left(\sum_{A \to B} \frac{Q_i(Ⅰ)}{T_{e,i}} \right)_{不可逆} + \left(\sum_{B \to A} \frac{Q_i(Ⅱ)}{T_{e,i}} \right)_{可逆} < 0$$

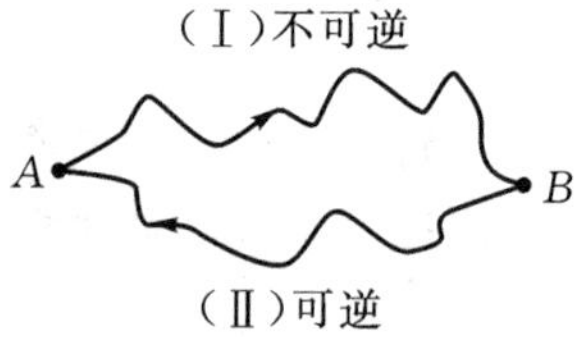

由于可逆过程的热温商等于熵变,所以

$$\left(\sum_{A \to B} \frac{Q_i(Ⅰ)}{T_{e,i}} \right)_{不可逆} + \Delta_B^A S < 0$$

因为

$$\Delta_B^A S = - \Delta_A^B S$$

所以

$$\left(\sum_{A \to B} \frac{Q_i(Ⅰ)}{T_{e,i}} \right)_{不可逆} - \Delta_A^B S < 0$$

即

$$\Delta_A^B S > \left(\sum_{A \to B} \frac{Q_i(Ⅰ)}{T_{e,i}} \right)_{不可逆} \tag{2.7}$$

图 2.4 任意不可逆循环

比较式(2.6)和式(2.7)可以看出,对于任意一个态变化过程(未必是循环过程)

$$\Delta S \geqslant \sum \frac{Q_i}{T_{e,i}} \quad \begin{cases} >, & 不可逆 \\ =, & 可逆 \\ <, & 不可能发生 \end{cases} \tag{2.8}$$

这是一个关于态变化过程能否发生以及能发生时是否可逆的熵判据。对于绝热系统(系统与环境之间无热交换),由于 Q_i 均为零,故由该判据可知

$$\Delta S \geqslant 0 \quad \begin{cases} >0, & 不可逆 \\ =0, & 可逆 \\ <0, & 不可能发生 \end{cases} \tag{2.9}$$

这就是**熵增原理**,其意是说在绝热系统中不可能发生熵减小的过程。或者说,当绝热系统发生状态变化时,系统的熵将会不断增大。当熵值达到最大值时(不能继续增大了,继续变化时 $\Delta S = 0$),态变化过程就从不可逆变成可逆,系统也就达到了平衡状态。这就是态变化过程的最大限度。注意:式(2.9)描述的熵增原理只适用于绝热系统,切忌不分场合张冠李戴。当然,孤立系统也属于绝热系统。

例 2.1 在 20 ℃ 下把压力同为 250 kPa 的 40 L 氧气和 60 L 氮气混合,混合后的总压力仍为 250 kPa。若将它们均视为理想气体,求该过程的熵变。

解 由于理想气体的内能只是温度的函数,而且因这两种气体混合前后温度不变,所以混合前后两者的内能不变。根据热力学第一定律,两者均满足关系式 $Q = -W$。

根据理想气体状态方程,混合后总体积为 $V_2 = 100$ L。熵变只与始终态有关而与路线无关,当混合过程沿等温可逆路线完成时,

$$W_r = -nRT \ln(V_2/V_1)　　　　　（此式可由 \delta W_r = -p dV 积分得到）$$

所以　　　$$\Delta S = \frac{Q_r}{T_e} = -\frac{W_r}{T} = nR \ln \frac{V_2}{V_1} = \frac{p_1 V_1}{T_1} \ln \frac{V_2}{V_1}$$

所以　　　$$\Delta S(O_2) = \frac{(250 \times 10^3) \times (40 \times 10^{-3})}{293} \ln \frac{100}{40} = 31.27 \text{ J} \cdot \text{K}^{-1}$$

$$\Delta S(N_2) = \frac{(250 \times 10^3) \times (60 \times 10^{-3})}{293} \ln \frac{100}{60} = 26.15 \text{ J} \cdot \text{K}^{-1}$$

$$\Delta S = \Delta S(O_2) + \Delta S(N_2) = 57.42 \text{ J} \cdot \text{K}^{-1}$$

2. 熵的统计意义

热力学的研究对象是由大量微观粒子组成的宏观系统。宏观系统的热力学性质是大量微观粒子运动的统计行为或综合表现。如对于理想气体而言,温度 T 是大量气体分子的平均动能的量度,压力 p 是大量气体分子碰撞单位器壁表面的剧烈程度的量度。下面就来讨论热力学性质熵的统计意义。

设有一个绝热的长方体容器,其中装有气体。想象中将该容器分为体积相等的左右两个部分。由于每个气体分子在容器内的分布是随机的,它处在左右两侧的几率是均等的,所以下面讨论所涉及到的每一种微观状态出现的几率也是均等的。

（1）若容器中只有一个分子 a,则有 2 种宏观状态,而且每一种宏观状态下只有一种微观状态,即

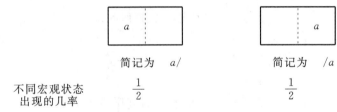

简记为　　$a/$　　　　　　　　　　简记为　　$/a$

不同宏观状态
出现的几率　　　$\frac{1}{2}$　　　　　　　　　　　　$\frac{1}{2}$

宏观状态只与左右两边的分子数多少有关。微观状态除了与左右两边分子数的多少有关外,还与左右两边分别是什么分子有关。如果此处尚未把宏观状态和微观状态完全区分开来,没有关系,继续阅读后续的内容很快就会区分开来。

（2）若容器中有 a,b 两个分子,则有 3 种宏观状态,有 4 种微观状态,即

$$ab/ \qquad\qquad a/b \qquad\qquad /ab$$
$$b/a$$

不同宏观状态
出现的几率　　　$\frac{1}{4}$　　　　　　$\frac{2}{4}$　　　　　　　　$\frac{1}{4}$

此处第二种宏观状态是左右两侧的分子数相同,这种宏观状态包含两种微观状态。这两种微观状态是不相同的。

（3）若容器中有 a,b,c 三个分子,则有 4 种宏观状态,有 8 种微观状态,即

$$abc/ \qquad ab/c \qquad a/bc \qquad /abc$$
$$ac/b \qquad b/ac$$
$$bc/a \qquad c/ab$$

不同宏观状态 出现的几率	$\frac{1}{8}$	$\frac{3}{8}$	$\frac{3}{8}$	$\frac{1}{8}$

（4）若容器中有 a,b,c,d 四个分子，则有 5 种宏观状态，有 16 种微观状态，即

$abcd/$	abc/d	ab/cd	a/bcd	$/abcd$
	abd/c	ac/bd	b/acd	
	acd/b	ad/bc	c/abd	
	bcd/a	bc/ad	d/abc	
		bd/ac		
		cd/ab		

不同宏观状态 出现的几率	$\frac{1}{16}$	$\frac{4}{16}$	$\frac{6}{16}$	$\frac{4}{16}$	$\frac{1}{16}$

从以上分析结果可以看出，不论分子数是多还是少，均匀分布对应的微观状态数最多。这种分布出现的几率最大，混乱度也最大。所有的分子全部集中在左边或右边的分布是"最守纪律"、"最整齐"、混乱度最小的分布，这种分布出现的几率最小。故在无外界干扰的情况下，一个绝热系统总是趋于从混乱度小的状态变为混乱度大的状态，这是很自然的。这与绝热系统的熵值总趋于增大是一致的。由此推测，熵值是系统混乱度大小的反映。平衡系统的熵 S 与其混乱度，即与其平衡状态所具有的微观状态数 ω 之间必然存在着一定的函数关系。可是，这种函数关系到底是什么样子？现在考虑把一个系统分为 A 和 B 两个部分，并假设 $S = f(\omega)$，则

$$S_A = f(\omega_A), \qquad S_B = f(\omega_B)$$

因为

$$S = S_A + S_B$$

所以

$$f(\omega) = f(\omega_A) + f(\omega_B)$$

又因

$$\omega = \omega_A \cdot \omega_B \qquad\qquad （请想一想为何此式成立？）$$

所以

$$f(\omega_A \cdot \omega_B) = f(\omega_A) + f(\omega_B)$$

因为只有当 $f(\ )$ 是对数函数时才能满足上式，所以令

$$S = k_B \ln\omega \tag{2.10}$$

式（2.10）称为**玻尔兹曼公式**。它反映了宏观平衡系统的熵值与其微观状态数之间的关系。其中的比例系数 k_B 是**玻尔兹曼常数**，其值等于气体常数 R 与阿佛咖德罗常数 L 之比，即

$$k_B = R/L = 1.38 \times 10^{-23}\ \text{J} \cdot \text{K}^{-1}$$

3. 热力学第三定律和标准摩尔熵

根据玻尔兹曼公式（2.10），当 $\omega = 1$ 时，$S = 0$。所以，在绝对零度，纯完美晶体的熵值为零，此称**热力学第三定律**。所谓纯完美晶体，就是指晶体完美而毫无缺陷，而且每个粒子的排布方式及取向也完全相同。在这种情况下，系统的微观状态只有一种，故其熵值为零。把以此为参考而引入的各物质在其他条件下的熵称为**绝对熵**。

在一定压力下，当把一种物质从 0 K 时的纯完美晶体加热到 T 温度时

$$\Delta S = S(T) - S(0\ \text{K}) = S(T)$$

由此可得各种物质在不同温度下的摩尔熵 S_m 以及标准摩尔熵 $S_m^{\ominus}$。附录 I 中列出了一些物质在 25 ℃ 下的标准摩尔熵，其单位与摩尔反应熵变的单位相同，可用 $\text{J} \cdot \text{K}^{-1} \cdot \text{mol}^{-1}$ 表示。

根据熵的统计意义，熵是系统混乱度的反映。所以在一定温度下，当同种物质处于固、液、气不同物理状态时，必然 $S(s) < S(l) < S(g)$。由于熵变等于可逆热温商，所以在一定压力下

当同种物质的温度不同时,必然 S(低温) $<$ S(高温)。在一定温度下,对于化学反应而言,其标准摩尔反应熵可以表示如下:

$$\Delta_r S_m^{\ominus} = \sum \nu_B S_m^{\ominus}(B) \tag{2.11}$$

例 2.2　查表计算下列反应在 25 ℃ 下的标准摩尔反应熵 $\Delta_r S_m^{\ominus}$。

(1) $2SO_2 + O_2 \Longrightarrow 2SO_3$

(2) $C_2H_4(g) + 3O_2 \Longrightarrow 2CO_2 + 2H_2O(l)$

(3) $Na_2SO_4 \cdot 10H_2O(s) \Longrightarrow Na_2SO_4(s) + 10H_2O(l)$

解　(1) $\Delta_r S_{m,1}^{\ominus} = (2 \times 256.22 - 2 \times 248.52 - 205.03)\ \text{J} \cdot \text{K}^{-1} \cdot \text{mol}^{-1}$

　　　　　　 $= -189.63\ \text{J} \cdot \text{K}^{-1} \cdot \text{mol}^{-1}$

(2) $\Delta_r S_{m,2}^{\ominus} = (2 \times 213.64 + 2 \times 69.94 - 219.45 - 3 \times 205.03)\ \text{J} \cdot \text{K}^{-1} \cdot \text{mol}^{-1}$

　　　　　　 $= -267.38\ \text{J} \cdot \text{K}^{-1} \cdot \text{mol}^{-1}$

(3) $\Delta_r S_{m,3}^{\ominus} = (149.49 + 10 \times 69.94 - 592.87)\ \text{J} \cdot \text{K}^{-1} \cdot \text{mol}^{-1}$

　　　　　　 $= 256.02\ \text{J} \cdot \text{K}^{-1} \cdot \text{mol}^{-1}$

2.3　吉布斯函数最低原理

关于态变化的方向和可逆性问题,前边已得到了熵判据和熵增原理。但由于式(2.8)所示的熵判据使用起来多有不便,而式(2.9)所示的熵增原理仅适用于绝热系统,因此仅有熵判据和熵增原理是远远不够的,有必要寻找有关态变化的方向及其可逆性的其他判据。

1. 吉布斯函数最低原理

在等温条件下,由于 $T_1 = T_2 = T_e$,而 T_e 为常数,故根据式(2.8)给出的熵判据

$$\Delta S \geqslant Q/T_e$$

所以　　　　　　　　　　　 $T_e \cdot \Delta S \geqslant Q$

即　　　　　　　　　　　 $T_2 S_2 - T_1 S_1 \geqslant Q \tag{2.12}$

在等压条件下,由于 $p_1 = p_2 = p_e$,而 p_e 为常数,所以

$$W_{p-V} = -p_e(V_2 - V_1)$$

即　　　　　　　　　　 $W_{p-V} = -p_2 V_2 + p_1 V_1 \tag{2.13}$

1) 在等温等压条件下

根据热力学第一定律

$$\Delta U = Q + W_{p-V} + W'$$

在等温等压条件下,结合式(2.12)和式(2.13),由上式可得

$$U_2 - U_1 \leqslant T_2 S_2 - T_1 S_1 - p_2 V_2 + p_1 V_1 + W'$$

即　　　　　　　　 $H_2 - H_1 \leqslant T_2 S_2 - T_1 S_1 + W'$

即　　　　　 $(H_2 - T_2 S_2) - (H_1 - T_1 S_1) \leqslant W'$

定义　　　　　　　　　　　 $G = H - TS \tag{2.14}$

称 G 为**吉布斯函数**,简称**吉氏函数**。吉布斯函数也叫做**吉布斯自由能**,它也具有能量的量纲。吉氏函数也是状态函数。将式(2.14)代入其前式并且两边同乘以 -1 后可得

$$-\Delta G \geqslant -W' \begin{cases} > & \text{不可逆} \\ = & \text{可逆} \\ < & \text{不可能发生} \end{cases} \tag{2.15}$$

由于状态函数的改变量只与始终态有关而与路线无关,故对于始终态确定的等温等压过程而言,虽然完成该变化过程的路线可以千变万化,但是 $-\Delta G$ 有唯一确定的值。由于 $-W'$ 不仅与始终态有关,而且还与路线有关,故根据式(2.15),系统对外所做的非体积功 $-W'$ 大于吉氏函数减小值 $-\Delta G$ 的等温等压过程是不可能发生的。或者说,在等温等压过程中,系统对外所做的非体积功总是小于或等于吉布斯函数的减小值。也可以说,吉氏函数是等温等压条件下系统对外做非体积功能力的量度。可逆时,系统对外做非体积功的能力可以全部发挥出来,系统对外所做的非体积功最大,其值等于系统对外做非体积功的能力($-\Delta G$);不可逆时,系统对外做非体积功的能力不能全部发挥出来,系统对外所做的非体积功小于系统对外做非体积功的能力。

2) 等温等压且无非体积功时

在等温等压而且无非体积功的条件下,由式(2.15)可知

$$\Delta G \leqslant 0 \begin{cases} < & \text{不可逆} \\ = & \text{可逆} \\ > & \text{不可能发生} \end{cases} \tag{2.16}$$

这就是说,在等温等压而且无非体积功的条件下,不可能发生吉氏函数增大的过程。或者说,在等温等压而且无非体积功的条件下,系统的吉氏函数永远不会增大,平衡的标志是吉氏函数为最小,此称**吉布斯函数最低原理**。吉布斯函数最低原理的使用条件是等温等压而且没有非体积功。对于等温等压下的热反应(不是电反应或光反应)而言,无非体积功这个条件一般都能满足。

例 2.3 已知水的正常沸点是 100 ℃,水在其正常沸点的摩尔蒸发热为 40.6 kJ·mol⁻¹。如果在 100 ℃ 下给 1 mol 压力为 101.3 kPa 的水加热,使其向刚性真空容器蒸发,最终全部变成 101.3 kPa、100 ℃ 的水蒸气。

(1) 求该过程的 Q、W、ΔU、ΔH、ΔS 和 ΔG。

(2) 该过程是否可逆?

分析 100 ℃ 的水如果是在 101.3 kPa 的恒定外压下蒸发,则由于在该温度和压力下水和水蒸气处于平衡状态,所以这种蒸发过程是可逆的。但是,此例中把 100 ℃ 的水向真空蒸发,这是一个具有一定推动力(推动力不是无限小)的自发过程,在此过程中水和水蒸气并非处于平衡状态,故该过程是不可逆的。与此同时,仔细分析可知,此例中把 100 ℃ 的水进行不可逆蒸发的始终态与可逆蒸发的始终态相同,所以不可逆过程中状态函数的改变量应与可逆过程的相同。

解 (1) 由于态函数的改变量只与始终态有关而与路线无关,故可以按等温等压下的可逆蒸发过程来求算状态函数的改变量。

$$\Delta H = n \cdot \Delta_{\text{vap}} H_{\text{m}} = 40.6 \text{ kJ}$$
$$\Delta U = \Delta H - \Delta(pV) \approx \Delta H - n_{\text{g}} RT$$
$$= (40.6 - 8.314 \times 373 \times 10^{-3}) \text{ kJ}$$
$$= 37.5 \text{ kJ}$$

$$\Delta S = \frac{\Delta H}{T} = \frac{40.6 \times 10^3}{373} \text{ J} \cdot \text{K}^{-1}$$

$$= 108.8 \text{ J} \cdot \text{K}^{-1}$$

根据吉布斯函数最低原理 $\Delta G = 0$，由于往真空蒸发时 $p_e = 0$，所以 $W = 0$。由第一定律可知

$$Q = \Delta U = 37.5 \text{ kJ}$$

（2）虽然往真空蒸发时始终态的压力相同，但 p_e 不恒定，不是一个常数。所以该过程不是一个等压过程，而仅仅是一个等温过程。关于态变化的方向与可逆性，此处不符合吉布斯函数最低原理的使用条件。又因为该过程不是绝热过程，故熵增原理也是不适用的。但是此处可以用熵判据 $\Delta S \geqslant \sum (Q_i / T_{e,i})$。在此过程中

$$\sum (Q_i / T_{e,i}) = Q / T_e$$

$$= 37.5 \times 10^3 / (273 + 100)$$

$$= 100.5 \text{ J} \cdot \text{K}^{-1} \cdot \text{mol}^{-1}$$

因为

$$\Delta S > \sum (Q_i / T_{e,i})$$

所以该过程是自发不可逆的。

2. 标准摩尔反应吉布斯函数的计算

1）标准摩尔生成吉布斯函数法

类似于标准摩尔生成焓，T 温度下 B 物质的**标准摩尔生成吉布斯函数**是指 T 温度下由指定态单质生成 1 mol 物质 B 时的标准摩尔反应吉布斯函数，并把它记为 $\Delta_f G_m^{\ominus}(\text{B}, \beta, T)$，其单位是 $\text{J} \cdot \text{mol}^{-1}$ 或 $\text{kJ} \cdot \text{mol}^{-1}$。其中 β 是指 B 物质的物理状态或晶型。

根据上述标准摩尔生成吉布斯函数的定义，指定态单质在任何温度下的标准摩尔生成吉布斯函数都等于零。现考察在 T 温度下的反应

$$a\text{A} + b\text{B} =\!=\!= d\text{D} + e\text{E}$$

该反应的 $\Delta_r G_m^{\ominus}$ 是指在 T 温度下，从标准态的反应物到标准态的产物发生 1 mol 反应时引起的吉布斯函数改变量。由于 $\Delta_r G_m^{\ominus}$ 是状态函数的改变量，其值只与始终态有关而与路线无关，所以也可以沿着别的路线来计算该反应的 $\Delta_r G_m^{\ominus}$，即

$$
\begin{array}{ccc}
a\text{A} + b\text{B} & \xrightarrow{\quad \textcircled{1} \quad} & d\text{D} + e\text{E} \\
T \text{ 温度, 标准态} & & T \text{ 温度, 标准态} \\
\Big\uparrow \textcircled{2} & \text{指定态单质} & \Big\uparrow \textcircled{3} \\
& T \text{ 温度, 标准态} &
\end{array}
$$

可以看出

$$\Delta G_2 + \Delta G_1 = \Delta G_3, \qquad 即 \quad \Delta G_1 = \Delta G_3 - \Delta G_2$$

所以

$$\Delta_r G_m^{\ominus} = \Delta G_1 = \Delta G_3 - \Delta G_2$$

根据标准摩尔生成吉布斯函数的定义

$$\Delta G_3 = d \cdot \Delta_f G_m^{\ominus}(\text{D}) + e \cdot \Delta_f G_m^{\ominus}(\text{E})$$

$$\Delta G_2 = a \cdot \Delta_f G_m^{\ominus}(\text{A}) + b \cdot \Delta_f G_m^{\ominus}(\text{B})$$

所以

$$\Delta_r G_m^{\ominus} = \sum_{\text{B}} \nu_{\text{B}} \cdot \Delta_f G_m^{\ominus}(\text{B}) \tag{2.17}$$

引入标准摩尔反应吉布斯函数的目的是用它可以计算化学反应的平衡常数(见本章后续的讨论)。虽然原则上可以根据式(2.17)从 T 温度下各物质的 $\Delta_f G_m^{\ominus}$ 计算 T 温度下的 $\Delta_r G_m^{\ominus}$,由 T 温度下的 $\Delta_r G_m^{\ominus}$ 可进一步计算 T 温度下的化学反应平衡常数,可是通常工具书中给出的不同物质的 $\Delta_f G_m^{\ominus}$ 大多都是 25 ℃ 下的数据。这就是说,通常用式(2.17)只能计算 25 ℃ 下的 $\Delta_r G_m^{\ominus}$ 和化学反应平衡常数。不过没有关系,只要能计算某一个温度下的平衡常数,然后根据平衡常数与温度的关系,就可以进一步计算其他任意温度下的平衡常数。本书附录 Ⅰ 中给出了部分物质在 25 ℃ 下的标准摩尔生成吉布斯函数。

2)标准熵法

根据吉布斯函数的定义式,一定温度下对于化学反应中的任意一种物质 B 而言

$$G(B) = H(B) - T \cdot S(B)$$

$$G_m^{\ominus}(B) = H_m^{\ominus}(B) - T \cdot S_m^{\ominus}(B)$$

所以

$$\nu_B G_m^{\ominus}(B) = \nu_B H_m^{\ominus}(B) - T \cdot \nu_B S_m^{\ominus}(B)$$

将此式用于参与化学反应的所有物质,然后将各式的左右两边分别加和可得

$$\sum \nu_B G_m^{\ominus}(B) = \sum \nu_B H_m^{\ominus}(B) - T \cdot \sum \nu_B S_m^{\ominus}(B)$$

即

$$\Delta_r G_m^{\ominus} = \Delta_r H_m^{\ominus} - T \cdot \Delta_r S_m^{\ominus} \tag{2.18}$$

关于标准摩尔反应焓 $\Delta_r H_m^{\ominus}$ 和标准摩尔反应熵 $\Delta_r S_m^{\ominus}$ 的计算方法前边已介绍过,故借助于式(2.18)就可以计算化学反应在 T 温度下的标准摩尔反应吉布斯函数 $\Delta_r G_m^{\ominus}$。不过此处有一个问题需要注意,那就是 G、H、S 作为状态函数,它们均与温度有关,故 $\Delta_r G_m^{\ominus}$、$\Delta_r H_m^{\ominus}$ 和 $\Delta_r S_m^{\ominus}$ 也都与温度有关。严格说来,利用式(2.18)只能从 T 温度下的 $\Delta_r H_m^{\ominus}$ 和 $\Delta_r S_m^{\ominus}$ 计算 T 温度下的 $\Delta_r G_m^{\ominus}$。不过,当温度变化范围不大时,可近似把 $\Delta_r H_m^{\ominus}$ 和 $\Delta_r S_m^{\ominus}$ 当作常数。在这种情况下,可根据下式利用 T_1 温度下的 $\Delta_r H_m^{\ominus}$ 和 $\Delta_r S_m^{\ominus}$ 计算 T_2 温度下的 $\Delta_r G_m^{\ominus}$。

$$\Delta_r G_m^{\ominus}(T_2) = \Delta_r H_m^{\ominus}(T_1) - T_2 \cdot \Delta_r S_m^{\ominus}(T_1) \tag{2.19}$$

根据吉布斯函数最低原理,$\Delta_r G_m^{\ominus}$ 越小,态变化发生的趋势越大,故由式(2.19)可见:

如果 $\Delta_r H_m^{\ominus} > 0$,$\Delta_r S_m^{\ominus} > 0$,则高温有利于态变化过程的发生;

如果 $\Delta_r H_m^{\ominus} < 0$,$\Delta_r S_m^{\ominus} < 0$,则低温有利于态变化过程的发生;

如果 $\Delta_r H_m^{\ominus} > 0$,$\Delta_r S_m^{\ominus} < 0$,则态变化在高温和低温都不能发生;

如果 $\Delta_r H_m^{\ominus} < 0$,$\Delta_r S_m^{\ominus} > 0$,则态变化在高温和低温都能发生。

3)其他方法

此法与第 1 章中用其他方法计算化学反应的标准摩尔反应焓的基本思路相同,其本质仍然是紧紧抓住状态函数的改变量只与始终态有关而与路线无关这一点进行讨论分析。结合下面的例题,会加深对这种方法的理解和认识。

例 2.4 在 298 K 下已知:

① C(石墨) + O_2 === CO_2, $\Delta_r G_{m,1}^{\ominus} = -394.4 \text{ kJ} \cdot \text{mol}^{-1}$;

② 2CO(g) + O_2 === $2CO_2$, $\Delta_r G_{m,2}^{\ominus} = -565.98 \text{ kJ} \cdot \text{mol}^{-1}$;

③ $2H_2O(l)$ === $2H_2(g) + O_2(g)$, $\Delta_r G_{m,3}^{\ominus} = 474.4 \text{ kJ} \cdot \text{mol}^{-1}$。

求 298 K 下反应 ④ 的标准摩尔反应吉布斯函数 $\Delta_r G_{m,4}^{\ominus}$。

④ C(石墨) + $H_2O(l)$ === CO(g) + $H_2(g)$

解 $2 \times ① - ② + ③ = 2 \times ④$

即反应 ①、②、③ 的综合效果与反应 ④ 相同，所以有

$$2\Delta_r G_{m,1}^{\ominus} - \Delta_r G_{m,2}^{\ominus} + \Delta_r G_{m,3}^{\ominus} = 2\Delta_r G_{m,4}^{\ominus}$$

所以

$$\Delta_r G_{m,4}^{\ominus} = \frac{2\Delta_r G_{m,1}^{\ominus} - \Delta_r G_{m,2}^{\ominus} + \Delta_r G_{m,3}^{\ominus}}{2}$$

$$= \frac{-2 \times 394.4 + 565.98 + 474.4}{2} kJ \cdot mol^{-1}$$

$$= 125.79 \ kJ \cdot mol^{-1}$$

2.4 化学平衡

1. 分压定律

分压力 p_B 是指在混和气体中组分 B 的摩尔分数 x_B 与总压力 p 的乘积，即

$$p_B = x_B \cdot p \tag{2.20}$$

其中

$$x_B = \frac{n_B}{\sum n_B}$$

式(2.20) 所示的分压力对于所有气体都是适用的，不论是理想气体还是实际气体。因为

$$\sum x_B = 1$$

所以

$$\sum p_B = p$$

这就是说，混合气体的总压力等于其中各组分的分压力之和。

对于理想气体混合物而言

$$p_B = x_B \cdot p = \frac{n_B}{\sum n_B} \cdot \frac{\sum n_B RT}{V}$$

所以

$$p_B = \frac{n_B RT}{V} \tag{2.21}$$

由式(2.21) 可见，对于理想气体混合物而言，组分 B 的分压力等于在混和气体的温度 T 和总体积 V 的条件下组分 B 单独存在时所具有的压力。这就是**道尔顿分压定律**，简称**分压定律**。此处需要注意，道尔顿分压定律只适用于理想气体，因为不能近似当作理想气体处理的实际气体不服从理想气体状态方程 $pV = nRT$。

2. 标准平衡常数

通常讨论问题时，遇到的等温等压过程很多。在等温等压条件下，一个态变化过程能不能发生？能发生的态变化过程是否可逆？关于这些问题，可借助于吉布斯函数最低原理来进行分析。这时需要求算态变化过程中吉布斯函数的改变量 ΔG。考察化学反应时，需要计算化学反应的摩尔反应吉布斯函数 $\Delta_r G_m$。在上一节中我们讨论过一定温度下标准摩尔反应吉布斯函数 $\Delta_r G_m^{\ominus}$ 的计算方法。由于 $\Delta_r G_m^{\ominus}$ 描述的是在一定温度下，从标准态的反应物到标准态的产物发生 1 mol 反应时引起的吉布斯函数改变量，故用 $\Delta_r G_m^{\ominus}$ 只能判断一个反应从标准态到标准态能否发生。实际上，一个反应从标准态到标准态不能发生并不等于这个反应在非标准状态下也不

能发生。与此同时，一个反应从标准态到标准态能发生也不等于这个反应在任何条件下都能发生。在一定温度和压力下，根据实际系统所处的状态，只要 $\Delta_r G_m$ 小于零，该反应就可以自发进行。可是该怎样计算 $\Delta_r G_m$ 呢？

根据第 1 章中讲述反应进度时讨论过的摩尔反应的确切含义不难看出：

$$\Delta_r G_m = \sum \nu_B G_m(B) \tag{2.22}$$

由于 $G_m(B)$ 是状态函数，它与 B 物质的状态密切相关。即使温度和压力一定，$G_m(B)$ 还会受系统组成（即浓度或分压）的影响。

根据物理化学中的多组分系统热力学知识，不同物质的**摩尔吉布斯函数**可表示如下：

气体物质

$$G_m(B) = G_m^\ominus(B) + RT \ln \frac{p_B}{p^\ominus} \tag{2.23}$$

溶液中的溶质

$$G_m(B) = G_m^\ominus(B) + RT \ln \frac{c_B}{c^\ominus} \tag{2.24}$$

其他凝聚态物质

$$G_m(B) = G_m^\ominus(B) + RT \ln x_B \tag{2.25}$$

在式(2.23) ～ 式(2.25)中，p_B 是混和气体中 B 气体的分压；c_B 是溶液中 B 物质的物质的量浓度；$c^\ominus$ 是溶液中溶质型组分的标准态浓度，$c^\ominus = 1 \text{ mol} \cdot \text{L}^{-1} = 1000 \text{ mol} \cdot \text{m}^{-3}$；其他凝聚态物质泛指除溶液中的溶质外，所有的纯固体物质、纯液体物质以及液态或固态溶液中的溶剂型组分；x_B 是凝聚态物质 B 的摩尔分数。对于纯固体、纯液体和普通溶液（其物质的量浓度不很大）中的溶剂，通常都可以把 x_B 近似当作 1 来处理。

对于反应 $aA + bB \Longrightarrow dD + eE$，将式(2.23)、式(2.24)或式(2.25)代入式(2.22)可得

$$\Delta_r G_m = \Delta_r G_m^\ominus + RT \ln J \tag{2.26}$$

其中

$$\Delta_r G_m^\ominus = \sum \nu_B G_m^\ominus(B)$$

对于气体反应：

$$J = \frac{(p_D/p^\ominus)^d \cdot (p_E/p^\ominus)^e}{(p_A/p^\ominus)^a \cdot (p_B/p^\ominus)^b}$$

即

$$J = \prod_B \left(\frac{p_B}{p^\ominus}\right)^{\nu_B}, \quad J \text{ 代表相对压力商}$$

对于溶液中的反应：

$$J = \frac{(c_D/c^\ominus)^d \cdot (c_E/c^\ominus)^e}{(c_A/c^\ominus)^a \cdot (c_B/c^\ominus)^b}$$

即

$$J = \prod_B \left(\frac{c_B}{c^\ominus}\right)^{\nu_B}, \quad J \text{ 代表相对浓度商}$$

对于多相反应，J 既不是相对压力商，也不是相对浓度商，而是混合商。其中对于气体物质就用它的相对压力；对溶液中的溶质就用它的相对浓度；对于纯凝聚态物质或普通溶液中的溶剂型组分就用 1。

例如，对于如下反应：

$$3CuS(s) + 8HNO_3(aq) \Longrightarrow 3Cu(NO_3)_2(aq) + 2NO(g) + 3S(s) + 4H_2O$$

$$J = \frac{(c_{Cu(NO_3)_2}/c^\ominus)^3 \cdot (p_{NO}/p^\ominus)^2}{(c_{HNO_3}/c^\ominus)^8}$$

在该反应方程式中，aq 代表水溶液（aqueous solution）。由于各物质的标准状态只与温度有关，故 $\Delta_r G_m^{\ominus}$ 仅仅是温度的函数。在一定温度下，$\Delta_r G_m^{\ominus}$ 为常数。所以，由式（2.26）可见，一定温度下 $\Delta_r G_m$ 会随 J 的变化而变化。对于间歇式的反应系统，$\Delta_r G_m$ 会随反应的进行而不断发生变化。根据吉布斯函数最低原理，在等温等压条件下当化学反应达到平衡时，$\Delta_r G_m = 0$。这时由式（2.26）可知

$$\Delta_r G_m^{\ominus} = -RT \ln J_{平衡}$$

由于 $\Delta_r G_m^{\ominus}$ 仅仅是温度的函数，它在一定温度下有唯一确定的值，故 $J_{平衡}$ 在一定温度下也有唯一确定的值。又因 $J_{平衡}$ 与化学平衡系统的组成密切相关，故将 $J_{平衡}$ 称为**标准平衡常数**，并将其用 $K^{\ominus}$ 表示，其量纲为 1（即没有单位），所以

$$\Delta_r G_m^{\ominus} = -RT \ln K^{\ominus} \tag{2.27}$$

综上所述，标准平衡常数 $K^{\ominus}$ 代表的是化学平衡系统的相对压力商，或化学平衡系统的相对浓度商，或化学平衡系统的混合商。因此，可借助化学平衡系统用实验的方法确定 $K^{\ominus}$。另一方面，根据式（2.27），也可以直接用标准摩尔反应吉布斯函数 $\Delta_r G_m^{\ominus}$ 理论计算标准平衡常数 $K^{\ominus}$。与此同时，对式（2.27）适当变形后可以看出：任何反应的 $K^{\ominus}$ 都大于零，故没有绝对不能发生的反应，也没有能够真正百分之百完成的反应。或者说，任何反应都有化学平衡存在，只是有些反应的平衡点非常靠近于产物，有些反应的平衡点非常靠近于反应物。

3. 标准平衡常数与实验平衡常数的关系

1）理想气体反应

对于理想气体反应 $K^{\ominus} = \prod\limits_{p_b} \left(\dfrac{p_B}{p^{\ominus}} \right)^{\nu_B}_{平衡} = \prod\limits_{B} p_{B,平衡}^{\nu_B} \cdot (1/p^{\ominus})^{\sum \nu_B}$

令

$$K_p = \prod_{B} p_{B,平衡}^{\nu_B} = \left(\frac{p_D^d \cdot p_E^e}{p_A^a \cdot p_B^b} \right)_{平衡} \tag{2.28}$$

则

$$K^{\ominus} = K_p \cdot (1/p^{\ominus})^{\sum \nu_B} \tag{2.29}$$

式（2.28）表明：K_p 是平衡时的压力商，其值与化学平衡组成有关。由于 $K^{\ominus}$ 仅仅是温度的函数，所以由式（2.29）可见，K_p 也仅仅是温度的函数。这就是说，与标准平衡常数 $K^{\ominus}$ 类似，K_p 在一定温度下也有唯一确定的值。我们把 K_p 叫做**实验平衡常数**。如果 $\sum \nu_B = 0$，则 $K^{\ominus} = K_p$，这时 K_p 也是一个没有单位的纯数。但如果 $\sum \nu_B \neq 0$，则 K_p 有单位，其值与所选用的单位有关。如对于反应 $N_2(g) + 3H_2(g) \Longrightarrow 2NH_3(g)$：

$$K^{\ominus} = K_p \cdot (1/p^{\ominus})^{-2}$$

所以

$$K_p = K^{\ominus} \cdot (p^{\ominus})^{-2} \begin{cases} = K^{\ominus} \cdot (100 \text{ kPa})^{-2} = K^{\ominus} \times 10^{-4} \text{ kPa}^{-2} \\ = K^{\ominus} \cdot (10^5 \text{ Pa})^{-2} = K^{\ominus} \times 10^{-10} \text{ Pa}^{-2} \\ = K^{\ominus} \cdot (0.1 \text{ MPa})^{-2} = K^{\ominus} \times 10^2 \text{ MPa}^{-2} \end{cases}$$

另外，根据分压力的定义：

$$p_B = \frac{n_B}{\sum n_B} \cdot p$$

由于此式中的 p 为混合气体的总压力，其中除了涉及参与反应的气体外，还涉及不参与反应的**局外气体**，故 $\sum n_B$ 是指反应系统中所有气体的总摩尔数，其中也包括不参与反应的局外气

体。将上式代入式(2.28)，然后将式(2.28)代入式(2.29)可得

$$K^{\ominus} = \left(\prod_B n_B^{\nu_B} \right)_{\text{平衡}} \cdot \left[\frac{p}{\sum n_B \cdot p^{\ominus}} \right]^{\sum \nu_B}$$

令

$$K_n = \left(\prod_B n_B^{\nu_B} \right)_{\text{平衡}} = \left(\frac{n_D^d \cdot n_E^e}{n_A^a \cdot n_B^b} \right)_{\text{平衡}} \tag{2.30}$$

则

$$K^{\ominus} = K_n \cdot \left[\frac{p}{\sum n_B \cdot p^{\ominus}} \right]^{\sum \nu_B} \tag{2.31}$$

式(2.30)表明：K_n 与化学平衡组成密切相关。由于一定温度下 $K^{\ominus}$ 是个常数，故由式(2.31)可以看出：若 $\sum \nu_B = 0$，则 $K^{\ominus} = K_n$。在这种情况下，K_n 也是个只与温度有关的纯数。若 $\sum \nu_B \neq 0$，则 $K_n = K_n(T, p, \sum n_B)$。在这种情况下，$K_n$ 不仅与温度 T 有关，还与系统的总压力 p 以及平衡时反应系统中气体物质的总摩尔数 $\sum n_B$ 有关。由于 K_n 在一定温度下未必是常数，所以不能把 K_n 称为平衡常数。另一方面，由于 K_n 与平衡组成密切相关，所以在化学平衡移动和化学平衡组成的分析计算过程中，使用 K_n 常常会给我们带来许多方便。

综上所述，对 $K^{\ominus}$ 与 K_p、K_n 的关系可归纳如下：

$$K^{\ominus} = K_p \cdot \left(\frac{1}{p^{\ominus}} \right)^{\sum \nu_B} = K_n \cdot \left[\frac{p}{\sum n_B \cdot p^{\ominus}} \right]^{\sum \nu_B} \tag{2.32}$$

2）溶液中的反应

$$K^{\ominus} = \prod \left(\frac{c_B}{c^{\ominus}} \right)_{\text{平衡}}^{\nu_B} = \prod c_{B,\text{平衡}}^{\nu_B} \cdot (1/c^{\ominus})^{\sum \nu_B}$$

令

$$K_c = \prod_B c_{B,\text{平衡}}^{\nu_B} = \left(\frac{c_D^d \cdot c_E^e}{c_A^a \cdot c_B^b} \right)_{\text{平衡}} \tag{2.33}$$

则

$$K^{\ominus} = K_c \cdot (1/c^{\ominus})^{\sum \nu_B} \tag{2.34}$$

式(2.33)表明：K_c 是平衡时的浓度商，其值与化学平衡组成有关。由于 $K^{\ominus}$ 仅仅是温度的函数，所以由式(2.29)可见，K_c 也仅仅是温度的函数。这就是说，与标准平衡常数 $K^{\ominus}$ 类似，K_c 在一定温度下也有唯一确定的值。我们把 K_c 也叫做实验平衡常数。如果 $\sum \nu_B = 0$，则 $K^{\ominus} = K_c$，这时 K_c 也是个没有单位的纯数。但如果 $\sum \nu_B \neq 0$，则 K_c 有单位，其值与所选用的单位有关。

3）多相反应

对于多相反应，也有相应的实验平衡常数。其实验平衡常数是平衡时的混合商，对于气体物质就用压力而非相对压力，对于溶液中的溶质就用物质的量浓度而非相对浓度，对于其他凝聚态物质就用1。多相反应的实验平衡常数在一定温度下也有唯一确定的值。当多相反应的实验平衡常数有单位时，其值也与所用的单位有关。

2.5　化学平衡计算

1. 平衡常数的计算

根据式(2.27)，在一定温度下计算标准平衡常数的关键是计算该温度下的标准摩尔反应吉布斯函数 $\Delta_r G_m^{\ominus}$。关于 $\Delta_r G_m^{\ominus}$ 的计算方法前已述及。

例 2.5　在 298 K 下已知反应 $SO_2 + \frac{1}{2}O_2 \rightleftharpoons SO_3$ 的 $\Delta_r G_m^{\ominus}$ 为 $-141\ kJ \cdot mol^{-1}$。求同温度下该反应的标准平衡常数。

解　根据式(2.27)

$$\Delta_r G_m^{\ominus} = -RT\ln K^{\ominus}$$

所以

$$K^{\ominus} = \exp\left(\frac{-\Delta_r G_m^{\ominus}}{RT}\right)$$

$$= \exp\left(\frac{141 \times 10^3}{8.314 \times 298}\right)$$

$$= 5.20 \times 10^{24}$$

注意:通常在所有的计算过程中,对所有变量都要用 SI 单位。$\Delta_r G_m^{\ominus}$ 的 SI 单位是 $J \cdot mol^{-1}$ 而不是 $kJ \cdot mol^{-1}$。

例 2.6　在 T 温度下,已知反应 $NH_3(g) \rightleftharpoons \frac{1}{2}N_2(g) + \frac{3}{2}H_2(g)$ 的标准平衡常数为 $K_1^{\ominus} = a$。求同温度下反应 $2NH_3(g) \rightleftharpoons N_2(g) + 3H_2(g)$ 的标准平衡常数 $K_2^{\ominus}$ 以及反应 $\frac{1}{2}N_2(g) + \frac{3}{2}H_2(g) \rightleftharpoons NH_3(g)$ 的标准平衡常数 $K_3^{\ominus}$。

解　因为　　反应 ② $= 2 \times$ ①,　　　　　反应 ③ $= -1 \times$ ①

所以　　　　　$\Delta_r G_{m,2}^{\ominus} = 2\Delta_r G_{m,1}^{\ominus}$,　　　　$\Delta_r G_{m,3}^{\ominus} = -\Delta_r G_{m,1}^{\ominus}$

即　　　　$-RT\ln K_2^{\ominus} = -2RT\ln K_1^{\ominus}$,　　　$-RT\ln K_3^{\ominus} = RT\ln K_1^{\ominus}$

所以　　　　$K_2^{\ominus} = K_1^{\ominus 2} = a^2$,　　　　　$K_3^{\ominus} = 1/K_1^{\ominus} = 1/a$。

由此例可见,对于同一个反应,在一定温度下反应方程式的写法不同,其标准平衡常数就不相同。究其原因,$K^{\ominus}$ 与 $\Delta_r G_m^{\ominus}$ 有关。$\Delta_r G_m^{\ominus}$ 表示从标准态到标准态发生 1 mol 反应时引起的吉布斯函数改变量。而 1 mol 反应的确切含义与反应方程式的写法有关,所以 $\Delta_r G_m^{\ominus}$ 与反应方程式的写法有关,结果必然导致 $K^{\ominus}$ 与反应方程式的写法有关。

例 2.7　反应 ① $2H_2O(g) \rightleftharpoons 2H_2(g) + O_2(g)$ 和反应 ② $FeO(s) \rightleftharpoons Fe(s) + \frac{1}{2}O_2(g)$ 在 1120 ℃ 下的标准平衡常数分别为 3.4×10^{-13} 和 4.97×10^{-7}。计算在相同温度下反应 ③ $FeO(s) + H_2(g) \rightleftharpoons Fe(s) + H_2O(g)$ 的标准平衡常数。

解　因为　　③ $=$ ② $-$ ①$/2$

所以　　　$\Delta_r G_{m,3}^{\ominus} = \Delta_r G_{m,2}^{\ominus} - \Delta_r G_{m,1}^{\ominus}/2$

$$-RT\ln K_3^{\ominus} = -RT\ln K_2^{\ominus} + \frac{1}{2}RT\ln K_1^{\ominus}$$

所以　　　$K_3^{\ominus} = K_2^{\ominus}/\sqrt{K_1^{\ominus}}$

$$= 4.97 \times 10^{-7}/(3.4 \times 10^{-13})^{1/2}$$

$$= 0.85$$

2. 影响化学平衡的因素

根据摩尔反应吉布斯函数与组成的关系,即

$$\Delta_r G_m = \Delta_r G_m^{\ominus} + RT\ln J$$

因为　　　　　　　　　　$\Delta_r G_m^{\ominus} = -RT\ln K^{\ominus}$

所以
$$\Delta_r G_m = RT \ln \frac{J}{K^{\ominus}} \tag{2.35}$$

1）浓度的影响

在一定温度和压力下（等温等压过程）当反应达到平衡时，由于 $\Delta_r G_m = 0$，故由式(2.35)可见，$J = K^{\ominus}$。当往化学平衡系统中加入反应物或减少产物时，J 必然减小，结果使 $J < K^{\ominus}$，使 $\Delta_r G_m < 0$。根据吉布斯函数最低原理，这时化学反应必然正向自发进行，即化学平衡正向移动；当往平衡系统中加入产物或减少反应物时，J 必然增大，结果使 $J > K^{\ominus}$，使 $\Delta_r G_m > 0$。根据吉布斯函数最低原理，这时化学反应必然逆向进行，即化学平衡逆向移动。

2）压力的影响

在一定温度和压力下，当化学反应达到平衡时，$J = K^{\ominus}$。对于没有气体参与的化学反应，其 J 中没有相对压力项。又因为总压力 p 变化时，凝聚态物质的体积大致保持不变，故各物质的浓度基本上不变。所以在平衡状态下改变压力时，J 不会变化，J 仍与 $K^{\ominus}$ 相等。此时根据式(2.35)，$\Delta_r G_m$ 仍等于零，化学反应仍然处于平衡状态。这就是说，对于无气体参与的化学反应，改变压力时化学平衡基本上不发生移动。

对于有气体参与的多相反应，平衡时 $J = K^{\ominus}$。J 是混合商，即
$$J = \prod_{溶液} \left(\frac{c_B}{c^{\ominus}} \right)^{\nu_B} \cdot \prod_{气体} \left(\frac{p_B}{p^{\ominus}} \right)^{\nu_B}$$

因为
$$p_B = x_B \cdot p$$

所以
$$J = \underbrace{\prod_{溶液} \left(\frac{c_B}{c^{\ominus}} \right)^{\nu_B}}_{A} \cdot \underbrace{\prod_{气体} x_B^{\nu_B}}_{B} \cdot \underbrace{\left(\frac{p}{p^{\ominus}} \right)^{\sum \nu_{B,气体}}}_{C}$$

在一定温度下，当化学平衡系统的总压力 p 增大时，可分几种不同情况进行讨论。

（1）如果 $\sum \nu_{B,气体} = 0$，即反应前后的气体分子数不变。在这种情况下，当总压力 p 增大时，A、B、C 均不变，仍然 $J = K^{\ominus}$，$\Delta_r G_m = 0$。在这种情况下，系统仍处于平衡状态，化学平衡不会发生移动。

（2）如果 $\sum \nu_{B,气体} > 0$，即反应前后的气体分子数是增多的。在这种情况下，当总压力 p 增大时，A、B 不变但 C 会增大，结果使得 J 增大，从而导致 $J > K^{\ominus}$，使得正向反应的 $\Delta_r G_m$ 大于零。这时，化学平衡将逆向移动。

（3）如果 $\sum \nu_{B,气体} < 0$，即反应前后的气体分子数是减少的。在这种情况下，当总压力 p 增大时，A、B 不变但 C 会减小，结果使得 J 减小，从而导致 $J < K^{\ominus}$，使得正向反应的 $\Delta_r G_m$ 小于零。这时，化学平衡将正向移动。

综上所述，对于有气体参与的多相反应，增大压力会使化学平衡朝着气体分子数减少的方向（即体积减小的方向）移动，减小压力会使化学平衡朝着气体分子数增多的方向（即体积增大的方向）移动。实际上，这种讨论结果对于气相反应（非多相反应）也是适用的，这时上式中就没有 A 项而只剩下 B、C 这两项了。

3）局外气体的影响

不论什么物质，纯净与否都是相对的，没有绝对纯净的物质。在有气体参与的单相或多相反应中，常把那些不参加反应的杂质气体叫做局外气体。有时也把局外气体叫做惰性气体。当多相反应达到平衡时，$J = K^{\ominus}$，$\Delta_r G_m = 0$，这时

$$J = \prod_{溶液} \left(\frac{c_B}{c^\ominus}\right)^{\nu_B}_{平衡} \cdot \prod_{气体} \left(\frac{p_B}{p^\ominus}\right)^{\nu_B}_{平衡}$$

因为

$$p_B = x_B \cdot p = n_B \cdot p / \sum n_{B,气体}$$

此处，$\sum n_{B,气体}$ 代表系统内所有气体的总量，其中也包括局外气体，所以

$$J = \underbrace{\prod_{溶液} \left(\frac{c_B}{c^\ominus}\right)^{\nu_B}_{平衡}}_{A} \cdot \underbrace{\prod_{气体} n^{\nu_B}_{B,平衡}}_{B} \cdot \underbrace{\left[\frac{p}{p^\ominus \cdot \sum n_{B,气体}}\right]^{\sum \nu_{B,气体}}}_{C}$$

在温度 T 和总压力 p 一定的情况下，当给化学平衡系统引入局外气体时，$\sum n_{B,气体}$ 会增大，这时可分几种不同情况进行讨论：

（1）如果 $\sum \nu_{B,气体} = 0$，即反应前后的气体分子数不变。在这种情况下，当引入局外气体时，A、B、C 均不变，仍然 $J = K^\ominus$，$\Delta_r G_m = 0$。这时，系统仍处于平衡状态，化学平衡不会发生移动。

（2）如果 $\sum \nu_{B,气体} > 0$，即反应前后气体分子数是增多的。在这种情况下，当引入局外气体时，A、B 不变但 C 会减小，结果使 J 减小从而导致 $J < K^\ominus$，使正向反应的 $\Delta_r G_m$ 小于零。这时，化学平衡将正向移动。

（3）如果 $\sum \nu_{B,气体} < 0$，即反应前后的气体分子数是减少的。在这种情况下，当引入局外气体时，A、B 不变但 C 会增大，结果使 J 增大，从而导致 $J > K^\ominus$，使正向反应的 $\Delta_r G_m$ 大于零。这时，化学平衡将逆向移动。

在上述讨论中，$\sum \nu_{B,气体}$ 都仅仅是对于参与反应的气体物质而言的，它与局外气体无关，因为局外气体无计量系数可言。

综上所述，在一定温度和压力下对于有气体参与的化学平衡系统，引入局外气体会使化学平衡朝着局内气体分子数增多的方向移动，减少局外气体会使化学平衡朝着局内气体分子数减少的方向移动。也可以这样理解该结论，即在温度和总压力恒定的情况下，引入局外气体的结果使局外气体的总压升高，与此同时必然使参与反应的局内气体的总压降低。而局内气体总压力降低会使化学平衡朝气体分子数增多（即体积增大）的方向移动。与此相反，减少局外气体会使参与反应的局内气体总压力增大，会使化学平衡朝气体分子数减少（即体积减小）的方向移动。例如，$CaCO_3$ 受热会分解为 CaO 和 CO_2。设想在一个密闭的气缸内加热 $CaCO_3$，如图 2.5 所示。当温度升高到 T 时会达到分解平衡，其压力为 p。这时若保持温度和压力都恒定不变，则该反应就会一直处于平衡状态，宏观上反应停滞不前。这时若往反应器内通入一些不参与反应的氮气，则分解反应就会持续进行，直到 $CaCO_3$ 完全分解。这是为什么？请读者分析。

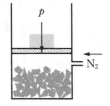

图 2.5　$CaCO_3$ 分解

虽然上述关于局外气体影响的讨论是针对多相反应展开的，但是讨论的结果也适用于无凝聚态物质参与的气相反应。

3. 平衡组成的计算

例 2.8　在 298 K 下已知 $NH_4Cl(s)$、$NH_3(g)$ 和 $HCl(g)$ 的标准摩尔生成吉布斯函数分别为 -202.97 kJ·mol^{-1}、-16.48 kJ·mol^{-1} 和 -95.3 kJ·mol^{-1}。求在 298 K 的密闭容器内

NH$_4$Cl(s) 分解达到平衡时 NH$_3$(g) 和 HCl(g) 的分压。

解　对于反应 NH$_4$Cl(s) ══ NH$_3$(g) ＋ HCl(g)，因为

$$\Delta_r G_m^\ominus = (-16.48 - 95.3 + 202.97)\ \text{kJ} \cdot \text{mol}^{-1}$$
$$= 91.2\ \text{kJ} \cdot \text{mol}^{-1}$$

所以　　　　$$K^\ominus = \exp\left(\frac{-\Delta_r G_m^\ominus}{RT}\right) = \exp\left(\frac{-91.2 \times 1000}{8.314 \times 298}\right) = 1.03 \times 10^{-16}$$

$$\text{NH}_4\text{Cl(s)} ══ \text{NH}_3\text{(g)} + \text{HCl(g)}$$

起始分压　　　　　　　　　　　　　　　0　　　　0

平衡分压　　　　　　　　　　　　　　　p　　　　p

$$K^\ominus = \frac{p}{p^\ominus} \cdot \frac{p}{p^\ominus}$$

$$p = p^\ominus \cdot \sqrt{K^\ominus} = 10^5 \times \sqrt{1.03 \times 10^{-16}}$$
$$= 1.01 \times 10^{-3}\ \text{Pa}$$

故分解达到平衡时，NH$_3$(g) 和 HCl(g) 的分压均为 1.01×10^{-3} Pa。

例 2.9　在 1000 K 和 100 kPa 条件下，反应 C(s) ＋ H$_2$O(g) ══ CO(g) ＋ H$_2$(g) 达到平衡时，H$_2$O 的转化率为 $\alpha = 0.844$。

(1) 求 1000 K 下该反应的标准摩尔反应吉布斯函数 $\Delta_r G_m^\ominus$。

(2) 在 1000 K 和 200 kPa 下，求 H$_2$O 的平衡转化率。

解　(1)　　　　　　　$$\text{C(s)} + \text{H}_2\text{O(g)} ══ \text{CO(g)} + \text{H}_2\text{(g)}$$

初始摩尔数　　　　　　　　1　　　　　　0　　　　　0

平衡摩尔数　　　　　　　1－α　　　　　α　　　　　α　　　　α 为平衡转化率

平衡时总摩尔数　　　　　　　$$\sum n_B = 1 + \alpha$$

$$K^\ominus = \prod n_{B,\text{平衡}}^{\nu_B} \cdot \left(\frac{p}{p^\ominus \sum n_B}\right)^{\sum \nu_B} \qquad (A)$$

因为　　　　　　　　　　$$p = p^\ominus, \qquad \sum \nu_B = 1$$

所以　　　　　　　　$$K^\ominus = \frac{\alpha^2}{1-\alpha}\left(\frac{1}{1+\alpha}\right) = \frac{\alpha^2}{1-\alpha^2}$$

$$= \frac{0.844^2}{1-0.844^2} = 2.476$$

$$\Delta_r G_m^\ominus = -RT\ln K^\ominus$$
$$= (-8.314 \times 1000\ln 2.476)\ \text{J} \cdot \text{mol}^{-1}$$
$$= -7.538\ \text{kJ} \cdot \text{mol}^{-1}$$

(2) 设平衡时 H$_2$O 的转化率为 x，则平衡时气体总摩尔数为

$$\sum n_B = 1 + x$$

由 (A) 式知

$$K^\ominus = \frac{x^2}{1-x}\left(\frac{200}{100(1+x)}\right)$$

即　　　　　　　　　　　　$$2.476 = \frac{2x^2}{1-x^2}$$

由此解得 $\qquad\qquad\qquad\qquad\qquad x = 0.744$

由此可见,增大压力的确会使平衡朝着气体分子数减少的方向移动。

4. 温度对平衡常数的影响

改变温度会使化学平衡发生移动,其根本原因在于温度变化时各物质的标准状态及标准摩尔吉布斯函数 $G_m^{\ominus}$ 会同时发生变化,结果导致标准摩尔反应吉布斯函数 $\Delta_r G_m^{\ominus}$ 发生变化,所以平衡常数会发生变化。有关平衡常数随温度变化的详细情况,可以进行严格的数学推导分析并得到准确的结果[①],此处只简单近似地考察一下温度对平衡常数的影响。因为

$$-RT\ln K^{\ominus} = \Delta_r G_m^{\ominus}$$

又因为 $\qquad\qquad\qquad\qquad \Delta_r G_m^{\ominus} = \Delta_r H_m^{\ominus} - T \cdot \Delta_r S_m^{\ominus}$

所以 $\qquad\qquad\qquad\qquad -RT\ln K^{\ominus} = \Delta_r H_m^{\ominus} - T \cdot \Delta_r S_m^{\ominus}$

$$\ln K^{\ominus} = -\frac{\Delta_r H_m^{\ominus}}{RT} + \frac{\Delta_r S_m^{\ominus}}{R}$$

原本 $\Delta_r H_m^{\ominus}$ 和 $\Delta_r S_m^{\ominus}$ 都会随温度的变化而变化,但是当温度变化范围不大时,可将 $\Delta_r H_m^{\ominus}$ 和 $\Delta_r S_m^{\ominus}$ 近似当作常数。在这种情况下,可以把上式改写为

$$\ln K^{\ominus} = -\frac{\Delta_r H_m^{\ominus}}{RT} + C, \quad C \text{ 为常数} \qquad\qquad (2.36)$$

这就是说,在一定温度范围内,$\ln K^{\ominus} \sim 1/T$ 呈线性关系。由该直线的斜率可以求得该反应的摩尔反应热效应 $\Delta_r H_m^{\ominus}$。

由式(2.36)可知,在 T_1 和 T_2 两种不同温度下

$$\ln K^{\ominus}(T_1) = -\frac{\Delta_r H_m^{\ominus}}{RT_1} + C, \qquad \ln K^{\ominus}(T_2) = -\frac{\Delta_r H_m^{\ominus}}{RT_2} + C$$

两式相减可得

$$\ln \frac{K^{\ominus}(T_2)}{K^{\ominus}(T_1)} = \frac{\Delta_r H_m^{\ominus}(T_2 - T_1)}{RT_1 T_2} \qquad\qquad (2.37)$$

由式(2.37)可知:对于吸热反应($\Delta_r H_m^{\ominus} > 0$),如果 $T_2 > T_1$,则 $K^{\ominus}(T_2) > K^{\ominus}(T_1)$。这就是说,温度升高时平衡常数会增大,故升高温度时化学平衡必然正向移动,即升高温度时化学平衡朝着吸热的方向移动。对于放热反应($\Delta_r H_m^{\ominus} < 0$),如果 $T_2 > T_1$,则 $K^{\ominus}(T_2) < K^{\ominus}(T_1)$。这就是说,温度升高时平衡常数会减小,故升高温度时化学平衡必然逆向移动。因正向反应是放热反应,故逆向反应是吸热反应。所以,升高温度时化学平衡仍然朝着吸热的方向移动。总之,不论对于什么反应,升温时化学平衡都朝着吸热的方向移动,降温时化学平衡都朝着放热的方向移动。

5. 水溶液中离子的标准热力学数据

对于任何电解质水溶液而言,根据标准摩尔生成焓的定义、标准摩尔生成吉布斯函数的定义以及标准摩尔熵的物理意义,我们可以确定水溶液中电解质的 $\Delta_f H_m^{\ominus}$、$\Delta_f G_m^{\ominus}$ 以及 $S_m^{\ominus}$。以 HCl 水溶液为例,在一定温度下,HCl 水溶液的标准摩尔生成焓就是在相同温度下 HCl 气体的标准摩尔生成焓与 HCl 气体在水中溶解时的标准摩尔溶解焓的加和。另一方面,电解质在水

[①] 必要时可参考物理化学中"化学平衡"部分的内容。

溶液中都会不同程度地以离子形式出现（发生解离），而且正负离子总是同时存在，正负离子所带的电荷总数相同。在这种情况下，没有合适的方法把正离子和负离子分开进行讨论，即没有办法测定水溶液中某一种离子的标准热力学数据。然而，在讨论分析有离子参与的化学反应及化学平衡时，很需要不同离子的标准热力学数据。故为了讨论问题方便，有必要人为设定一个参考标准，并在此基础上确定所有离子的标准热力学数据。

我们通常将水溶液中的电解质和离子的标准态选定为：在一定温度和标准压力下 $c_B = c^{\ominus} = 1 \text{ mol} \cdot \text{L}^{-1}$ 的状态[①]。以 HCl 水溶液为例，确定离子的标准热力学数据的方法如下：

在 25 ℃ 下已知

$$\Delta_f H_m^{\ominus}(\text{HCl}, \text{aq}) = -167.44 \text{ kJ} \cdot \text{mol}^{-1}$$

$$S_m^{\ominus}(\text{HCl}, \text{aq}) = 55.2 \text{ J} \cdot \text{K}^{-1} \cdot \text{mol}^{-1}$$

$$\Delta_f G_m^{\ominus}(\text{HCl}, \text{aq}) = -131.17 \text{ kJ} \cdot \text{mol}^{-1}$$

在明确了水溶液中离子的标准状态后，为了确定水溶液中各种离子的标准摩尔生成焓、标准摩尔熵和标准摩尔生成吉布斯函数，对于水溶液中的 H^+，人为规定在任何温度下

$$\Delta_f H_m^{\ominus}(\text{H}^+, \text{aq}) = 0 \text{ kJ} \cdot \text{mol}^{-1} \tag{2.38}$$

$$S_m^{\ominus}(\text{H}^+, \text{aq}) = 0 \text{ J} \cdot \text{K}^{-1} \cdot \text{mol}^{-1} \tag{2.39}$$

$$\Delta_f G_m^{\ominus}(\text{H}^+, \text{aq}) = 0 \text{ kJ} \cdot \text{mol}^{-1} \tag{2.40}$$

在这些人为规定的基础上，因为

$$\Delta_f H_m^{\ominus}(\text{HCl}, \text{aq}) = \Delta_f H_m^{\ominus}(\text{H}^+, \text{aq}) + \Delta_f H_m^{\ominus}(\text{Cl}^-, \text{aq})$$

$$S_m^{\ominus}(\text{HCl}, \text{aq}) = S_m^{\ominus}(\text{H}^+, \text{aq}) + S_m^{\ominus}(\text{Cl}^-, \text{aq})$$

$$\Delta_f G_m^{\ominus}(\text{HCl}, \text{aq}) = \Delta_f G_m^{\ominus}(\text{H}^+, \text{aq}) + \Delta_f G_m^{\ominus}(\text{Cl}^-, \text{aq})$$

所以

$$\Delta_f H_m^{\ominus}(\text{Cl}^-, \text{aq}) = -167.44 \text{ kJ} \cdot \text{mol}^{-1}$$

$$S_m^{\ominus}(\text{Cl}^-, \text{aq}) = 55.2 \text{ J} \cdot \text{K}^{-1} \cdot \text{mol}^{-1}$$

$$\Delta_f G_m^{\ominus}(\text{Cl}^-, \text{aq}) = -131.17 \text{ kJ} \cdot \text{mol}^{-1}$$

同理，以式(2.38)～式(2.40)为参考可以确定 HBr 水溶液中 Br^- 的标准热力学数据和 H_2SO_4 水溶液中 SO_4^{2-} 的标准热力学数据等。反过来，用上述得到的 Cl^-（或其他负离子）的标准热力学数据可以确定 NaCl 水溶液中 Na^+ 的标准热力学数据和 $MgCl_2$ 水溶液中 Mg^{2+} 的标准热力学数据等。

关键问题是以式(2.38)～式(2.40)为参考得到的这些热力学数据有没有意义呢？现以用此法得到的其他离子的标准摩尔生成焓为例进行分析。假设式(2.38)的规定使 H^+(aq)的标准摩尔生成焓比它的真实值小了 a kJ·mol^{-1}，那么用这种方法就会使各种一价、二价等负离子的标准摩尔生成焓分别比它的真实值大 a kJ·mol^{-1}、$2a$ kJ·mol^{-1} 等，再借助这些负离子的标准摩尔生成焓数据进一步确定下来的其他一价、二价等正离子的标准摩尔生成焓就会分别比各自的真值小 a kJ·mol^{-1}、$2a$ kJ·mol^{-1} 等。对于一个配平的离子反应方程式而言，左右两边的离子电荷（净电荷）不仅符号相同，而且电荷总数目也相等。所以，以上述 H^+(aq)的标准热力学数据为参考时，会使方程式左右两边的焓值增大或减小相同的值，结果不会影响化学反

---

① 严格说来，应该是一定温度和标准压力下 $c_B = c^{\ominus} = 1 \text{ mol} \cdot \text{L}^{-1}$ 而且具有无限稀释溶液特性的状态。

应的焓变,不会影响标准摩尔反应焓 $\Delta_r H_m^{\ominus}$。同理,使用式(2.39)为参考确定的其他离子的标准摩尔熵 $S_m^{\ominus}$ 时,不会影响化学反应的标准摩尔反应熵 $\Delta_r S_m^{\ominus}$;使用式(2.40)为参考确定的其他离子的标准摩尔生成吉布斯函数 $\Delta_f G_m^{\ominus}$ 时,也不会影响化学反应的标准摩尔反应吉布斯函数 $\Delta_r G_m^{\ominus}$。所以,上述确定水溶液中不同离子的标准热力学数据的方法是严格可行的。

在 25 ℃ 下,水溶液中部分离子的标准热力学数据列于附录 Ⅲ 中。有了水溶液中离子反应的 $\Delta_r G_m^{\ominus}$,就可以计算离子反应的标准平衡常数和平衡组成。

例 2.10　在水溶液中,计算下列反应在 25 ℃ 下的标准平衡常数。

(1) $Mg(OH)_2(s) \Longrightarrow Mg^{2+} + 2OH^-$

(2) $Cr_2O_7^{2-} + 6Cr^{2+} + 14H^+ \Longrightarrow 8Cr^{3+} + 7H_2O$

解　(1)　　　　　　　　$Mg(OH)_2(s) \Longrightarrow Mg^{2+} + 2OH^-$

查表知　$\Delta_f G_m^{\ominus}/kJ \cdot mol^{-1}$　　　-833.74　　　　-456.01　-157.27

所以　　　　$\Delta_r G_m^{\ominus}/kJ \cdot mol^{-1} = -456.01 - 2 \times 157.27 + 833.74$

即　　　　　　　　$\Delta_r G_m^{\ominus} = 63.19 \ kJ \cdot mol^{-1}$

所以　　　　$K^{\ominus} = \exp\left(\dfrac{-\Delta_r G_m^{\ominus}}{RT}\right) = \exp\left(\dfrac{-63.19 \times 10^3}{8.314 \times 298.2}\right)$

　　　　　　　　$= 8.528 \times 10^{-12}$

(2)　　　　　　$Cr_2O_7^{2-} + 6Cr^{2+} + 14H^+ \Longrightarrow 8Cr^{3+} + 7H_2O$

查表知　$\Delta_f G_m^{\ominus}/kJ \cdot mol^{-1}$　-1257.3　-176.1　0　-215.5　-237.19

所以　$\Delta_r G_m^{\ominus}/kJ \cdot mol^{-1} = -8 \times 215.5 - 7 \times 237.19 + 1257.3 + 6 \times 176.1$

即　　　　　　　$\Delta_r G_m^{\ominus} = -1070.43 \ kJ \cdot mol^{-1}$

所以　　　　$K^{\ominus} = \exp\left(\dfrac{-\Delta_r G_m^{\ominus}}{RT}\right)$

　　　　　　$= \exp\left(\dfrac{1070.43 \times 10^3}{8.314 \times 298.2}\right)$

　　　　　　$= 3.24 \times 10^{187}$

思考题 2

2.1　什么是自发过程?

2.2　自发过程有哪些特点?

2.3　什么是可逆过程?

2.4　可逆过程有哪些特点?

2.5　什么是分压定律?

2.6　为什么道尔顿分压定律只适用于理想气体混合物?

2.7　热不能从低温物体传到高温物体吗?

2.8　为什么说"可逆过程是由一连串平衡状态组成的"?

2.9　熵增原理的使用条件是什么?

2.10　"熵减小的过程都不能自发进行"这句话对吗?试举例说明。

2.11　"熵增大的过程都能自发进行"这句话对吗?试举例说明。

2.12 状态变化过程的热温商都等于熵变吗?

2.13 吉布斯函数最低原理的使用条件是什么?

2.14 在一定温度和压力下,$\Delta G > 0$ 的过程都不能发生吗?

2.15 既然熵是系统混乱度的反映,请问在一定温度和压力下下列态变化过程哪些 $\Delta S > 0$,哪些 $\Delta S < 0$?并请说明理由。

(1) 冰熔化变成水。

(2) 把硫酸铜固体溶解于水。

(3) 在一定温度和压力下,氢气和氧气化合生成气态水。

(4) 反应 $CaCO_3(s) = CaO(s) + CO_2(g)$ 正向进行。

(5) 用适当的方法分离较稀的氯化钠水溶液,结果得到一些纯水和较浓的氯化钠溶液。

2.16 在等温等压条件下 $\Delta_r G_m^{\ominus} > 0$ 的反应都不能发生吗?

2.17 为什么化学反应的标准平衡常数在一定温度下有唯一确定的值?

2.18 标准平衡常数都是没有单位的纯数吗,为什么?

2.19 既然一定温度下化学反应的标准平衡常数有唯一确定的值,为什么在一定温度下改变压力、反应物或产物的浓度会使化学平衡发生移动?

2.20 在一定温度下,当理想气体化学反应达到平衡时,$\prod p_{B,平衡}^{\nu_B}$ 是否有唯一确定的值?

2.21 在一定温度下,当溶液中的化学反应达到平衡时,$\prod c_{B,平衡}^{\nu_B}$ 是否有唯一确定的值?

2.22 通常影响化学平衡的因素有哪些?

2.23 什么是局外气体?

2.24 为什么总压力可能会影响化学平衡?

2.25 为什么局外气体有可能影响化学平衡?

2.26 在温度和总压力不变的情况下,引入局外气体时化学平衡可能会怎样移动?

2.27 为什么温度会影响化学平衡?

2.28 在一定温度和压力下当化学反应达到平衡时,$\Delta_r G_m^{\ominus} = 0$ 还是 $\Delta_r G_m = 0$?

习　题　2

2.1 3 mol 理想气体在 20 ℃ 下从 30 L 沿不同路线膨胀到 50 L 时,求其熵变。已知理想气体在等温可逆过程中,环境对系统所做的体积功可以表示为 $W = -nRT\ln(V_2/V_1)$。

(1) 等温可逆膨胀。

(2) 向真空等温膨胀。

(3) 上述不同路线的热温商分别是多少?

2.2 当 5 mol 理想气体沿不同路线膨胀使体积加倍时,求它的熵变。已知理想气体在等温可逆过程中,环境对系统所做的体积功可以表示为 $W = -nRT\ln(V_2/V_1)$。

(1) 等温可逆膨胀。

(2) 绝热可逆膨胀。

(3) 绝热自由膨胀。

2.3 在一定的温度和压力下,将 1 mol $N_2(g)$、2 mol $H_2(g)$ 和 3 mol $NH_3(g)$ 混合,即混

合前各组分的温度、压力彼此相同并且都等于混合后的温度和混合后的总压力。求该过程的熵变。假设系统中无化学反应发生,而且把这些气体都可以看做理想气体。

2.4　查表计算下列反应在 25 ℃ 下的标准摩尔反应熵 $\Delta_r S_m^\ominus$。

(1) $2SO_2(g) + O_2(g) \Longrightarrow 2SO_3(g)$;

(2) $CaCO_3(s) \Longrightarrow CaO(s) + CO_2(g)$;

(3) $C_2H_5OH(l) + 3O_2(g) \Longrightarrow 2CO_2(g) + 3H_2O(l)$。

2.5　在 80 ℃ 下,当把 6 mol 压力为 200 kPa 的氧气注入体积为 3.5 m³ 内含空气的刚性容器时,求该过程的 ΔS 和 ΔG。

2.6　查表求算下列反应在 25 ℃ 下的标准摩尔反应吉布斯函数 $\Delta_r G_m^\ominus$。

(1) $H_2(g) + Br_2(g) \Longrightarrow 2HBr(g)$;

(2) $2CO(g) \Longrightarrow C(s) + CO_2(g)$;

(3) $CuSO_4(s) + 5H_2O(g) \Longrightarrow CuSO_4 \cdot 5H_2O(s)$。

2.7　已知水的正常沸点是 100 ℃。这就是说,在 101 325 Pa 和 100 ℃ 下,液态水和气态水处于平衡状态。在这种情况下,水吸热蒸发或水蒸气散热凝结都是可逆过程,其吉布斯函数改变量均为零。但是当 101 325 Pa 和 100 ℃ 下的液态水往一个刚性真空容器等温蒸发并最终全部变为 101 325 Pa 和 100 ℃ 的水蒸气时:

(1) 求该过程的 ΔG。

(2) 该过程是否可逆,为什么?

(3) 吉布斯函数最低原理对于该过程是否适用,为什么?

2.8　在 120 kPa 和足够高温度下,$(NH_4)_2S(s)$ 可分解变成 $NH_3(g)$ 和 $H_2S(g)$。当该分解反应达到平衡时:

(1) $NH_3(g)$ 和 $H_2S(g)$ 的分压分别是多少?

(2) 求此温度下该反应的标准平衡常数。

2.9　在 200 ℃、101.3 kPa 下,PCl_5 的平衡分解率为 38.5%。

(1) 求 200 ℃ 下分解反应 $PCl_5(g) \Longrightarrow PCl_3(g) + Cl_2(g)$ 的标准平衡常数 $K^\ominus$。

(2) 求 200 ℃ 下分解反应 $PCl_5(g) \Longrightarrow PCl_3(g) + Cl_2(g)$ 的实验平衡常数 K_p。

(3) 计算在 200 ℃ 和 500 kPa 下 PCl_5 的平衡分解率。

2.10　当某一个条件变化时(其他条件均保持不变),下列化学平衡将正向移动、逆向移动还是不移动?请将答案填入表中。

(1) $H_2(g) + Br_2(g) \Longrightarrow 2HBr(g)$

(2) $2H_2O(g) + 2SO_2(g) \Longrightarrow 2H_2S(g) + 3O_2(g)$

(3) $2SO_2(g) + O_2(g) \Longrightarrow 2SO_3(g)$

(4) $2CO(g) \Longrightarrow C(s) + CO_2(g)$

(5) $CaSO_4(s) + 2H_2O(g) \Longrightarrow CaSO_4 \cdot 2H_2O(s)$

反应	(1)	(2)	(3)	(4)	(5)
增加压力					
引入局外气体					

2.11 在 1000 K 下,已知反应 $2SO_2(g) + O_2(g) = 2SO_3(g)$ 的标准平衡常数为 $K^{\ominus} = 3.45$。

(1) 求同温度下该反应的 $\Delta_r G_m^{\ominus}$。

(2) 同温度下,对于 SO_2、O_2 和 SO_3 的分压分别为 0.80 MPa、0.60 MPa 和 1.4 MPa 的混合气体(均可视为理想气体)而言,发生上述反应的 $\Delta_r G_m$ 是多少?

(3) 在温度和总压力恒定不变的情况下,当上述混合气体反应达到平衡时,SO_3 的分压是多少?(注:此题需借助计算机用 Excel 求解)

2.12 在 400 ℃ 下,反应 $NH_3(g) = \frac{1}{2}N_2(g) + \frac{3}{2}H_2(g)$ 的标准平衡常数为 78.1。

(1) 证明在 400 ℃ 下,NH_3 的平衡分解率 α 与总压力 p 之间存在如下关系:

$$\alpha = \frac{1}{\sqrt{1 + bp/p^{\ominus}}}$$

其中 b 为常数。

(2) 计算 400 ℃ 下的 b 值。

2.13 $KClO_3$ 受热会发生分解,其反应方程式如下:

$$2KClO_3(s) = 2KCl(s) + 3O_2(g)$$

已知 298 K 下 $KClO_3(s)$ 和 $KCl(s)$ 的标准摩尔生成吉布斯函数分别为 -289.91 kJ·mol^{-1} 和 -408.33 kJ·mol^{-1}。求 298 K 下 $KClO_3$ 的分解压(**分解压**是纯凝聚态物质分解达到平衡时气体产物的总压力)。

2.14 对于反应 $2C(石墨) + 3H_2(g) = C_2H_6(乙烷,g)$:

(1) 计算 25 ℃ 下该反应的标准平衡常数 $K^{\ominus}$。所需数据可从附录中查找。

(2) 在 5 L 刚性密闭容器内欲使 12 g 碳在 25 ℃ 下全部发生反应,则最少需加入多少 H_2?

2.15 在 900 K 下已知:

① $2CO(g) = 2C(s) + O_2(g)$, $\qquad K_1^{\ominus} = 5.61 \times 10^{-23}$;

② $2CO_2(g) = 2CO(g) + O_2(g)$, $\qquad K_2^{\ominus} = 2.07 \times 10^{-24}$。

求 900 K 下反应 ③ $CO_2(g) + C(s) = 2CO(g)$ 的标准平衡常数。

2.16 反应 $2TiCl_3(s) + 2HCl(g) = 2TiCl_4(g) + H_2(g)$ 在 400 ℃ 和 450 ℃ 下的标准平衡常数分别为 7.51 和 23.0。

(1) 求该反应的标准摩尔反应热。

(2) 在一个 450 ℃ 的刚性密闭容器内,若最初只有反应物,而且 HCl 的初始压力为 100 kPa,$TiCl_3$ 的量很充分。求平衡时 $TiCl_4$ 的分压。

2.17 已知反应 ① 和反应 ② 的标准平衡常数与温度的关系,据此计算反应 ③ 的标准摩尔反应热效应 $\Delta_r H_{m,3}^{\ominus}$。

① $CH_3COOH(g) + 2H_2(g) = 2CH_3OH(g)$

$$\ln K_1^{\ominus} = \frac{7253}{T/K} - 12.51$$

② $CH_3OH(g) + CO(g) = CH_3COOH(g)$

$$\ln K_2^{\ominus} = \frac{4226}{T/K} - 15.22$$

③ $CO(g) + 2H_2(g) = CH_3OH(g)$

2.18　求 FeO 在 0.1 MPa 空气中的分解温度。已知空气中 O_2 的体积百分含量为 21%，FeO 的分解压与温度的关系如下：

$$\ln(p/\text{Pa}) = -\frac{6.16 \times 10^4}{T/\text{K}} + 26.33$$

注：关于分解压概念，可参见习题 2.13。

2.19　求 298.2 K 下水解离反应 $H_2O \rightleftharpoons H^+(aq) + OH^-(aq)$ 的标准平衡常数。已知同温度下 $\Delta_f G_m^{\ominus}(H_2O, l) = -237.19 \text{ kJ} \cdot \text{mol}^{-1}$，$\Delta_f G_m^{\ominus}(OH^-) = -157.27 \text{ kJ} \cdot \text{mol}^{-1}$。

第3章 水溶液中的平衡

3.1 溶液组成的表示方法

生产实践中所遇到的系统并非都是组成恒定不变的系统,化学变化也不都是从纯物质到纯物质的化学反应,而是往往涉及由多种物质组成的多组分系统。在状态变化过程中系统的组成常常也会发生变化。这时有一个常用概念叫做溶液。**溶液**(solution)是指由两种或两种以上物质以分子、原子或离子的形式均匀分散形成的系统。溶液本身也有多种不同类型。

$$
溶液 \begin{cases} 气态溶液 \\ 液态溶液 \begin{cases} 非电解质溶液 \\ 电解质溶液 \end{cases} \\ 固态溶液(也叫做固溶体) \end{cases}
$$

任何气体物质都能彼此完全互溶形成气态溶液。液态溶液和固态溶液还可以进一步细分为完全互溶系统和部分互溶系统。完全互溶系统是指溶液中包含的那些物质可以以任意比例相互溶解,即溶液中每一种物质的含量可以从 $0 \sim 100\%$ 连续变化。如在常温常压下水和乙醇就可以以任意比例相互溶解形成液态溶液。又如在常温常压下铜和锌两者也可以以任意比例相互溶解生成固态溶液即黄铜。溶液中溶剂和溶质的划分是相对的。通常把溶液中含量较多的组分称为溶剂,而把其余的物质称为溶质。

对于由 A、B、C 等多种物质组成的溶液,其组成表示方法也多种多样。常用的几种组成表示方法如下。

1. 质量分数

质量分数就是溶液中某组分 B 的质量 m_B 与溶液总质量 $\sum m_B$ 的比值。质量分数是一个没有单位的纯数,常用 w_B 表示,即

$$
w_B = \frac{m_B}{\sum m_B} \tag{3.1}
$$

$$
\sum w_B = 1 \tag{3.2}
$$

2. 摩尔分数

摩尔分数是指溶液中任意一种组分 B 的摩尔数 n_B 与溶液中所有物质的总摩尔数 $\sum n_B$ 的比值。**摩尔分数**也叫做**物质的量分数**,常用 x 表示,即

$$
x_B = \frac{n_B}{\sum n_B} \tag{3.3}
$$

摩尔分数也是一个没有单位的纯数,而且 $\sum x_B = 1$。

3. 物质的量浓度

物质的量浓度是指溶液中某组分的物质的量 n 与溶液体积 V 的比值，常用 c 表示。通常所说的溶液浓度就是指**物质的量浓度**，即

$$c_B = \frac{n_B}{V} \tag{3.4}$$

该浓度的常用单位是 $mol \cdot L^{-1}$，它的 SI 单位是 $mol \cdot m^{-3}$。人们也常把物质的量浓度叫做体积摩尔浓度。

4. 质量摩尔浓度

质量摩尔浓度是指单位质量溶剂中含某溶质的摩尔数，常用 b 表示。如溶液中任意一种组分 B 的质量摩尔浓度 b_B 就是溶液中组分 B 的摩尔数 n_B 与溶液中溶剂 A 的质量 m_A 的比值，即

$$b_B = \frac{n_B}{m_A} \tag{3.5}$$

质量摩尔浓度的 SI 单位是 $mol \cdot kg^{-1}$。

在这些组成表示方法当中，物质的量浓度使用起来非常方便，但是当外界条件变化较大时其值也会发生波动。因为溶液的体积会发生热胀冷缩，溶液的体积也可以被压缩，尤其是对于气态溶液。不同组成表示方法彼此之间存在着一定的函数关系。如果把溶剂型组分用 A 表示，把溶质型组分用 B、C 等表示，则

$$x_B = \frac{n_B}{n_A + \sum_{B \neq A} n_B} = \underbrace{\frac{w_B/M_B}{w_A/M_A + \sum_{B \neq A}(w_B/M_B)}}_{\text{在单位质量溶液中}}$$

$$= \underbrace{\frac{c_B}{(\rho - \sum_{B \neq A} c_B M_B)/M_A + \sum_{B \neq A} c_B}}_{\text{在单位体积溶液中}} = \underbrace{\frac{b_B}{1/M_A + \sum_{B \neq A} b_B}}_{\text{在单位质量溶剂对应的溶液中}}$$

式中，ρ 代表溶液的密度；M_A 和 M_B 分别代表溶剂型组分 A 和溶质型组分 B 的摩尔质量。当溶液很稀时，上式各项的分母中与溶质型组分相关的待加和项都很小，都可以忽略不计，而且此时 $w_A \approx 1$、溶液的密度 ρ 约等于同温度下纯溶剂的密度 ρ_A。所以当溶液很稀时，上式可改写为

$$x_B \approx \frac{n_B}{n_A} \approx \frac{w_B M_A}{M_B} \approx \frac{c_B M_A}{\rho_A} \approx b_B M_A \tag{3.6}$$

对于以水为溶剂的稀溶液，由式（3.6）可知

$$c_B \approx \rho_{水}\, b_B$$

由于常温下 $\rho_{水} \approx 1000\ kg \cdot m^{-3} \approx 1\ kg \cdot L^{-1}$，所以

$$c_B \approx 1\ kg \cdot L^{-1} b_B$$

两边同除以 $1\ mol \cdot L^{-1}$ 可得

$$\frac{c_B}{1\ mol \cdot L^{-1}} \approx \frac{kg \cdot L^{-1} b_B}{1\ mol \cdot L^{-1}}$$

即

$$\frac{c_B}{mol \cdot L^{-1}} \approx \frac{b_B}{mol \cdot kg^{-1}}$$

这就是说，在稀水溶液中，以 $mol \cdot L^{-1}$ 为单位的体积摩尔浓度和以 $mol \cdot kg^{-1}$ 为单位的质量摩

尔浓度在数值上近似相等。

例 3.1　求质量分数为 1.5% 的硫酸溶液的摩尔分数和质量摩尔浓度。

解

$$x_{H_2SO_4} = \frac{n_{H_2SO_4}}{n_{H_2SO_4} + n_{H_2O}} = \frac{w_{H_2SO_4}/M_{H_2SO_4}}{w_{H_2SO_4}/M_{H_2SO_4} + w_{H_2O}/M_{H_2O}}$$

$$= \frac{1.5/98}{1.5/98 + 98.5/18}$$

$$= 2.79 \times 10^{-3}$$

$$b_{H_2SO_4} = \frac{n_{H_2SO_4}}{m_{H_2O}} = \frac{w_{H_2SO_4}/M_{H_2SO_4}}{w_{H_2O}}$$

$$= \frac{1.5/98}{98.5 \times 10^{-3}} \text{mol} \cdot \text{kg}^{-1}$$

$$= 0.155 \text{ mol} \cdot \text{kg}^{-1}$$

3.2　分配平衡

1. 分配平衡的概念

水与四氯化碳彼此间的溶解度非常小,通常可近似认为二者互不相溶。可是,它们都能溶解一定量的碘。如果将碘加入到含有水和四氯化碳的试管里并充分振荡,碘就会部分溶解于水,部分溶解于四氯化碳,并在两相之间处于平衡状态。由于四氯化碳的比重(1.6)明显比水的大,所以碘的四氯化碳溶液(紫红色)在下层,而碘的水溶液(淡黄色)在上层,如图 3.1 所示。类似于化学平衡,碘在水和四氯化碳两相之间的平衡可用下式表示:

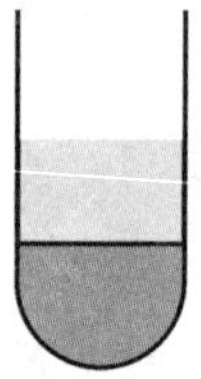

图 3.1　分配平衡示意图

$$I_2(H_2O) \rightleftharpoons I_2(CCl_4)$$

根据吉布斯函数最低原理,在一定温度和压力下平衡时,该变化过程的 $\Delta_r G_m$ 等于零,即碘在水中和在四氯化碳中的摩尔吉布斯函数相等:

$$G_m(I_2, H_2O) = G_m(I_2, CCl_4)$$

这时,由摩尔吉布斯函数与组成的关系可知

$$G_m^{\ominus}(I_2, H_2O) + RT\ln\frac{c_{I_2}(H_2O)}{c^{\ominus}} = G_m^{\ominus}(I_2, CCl_4) + RT\ln\frac{c_{I_2}(CCl_4)}{c^{\ominus}}$$

所以

$$G_m^{\ominus}(I_2, CCl_4) - G_m^{\ominus}(I_2, H_2O) = -RT\ln\left(\frac{c_{I_2}(CCl_4)}{c_{I_2}(H_2O)}\right)_{\text{平衡}}$$

由于任何物质的标准态摩尔吉布斯函数 $G_m^{\ominus}$ 都只是温度的函数,所以由上式可见:一定温度下当碘在两相分配达到平衡时,碘在两相的浓度之比必然是一个常数。

令

$$K = \left(\frac{c_{I_2}(CCl_4)}{c_{I_2}(H_2O)}\right) \tag{3.7}$$

把 K 称为**分配系数**,它是一个没有单位的纯数,其值只与温度有关。

可以把这种情况笼统的概括为:在一定温度下,同一种物质在两种互不相溶的液体中溶解并达到平衡时,该物质在这两种液体中的浓度之比为常数。此称**分配定律**。分配平衡在科研和生产实践中是广泛存在的。

例 3.2　室温下往 100 mL 浓度为 0.4 mol·L⁻¹ 的二氧化硫水溶液中加入 100 mL 氯仿（CHCl₃）。该系统达到平衡时溶解在水和氯仿中的 SO_2 分别是几克。已知在室温下水和氯仿互不相溶，二氧化硫在水和氯仿中的分配系数为

$$c_{SO_2}(H_2O)/c_{SO_2}(CHCl_3) = 0.98$$

解　SO_2 的总质量为

$$m = cV_{H_2O}M_{SO_2} = 0.4 \text{ mol} \cdot L^{-1} \times 0.1 \text{ L} \times 64 \text{ g} \cdot \text{mol}^{-1}$$
$$= 2.56 \text{ g}$$

设平衡时 100 mL 水中含 x 克 SO_2，则 100 mL 氯仿中含有 $(2.56-x)$ 克 SO_2。

$$c_{SO_2}(H_2O) = \frac{x}{M_{SO_2} \cdot V_{H_2O}} \qquad c_{SO_2}(CHCl_3) = \frac{2.56-x}{M_{SO_2} \cdot V_{CHCl_3}}$$

所以

$$0.98 = \frac{c_{SO_2}(H_2O)}{c_{SO_2}(CHCl_3)} = \frac{x/(M_{SO_2} \cdot V_{H_2O})}{(2.56-x)/(M_{SO_2} \cdot V_{CHCl_3})}$$

即

$$0.98 = \frac{x}{2.56-x}$$

由此解得

$$x = 1.27 \text{ g}$$

所以平衡时，溶解在水中的 SO_2 是 1.27 g，溶解在氯仿中的 SO_2 是 1.29 g。

如果溶质在某溶剂中会发生缔合或解离现象，这时分配定律只适用于在不同溶剂中分子形态相同的那部分溶质。所以分配定律在使用过程中也要谨慎。例如，水与氯仿基本上互不相溶，但是二者都可以溶解苯甲酸。苯甲酸是一种弱酸，它在水溶液中会发生部分解离，存在着解离平衡；苯甲酸在氯仿中会部分缔合成二聚体，单分子与二聚体之间也存在着缔合-解离平衡。在一定条件下，该系统的分配系数应该是平衡时水中未解离的苯甲酸浓度与氯仿中未缔合的单分子苯甲酸浓度之比。其实这是很自然的，因为当该系统处于平衡状态时，未解离也未缔合的单分子苯甲酸在水中和在氯仿中处于平衡状态。根据吉布斯函数最低原理，这种单分子苯甲酸在水中和在氯仿中的摩尔吉布斯函数应相等。结合式（3.7）的导出过程很容易得到这个结论。

例 3.3　如果某溶质 B 既可溶解于溶剂 ①，也可溶解于溶剂 ②，但是溶剂 ① 和溶剂 ② 彼此互不相溶。另外，溶质 B 溶于溶剂 ② 以后几乎完全以聚合体 B_n 的形式存在。试证明在一定温度下，当溶质 B 在溶剂 ① 和溶剂 ② 之间达到平衡时，B 在这两种溶液中的总浓度（均以单体的浓度表示）c_1 和 c_2 满足下式：

$$\frac{c_1}{\sqrt[n]{c_2}} = C \qquad (C \text{ 在一定温度下为常数})$$

证明　虽然 B 在溶剂 ② 中主要以聚合体 B_n 的形式存在，但其中多多少少也有一些单体 B 存在。当整个系统处于平衡状态时，溶剂 ② 中的单体 B 和聚合体 B_n 也处于化学平衡状态，即

$$B_n \quad \rightleftharpoons \quad nB$$

初始浓度　　　　　　　　　　c_2/n　　　　　　　0

平衡浓度 $(1-\alpha) \cdot c_2/n$ $\alpha \cdot c_2$

其中，α 为 B_n 的平衡解离度。针对该反应，根据吉布斯函数最低原理

$$\Delta_r G_m = n\left(G_B^\ominus + RT\ln\frac{\alpha \cdot c_2}{c^\ominus}\right) - \left(G_{B_n}^\ominus + RT\ln\frac{(1-\alpha) \cdot c_2/n}{c^\ominus}\right) = 0$$

即

$$\underbrace{\Delta_r G_m^\ominus + RT\ln\frac{c^\ominus}{c^{\ominus n}}}_{A} + \underbrace{RT\ln\frac{(\alpha \cdot c_2)^n}{(1-\alpha) \cdot c_2/n}}_{B} = 0$$

由于一定温度下上式中的 A 为常数，故一定温度下 B 也是常数。令

$$K_c = B = \frac{(\alpha \cdot c_2)^n}{(1-\alpha) \cdot c_2/n}$$

此处，K_c 为缔合物 B_n 解离反应的实验平衡常数，其值只与温度有关。在一定温度下，K_c 有唯一确定的值。根据此定义式：

$$\alpha \cdot c_2 = [K_c(1-\alpha) \cdot c_2/n]^{1/n}$$

$\alpha \cdot c_2$ 是分配平衡时以单体形式存在于溶剂 ② 中的 B 的浓度。由于苯甲酸是弱酸，故平衡时水中以单体形式存在的苯甲酸的浓度近似等于水中苯甲酸的总浓度 c_1。分配系数 K 是指分配平衡时，两相中以相同形式存在的溶质浓度之比，所以

$$K = \frac{c_1}{\alpha \cdot c_2} = \frac{c_1}{[K_c(1-\alpha) \cdot c_2/n]^{1/n}}$$

由于 B 在溶剂 ② 中几乎完全以 B_n 的形式存在，即 $\alpha \approx 0$，故上式可改写为

$$K = \frac{c_1}{(K_c \cdot c_2/n)^{1/n}} = \frac{c_1}{(K_c/n)^{1/n} \cdot c_2^{1/n}}$$

所以

$$\frac{c_1}{\sqrt[n]{c_2}} = K \cdot (K_c/n)^{1/n} = C \qquad （C \text{ 在一定温度下为常数}）$$

证毕

2. 萃取分离

分配平衡在生产实践中会经常遇到。如萃取分离，色谱分析等过程的基本原理都与分配平衡密切相关。在萃取分离过程中，为了提高效率和降低成本，常需要进行多次萃取。例如在水溶液中发生化学反应可生成目标产物 P，但与此同时由于化学平衡是普遍存在的，副反应一般也不能完全避免，所以反应结束后反应混合物系中常含有多种物质。在这种情况下，借助于分配定律分离出目标产物 P 是常用的分离方法之一。把这种分离方法称为**萃取分离**。

设在体积为 V 的以 A 为溶剂的溶液中含有待提取物的质量为 m_0，现在用与 A 不互溶但可以溶解待提取物的溶剂 B 进行萃取，每次萃取剂 B 的体积用量为 V'。在实验温度下，待提取物在溶剂 B 和在溶剂 A 中的分配系数为 $K = c(B)/c(A)$。设萃取 i 次后在溶剂 A 中剩余的待萃取物的质量为 m_i，那么在第一次萃取过程中

$$K = \frac{(m_0 - m_1)/V'}{m_1/V}$$

故第一次萃取后，A 溶剂中剩余的待萃取物的质量为

$$m_1 = m_0 \frac{V}{KV' + V} \tag{3.8}$$

同理,第二次萃取后 A 溶剂中剩余的待萃取物的质量为

$$m_2 = m_1 \frac{V}{KV' + V}$$

将式(3.8)代入此式可得

$$m_2 = m_0 \left(\frac{V}{KV' + V} \right)^2$$

以此类推,可得到一个通式,即每次用体积为 V' 的萃取剂萃取 i 次后,A 溶剂中剩余的待萃取物的质量为

$$m_i = m_0 \left(\frac{V}{KV' + V} \right)^i \tag{3.9}$$

例 3.4　室温下氯化汞在水 ① 和苯 ② 中的分配系数是 $c_{H_2O}/c_{C_6H_6} = 12$,此处 c 是物质的量浓度。现有溶解了 0.2 g 氯化汞的苯溶液 1000 mL,欲用水萃取其中的氯化汞。

(1) 用 1000 mL 水萃取一次后,苯溶液里剩余氯化汞的质量是多少?

(2) 若每次用 100 mL 水萃取,则萃取十次后苯里剩余氯化汞的质量是多少?

解　(1) 根据式(3.9),用 1000 mL 水萃取一次后:

$$m_1 = m_0 \left(\frac{V}{KV' + V} \right) = 0.2 \text{ g} \times \frac{1000}{12 \times 1000 + 1000}$$
$$= 1.54 \times 10^{-2} \text{ g}$$

(2) 根据式(3.9),用 100 mL 水萃取十次后:

$$m_{10} = m_0 \left(\frac{V}{KV' + V} \right)^{10} = 0.2 \text{ g} \times \left(\frac{1000}{12 \times 100 + 1000} \right)^{10}$$
$$= 7.53 \times 10^{-5} \text{ g}$$

由例 3.4 可以看出,在萃取分离过程中,每次用少量萃取剂分多次萃取比用大量萃取剂萃取一次的效果要好得多。

3.3　液体的饱和蒸气压

1. 液体的饱和蒸气压

在温度 T 下,将纯液体 A 注入一个刚性真空容器中,如图 3.2 所示。其中能量较大的 A 分子会冲出液面进入气相,这就是蒸发。与此同时,气相中的 A 分子与液面碰撞时,也可能因损失能量而重新返回到液相,这就是凝结。最初因液面上方是真空,气相中的 A 分子有一个从无到有、从少到多的过程,所以最初蒸发速率大于凝结速率。但是随着气相中的 A 分子逐渐增多,气相中 A 组分的分压会逐渐增大,A 的凝结速率也会逐渐加快。最终当凝结速率与蒸发速率相等时,就到达了气-液平衡状态。这时的蒸气就是 T 温度下 A 液体的饱和蒸气,这时的蒸气压力就是纯 A 液体在 T 温度下的**饱和蒸气压**,通常将其简称为 A 物质在 T 温度下的蒸气压,并且用 p_A^* 表示。

每一种物质在一定温度下的饱和蒸气压有唯一确定的值。但在相同温度下,不同物质的饱和蒸气压一般说来是不同的。不论

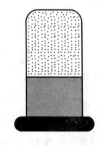

图 3.2　液体的饱和蒸气压示意图

什么物质,温度越高其饱和蒸气压越大。表 3-1 给出了几种物质在不同温度下的饱和蒸气压。

表 3-1　几种物质在不同温度下的饱和蒸气压　（kPa）

温度	四氯化碳	甲醇	乙醇	异丙醇	丙酮	醋酸	苯	甲苯	乙苯
20 ℃	1.22	12.75	5.95	4.41	24.61	1.54	10.03	2.91	0.94
25 ℃	1.52	16.67	7.97	6.02	30.67	2.10	12.69	3.79	1.27
30 ℃	1.89	21.57	10.56	8.11	37.89	2.84	15.91	4.89	1.68
35 ℃	2.33	27.64	13.85	10.80	46.42	3.78	19.77	6.24	2.21

为什么每一种物质在一定温度下都有一定的饱和蒸气压呢?实际上,这个问题不难理解。现在以一定温度下的水为例,在真空容器内当液态水与气态水(分压为 p_{H_2O})达到平衡时,该平衡可表示如下:

$$H_2O(l) \rightleftharpoons H_2O(g)$$

根据吉布斯函数最低原理,此过程的吉布斯函数改变量为零,即

$$G_m(g) - G_m(l) = 0$$

所以

$$G_m^{\ominus}(g) + RT\ln\frac{p_{H_2O}}{p^{\ominus}} - G_m^{\ominus}(l) = 0$$

$$-RT\ln\frac{p_{H_2O}}{p^{\ominus}} = G_m^{\ominus}(g) - G_m^{\ominus}(l)$$

即

$$-RT\ln\frac{p_{H_2O}}{p^{\ominus}} = \Delta_{vap}G_m^{\ominus} \qquad (3.10)$$

此处 $\Delta_{vap}G_m^{\ominus}$ 是水的标准摩尔蒸发(vaporization)吉布斯函数。由于 $\Delta_{vap}G_m^{\ominus}$ 在一定温度下为常数,故一定温度下水的饱和蒸气压 p_{H_2O} 有唯一确定的值。实际上,在一定温度下不仅液体物质有一定的饱和蒸气压,固体物质也有一定的饱和蒸气压。如冰雪不融化也能逐渐蒸发消失。又如固体卫生球也会逐渐蒸发消失,许多固体香料有较浓的香味等。

从形式上看,式(3.10)和标准平衡常数与标准摩尔反应吉布斯函数之间的关系式完全相同。其实这是很自然的,因为如果把上述液气之间的变化视为化学反应,其标准平衡常数等于平衡时的混合商,该混合商就等于 $p_{H_2O}/p^{\ominus}$。或者说,$p_{H_2O}/p^{\ominus}$ 就是水蒸发过程的标准平衡常数。式(3.10)可以推广到其他所有的纯液体物质,即一定温度下任何纯液体物质的饱和蒸气压 p 与其标准摩尔蒸发吉布斯函数之间都满足下式:

$$-RT\ln\frac{p}{p^{\ominus}} = \Delta_{vap}G_m^{\ominus} \qquad (3.11)$$

式(3.10)也可以推广到所有的纯固体物质,即一定温度下任何纯固体物质的饱和蒸气压 p 与其标准摩尔升华(sublimation)吉布斯函数 $\Delta_{sub}G_m^{\ominus}$ 之间都满足下式:

$$-RT\ln\frac{p}{p^{\ominus}} = \Delta_{sub}G_m^{\ominus} \qquad (3.12)$$

2. 饱和蒸气压与温度的关系

在上述讨论中,既然可以把饱和蒸气压与标准压力之比视为标准平衡常数,那么根据标准平衡常数与温度的关系,就可以得到液体的饱和蒸气压与温度的关系,即

$$\ln \frac{p_2}{p_1} = \frac{\Delta_{\mathrm{vap}} H_{\mathrm{m}}(T_2 - T_1)}{RT_1 T_2} \tag{3.13}$$

其中，p_1 和 p_2 分别是 T_1 温度和 T_2 温度下液体的饱和蒸气压；$\Delta_{\mathrm{vap}} H_{\mathrm{m}}$ 是液体的摩尔蒸发焓（即摩尔蒸发热）。同理，固体的饱和蒸气压与温度的关系如下：

$$\ln \frac{p_2}{p_1} = \frac{\Delta_{\mathrm{sub}} H_{\mathrm{m}}(T_2 - T_1)}{RT_1 T_2} \tag{3.14}$$

其中，p_1 和 p_2 分别是 T_1 温度和 T_2 温度下固体的饱和蒸气压；$\Delta_{\mathrm{sub}} H_{\mathrm{m}}$ 是固体的摩尔升华焓（即摩尔升华热）。

　　从式(3.13)和式(3.14)可见，不论是液体还是固体，其饱和蒸气压都会随温度的升高而增大。因为对于所有的物质，不论从液态到气态还是从固态到气态，态变化过程都是吸热的，都是 $\Delta H_{\mathrm{m}} > 0$ 的过程。结合化学平衡移动原理，温度升高时平衡都会朝着吸热的方向即液体蒸发或固体升华的方向移动。也就是说，温度升高时液体和固体的饱和蒸气压都会增大。又因为任何物质的摩尔升华热必大于它的摩尔蒸发热，所以相比之下，温度升高时固体的饱和蒸气压比液体的饱和蒸气压增大得更快。

　　在日常生活和生产实践中，人们经常讲相对湿度（也常把相对湿度简称为湿度）这个术语。**相对湿度**是指环境中水蒸气的分压与同温度下纯水的饱和蒸气压之比。相对湿度越小越干燥；相反，相对湿度越大越潮湿。我国西北地区一般湿度都较小，干旱季节尤其是这样。因泥土一定程度上都变成干粉了，故刮大风时容易出现沙尘暴。冬季家庭生炉子或用暖气取暖时，由于室内太干燥，不仅身体感觉不舒服，而且经常会出现木制家具开裂现象，为此许多人这时候使用加湿器。在我国东南沿海地区，一般湿度都较大，刮风时不易产生尘灰飞扬，不易出现沙尘暴。在每年的阴雨季节，甚至会出现相对湿度接近或达到百分之百的情况，这时洗过的衣服不容易晾干。

3. 固体的熔点

　　固体的熔点是指当固体受热并开始熔化时的温度 (fusing point)，也就是固-液平衡时的温度。人们常把熔点用 t_{f} 表示。根据已有的经验知识，这样描述熔点是很明确也很直观的。但是为了今后的学习和讨论问题时方便，有必要变换一个角度来认识熔点。从本质上看，**熔点**就是固体和液体的饱和蒸气压相等时的温度。结合图3.3，曲线 ① 是液体的饱和蒸气压随温度变化的曲线，曲线 ② 是固体的饱和蒸气压随温度变化的曲线。在曲线 ① 上液体和气体始终处于平衡状态，液体和气体的摩尔吉布斯函数处处相等；在曲线 ② 上固体和气体始终处于平衡状态，固体和气体的摩尔吉布斯函数处处相等。所以在曲线 ①

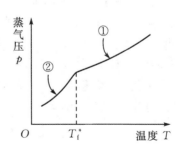

① 液体的饱和蒸气压曲线
② 固体的饱和蒸气压曲线

图 3.3　纯物质凝固点示意图

和曲线 ② 的交点上必然固体和液体的摩尔吉布斯函数相等，此时固体和液体也必然处于平衡状态，故此时的温度就是该物质的熔点。所以，熔点是固-液平衡温度，也就是固体和液体的饱和蒸气压相等时的温度。

3.4　稀溶液的通性

此处所谓的稀溶液,主要是指浓度小的非电解质溶液,由此得到的结论也适用于对电解质稀溶液的近似处理。

1. 饱和蒸气压降低

结合图 3.2,如果保持温度不变,往 A 液体中加入部分 B 物质使其变成溶液,结果必然会影响 A 的蒸发速率和饱和蒸气压,其主要原因可从两个方面考虑。

1)稀释效应

在一定温度下,在单位面积的液面上,A 分子越多,A 物质蒸发跑出去的机会就越多,蒸发就越快,饱和蒸气压也就越大。往纯 A 液体中加入 B 物质使其成为溶液后,单位面积的液面上 A 分子的数目必然会减少,A 物质的蒸发速率必然会减小。所以,气液两相重新达到平衡时,溶液上方 A 的饱和蒸气分压必然小于同温度下纯 A 液体的饱和蒸气压。把这种由于自身浓度的减小而造成的饱和蒸气压降低现象称为**稀释效应**。

2)不同分子间的相互作用

分子之间的相互作用既有相互吸引,也有相互排斥,但通常分子间相互作用的综合效果主要表现为相互吸引。如果 A 分子彼此之间的相互作用小于 A 分子与 B 分子之间的相互作用即 $f_{A-A} < f_{A-B}$,则溶液的形成会使 A 分子受到的束缚力增大,使 A 分子跑出液面的机会减少,结果使溶液上方 A 的饱和蒸气分压小于同温度下纯液体 A 的饱和蒸气压。或者说,一定温度下与纯溶剂 A 相比,溶液上方溶剂型组分 A 的饱和蒸气分压必然下降。

如果 $f_{A-A} > f_{A-B}$,即 A 分子彼此之间的相互作用大于 A 分子与 B 分子彼此之间的相互作用,则溶液的形成使 A 分子受到的束缚力减小,使 A 分子跑出液面的机会增多,结果会使溶液上方溶剂型组分 A 的饱和蒸气分压大于同温度下纯溶剂 A 的饱和蒸气压。

如果 $f_{A-A} \approx f_{A-B} \approx f_{B-B}$,则 A 物质与 B 物质彼此形成溶液与否不影响各分子的受力情况,也就不影响各物质的蒸发速率和饱和蒸气压。我们把这种溶液称为**理想溶液**,亦称为**理想液态混合物**。对于理想溶液,影响溶液中各组分饱和蒸气压的只有稀释效应。以理想溶液中的 A 组分为例,蒸发速率 $r_蒸$ 应与溶液中的 A 组分的浓度 x_A 成正比,而凝结速率 $r_凝$ 与蒸气中 A 组分的分压 p_A 成正比,即

$$r_蒸 = k x_A \qquad (k \text{ 为比例系数})$$
$$r_凝 = k' p_A \qquad (k' \text{ 为比例系数})$$

平衡时,蒸发速率与凝结速率相等,即

$$k x_A = k' p_A$$

所以

$$p_A = \frac{k}{k'} x_A$$

由上式可以看出

$$\frac{k}{k'} = p_A \mid_{x_A = 1} = p_A^*$$

其中,p_A^* 是同温度下纯 A 的饱和蒸气压。所以

$$p_A = p_A^* \cdot x_A \qquad\qquad (3.15)$$

式 (3.15) 说明,在一定温度下,理想溶液上方组分 A 的饱和蒸气压 p_A 等于同温度下纯 A 的饱和蒸气压 p_A^* 与溶液中 A 的摩尔分数 x_A 的乘积。此称**拉乌尔定律**,式 (3.15) 是拉乌尔定律的数学式。拉乌尔定律的使用对象是饱和蒸气压只受稀释因素影响的组分。在理想溶液中,溶剂和溶质都遵守拉乌尔定律。

由于到目前为止,有关实际溶液(非理想溶液)的理论模型尚未很好地建立,不同分子间的相互作用又比较复杂,所以从理论上定量地分析探讨分子间的相互作用对饱和蒸气压的影响还有一定困难。但是,当溶液很稀,即溶剂型组分的浓度 $x_A \to 1$ 时,每个溶剂分子 A 几乎完全被同类分子包围着,其受力情况与在纯液体 A 中的受力情况大致相同,而且这种状况在很稀的浓度范围内不会随浓度的变化而变化。所以当溶液的浓度很小溶液很稀时,影响 A 组分蒸发速率的主要是稀释因素。故拉乌尔定律也适合于描述很稀的溶液中的溶剂型组分。

对于溶液中遵守拉乌尔定律的组分,通常我们只用摩尔分数这一种组成表示方法。因为在一定温度下,拉乌尔定律数学式 (3.15) 中的比例系数是同温度下纯液体 A 的饱和蒸气压 p_A^*,所以对于溶液中遵守拉乌尔定律的组分只能用摩尔分数浓度。

考虑一种由 A、B、C······ 多种物质组成的稀溶液,其中 A 为溶剂,$\sum\limits_{B \neq A} x_B$ 很小。在一定温度下,液面上方溶剂 A 的饱和蒸气压为

$$p_A = p_A^* \cdot x_A$$

与纯溶剂相比较,液面上方 A 的饱和蒸气压降低值为

$$\Delta p_A = p_A^* - p_A = p_A^* - p_A^* x_A$$

即

$$\Delta p_A = p_A^* (1 - x_A)$$

所以

$$\Delta p_A = p_A^* \cdot \sum_{B \neq A} x_B$$

这就是说,稀溶液中溶剂的饱和蒸气压降低值只与溶质的总浓度有关,只与一定量溶液中溶质粒子数目的多少有关,而与溶液中有几种溶质、是什么溶质都没有关系。所以我们称 Δp_A 为稀溶液的**依数性**。

如果溶质都是非挥发性的,那么溶液的饱和蒸气总压 p 就等于溶液中溶剂 A 的饱和蒸气分压 p_A。与纯溶剂相比,溶液的饱和蒸气总压降低值 Δp 就等于溶液上方溶剂型组分 A 的饱和蒸气压降低值 Δp_A,即

$$\Delta p = \Delta p_A = p_A^* \cdot \sum_{B \neq A} x_B \tag{3.16}$$

所以,对于由非挥发性溶质组成的稀溶液,其饱和蒸气总压的降低值 Δp 也遵守稀溶液的依数性,其值只与溶质的总浓度有关,而与溶质的本性无关。

例 3.5　在 20 ℃ 下,乙醇的饱和蒸气压为 5.930 kPa。当把 15 g 某非挥发性有机物 B 溶解在 1000 g 乙醇后,溶液上方的饱和蒸气总压为 5.866 kPa。求算该有机物的摩尔质量。

解
$$\Delta p = \Delta p_Z = p_Z^* \cdot x_B$$

所以
$$x_B = \frac{\Delta p}{p_Z^*} = \frac{5.930 - 5.865}{5.930}$$
$$= 0.0110$$

又因
$$x_B = \frac{m_B / M_B}{m_B / M_B + m_Z / M_Z}$$

即 $$0.0110 = \frac{15/M_B}{15/M_B + 1000/46}$$

所以 $$M_B = 62.0 \text{ g} \cdot \text{mol}^{-1}$$

2. 沸点升高

沸点（boiling point）是指在一定压力下气-液两相平衡时的温度，也就是液体的饱和蒸气总压等于外压时的温度。我们把沸点用 T_b 表示。如果溶液中的溶质都是非挥发性的，则液面上方的蒸气压仅由溶剂 A 的饱和蒸气组成。结合图 3.4 和图 3.5，在纯溶剂的沸点温度下，由于稀溶液液面的蒸气压以及液面下气泡内的蒸气压均小于纯溶剂的饱和蒸气压，也就是小于外压，此时即使液体内部有蒸气泡，也会因其压力不能抵挡外压而逐渐减小、凝结并最终消失，故不可能沸腾。只有温度继续升高，当气泡内的蒸气压力足以抵抗外压时，气泡才能稳定存在并上浮，才能由此引起溶液上下翻腾即沸腾。这就是说，由非挥发性溶质组成的溶液，其沸点必然高于纯溶剂的沸点。或者说，与纯溶剂的沸点相比较，其中溶入了非挥发性溶质后沸点必然会升高。

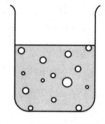

图 3.4　液体沸腾示意图

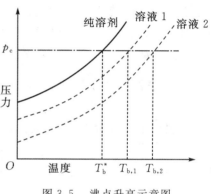

图 3.5　沸点升高示意图

那么，与纯溶剂相比较，由非挥发性溶质组成的稀溶液的沸点到底会升高多少？其值与溶液的组成有什么关系？根据稀溶液的依数性，其饱和蒸气压降低值与溶质的摩尔分数总和成正比。结合图 3.5 可以看出，溶液的浓度越大，与纯溶剂相比较，其饱和蒸气压降低得越多，其饱和蒸气压等于外压时的温度升高值就越大。参考相似三角形的基本性质，由于稀溶液的饱和蒸气压降低 Δp 与溶质的摩尔分数总和成正比，所以它的沸点升高值 ΔT_b 也与稀溶液中溶质的摩尔分数总和成正比，即

$$\Delta T_b = T_b - T_b^* = K \cdot \sum_{B \neq A} x_B$$

对于稀溶液，根据式（3.6），$x_B \approx b_B M_A$，所以上式可以改写为

$$\Delta T_b = K \cdot M_A \cdot \sum_{B \neq A} b_B$$

其中，M_A 为溶剂 A 的摩尔质量；b_B 为溶质 B 的质量摩尔浓度。令

$$K_b = K \cdot M_A$$

则 $$\Delta T_b = K_b \cdot \sum_{B \neq A} b_B \qquad (3.17)$$

在式（3.17）中，K_b 为常数，它是溶剂型组分 A 的**沸点升高常数**，其值只与溶剂 A 的本性有关。故由式（3.17）可见，由非挥发性溶质组成的稀溶液的沸点升高情况也遵守依数性，其值只与稀溶液中溶质的总浓度有关，而与非挥发性溶质的本性无关。附录 Ⅵ 中给出了部分溶剂的沸点升高常数。

3. 凝固点降低

液体的凝固点（freezing point）是指在一定压力下，固-液两相平衡时的温度，常用 T_f 表

示。液体的凝固点也就是固体的熔点。对于稀溶液,不论是固态稀溶液还是液态稀溶液,其中溶剂型组分的饱和蒸气压都会降低。根据吉布斯函数最低原理和前述讨论,在溶液的凝固点温度下,固-液两相处于平衡状态,固体和溶液上方溶剂型组分的饱和蒸气压必然相等。问题是与纯溶剂相比较,稀溶液的凝固点更高还是更低呢?在图 3.6 中,曲线 ① 和曲线 ② 分别是纯液体溶剂和纯固体溶剂的饱和蒸气压随温度变化的曲线,两条曲线的交点对应的温度 T_f^* 是纯溶剂的凝固点。曲线 ③ 是液态溶液中溶剂型组分的饱和蒸气压随温度变化的曲线,曲线 ④ 和 ⑤ 是不同浓度的固溶体中溶剂型组分的饱和蒸气压随温度变化的曲线。如果溶液凝固时析出的是固溶体,而且固溶体的浓度较大,则固溶体中溶剂型组分的饱和蒸气压就降低得较多(如曲线 ④ 所示),其凝固点就是曲线 ④ 与曲线 ③ 的交点对应的温度。这时,溶液的凝固点比纯溶剂的凝固点高。如果溶液凝固时析出的固溶体浓度较小,溶剂型组分的饱和蒸气压降低得较少(如曲线 ⑤ 所示),则其凝固点就是曲线 ⑤ 与曲线 ③ 的交点对应的温度。这时,溶液的凝固点比纯溶剂的凝固点低。

　　根据上述讨论,如果溶液凝固时析出的是固溶体而不是纯固体溶剂,则与纯溶剂相比较,溶液的凝固点可能升高也可能降低,关键在于从溶液中析出的固溶体中溶剂型组分的浓度是大还是小,其饱和蒸气压降低得多还是少。总之,这种情况比较复杂。此处我们只讨论一种简单情况,即溶液凝固时只析出纯固体溶剂,而不析出固溶体。这种系统也是常见的,如从糖水中凝结出的冰不甜;从盐水中凝结出的冰不咸;居住在北冰洋沿岸的许多因纽特人在寒冷季节常贮存来源于海水的冰,将其作为日常生活用的淡水源。对于凝固时只析出纯固体溶剂的系统,由图 3.6 可以看出,溶液的凝固点 T_f 是曲线 ② 与曲线 ③ 的交点对应的温度,该温度必然低于纯溶剂的凝固点 T_f^*。而且溶液的浓度越大,其饱和蒸气压降低就越多,其凝固点降低也就越多。根据蒸气压降低部分的

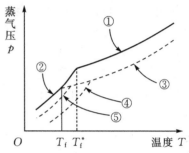

① 纯液体 A 的饱和蒸气压
② 纯固体 A 的饱和蒸气压
③ 溶液中 A 的饱和蒸气压
④⑤ 固溶体中 A 的饱和蒸气压

图 3.6　溶液的凝固点降低

讨论,稀溶液中溶剂型组分的饱和蒸气压降低值与溶液中溶质的摩尔分数成正比。参考相似三角形的基本性质可以推测:稀溶液的摩尔分数越大其凝固点降低得也就越多。也可以说,如果稀溶液凝固时不生成固溶体,则稀溶液的凝固点降低值与溶液中溶质的摩尔分数总和成正比,即

$$\Delta T_f = T_f^* - T_f = K' \cdot \sum_{B \neq A} x_B$$

对于稀溶液,根据式(3.6),$x_B \approx b_B M_A$,故可以把上式改写为

$$\Delta T_f = K' \cdot M_A \cdot \sum_{B \neq A} b_B$$

其中,M_A 为溶剂的摩尔质量;b_B 为溶质 B 的质量摩尔浓度。令

$$K_f = K' \cdot M_A$$

则

$$\Delta T_f = K_f \cdot \sum_{B \neq A} b_B \tag{3.18}$$

在式(3.18)中,K_f 为常数。它是溶剂型组分 A 的**凝固点降低常数**,其值只与溶剂 A 的本性有关。故由式(3.18)可见,不生成固溶体的稀溶液的凝固点降低情况也遵守依数性,其值只与稀

溶液的浓度有关,而与溶液中有几种溶质、溶质是什么、溶质是否挥发都没有关系。附录Ⅵ中给出了部分溶剂的凝固点降低常数。

在科研和生产实践中,冷水浴最多只能冷却到0℃,这种情况有时不能满足实验或生产实践的要求。这时,如果用较浓的盐水浴,就可以冷到零下三四十摄氏度而不结冰,冷却效果好而且成本低。如用氯化钙水溶液可以冷却至 -55 ℃而不结冰。这时,虽然盐水的浓度越大其凝固点降低得就越多,但是其凝固点降低值不再遵守依数性,不能用式(3.18)来描述。不遵守依数性是指其性质不仅与溶液的浓度有关,而且还与溶质的本性等因素有关。如溶剂和浓度均相同但溶质不同的较浓溶液的凝固点通常是不一样的,其差别往往还是较大的。

4. 渗透压

顾名思义,**半透膜**是指能选择性地允许某些分子或离子透过的膜状物。如动物的膀胱膜、肠衣膜、细胞膜等都是天然的半透膜。也有各种各样的人造半透膜,它们是用各种不同的聚合物材料加工而成的,如硝酸纤维、聚醋酸乙烯酯、聚醋酸酰胺等。把不同物质通过半透膜而发生迁移的现象叫做**渗透**。通过前边的学习我们知道,在一定条件下状态变化过程都有一定的限度,即最终都会达到平衡。我们把在半透膜两侧建立起来的平衡叫做**渗透平衡**。

先做一个关于渗透平衡的实验。如图3.7所示,左边是纯水,右边是水溶液。该装置中的半透膜只允许水分子透过,而不允许溶质粒子(分子或离子)透过。在该装置中虽然有半透膜,但是左右两侧最初被另外一个隔板完全隔开,两侧的液位相同。当把隔板抽去以后,水分子就可以通过半透膜发生渗透。水分子可以从左往右渗透,也可以从右往左渗透。由于在同温度下溶液中水的摩尔吉布斯函数小于纯水的摩尔吉布斯函数,故宏观上水是从左往右发生渗透。在

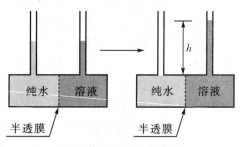

图3.7　渗透平衡示意图

渗透过程中,由于左边的液位逐渐降低而右边的液位逐渐升高,结果会使这种渗透的阻力逐渐增大。最终达到渗透平衡时,两边的液位差为 h。设溶液的密度为 ρ,则在纯溶剂的液面高度处,两边的压力差为 $\rho g h$。此压力差叫做**渗透压**,常用 π 表示。那么

$$\pi = \rho g h \tag{3.19}$$

借助于式(3.19),可根据实验测定溶液渗透压的大小。

当溶液很稀时,借助于较深的化学热力学知识可以从理论上导出

$$\pi = c_B \cdot RT \tag{3.20}$$

其中 c_B 为溶质B的物质的量浓度。用此式计算时,各参数都要用 SI 单位。浓度 c_b 的 SI 单位是 $mol \cdot m^{-3}$,这时得到的渗透压的 SI 单位是 Pa。

如果稀溶液中有多种溶质,则其渗透压就可以表示为

$$\pi = \sum_{溶质} c_B \cdot RT \tag{3.21}$$

由式(3.20)和式(3.21)可见,一定温度下稀溶液的渗透压也具有依数性,其值只与溶液的浓度有关,而与有几种溶质、溶质是什么、溶质是否挥发、溶液凝固时是否生成固溶体都没有关系。

例3.6 在常压下,当某水溶液逐渐降温到 -0.087 ℃时,开始析出纯冰。求15℃下该溶

液的渗透压。已知常温常压下水的密度近似为 $1000\ kg \cdot m^{-3}$，水的凝固点降低常数为 $1.86\ K \cdot mol^{-1} \cdot kg$。

解　因为
$$\Delta T = K_f \cdot b_B$$
所以
$$b_B = \Delta T/K_f$$
$$= (0.087/1.86)\ mol \cdot kg^{-1}$$
$$= 0.04677\ mol \cdot kg^{-1}$$

当溶液很稀时，根据式(3.6)
$$\frac{c_B M_A}{\rho_A} \approx b_B M_A$$
所以
$$c_B \approx b_B \cdot \rho_A$$
$$= 0.046\ 77\ mol \cdot kg^{-1} \times 1000\ kg \cdot m^{-3}$$
即
$$c_B \approx 46.77\ mol \cdot m^{-3}$$
所以
$$\pi = c_B RT$$
$$= [46.77 \times 8.314 \times (273.2 + 15)]Pa$$
$$= 112\ 100\ Pa = 112.1\ kPa$$

实际上，溶液越浓其渗透压越大。但是当溶液较浓时，其渗透压就不遵守稀溶液的依数性了，不能用式(3.20)或式(3.21)计算它的渗透压。

参考图 3.7，渗透平衡时溶液方承受的额外压力即渗透压 π 若不是由 h 段溶液提供，而是由外界提供(如压力活塞或砝码)，则整个系统必然仍处于渗透平衡状态。进一步考虑，如果溶液上方由外界提供的压力大于该溶液的渗透压 π，这时水分子就会从溶液那一方渗透到纯溶剂这一方，此称**反渗透**。反渗透是 20 世纪 60 年代发展起来的一种水处理技术，目前已广泛用于海水淡化、糖水溶液的浓缩、工业废水处理等许多方面。

前边说过，稀溶液的依数性主要是针对非电解质稀溶液而言的。那么稀的电解质溶液是否遵守这样的依数性呢？在电解质溶液中，不同离子之间有较强的静电相互作用。只有当电解质溶液很稀很稀，不同离子之间的静电相互作用可近似忽略不计时，电解质溶液的许多性质才只与其中溶质的粒子数目有关而与溶质的本性无关，这时电解质溶液才遵稀溶液的守依数性。如对于浓度为 $1.0 \times 10^{-3}\ mol \cdot L^{-1}$ 的 NaCl 溶液，若该溶液近似遵守稀溶液的依数性，则在计算其渗透压时，代入式(3.21)的总浓度应为
$$\sum_{B \neq A} c_B = c(Na^+) + c(Cl^-) = 2.0 \times 10^{-3}\ mol \cdot L^{-1}$$
计算其他依数性时情况也是这样。

3.5　酸碱平衡

由于强电解质在水中是完全解离的，其中没有未解离的分子，不存在解离平衡，所以这一节以酸和碱为代表主要讨论弱电解质在水溶液中的解离平衡。

1. 水的解离平衡

水(water)本身可发生一定程度地解离：
$$H_2O \rightleftharpoons H^+(aq) + OH^-(aq)$$

对于该解离反应,其标准平衡常数为

$$K^{\ominus} = \left(\frac{c_{H^+}}{c^{\ominus}}\right) \cdot \left(\frac{c_{OH^-}}{c^{\ominus}}\right) \xrightarrow{\text{在 25 ℃ 下}} 10^{-14} \tag{3.22}$$

由于水解离反应的标准平衡常数在数值上等于 H^+ 离子的相对浓度与 OH^- 离子的相对浓度的乘积,所以我们常将该平衡常数叫做**水的离子积**,并把它用 $K_W^{\ominus}$ 表示。如同其他化学反应的标准平衡常数,$K_W^{\ominus}$ 也是一个没有单位的纯数。在 25 ℃ 下,水的离子积等于 10^{-14}。一般在室温下,都可以把 10^{-14} 近似作为水的离子积使用。

酸碱性是影响水溶液性质的一个重要因素。水溶液的酸碱性常用它的 pH 值来定量描述。pH 值的定义式如下:

$$pH = -\lg \frac{c_{H^+}}{c^{\ominus}} \tag{3.23}$$

比较式(3.23)的左右两边可以看出,pH 中的 p 代表 $-\lg$,pH 中的 H 代表 H^+ 离子的相对浓度。正因为这样,我们也常用 pOH 代表溶液中 OH^- 离子的相对浓度的负对数,即

$$pOH = -\lg \frac{c_{OH^-}}{c^{\ominus}} \tag{3.24}$$

在室温下,根据式(3.22),有

$$-\lg K_W^{\ominus} = pH + pOH = 14$$
$$pH = 14 - pOH \tag{3.25}$$

在纯水中,c_{H^+} 和 c_{OH^-} 相等,所以纯水既不显酸性也不显碱性。对于室温下的纯水

$$pH = pOH = 7 \tag{3.26}$$

所以在室温下,中性水溶液的标志是 pH = 7 或 pOH = 7。

2. 弱酸和弱碱的解离平衡

以浓度为 c 的醋酸水溶液为例,其中醋酸的解离反应如下:

	HAc	$\Longrightarrow$	H^+	+	Ac^-
初始浓度	c		0		0
平衡浓度	$c(1-\alpha)$		$\alpha \cdot c$		$\alpha \cdot c$

此处的 α 代表醋酸的平衡**解离度**。通常我们把平衡解离度简称为解离度。所以,醋酸解离反应的标准平衡常数与解离度的关系可以表示为

$$K_a^{\ominus} = \frac{(\alpha \cdot c/c^{\ominus})(\alpha \cdot c/c^{\ominus})}{c(1-\alpha)/c^{\ominus}} = \frac{\alpha^2 c}{(1-\alpha)c^{\ominus}}$$

即

$$K_a^{\ominus} = \frac{\alpha^2 c'}{1-\alpha}$$

式中 $K_a^{\ominus}$ 代表酸解离反应的标准平衡常数,下标 a 代表酸(acid),$K_a^{\ominus}$ 是一个没有单位的纯数,通常简称为酸解离平衡常数。类似于其他标准平衡常数,$K_a^{\ominus}$ 也只是温度的函数。在一定温度下,每一种弱酸的 $K_a^{\ominus}$ 有唯一确定的值。在上式中,$c' = c/c^{\ominus}$,此处的 c' 代表水溶液中醋酸的相对浓度。为了讨论问题方便,在后续的讨论中都用 c' 代表相对浓度。由于醋酸是弱酸,醋酸水溶液的解离度 α 通常很小。所以,上式可近似改写为

$$K_a^{\ominus} = \alpha^2 c'$$

一般当 $\alpha \leqslant 5\%$ 时,都可以做这样的近似处理。此式变形可得

$$\alpha = \sqrt{K_a^{\ominus}/c'} \qquad\qquad (3.27)$$

上式称为**稀释定律**。根据稀释定律，醋酸浓度越大（浓度越大，相对浓度也就越大），其解离度就越小；浓度越小，其解离度就越大。

由于解离平衡时 H^+ 的浓度为 $\alpha \cdot c$，因此其相对浓度为

$$c'_{H^+} = \frac{\alpha \cdot c}{c^{\ominus}} = \alpha c'$$

结合式(3.27)可得解离平衡时 H^+ 的相对浓度为

$$c'_{H^+} = \sqrt{K_a^{\ominus} \cdot c'} \qquad\qquad (3.28)$$

上式也称为稀释定律。式(3.28)表明：醋酸浓度越大（浓度越大，相对浓度也就越大），解离出的 H^+ 离子的相对浓度就越大，溶液的酸性就越强；醋酸浓度越小，解离出的 H^+ 离子的相对浓度就越小，溶液的酸性就越弱。

以浓度为 c 的氨水为例，氨的解离反应如下：

$$NH_3 \cdot H_2O \Longleftrightarrow NH_4^+ + OH^-$$

初始浓度　　　　c　　　　　　　　0　　　　　　0
平衡浓度　　　$c(1-\alpha)$　　　　　$\alpha \cdot c$　　　$\alpha \cdot c$　　　α 代表氨的平衡解离度

氨解离反应的标准平衡常数可以表示为

$$K_b^{\ominus} = \frac{(\alpha \cdot c/c^{\ominus})(\alpha \cdot c/c^{\ominus})}{c(1-\alpha)/c^{\ominus}} = \frac{\alpha^2 c}{(1-\alpha)c^{\ominus}}$$

即

$$K_b^{\ominus} = \frac{\alpha^2 c'}{1-\alpha}$$

式中 $K_b^{\ominus}$ 代表碱解离反应的标准平衡常数，下标 b 代表碱(base)。$K_b^{\ominus}$ 是一个没有单位的纯数。通常我们把 $K_b^{\ominus}$ 简称为碱的解离平衡常数，类似于其他标准平衡常数，$K_b^{\ominus}$ 也只是温度的函数。在一定温度下，每一种弱碱的 $K_b^{\ominus}$ 有唯一确定的值。在上式中，c' 代表氨水溶液中氨的相对浓度。如果解离度很小，由上式近似可得

$$K_b^{\ominus} = \alpha^2 c'$$

所以

$$\alpha = \sqrt{K_b^{\ominus}/c'} \qquad\qquad (3.29)$$

解离平衡时 OH^- 的浓度为 $\alpha \cdot c$，其相对浓度为

$$c'_{OH^-} = \frac{\alpha \cdot c}{c^{\ominus}} = \alpha c'$$

结合式(3.29)可得解离平衡时 OH^- 的相对浓度为

$$c'_{OH^-} = \sqrt{K_b^{\ominus} \cdot c'} \qquad\qquad (3.30)$$

在 25 ℃ 下，部分常见酸和碱的解离平衡常数见附录 Ⅳ。

例 3.7　室温下分别求 $0.2\ mol \cdot L^{-1}$ 的醋酸水溶液和 $0.2\ mol \cdot L^{-1}$ 的苯胺水溶液的解离度和 pH。已知在 25 ℃ 下醋酸和苯胺的解离平衡常数分别是 1.8×10^{-5} 和 4.0×10^{-10}。

解　醋酸的解离反应如下：

$$HAc \Longleftrightarrow H^+ + Ac^-$$

对于醋酸水溶液，分别由式(3.27)和式(3.28)可得

$$\alpha = \sqrt{K_a^{\ominus}/c'} = \sqrt{1.8 \times 10^{-5}/0.2} = 9.5 \times 10^{-3} = 0.95\%$$

$$c'_{H^+} = \sqrt{K_a^\ominus \cdot c'} = \sqrt{1.8 \times 10^{-5} \times 0.2} = 1.9 \times 10^{-3}$$

所以
$$pH = -\lg c'_{H^+} = -\lg(1.9 \times 10^{-3}) = 2.7$$

苯胺的解离反应如下:

$$C_6H_5NH_2 + H_2O \Longrightarrow C_6H_5NH_3^+ + OH^-$$

对于苯胺水溶液,分别由式(3.29)和式(3.30)可得

$$\alpha = \sqrt{K_b^\ominus/c'} = \sqrt{4.0 \times 10^{-10}/0.2} = 4.5 \times 10^{-5} = 0.0045\%$$

$$c'_{OH^-} = \sqrt{K_b^\ominus \cdot c'} = \sqrt{4.0 \times 10^{-10} \times 0.2} = 8.9 \times 10^{-6}$$

所以
$$pOH = -\lg c'_{OH^+} = -\lg(8.9 \times 10^{-6}) = 5.1$$

$$pH = 14 - pOH = 14 - 5.1 = 8.9$$

3. 酸碱质子理论

根据**阿累尼乌斯酸碱理论**,凡是在水溶液中能解离出氢离子 H^+ 的物质都是酸,凡是在水溶液中能解离出氢氧离子 OH^- 的物质都是碱。阿累尼乌斯酸碱理论也叫做**酸碱电离理论**。酸碱电离理论的局限性在于酸和碱只存在于水溶液中,而且只有氢氧化物才是碱。如此说来,似乎氨就不是碱,因为氨不是氢氧化物。这曾使人们错误地认为氨溶于水中生成了弱电解质氢氧化铵,这种错误的观点延续了很久。另外,还有许多物质虽然在非水溶液中不能电离出氢离子或氢氧离子,却能表现出明显的酸性和碱性。这都是酸碱电离理论无法解释的。

由于氢原子核外只有一个电子,故氢离子 H^+ 就是氢原子的原子核,就是一个质子。根据**酸碱质子理论**,凡是能给出氢离子 H^+(即质子)的物质都是酸,凡是能结合氢离子 H^+(即质子)的物质都是碱。酸碱质子理论很大程度地扩展了酸和碱的范围。这对于分析讨论化学反应的普遍规律,对于分析讨论酸碱催化等都有很大的帮助和指导意义。根据酸碱质子理论,在涉及酸碱的反应中,一定有质子的授受。有酸就有碱,有碱也就有酸,即酸和碱是同时存在的。例如,在醋酸水溶液和氨水中分别存在下列反应:

①　　　　　　　　　　　　$HAc \Longrightarrow H^+ + Ac^-$

②　　　　　　　　　　$NH_3 + H_2O \Longrightarrow NH_4^+ + OH^-$

从反应 ① 的正方向看,HAc 能给出质子,故 HAc 是酸。从反应 ① 的逆方向看,Ac^- 能结合质子,故 Ac^- 是碱。从反应②的正方向看,NH_3 能结合质子,故 NH_3 是碱。从反应②的逆方向看,NH_4^+ 能给出质子,故 NH_4^+ 是酸。我们把这种同时存在而无法彼此分开的酸和碱称为**共轭酸碱**。所以,HAc 和 Ac^- 是一对共轭酸碱,NH_4^+ 和 NH_3 也是一对共轭酸碱。

酸碱质子理论不仅适用于水溶液,而且适用于非水溶液甚至气相反应。如不论在水溶液中、苯溶液中还是气相中,HCl 和 NH_3 之间反应的本质就是抢夺质子,即

$$HCl + NH_3 \Longrightarrow NH_4^+ + Cl^-$$

　　　　　酸 1　　　碱 1　　　　酸 2　　　碱 2

HCl 对质子的束缚力弱,很容易给出质子,故 HCl 是强酸。NH_4^+ 对质子的束缚力较强,不容易给出质子,故 NH_4^+ 的酸性较弱。Cl^- 对质子的吸引力很弱,很不易得到质子,故 Cl^- 是一种很弱的碱。相比之下,NH_3 对质子的吸引力较强,可以得到质子,故与 Cl^- 相比较,NH_3 是一种较强的碱。此处由该反应可以看出,酸碱反应的结果都是相对较强的酸和碱变成相对较弱的酸和碱。

根据酸碱质子理论,在水溶液中,酸的强弱可用酸把质子转移给水的反应标准平衡常数来描述,并称该常数为酸的解离平衡常数,仍用 $K_a^{\ominus}$ 表示。在水溶液中,碱的强弱可用碱夺取水中质子的反应标准平衡常数来描述,并称该常数为碱的解离平衡常数,仍用 $K_b^{\ominus}$ 表示。例如:

$$HAc + H_2O \Longrightarrow H_3O^+ + Ac^-, \qquad K^{\ominus} = K_a^{\ominus}, \qquad HAc \text{ 是酸}$$

$$NH_4^+ + H_2O \Longrightarrow NH_3 + H_3O^+, \qquad K^{\ominus} = K_a^{\ominus}, \qquad NH_4^+ \text{ 是酸}$$

$$Ac^- + H_2O \Longrightarrow HAc + OH^-, \qquad K^{\ominus} = K_b^{\ominus}, \qquad Ac^- \text{ 是碱}$$

在水溶液中,共轭酸碱还有一个重要的特点,那就是酸的解离平衡常数与碱的解离平衡常数之积等于水的离子积。例如,对于共轭酸碱 HAc 和 Ac^-

① $HAc + H_2O \Longrightarrow H_3O^+ + Ac^-,$ $K_1^{\ominus} = K_a^{\ominus}$

② $Ac^- + H_2O \Longrightarrow HAc + OH^-,$ $K_2^{\ominus} = K_b^{\ominus}$

③ $2H_2O \Longrightarrow H_3O^+ + OH^-,$ $K_3^{\ominus} = K_w^{\ominus}$

反应 ① + 反应 ② = 反应 ③

所以 $K_a^{\ominus} \cdot K_b^{\ominus} = K_w^{\ominus}$ (3.31)

此处需要注意:虽然共轭酸碱出现在同一个反应中,但是与 $K_b^{\ominus}$ 相对应的化学反应不是与 $K_a^{\ominus}$ 相对应的化学反应的逆反应。因为碱的强弱是指它从水中夺取质子的能力大小,而不是它与现成的质子结合能力的大小。否则,$K_a^{\ominus}$ 与 $K_b^{\ominus}$ 将互为倒数,二者的乘积必然等于1而不可能等于 $K_w^{\ominus}$。

又如,对于共轭酸碱 NH_4^+ 和 NH_3

① $NH_3 + H_2O \Longrightarrow NH_4^+ + OH^-,$ $K_1^{\ominus} = K_b^{\ominus}$

② $NH_4^+ + H_2O \Longrightarrow NH_3 + H_3O^+,$ $K_2^{\ominus} = K_a^{\ominus}$

③ $2H_2O \Longrightarrow H_3O^+ + OH^-,$ $K_3^{\ominus} = K_w^{\ominus}$

反应 ① + 反应 ② = 反应 ③

所以 $K_b^{\ominus} \cdot K_a^{\ominus} = K_w^{\ominus}$

实际上,在水溶液中有解离平衡的共轭酸碱都遵守式(3.31)这种关系。由这个式子可以看出:一种酸的解离平衡常数越大即酸性越强,其共轭碱的解离平衡常数就越小即碱性越弱。相反,一种碱的解离平衡常数越大即碱性越强,其共轭酸的解离平衡常数就越小即酸性越弱。

4. 同离子效应

在涉及离子的化学平衡系统中,如果另加入一种电解质使原平衡系统中的某种离子浓度增大,结果会使平衡朝着减小这种离子浓度的方向移动,这就是共同离子效应,简称**同离子效应**。同离子效应的本质就是浓度对化学平衡的影响。

例 3.8 已知 $25\ ℃$ 下醋酸的解离平衡常数为 1.76×10^{-5}。对于 $0.1\ mol \cdot L^{-1}$ 的醋酸溶液:

(1)求该溶液中醋酸的解离度;

(2)如果往上述溶液中加入固体 $NaAc$,当 $NaAc$ 的浓度达到 $0.01\ mol \cdot L^{-1}$ 时,求溶液中醋酸的解离度。

解 (1) $\alpha = \sqrt{K_a^{\ominus}/c'} = \sqrt{1.76 \times 10^{-5}/0.1} = 1.33 \times 10^{-2}$

(2) $HAc \Longrightarrow H^+ + Ac^-$

初始相对浓度	0.1	0	0.01
平衡相对浓度	$0.1-x$	x	$0.01+x$

所以
$$K_a^{\ominus} = \frac{x(0.01+x)}{0.1-x}$$

即
$$1.76 \times 10^{-5} = \frac{x(0.01+x)}{0.1-x} \approx 0.1x$$

同离子效应会使醋酸的解离度变得更小,即此处 x 很小,$0.1-x \approx 0.1$,$0.01+x \approx 0.01$。另外,根据稀释定律的导出过程容易看出,此处不能套用稀释定律(请仔细想一想为什么不能套用稀释定律)。由此式可知

$$x = 1.76 \times 10^{-4}$$

所以
$$\alpha = x/c' = 1.76 \times 10^{-4}/0.1$$
$$= 1.76 \times 10^{-3}$$

由此例可以看出,因同离子效应,醋酸的解离度的确显著减小了。

如果把上例中的醋酸和醋酸钠分别更换为 $NH_3 \cdot H_2O$ 和 NH_4Cl,则因 NH_4^+ 引起的同离子效应,同样会使氨水中 $NH_3 \cdot H_2O$ 的解离度显著减小。

现在以 $0.1\ mol \cdot L^{-1}$ 的 H_2S 水溶液为例来讨论二元弱酸的解离平衡。已知在 25 ℃ 下

$$H_2S \Longleftrightarrow H^+ + HS^-, \qquad K_{a,1}^{\ominus} = 9.1 \times 10^{-8}, \qquad K_{a,1}^{\ominus} \text{是一级解离平衡常数}$$
$$HS^- \Longleftrightarrow H^+ + S^{2-}, \qquad K_{a,2}^{\ominus} = 1.1 \times 10^{-12}, \qquad K_{a,2}^{\ominus} \text{是二级解离平衡常数}$$

若暂时不考虑二级解离,则由稀释定律可知,一级解离得到的 H^+ 的相对浓度为

$$c'_{H^+} = \sqrt{K_a^{\ominus} \cdot c'} = \sqrt{9.1 \times 10^{-8} \times 0.1} = 9.54 \times 10^{-5}$$

一级解离得到的 H^+ 对二级解离必然有同离子效应,所以

	HS^-	$\Longleftrightarrow$	H^+	$+$	S^{2-}
初始相对浓度	9.54×10^{-5}		9.54×10^{-5}		0
平衡相对浓度	$9.54 \times 10^{-5} - x$		$9.54 \times 10^{-5} + x$		x

$$K_{a,2}^{\ominus} = \frac{(9.54 \times 10^{-5} + x) \cdot x}{9.54 \times 10^{-5} - x} \approx x$$

由于原本二级解离平衡常数就很小,加上一级解离产生的 H^+ 对二级解离有同离子效应,结果使得 x 更小,故可以进行上述近似处理。由此可得

$$x \approx 1.1 \times 10^{-12}$$

所以,这个平衡系统中 H^+ 的相对浓度为

$$c'_{H^+} = 9.54 \times 10^{-5} + x = 9.54 \times 10^{-5}$$

实际上,严格说来上述近似处理方法使 x 增大了。尽管这样,得到的结果仍然很小。由此可见,对于纯的多元弱酸和弱碱,通常只需考虑其一级解离就足够了。在具体处理多元弱酸和弱碱的过程中,对一级解离可以直接使用稀释定律。

此处需要强调指出,稀释定律的使用条件是:第一,解离度很小;第二,解离产物中两种离子的浓度相同。这两个条件缺一不可。例如,即使解离度很小,但如果有同离子效应,这时就不能使用稀释定律。又如,虽然苯胺是很弱的碱,但是若往苯胺溶液中滴入了盐酸,这会大大增加苯胺的解离度,与此同时苯胺的两种解离产物的浓度也不相同,所以此时稀释定律也是不适用的。

5. 缓冲溶液

缓冲溶液(buffer solution)就是其 pH 值在一定范围内对稀释或对外加少量酸或碱具有显著的缓冲作用的溶液。或者说，缓冲溶液就是其 pH 值在一定范围内不会因为稀释或外加少量的酸或碱而发生明显变化的溶液。为何要介绍缓冲溶液呢？

例 3.9　我们知道，在常温下纯水是中性的，它的 pH 值和 pOH 值均等于 7。

(1) 往 100 mL 水中加入 1 mL 0.1 mol·L^{-1} 的 HCl 溶液后，求其 pH 值。

(2) 往 100 mL 水中加入 1 mL 0.1 mol·L^{-1} 的 NaOH 溶液后，求其 pH 值。

解　(1)
$$c'_{H^+} = \frac{0.1 \times 1}{100 + 1} = 0.001$$
$$pH = 3$$

(2)
$$c'_{OH^+} = \frac{0.1 \times 1}{100 + 1} = 0.001$$
$$pOH = 3, \quad pH = 11$$

由上例可见，少量酸或碱会使水的 pH 值产生很大变化。这意味着在科研和生产实践中，一些偶然因素或环境污染可能会显著改变溶液的 pH 值，这对于正常工作和生产都是极为不利的。因为空气中常有少量的 HCl、SO_2、SO_3、NO_2、NH_3 等，这些物质都易溶于水变成酸或碱，所以有必要了解和认识缓冲溶液。

1) 由弱酸和弱酸强碱盐组成的缓冲溶液

以 HAc-NaAc 系统为例，其中 HAc 是弱酸，NaAc 是与 HAc 相对应的弱酸强碱盐。在该系统中，其实最重要的是共轭酸碱对 HAc 和 Ac$^-$。

	HAc	$\rightleftharpoons$	H$^+$	+	Ac$^-$	
初始相对浓度	c'_a		0		c'_s	c'_s 的下标 s 代表盐(salt)
平衡相对浓度	$c'_a - x$		x		$c'_s + x$	

$$K_a^\ominus = \frac{x \cdot (c'_s + x)}{c'_a - x}$$

因同离子效应，x 很小，所以

$$K_a^\ominus = x \cdot \frac{c'_s}{c'_a}$$

所以
$$c'_{H^+} = x = K_a^\ominus \frac{c'_a}{c'_s}$$

所以
$$pH = -\lg K_a^\ominus - \lg \frac{c'_a}{c'_s} \qquad (3.32)$$

结合上述解离平衡，由式(3.32)可见：

(1) 加入少量碱时，碱与 HAc 中和会使 c'_a 稍减小，会使 c'_s 稍增大，取对数后 pH 值虽然会增大，但是其变化微乎其微。

(2) 加入少量酸时，酸与 Ac$^-$ 反应会使 c'_a 稍增大，会使 c'_s 稍减小，取对数后 pH 值虽然会减小，但是其变化微乎其微。

(3) 加水稀释时，c'_a 和 c'_s 会等比例减小，其比值不变，故 pH 值不变。

所以，用弱酸和弱酸强碱盐可以组成缓冲溶液。

例 3.10　已知 25 ℃ 下 HAc 的解离平衡常数为 1.76×10^{-5}。现有 100 mL HAc 和 NaAc

的浓度均为 $0.1 \text{ mol} \cdot \text{L}^{-1}$ 的缓冲溶液。

(1) 求该缓冲溶液的 pH 值。

(2) 若往其中加入 $1 \text{ mL } 0.1 \text{ mol} \cdot \text{L}^{-1}$ 的 HCl 溶液后,求其 pH 值。

(3) 若往其中加入 $1 \text{ mL } 0.1 \text{ mol} \cdot \text{L}^{-1}$ 的 NaOH 溶液后,求其 pH 值。

解 (1) 根据式(3.32),得

$$pH = -\lg(1.76 \times 10^{-5}) - \lg \frac{0.1}{0.1}$$

$$= 4.75$$

(2) 加入 HCl 后,HCl 与 Ac^- 反应生成 HAc,结果使 c_a' 增大、使 c_s' 减小,故

$$c_a' = \frac{100 \times 0.1 + 1 \times 0.1}{100 + 1} = 0.100$$

$$c_s' = \frac{100 \times 0.1 - 1 \times 0.1}{100 + 1} = 0.098$$

所以
$$pH = -\lg K_a^\ominus - \lg \frac{c_a'}{c_s'} = -\lg(1.76 \times 10^{-5}) - \lg \frac{0.100}{0.098}$$

$$= 4.74$$

(3) 加入 NaOH 后,OH^- 与 HAc 反应生成 HaAc,结果使 c_a' 减小、使 c_s' 增大,故

$$c_a' = \frac{100 \times 0.1 - 1 \times 0.1}{100 + 1} = 0.98$$

$$c_s' = \frac{100 \times 0.1 + 1 \times 0.1}{100 + 1} = 1.00$$

所以
$$pH = -\lg K_a^\ominus - \lg \frac{c_a'}{c_s'} = -\lg(1.76 \times 10^{-5}) - \lg \frac{0.098}{0.100}$$

$$= 4.76$$

比较例 3.9 和例 3.10 可以看出,缓冲溶液的缓冲作用是非常明显的。

2) 由弱碱和弱碱强酸盐组成的缓冲溶液

以 $NH_3 - NH_4Cl$ 系统为例,其中 NH_3 是弱碱,NH_4Cl 是与 NH_3 相对应的弱碱强酸盐。在该系统中,共轭酸碱对是 NH_4^+ 和 NH_3。

$$NH_3 \quad + \quad H_2O \Longrightarrow OH^- \quad + \quad NH_4^+$$

初始相对浓度 $\quad c_b' \qquad\qquad\qquad\qquad 0 \qquad\qquad c_s'$

平衡相对浓度 $\quad c_b' - x \qquad\qquad\qquad x \qquad\qquad c_s' + x$

$$K_b^\ominus = \frac{x \cdot (c_s' + x)}{c_b' - x}$$

因同离子效应,x 很小可忽略,所以

$$K_a^\ominus = x \cdot \frac{c_s'}{c_b'}$$

所以
$$c_{OH^+}' = x = K_b^\ominus \frac{c_s'}{c_b'}$$

所以
$$pOH = -\lg K_b^\ominus - \lg \frac{c_b'}{c_s'} \qquad\qquad (3.33)$$

实际上,可以把由弱酸与弱酸强碱盐组成的缓冲溶液与由弱碱与弱碱强酸盐组成的缓冲

溶液的 pH 值计算式统一起来。在由弱酸与弱酸强碱盐组成的缓冲溶液中,盐就是其中弱酸的共轭碱。由于其中的共轭酸碱都是弱电解质,从反应方程式看它们会彼此抑制对方的解离(类似于同离子效应),故不论是一元弱酸还是多元弱酸,只需考虑各自的一级解离即可。在这种情况下,盐的相对浓度就是共轭碱的相对浓度即 $c'_s = c'_b$,故可以把式(3.32)改写为

$$pH = -lgK_a^{\ominus} - lg\frac{c'_a}{c'_b} \qquad\qquad (3.34)$$

在由弱碱与弱碱强酸盐组成的缓冲溶液中,盐就是其中弱碱的共轭酸。由于其中的共轭酸碱都是弱电解质,从反应方程式看它们会彼此抑制对方的解离(类似于同离子效应),故只需考虑各自的一级解离即可。在这种情况下,盐的相对浓度就是共轭酸的相对浓度,即 $c'_s = c'_a$,而且共轭酸碱的解离平衡常数满足式(3.31),即 $K_a^{\ominus} \cdot K_b^{\ominus} = K_w^{\ominus}$。因此,可以把式(3.33)改写为

$$pOH = -lg(K_w^{\ominus}/K_a^{\ominus}) - lg\frac{c'_b}{c'_a}$$

即

$$pOH = 14 + lgK_a^{\ominus} - lg\frac{c'_b}{c'_a} \quad 或 \quad 14 - pOH = -lgK_a^{\ominus} - lg\frac{c'_a}{c'_b}$$

此式与式(3.34)完全相同。这就是说,不论缓冲溶液是由弱酸与弱酸强碱盐组成还是由弱碱与弱碱强酸盐组成,其 pH 值都符合(3.34)式。仔细观察此式可以看出,共轭酸的解离平衡常数越大或共轭酸的浓度越大,则溶液的 pH 值越小,缓冲溶液的酸性越强而碱性越弱;共轭碱的浓度越大,则溶液的 pH 值越大,缓冲溶液的酸性越弱而碱性越强。

表 3 - 2　常用缓冲溶液的组成与缓冲范围[①]

缓冲对	$pK_a^{\ominus}$	常用的 pH 值缓冲范围
$ClCH_2COOH - ClCH_2COONa$	2.86	2.86 ± 1
$HCOOH - HCOONa$	3.76	3.76 ± 1
$C_6H_5CH_2COOH - C_6H_5CH_2COONa$	4.31	4.31 ± 1
$CH_3COOH - CH_3COONa$	4.75	4.75 ± 1
$KOOCC_6H_4COOH - KOOCC_6H_4COONa$	5.41	5.41 ± 1
$NaH_2PO_4 - Na_2HPO_4$	7.21	7.21 ± 1
$NH_3 \cdot H_2O - NH_4Cl$	9.25	9.25 ± 1
$NaHCO_3 - Na_2CO_3$	10.25	10.25 ± 1

　　其实仔细想一想,对于由弱酸和弱酸强碱盐组成的缓冲溶液,它对酸的缓冲作用来源于弱酸强碱盐(属于共轭碱),它对碱的缓冲作用来源于弱酸;对于由弱碱和弱碱强酸盐组成的缓冲溶液,它对酸的缓冲作用来源于弱碱,它对碱的缓冲作用来源于弱碱强酸盐(属于共轭酸)。常把组成缓冲溶液的弱酸和弱酸强碱盐或弱碱和弱碱强酸盐叫做**缓冲对**。常把缓冲对中两种物质的浓度之比叫做**缓冲比**。

　　在不同使用场合,需要具有不同 pH 值的缓冲溶液。由式(3.34)可以看出,有两种方法可

---

　　①　表中的 $K_a^{\ominus}$ 是指缓冲对中的共轭酸在水中将其质子转移给水的反应的标准平衡常数。

以调节缓冲溶液的 pH 值。一是选用解离平衡常数不同的酸(或与弱碱相对应的共轭酸),二是调节缓冲比。与此同时,通常我们都希望缓冲溶液具有较大的缓冲容量。认识了缓冲作用的本质以及缓冲对和缓冲比的概念后,我们会清楚地看到:要让一种缓冲溶液具有较大的缓冲容量,缓冲对中两种物质的浓度都应该较大。正因为这样,在利用缓冲比调节缓冲溶液的 pH 值时,缓冲比一般应控制在 $0.1 \sim 10$ 这个范围,故决定缓冲范围的关键因素是 $K_a^{\ominus}$。

6. 盐类的水解

此处盐类水解主要是指弱酸强碱盐或弱碱强酸盐在水中所发生的变化。以醋酸盐水解为例,其反应方程式如下:

$$Ac^- + H_2O \Longrightarrow HAc + OH^-$$

该水解反应的结果使溶液中的 OH^- 增多,使溶液的碱性增强。水解程度的大小与水解反应的平衡常数密切相关。在该水解反应中,Ac^- 从水中夺取质子,它扮演了碱的角色,其共轭酸就是产物中的 HAc。HAc 和 Ac^- 是一对共轭酸碱。该水解反应的标准平衡常数就是碱 Ac^- 的解离平衡常数 $K_b^{\ominus}$。由式(3.31)可知

$$K_b^{\ominus} = K_w^{\ominus}/K_a^{\ominus} = \frac{1.0 \times 10^{-14}}{1.76 \times 10^{-5}}$$

即

$$K_b^{\ominus} = 5.68 \times 10^{-10}$$

例 3.11 求 $0.2 \ \text{mol} \cdot L^{-1}$ NaAc 水溶液的 pH 值。

解

	Ac^-	$+$	$H_2O \Longrightarrow$	HAc	$+$	OH^-
初始相对浓度	c'			0		0
平衡相对浓度	$c' - x$			x		x

所以

$$K^{\ominus} = \frac{x^2}{c' - x} \approx \frac{x^2}{c'}$$

$$c'_{OH^-} = x = \sqrt{K^{\ominus} c'}$$

$$= \sqrt{5.68 \times 10^{-10} \times 0.2}$$

$$= 1.07 \times 10^{-5}$$

$$pOH = -\lg x = 4.97$$

$$pH = 14 - pOH = 9.03$$

由例 3.11 可以看出,纯物质的水解反应也遵守稀释定律

对于由二元弱酸形成的盐,其水解也是分步进行的,但通常只需考虑其一级水解。因为一级水解产物对后续的水解会因同离子效应而产生较强的抑制作用。以 Na_2CO_3 水溶液为例:

(1)

$$CO_3^{2-} + H_2O \Longrightarrow HCO_3^- + OH^-$$

$$K_1^{\ominus} = K_b^{\ominus}(CO_3^{2-}) = \frac{K_w^{\ominus}}{K_a^{\ominus}(HCO_3^-)} = \frac{K_w^{\ominus}}{K_{a,2}^{\ominus}(H_2CO_3)}$$

其中,$K_{a,2}^{\ominus}(H_2CO_3)$ 是 H_2CO_3 的一级解离平衡常数,即

$$HCO_3^- \Longrightarrow CO_3^{2-} + H^+$$

$$K_{a,2}^{\ominus}(H_2CO_3) = \frac{(c_{H^+}/c^{\ominus}) \cdot (c_{CO_3^{2-}}/c^{\ominus})}{c_{HCO_3^-}/c^{\ominus}}$$

(2)

$$HCO_3^- + H_2O \Longrightarrow H_2CO_3 + OH^-$$

$$K_2^{\ominus} = K_b^{\ominus}(HCO_3^-) = \frac{K_w^{\ominus}}{K_a^{\ominus}(H_2CO_3)} = \frac{K_w^{\ominus}}{K_{a,1}^{\ominus}(H_2CO_3)}$$

其中，$K_{a,1}^{\ominus}(H_2CO_3)$ 是 H_2CO_3 的一级解离平衡常数，即

$$H_2CO_3 \rightleftharpoons HCO_3^- + H^+$$

$$K_{a,1}^{\ominus}(H_2CO_3) = \frac{(c_{H^+}/c^{\ominus}) \cdot (c_{HCO_3^-}/c^{\ominus})}{c_{H_3CO_3}/c^{\ominus}}$$

本来 $K_2^{\ominus}$ 就远小于 $K_1^{\ominus}$，加之因同离子效应，第一步水解产生的 OH^- 对第二步水解产生较强的抑制作用，结果使第二步水解反应微乎其微，由第二步水解产生的 OH^- 可忽略不计。或者说，Na_2CO_3 水解使溶液显碱性主要是由第一步水解造成的，而且水解平衡时的 OH^- 浓度可用稀释定律进行计算。

3.6　配合物的解离平衡

1. 配合物的组成

我们知道，化学键有三大类，即离子键、共价键和金属键。离子键是靠静电引力把不同原子或原子团彼此笼络在一起的；金属键是靠金属原子价层的自由电子把除了自由电子以外剩余的带正电荷的原子笼络在一起；共价键是靠彼此之间带负电的共用电子对（即成键电子对）把成键原子笼络在一起。共价键中的成键电子对在许多情况下由彼此成键的原子对各提供一个。根据成键电子对所处的位置是否偏向于彼此成键的某一个原子，又可进一步把共价键分为极性共价键和非极性共价键。

与此同时，也有许多共价键中的共用电子对是由彼此成键的一方（分子或离子）单独提供。由于这种共价键相对而言稳定性较差，易发生解离，而且形成的化合物结构较特殊，即单独提供电子对的分子或离子大多都处在与它成键的接受电子对的原子或离子的周围，故把这种共价键称为**配位键**，把其中包含配位键的化合物叫做**配位化合物**，简称**配合物**。配合物也叫做**络合物**。如果包含配位键的粒子带有电荷，就把它称为**配离子**。在配合物或配离子中，我们把单独提供电子对的分子或离子称为**配位体**，而把接受电子对的原子或离子称为**中心原子**或**中心离子**，把直接与中心原子或离子键合的配位原子的数目（而非配位体的数目）叫做**配位数**，参见图 3.8。许多配合物是由简单离子和配离子两部分组成的。在这种情况下，我们把配离子叫做**内界**，把简单离子叫做**外界**。

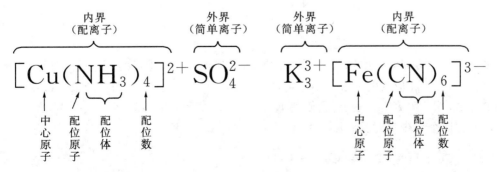

图 3.8　配合物的组成

为了说明配合物中的成键情况,常把配位键用单向箭头表示,其方向是从配位体到中心原子或中心离子。例如氨分子 NH_3 中的 N 原子价层有未成键的孤对电子,NH_3 可以作为配位体与银离子 Ag^+ 形成配离子,也可以与铜离子 Cu^{2+} 形成配离子。又如氯离子 Cl^- 的价层有未成键的孤对电子,Cl^- 可作为配位体与钯离子 Pd^{2+} 形成配离子。关于配合物的化学键理论,将在"分子结构和晶体结构"章中讨论。

$$[H_3N \rightarrow Ag \leftarrow NH_3]^+ \qquad
\left[\begin{array}{c} NH_3 \\ \downarrow \\ H_3N \rightarrow Cu \leftarrow NH_3 \\ \uparrow \\ NH_3 \end{array}\right]^{2+} \qquad
\left[\begin{array}{c} Cl \\ \downarrow \\ Cl \rightarrow Pd \leftarrow Cl \\ \uparrow \\ Cl \end{array}\right]^{2-}$$

$$\text{配位数是 2} \qquad\qquad \text{配位数是 4} \qquad\qquad \text{配位数是 4}$$

2. 配合物的解离平衡

实验表明,往硝酸银溶液中逐滴加入氨水时,首先生成白色的氢氧化银沉淀。紧接着,过量的氨水会使氢氧化银沉淀溶解并生成银氨配离子 $[Ag(NH_3)_2]^+$,这时会得到无色透明的溶液。此时若往其中加入氯化钠溶液,则不会产生白色氯化银沉淀,但如果往其中加入碘化钾溶液,则会产生黄色碘化银沉淀。该实验结果说明,虽然 Ag^+ 可以和 NH_3 形成配离子 $[Ag(NH_3)_2]^+$,但是过量的氨水也无法使 Ag^+ 完全反应形成 $[Ag(NH_3)_2]^+$。或者说,$[Ag(NH_3)_2]^+$ 在水溶液中也存在解离平衡,其中多多少少有一些 Ag^+。原因是配位键强度较弱,在水溶液中容易发生解离反应。另一方面,根据第二章中学习过的知识,化学反应都有化学平衡存在。所以,配离子在水溶液中发生解离是很正常的。以铜氨配离子 $[Cu(NH_3)_4]^{2+}$ 为例:

$$[Cu(NH_3)_4]^{2+} \rightleftharpoons [Cu(NH_3)_3]^{2+} + NH_3$$

$$K_{\text{不稳},1}^{\ominus} = \frac{(c_{[Cu(NH_3)_3]^{2+}}/c^{\ominus}) \cdot (c_{NH_3}/c^{\ominus})}{c_{[Cu(NH_3)_4]^{2+}}/c^{\ominus}}$$

$$[Cu(NH_3)_3]^{2+} \rightleftharpoons [Cu(NH_3)_2]^{2+} + NH_3$$

$$K_{\text{不稳},2}^{\ominus} = \frac{(c_{[Cu(NH_3)_2]^{2+}}/c^{\ominus}) \cdot (c_{NH_3}/c^{\ominus})}{c_{[Cu(NH_3)_3]^{2+}}/c^{\ominus}}$$

$$[Cu(NH_3)_2]^{2+} \rightleftharpoons [Cu(NH_3)]^{2+} + NH_3$$

$$K_{\text{不稳},3}^{\ominus} = \frac{(c_{[Cu(NH_3)]^{2+}}/c^{\ominus}) \cdot (c_{NH_3}/c^{\ominus})}{c_{[Cu(NH_3)_2]^{2+}}/c^{\ominus}}$$

$$[Cu(NH_3)]^{2+} \rightleftharpoons Cu^{2+} + NH_3$$

$$K_{\text{不稳},4}^{\ominus} = \frac{(c_{Cu^{2+}}/c^{\ominus}) \cdot (c_{NH_3}/c^{\ominus})}{c_{[Cu(NH_3)]^{2+}}/c^{\ominus}}$$

如同多元弱酸或多元弱碱的解离,配离子的解离过程也是分步进行的。由于解离反应的标准平衡常数越大,说明相应的配离子越不稳定,所以把这些分步解离反应的标准平衡常数叫做**分级不稳定常数**,并且用 $K_{\text{不稳},i}^{\ominus}$ 表示。我们把 $K_{\text{不稳},i}^{\ominus}$ 称为 i 级不稳定常数。

把上述四个分步解离反应加和可得

$$[Cu(NH_3)_4]^{2+} \rightleftharpoons Cu^{2+} + 4NH_3, \qquad K_{\text{不稳}}^{\ominus} = \frac{(c_{Cu^{2+}}/c^{\ominus}) \cdot (c_{NH_3}/c^{\ominus})^4}{c_{[Cu(NH_3)_4]^{2+}}/c^{\ominus}}$$

常把 $K_{\text{不稳}}^{\ominus}$ 叫做**累积不稳定常数**。可以看出

$$K_{\text{不稳}}^{\ominus} = K_{\text{不稳},1}^{\ominus} \cdot K_{\text{不稳},2}^{\ominus} \cdot K_{\text{不稳},3}^{\ominus} \cdot K_{\text{不稳},4}^{\ominus}$$

既然配离子的解离是分步进行的,那么它的形成过程也必然是分步进行的,即

$$Cu^{2+} + NH_3 \rightleftharpoons [Cu(NH_3)]^{2+} \qquad\qquad K_{\text{稳},1}^{\ominus}$$

$$[Cu(NH_3)]^{2+} + NH_3 \rightleftharpoons [Cu(NH_3)_2]^{2+} \qquad\qquad K_{\text{稳},2}^{\ominus}$$

$$[Cu(NH_3)_2]^{2+} + NH_3 \rightleftharpoons [Cu(NH_3)_3]^{2+} \qquad\qquad K_{\text{稳},3}^{\ominus}$$

$$[Cu(NH_3)_3]^{2+} + NH_3 \rightleftharpoons [Cu(NH_3)_4]^{2+} \qquad\qquad K_{\text{稳},4}^{\ominus}$$

把这四个反应加和可得

$$Cu^{2+} + 4NH_3 \rightleftharpoons Cu(NH_3)_4^{2+}, \qquad K_{\text{稳}}^{\ominus} = \frac{c_{[Cu(NH_3)_4]^{2+}}/c^{\ominus}}{(c_{Cu^{2+}}/c^{\ominus}) \cdot (c_{NH_3}/c^{\ominus})^4}$$

可以看出

$$K_{\text{稳}}^{\ominus} = K_{\text{稳},1}^{\ominus} \cdot K_{\text{稳},2}^{\ominus} \cdot K_{\text{稳},3}^{\ominus} \cdot K_{\text{稳},4}^{\ominus}$$

对于配合物的形成反应,其平衡常数越大,形成的配合物越稳定,所以把这些分步形成反应的标准平衡常数叫做**分级稳定常数**,并且用 $K_{\text{稳},i}^{\ominus}$ 表示。把 $K_{\text{稳},i}^{\ominus}$ 称为 i 级稳定常数,把 $K_{\text{稳}}^{\ominus}$ 叫做该配合物的**累积稳定常数**。比较形成反应与解离反应很容易看出

$$K_{\text{稳},1}^{\ominus} = 1/K_{\text{不稳},4}^{\ominus} \qquad\qquad K_{\text{稳},2}^{\ominus} = 1/K_{\text{不稳},3}^{\ominus}$$

$$K_{\text{稳},3}^{\ominus} = 1/K_{\text{不稳},2}^{\ominus} \qquad\qquad K_{\text{稳},4}^{\ominus} = 1/K_{\text{不稳},1}^{\ominus}$$

$$K_{\text{稳}}^{\ominus} = 1/K_{\text{不稳}}^{\ominus}$$

弄清楚配合物的不同平衡常数之间的关系对讨论分析平衡系统的组成会有很大帮助。

3. 配合物的应用

1) 湿法冶金

有关冶金的话题,我们较熟悉的就是用铁矿石炼铁炼钢。它是把铁矿石与还原剂混合在一起进行高温反应来实现的,可以把这种方法归类为火法冶金。火法冶金需要消耗大量的燃料,同时也会造成环境污染。与火法冶金相对应的还有湿法冶金,它是用水溶液直接从矿粉中将金属以化合物的形式提取出来,然后再将其还原成金属。目前湿法冶金主要用于稀有金属和有色金属的炼制。如提炼金时涉及的主要反应如下:

$$4Au + 8CN^- + O_2 + 2H_2O \longrightarrow 4[Au(CN)_2]^- + 4OH^-$$

其中,Au 先被氧化成 Au^+,然后 Au^+ 与配位体 CN^- 反应生成配离体 $[Au(CN)_2]^-$。这种配离子可随溶液被转移。然后可用还原剂 Zn 把 Au 从配离子中还原出来,即

$$Zn + 2[Au(CN)_2]^- \longrightarrow 2Au + [Zn(CN)_4]^{2-}$$

也可以用上述方法从电解铜时产生的阳极泥中回收 Au、Pt 等贵金属。另外,由于镧系收缩,结果使第五和第六周期副族的同族元素及其化合物的许多物理性质和化学性质非常相近,用一般的方法很难将它们彼此分开。但它们的配合物的性质有时会存在明显差异,可以借此将它们分开。

2) 化学分析

化学分析包括定性分析和定量分析。定性分析就是检测未知样品中是否含有某物质或者未知混合物样品是由哪些物质组成的;定量分析就是检测混合物样品中不同组分的含量分别是多少。当往未知的混合样品中加入某试剂时,通常会同时发生多个反应,其实验现象往往会彼此干扰,会影响到对实验现象和实验结果的判断。但在形成配合物时,由于许多配位体对中

心离子有较强的选择性，所以必要时可借助于配合反应将某些潜在的干扰离子掩蔽起来，使实验现象避免干扰。掩蔽的方法有多种，如配合掩蔽、沉淀掩蔽、氧化还原掩蔽等。其中配合掩蔽的使用范围很广。类似于酸碱滴定和氧化还原滴定，也可以借助配位滴定进行定量分析。由于配合物的形成对电化学中的电极电势影响很大，故对电极反应的选择性影响很大。所以，配合物在电镀、电解等电化学反应过程中的应用也是非常广泛的。由于许多配合物有其特定的颜色，故也可以借助配合物的形成与分解、借助与此相关的特定实验现象来指示滴定分析的终点……

3）配合催化

由于许多分子或离子能够与过渡金属离子形成配合物。其中配位键的形成会对配位体的结构产生一定影响，结果会大幅度提高配位体的活性，促使其发生化学反应。例如在用乙烯制乙醛的过程中，先把乙烯通入含有 $PdCl_2$ 和 $CuCl_2$ 的水溶液中。这时乙烯 C_2H_4 会扮演配位体的角色，用它的 π 键电子对[①]先与钯离子 Pd^{2+} 形成配合物，然后乙烯会进一步被氧化成乙醛。其中的主要反应如下：

$$C_2H_4 + PdCl_2 + H_2O \longrightarrow CH_3CHO + Pd + 2HCl$$

$$2CuCl_2 + Pd \longrightarrow PdCl_2 + 2CuCl$$

$$2CuCl + 2HCl + \frac{1}{2}O_2 \longrightarrow 2CuCl_2 + H_2O$$

这三个反应的加和即总反应如下：

$$C_2H_4 + \frac{1}{2}O_2 = CH_3CHO$$

上述分步反应中的第一步是络合催化反应，后两步是催化剂的复原反应。配合催化的优点是活性高、选择性好、反应条件较温和。

4）生物化学

配合物在生物化学方面也发挥着很重要的作用。在植物生长过程中，起光合作用的叶绿素就是含镁离子 Mg^{2+} 的复杂配合物；在生物体内起传输氧作用的血红朊（血红素）就是含亚铁离子 Fe^{2+} 的配合物；在固氮菌中能将空气中的 N_2 固定并还原成 NH_4^+ 的固氮酶实际上就是与铁钼配合物有关的铁钼蛋白；对血液起凝结作用的刀豆球朊实际上就是含 Mn^{2+} 和 Ca^{2+} 的配合物。为了搞清楚这些作用的机理，并最终达到人为控制或仿生的目的，就必须先搞清楚这些配合物的结构、组成、性能以及反应机理等。这些工作无疑会对生物化学的发展起到重要的推动作用。

3.7 沉淀-溶解平衡

根据第 2 章中的理论分析，由于 $\Delta_r G_m^{\ominus} = -RT\ln K^{\ominus}$，故化学平衡常数都大于零。所以，严格说来没有不能发生的反应。同样的道理，也没有绝对不溶解的物质，只是溶解度有大有小，只有易溶解和难溶解之分别。

① 关于什么是 π 键，将在第 8 章中讨论。

1. 溶度积常数

以难溶盐 $M_{\nu_+}A_{\nu_-}$ 为例:

$$M_{\nu_+}A_{\nu_-} \xrightleftharpoons[\text{沉淀}]{\text{溶解}} \nu_+ M^{z+} + \nu_- A^{z-}$$

其中, M^{z+} 和 A^{z-} 分别代表金属阳离子(铵盐一般都是易溶的)和酸根阴离子。实际上, 难溶化合物不只是包括一些难溶盐, 还有许多难溶的氢氧化物, 如氢氧化钙、氢氧化铜等。上述溶解反应的标准平衡常数可以表示为

$$K^{\ominus} = \prod \left(\frac{c_B}{c^{\ominus}} \right)^{\nu_B}_{\text{平衡}} = (c'_+)^{\nu_+}_{\text{平衡}} \cdot (c'_-)^{\nu_-}_{\text{平衡}} \qquad (c' \text{ 代表相对浓度})$$

此处, 由于标准平衡常数在数值上等于溶解下来的各种离子的相对浓度并以其计量系数为指数的幂的乘积, 故将其称为难溶盐的**溶度积**(solubility product)常数, 并将其用 $K^{\ominus}_{sp}$, 即

$$K^{\ominus}_{sp} = (c'_+)^{\nu_+}_{\text{平衡}} \cdot (c'_-)^{\nu_-}_{\text{平衡}} \tag{3.35}$$

$K^{\ominus}_{sp}$ 是一个没有单位的纯数。作为溶解反应的标准平衡常数, $K^{\ominus}_{sp}$ 在一定温度下有唯一确定的值。结合上述溶解反应和式(3.35)可以看出, 难溶盐的溶解度与其溶度积常数密切相关。附录 Ⅷ 给出了部分在水中难溶化合物的溶度积常数。

2. 溶度积规则及其应用

如同一般的化学反应, 对于一定温度和压力下难溶化合物的溶解反应

$$\Delta_r G_m = RT \ln \frac{J}{K^{\ominus}_{sp}} \tag{3.36}$$

虽然 $K^{\ominus}_{sp}$ 在一定温度下有唯一确定的值, 但是 $J = (c'_+)^{\nu_+} \cdot (c'_-)^{\nu_-}$, J 与实际系统的组成有关, 我们可以人为地对 J 进行调整。结合式(3.36)和吉布斯函数最低原理, 可以得到以下结论:

如果 $J = K^{\ominus}_{sp}$, 这时系统处于溶解平衡状态;

如果 $J < K^{\ominus}_{sp}$, 这时沉淀会溶解;

如果 $J > K^{\ominus}_{sp}$, 这时会从溶液中析出沉淀。

这样的结论就是**溶度积规则**。根据溶度积规则可以判断溶解平衡的变化趋势。溶度积规则实际上不仅适用于难溶盐, 它适用于所有的难溶强电解质, 如 $Ca(OH)_2$、$Fe(OH)_3$ 等。

1) 计算溶解度

溶解度(solubility)就是溶质在溶剂中溶解达到平衡时溶液的浓度。利用溶度积规则可以分析计算难溶强电解质的溶解度。

例 3.12　在 25 ℃ 下已知 $K^{\ominus}_{sp}[Mg(OH)_2] = 5.61 \times 10^{-12}$, $K^{\ominus}_{sp}(BaSO_4) = 1.07 \times 10^{-10}$。分别求同温度下 $Mg(OH)_2$ 和 $BaSO_4$ 在水中的溶解度。

解　设 $Mg(OH)_2$ 和 $BaSO_4$ 在水中的溶解度(mol · L^{-1})分别是 x 和 y。

$$Mg(OH)_2 \Longrightarrow Mg^{2+} + 2OH^-, \qquad BaSO_4 \Longrightarrow Ba^{2+} + SO_4^{2-}$$

$$\qquad\qquad x \qquad 2x \qquad\qquad\qquad y \qquad y$$

所以　　$5.61 \times 10^{-12} = \left(\dfrac{x}{c^{\ominus}} \right) \cdot \left(\dfrac{2x}{c^{\ominus}} \right)^2$,　　$1.07 \times 10^{-10} = \left(\dfrac{y}{c^{\ominus}} \right) \cdot \left(\dfrac{y}{c^{\ominus}} \right)$

$$x = \sqrt[3]{5.61 \times 10^{-12}/4} \cdot c^{\ominus} = 1.12 \times 10^{-4} \text{ mol} \cdot L^{-1}$$

$$y = \sqrt{1.07 \times 10^{-10}} \cdot c^{\ominus} = 1.03 \times 10^{-5} \text{ mol} \cdot L^{-1}$$

虽然溶度积常数的大小能在一定程度上反映难溶化合物的溶解度大小,但是比较不同难溶化合物的溶解度大小时,根据 ν_+ 和 ν_- 的值,只有那些类型相同的难溶化合物,方可通过直接比较它们的溶度积常数的大小来判断它们的溶解度大小,如 AgCl 和 $CaCO_3$ 均属于 $1-1$ 型,Ag_2CrO_4 和 CaF_2 均属于 $1-2$ 型。在相同类型的难容化合物中,溶度积常数大的溶解度就大,反之则反。但对于不同类型的难溶化合物,并非溶度积常数越大溶解度就越大,上述例题就是一个明显的例证,其中的 $Mg(OH)_2$ 是 $1-2$ 型,而 $BsSO_4$ 是 $1-1$ 型。

例 3.13　在 298 K 下,已知 $K_{sp,AgCl}^{\ominus} = 1.8 \times 10^{-10}$,$K_{稳,[Ag(NH_3)_2]^+}^{\ominus} = 1.67 \times 10^7$。

(1) 求 298 K 下氯化银在水中的溶解度。

(2) 求 298 K 下氯化银在 2 mol·L^{-1} 的氨水中的溶解度。

解　(1) 设其溶解度为 c(体积摩尔浓度),则

$$K_{sp}^{\ominus}(AgCl) = \left(\frac{c}{c^{\ominus}}\right)^2$$

所以　　　　$c = \sqrt{1.8 \times 10^{-10}}$ mol·L^{-1}

　　　　　　　$= 1.34 \times 10^{-5}$ mol·L^{-1}

(2) 依题意:

① $AgCl \Longrightarrow Ag^+ + Cl^-$,　　　　　　$K_1^{\ominus} = 1.8 \times 10^{-10}$

② $Ag^+ + 2NH_3 \Longrightarrow [Ag(NH_3)_2]^+$,　　　$K_2^{\ominus} = 1.67 \times 10^7$

　　① + ② 可得

③ $AgCl + 2NH_3 \Longrightarrow [Ag(NH_3)_2]^+ + Cl^-$

所以　　　　　　　　$K_3^{\ominus} = K_1^{\ominus} \cdot K_2^{\ominus} = 3.0 \times 10^{-3}$

设氯化银在 2 mol·L^{-1} 的氨水中的溶解度为 x mol·L^{-1},则

$$AgCl + 2NH_3 \Longrightarrow [Ag(NH_3)_2]^+ + Cl^-$$

平衡相对浓度 c'　　　　　　$2-2x$　　　　x　　　　x

所以　　　　　　　　$3.0 \times 10^{-3} = \dfrac{x^2}{(2-2x)^2}$

由此解得　　　　　　　　　　$x = 0.099$

所以在 2 mol·L^{-1} 的氨水中,氯化银的溶解度为 0.099 mol·L^{-1}。

由例 3.13 可以看出,水溶液中氨的存在会使氯化银的溶解度大大增加。

2) 判断沉淀的先后次序

根据溶度积规则,只有当 $J > K_{sp}^{\ominus}$ 时,才会有沉淀析出。所以若系统中有可能生成多种沉淀,则哪个沉淀溶解反应的 J 值先大于它的 $K_{sp}^{\ominus}$,就先生成哪个沉淀。

例 3.14　已知在 25 ℃ 下,AgCl、AgBr 和 Ag_2CrO_4 的溶度积常数分别为 1.77×10^{-10}、5.35×10^{-13} 和 1.1×10^{-12}。在同温度下:

(1) 往 Cl^- 和 Br^- 的浓度均为 0.01 mol·L^{-1} 的同一个溶液中逐渐滴加 $AgNO_3$ 溶液时,先生成什么沉淀?

(2) 往 Cl^- 和 CrO_4^{2-} 的浓度均为 0.01 mol·L^{-1} 的同一个溶液中逐渐滴加 $AgNO_3$ 溶液时,先生成什么沉淀?

(3) 在(2)中,当开始生成 Ag_2CrO_4 沉淀时,Cl^- 的浓度是多少?

解　先根据溶度积规则计算生成不同沉淀所需要的最小 Ag^+ 浓度。因为

$$K_{sp}^{\ominus}(AgCl) = (c_{Ag^+}/c^{\ominus}) \cdot (c_{Cl^-}/c^{\ominus})$$

所以
$$c_{Ag^+} = \frac{K_{sp}^{\ominus}(AgCl) \cdot c^{\ominus 2}}{c_{Cl^-}} = \frac{1.77 \times 10^{-10}}{0.01} \text{ mol} \cdot \text{L}^{-1}$$
$$= 1.77 \times 10^{-8} \text{ mol} \cdot \text{L}^{-1}$$

又因为
$$K_{sp}^{\ominus}(AgBr) = (c_{Ag^+}/c^{\ominus}) \cdot (c_{Br^-}/c^{\ominus})$$

所以
$$c_{Ag^+} = \frac{K_{sp}^{\ominus}(AgBr) \cdot c^{\ominus 2}}{c_{Br^-}} = \frac{5.35 \times 10^{-13}}{0.01} \text{ mol} \cdot \text{L}^{-1}$$
$$= 5.35 \times 10^{-11} \text{ mol} \cdot \text{L}^{-1}$$

又因为

$$K_{sp}^{\ominus}(Ag_2CrO_4) = (c_{Ag^+}/c^{\ominus})^2 \cdot (c_{CrO_4^{2-}}/c^{\ominus})$$

所以
$$c_{Ag^+} = \left(\frac{K_{sp}^{\ominus}(Ag_2CrO_4) \cdot c^{\ominus 3}}{c_{CrO_4^{2-}}}\right)^{1/2} = \sqrt{\frac{1.1 \times 10^{-12}}{0.01}} \text{ mol} \cdot \text{L}^{-1}$$
$$= 1.05 \times 10^{-5} \text{ mol} \cdot \text{L}^{-1}$$

（1）生成 AgCl 比生成 AgBr 需要的 Ag^+ 浓度大，故先生成 AgBr 沉淀。

（2）生成 Ag_2CrO_4 比生成 AgCl 需要的 Ag^+ 浓度大，故先生成 AgCl 沉淀。

（3）开始生成 Ag_2CrO_4 沉淀时，银离子浓度为 $c_{Ag^+} = 1.05 \times 10^{-5} \text{ mol} \cdot \text{L}^{-1}$。此时，先生成的 AgCl 沉淀处于沉淀溶解平衡状态，故

$$K_{sp}^{\ominus}(AgCl) = (c_{Ag^+}/c^{\ominus}) \cdot (c_{Cl^-}/c^{\ominus})$$

所以
$$c_{Cl^-} = \frac{K_{sp}^{\ominus}(AgCl) \cdot c^{\ominus 2}}{c_{Ag^+}} = \frac{1.77 \times 10^{-10} \text{ mol} \cdot \text{L}^{-1}}{1.05 \times 10^{-5}}$$
$$= 1.69 \times 10^{-5} \text{ mol} \cdot \text{L}^{-1}$$

3. 沉淀的溶解

根据化学平衡移动原理，能使沉淀-溶解平衡系统中的某种离子浓度减小的方法均可使平衡朝着沉淀溶解的方向移动。例如，在 25 ℃ 下已知

① $Fe(OH)_3 \Longrightarrow Fe^{3+} + 3OH^-$　　　$K_1^{\ominus} = K_{sp}^{\ominus} = 2.64 \times 10^{-39}$

② $H_2O \Longrightarrow H^+ + OH^-$　　　$K_2^{\ominus} = K_w^{\ominus} = 1.0 \times 10^{-14}$

① $- 3 \times$ ② 可得

③ $Fe(OH)_3 + 3H^+ \Longrightarrow Fe^{3+} + 3H_2O$

$$K_3^{\ominus} = \frac{K_1^{\ominus}}{K_2^{\ominus 3}} = \frac{K_{sp}^{\ominus}}{K_w^{\ominus 3}} = \frac{2.64^{-39}}{(1.0 \times 10^{-14})^3}$$
$$= 2.64 \times 10^3$$

反应 ③ 的平衡常数很大，这说明当 $Fe(OH)_3$ 沉淀遇到酸时很容易溶解。实际情况的确如此。

又如，在 25 ℃ 下已知

① $CuS \Longrightarrow Cu^{2+} + S^{2-}$　　　$K_1^{\ominus} = K_{sp}^{\ominus} = 6.0 \times 10^{-36}$

② $S^{2-} + 2H^+ \Longrightarrow H_2S$　　　$K_2^{\ominus} = 1/(K_{a,1}^{\ominus} \cdot K_{a,2}^{\ominus}) = 9.23 \times 10^{22}$

① $+$ ② 可得

③ $CuS + 2H^+ \Longrightarrow Cu^{2+} + H_2S$

$$K_3^{\ominus} = K_1^{\ominus} \cdot K_2^{\ominus}$$

$$= 6.0 \times 10^{-36} \times 9.23 \times 10^{22}$$
$$= 5.54 \times 10^{-13}$$

虽然从反应 ③ 的反应方程式看,CuS 似乎可溶解于酸,但实际上由于反应 ③ 的平衡常数太小,往 CuS 沉淀上加酸时,根本观察不出来 CuS 的溶解。这种情况只有借助于描述反应趋势大小的平衡常数才能给于合理的解释。这再次提醒我们,千万别误以为只要能写出反应方程式,化学反应就能发生。

4. 沉淀的转化

沉淀转化就是把一种沉淀转化为另一种沉淀。例如,在 25 ℃ 下已知

① $CaSO_4 = Ca^{2+} + SO_4^{2-}$, $K_1^{\ominus} = K_{sp}^{\ominus}(CaSO_4) = 7.1 \times 10^{-5}$

② $CaCO_3 = Ca^{2+} + CO_3^{2-}$, $K_2^{\ominus} = K_{sp}^{\ominus}(CaCO_3) = 4.96 \times 10^{-9}$

① － ② 可得

③ $CaSO_4 + CO_3^{2-} = CaCO_3 + SO_4^{2-}$

$$K_3^{\ominus} = \frac{K_1^{\ominus}}{K_2^{\ominus}} = \frac{7.1 \times 10^{-5}}{4.96 \times 10^{-9}}$$
$$= 1.43 \times 10^4$$

从平衡常数看,反应 ③ 正向进行的趋势很大,而逆向进行的趋势很小。其根本原因在于 $CaCO_3$ 比 $CsSO_4$ 的溶解度小得多。所以,用可溶性碳酸盐很容易把 $CaSO_4$ 沉淀转化为 $CaCO_3$ 沉淀。反应 ③ 的逆向反应虽然很容易写出,但是不能用可溶性硫酸盐将 $CaCO_3$ 沉淀转化为 $CaSO_4$ 沉淀。

硫化亚铁 FeS 也是一种难溶盐,但是与许多有毒有害的重金属硫化物相比,硫化亚铁的溶解度明显较大。所以在污水处理等生产实践中,可用廉价的 FeS 把水溶液中的重金属离子转化为硫化物沉淀并分离,从而达到保护环境和回收重金属的目的。如

$$Cu^{2+} + FeS = CuS\downarrow + Fe^{2+}$$
$$Hg^{2+} + FeS = HgS\downarrow + Fe^{2+}$$
$$Cd^{2+} + FeS = CdS\downarrow + Fe^{2+}$$
$$Pb^{2+} + FeS = PbS\downarrow + Fe^{2+}$$
$$\vdots \qquad\qquad \vdots$$

思考题 3

3.1   在质量分数、摩尔分数、物质的量浓度和质量摩尔浓度中,可能会随温度或压力的变化而变化的是什么浓度?

3.2   温度升高时,为什么所有物质的饱和蒸气压都会增大?

3.3   温度升高时,为什么固体的饱和蒸气压比液体的饱和蒸气压增大得更快?

3.4   在熔点温度下,为什么固体和液体的饱和蒸气压相等?

3.5   在什么情况下溶液里溶剂的饱和蒸气压才遵守拉乌尔定律?

3.6   为什么把稀溶液的饱和蒸气压降低、沸点升高等都叫做稀溶液的依数性?

3.7   稀溶液在以下方面遵守依数性的前提条件分别是什么?

（1）饱和蒸气压下降；

（2）凝固点降低；

（3）沸点升高；

（4）渗透压。

3.8　乙醇在内陆平原和在青藏高原的沸点是否相同，为什么？

3.9　何谓液体的正常沸点？

3.10　有人说"只有稀溶液才具有依数性，故浓溶液的凝固点不降低"，这种说法对吗？

3.11　在 101.3 kPa 下，稀的乙醇水溶液的沸点低于 100 ℃。这似乎与稀溶液的依数性有矛盾。请解释这是为什么？

3.12　溶液的 pH 值表示方法应该是 $pH = -\lg c_{H^+}$ 还是 $pH = -\lg(c_{H^+}/c^{\ominus})$？

3.13　在任何温度下，中性水的 pH 值都是 7 吗？

3.14　当弱酸溶液的浓度增大时，其解离度将增大还是减小？

3.15　当弱酸溶液的浓度增大时，其 pH 值将增大还是减小？

3.16　当弱碱溶液的浓度增大时，其 pH 值将增大还是减小？

3.17　能使离子反应平衡发生移动的现象都是同离子效应吗？

3.18　根据酸碱质子理论，在水溶液中共轭酸的解离平衡常数是什么反应的标准平衡常数？

3.19　根据酸碱质子理论，在水溶液中共轭碱的解离平衡常数是什么反应的标准平衡常数？

3.20　在一对共轭酸碱中，为什么共轭酸的酸性越强则共轭碱的碱性就越弱？

3.21　在一对共轭酸碱中，酸的解离平衡常数 $K_a^{\ominus}$ 与碱的解离平衡常数 $K_b^{\ominus}$ 互为倒数吗？

3.22　水分子可以给出质子，也可以结合质子。这就是说既可以把水看成酸，也可以把水看成碱。当把水看成酸时，它的共轭碱是什么？

3.23　水分子可以给出质子，也可以结合质子。这就是说既可以把水看成酸，也可以把水看成碱。当把水看成碱时，它的共轭酸是什么？

3.24　对于多元弱酸或弱碱，为何通常只需考虑它的一级解离？

3.25　缓冲溶液的主要作用是什么？

3.26　什么是缓冲对？什么是缓冲比？

3.27　配制缓冲溶液时，为何常把缓冲比控制在 $0.1 \sim 10$ 这个范围？

3.28　什么是配位键？什么是配位体？什么是配位数？

3.29　对于配合物而言，什么是分级稳定常数？什么是分级不稳定常数？

3.30　对于配合物而言，什么是累积稳定常数？什么是累积不稳定常数？

3.31　对于所有的难溶化合物，溶度积常数越小其溶解度就越小吗？

习　题　3

3.1　对于质量百分比浓度为 2.00% 的盐酸溶液，请计算它的物质的量分数、物质的量浓度和质量摩尔浓度。已知该溶液的密度为 1.016 g·mL^{-1}。

3.2　室温下氯化汞在水和苯中的分配系数是 $K = c_{H_2O}/c_{C_6H_6} = 12$，此处 c 是体积摩尔浓度。现有溶解了 0.2 g 氯化汞的苯溶液 2000 mL，欲用水萃取其中的氯化汞。此处近似认为不论有无氯化汞溶入，水和苯的体积都不变。

(1) 用 500 mL 水萃取一次后，苯溶液里剩余的氯化汞是多少？

(2) 若每次用水 100 mL，共萃取五次，最终苯溶液里还剩多少氯化汞？

3.3　水和氯仿($CHCl_3$)是互不相溶的。在 25 ℃ 下将 0.1 mol NH_3 溶于 1 L 氯仿中。此溶液上方 NH_3 的饱和蒸气分压是 4.433 kPa。在相同温度下如果把 0.1 mol NH_3 溶于 1 L 水中，则所得溶液上方 NH_3 的饱和蒸气分压是 0.887 kPa。求 NH_3 在水中和在氯仿中的分配系数。此处可忽略水中少量 NH_4^+ 和 NH_4OH 的存在。

3.4　在 20 ℃ 下，水的饱和蒸气压为 2338 Pa。在同温度下，质量百分比浓度为 10% 的尿素水溶液上方的饱和水蒸气分压为 2257 Pa。求尿素的摩尔质量。已知水的摩尔质量为 0.018 kg·mol^{-1}，并且可以把尿素视为非挥发性组分。

3.5　某种非挥发性溶质溶于 CCl_4 中得到质量分数为 2.00% 的溶液。该溶液的正常沸点为 77.6 ℃。在纯 CCl_4 的正常沸点 76.7 ℃ 下，上述溶液的饱和蒸气压为 98.66 kPa。已知 CCl_4 的相对分子量为 153.8。

(1) 求该溶质的摩尔质量。

(2) 求 CCl_4 的沸点升高常数。

3.6　在 20 ℃ 下，将 6.5 g 摩尔质量为 50 kg·mol^{-1} 的某聚合物溶解于 1 kg 水中，所得溶液的密度为 0.996 kg·L^{-1}。

(1) 计算该溶液在 20 ℃ 下的体积摩尔浓度。

(2) 计算该溶液在 20 ℃ 下的渗透压。

3.7　有一种非挥发性溶质的稀水溶液。在 37 ℃ 下该溶液的渗透压为 8 kPa。求算在相同温度下该溶液的饱和蒸气压降低值。已知纯水在 37 ℃ 下的饱和蒸气压为 6.19 kPa，密度为 1.0 g·mL^{-1}。

3.8　人体血浆的凝固点为 −0.56 ℃，水的凝固点降低常数为 1.86 K·mol^{-1}·kg，水的摩尔质量为 18 g·mol^{-1}。常温下水的密度为 1000 kg·m^{-3}。

(1) 求算人体血浆的质量摩尔浓度。

(2) 求 37 ℃ 下人体血浆的渗透压。

3.9　在 1000 g 水中同时溶解了 10 g 葡萄糖($C_6H_{12}O_6$) 和 15 g 蔗糖($C_{12}H_{22}O_{11}$)，所得溶液的密度近似等于纯水的密度即 1.0 g·mL^{-1}。葡萄糖和蔗糖的相对分子量分别为 180 和 342。

(1) 已知在 30 ℃ 下纯水的饱和蒸气压为 4.243 kPa，求同温度下该溶液的饱和蒸气压。

(2) 求该溶液的凝固点。已知 $K_{f,水} = 1.86$ K·mol^{-1}·kg。

(3) 求该溶液的正常沸点。已知 $K_{b,水} = 0.516$ K·mol^{-1}·kg。

(4) 求该溶液在 25 ℃ 下的渗透压。

3.10　在 25 ℃ 下，已知醋酸的解离平衡常数为 1.76×10^{-5}。对于同温度下浓度分别为 $c_1 = 0.05$ mol·L^{-1} 和 $c_2 = 0.01$ mol·L^{-1} 的醋酸溶液。

(1) 求这两种溶液中醋酸的解离度。

(2) 求这两种溶液的 pH 值。

3.11　在 25 ℃ 下，已知氨在水中的解离平衡常数为 1.77×10^{-5}。在相同温度下，对于浓度为 0.08 mol·L^{-1} 的氨水溶液。

(1) 求氨的解离度。

(2) 求该溶液的 pOH 值和 pH 值。

3.12　在 20 ℃ 下,已知甲酸(HCOOH)的解离平衡常数为 1.77×10^{-4}。

(1) 计算与甲酸对应的共轭碱的解离平衡常数。

(2) 请写出与上述求得的解离平衡常数相对应的共轭碱的解离反应方程式。

3.13　在 25 ℃ 下,对于碳酸溶液,已知 $K_{a,1}^{\ominus} = 4.3 \times 10^{-7}$,$K_{a,2}^{\ominus} = 5.61 \times 10^{-11}$。

(1) 求与 H_2CO_3 对应的共轭碱的解离平衡常数。

(2) 求与 HCO_3^- 对应的共轭碱的解离平衡常数。

3.14　在 25 ℃ 下,已知醋酸的解离平衡常数为 1.76×10^{-5}。

(1) 求浓度为 $0.15 \ mol \cdot L^{-1}$ 的醋酸溶液中醋酸的解离度。

(2) 给 200 mL 浓度为 $0.15 \ mol \cdot L^{-1}$ 的醋酸溶液中加入 1 mL 浓度为 $1.0 \ mol \cdot L^{-1}$ 的盐酸溶液后,求该溶液中醋酸的解离度。

3.15　已知 25 ℃ 下苯甲酸的解离平衡常数为 6.2×10^{-5}。

(1) 求 25 ℃ 下 $0.32 \ mol \cdot L^{-1}$ 的苯甲酸溶液的 pH 值。

(2) 欲使 2 L 浓度为 $0.32 \ mol \cdot L^{-1}$ 的苯甲酸溶液的 pH 值不低于 2.8,需往其中至少加入多少克固体苯甲酸钠?已知苯甲酸钠的相对分子量为 144,并且可近似认为往苯甲酸溶液中加入固体苯甲酸钠时溶液的总体积不变。

3.16　在 25 ℃ 下往少量水中同时加入 80 g 醋酸和 80 g 醋酸钠,然后将其稀释至 1000 mL。已知同温度下 HAc 的解离平衡常数为 1.76×10^{-5},醋酸和醋酸钠的相对分子量分别为 60 和 82。

(1) 求该缓冲溶液的缓冲比。

(2) 求该缓冲溶液的 pH 值。

3.17　已知醋酸在 25 ℃ 下的解离平衡常数为 1.76×10^{-5}。常温下把浓度同为 $0.2 \ mol \cdot L^{-1}$ 的 100 mL 盐酸溶液和 300 mL 醋酸钠溶液混合。

(1) 该混合溶液是不是缓冲溶液?

(2) 求混合溶液的 pH 值。

3.18　在 25 ℃ 下,已知氨水的解离平衡常数为 1.77×10^{-5}。在相同温度下,往 100 mL 浓度为 $0.08 \ mol \cdot L^{-1}$ 的氨水溶液中加入 5 mL 浓度为 $0.1 \ mol \cdot L^{-1}$ 的盐酸溶液后,求该溶液的 pH 值。

3.19　已知 12.5 ℃ 下 HNO_2 的解离平衡常数为 4.6×10^{-4}。求同温度下浓度为 $0.04 \ mol \cdot L^{-1}$ 的 $NaNO_2$ 溶液的 pH 值。

3.20　在 25 ℃ 下,已知氨的解离平衡常数为 1.77×10^{-5}。求常温下 $0.1 \ mol \cdot L^{-1}$ 的 NH_4Cl 溶液的 pH 值。

3.21　在 25 ℃ 下,已知 AgCl 和 CaF_2 的溶度积常数分别为 1.77×10^{-10} 和 1.46×10^{-10}。求同温度下这两种盐在水中的溶解度。溶解度可用饱和溶液的体积摩尔浓度表示。

3.22　在 25 ℃ 下,已知 $CaSO_4$ 的溶度积常数为 7.1×10^{-5}。

(1) 求室温下 $CaSO_4$ 在纯水中的溶解度。

(2) 求室温下 $CaSO_4$ 在 $0.15 \ mol \cdot L^{-1}$ 的 Na_2SO_4 水溶液中的溶解度。

3.23　在 25 ℃ 下,已知 AgCl 的溶度积常数为 1.77×10^{-10},配合物 $[Ag(NH_3)_2]^+$ 的累积

稳定常数为 1.12×10^7。在相同温度下：

(1) 求反应 $AgCl + 2NH_3 \Longrightarrow [Ag(NH_3)_2]^+ + Cl^-$ 的标准平衡常数。

(2) 求 AgCl 在浓度为 $0.10 \ mol \cdot L^{-1}$ 的氨水中的溶解度。

3.24   在 25 ℃ 下，已知 $Cu(OH)_2$ 的溶度积常数为 1.3×10^{-20}，配合物 $[Cu(NH_3)_4]^{2+}$ 的累积稳定常数为 2.1×10^{13}。在同温度下：

(1) 求反应 $Cu(OH)_2 + 4NH_3 \Longrightarrow [Cu(NH_3)_4]^{2+} + 2OH^-$ 的标准平衡常数。

(2) 求 $Cu(OH)_2$ 在浓度为 $0.80 \ mol \cdot L^{-1}$ 的氨水中的溶解度。

3.25   已知在 25 ℃ 下，AgCl 和 AgI 的溶度积常数分别为 1.77×10^{-10} 和 8.51×10^{-17}。

(1) 求 25 ℃ 下反应 $AgCl + I^- \Longrightarrow AgI + Cl^-$ 的标准平衡常数。

(2) 在 25 ℃ 下，当往 $0.001 \ mol \cdot L^{-1}$ 的 KI 溶液中投入足量的 AgCl 后，求平衡时溶液中 I^- 和 Cl^- 的浓度。

3.26   铁离子很容易发生水解，其水解反应如下：

$$Fe^{3+} + 3H_2O \Longrightarrow Fe(OH)_3 \downarrow + 3H^+$$

在 25 ℃ 下，已知 $Fe(OH)_3$ 的溶度积常数为 2.64×10^{-39}，水的离子积为 1.0×10^{-14}。

(1) 求铁离子水解反应的标准平衡常数。

(2) 配制 $0.5 \ mol \cdot L^{-1}$ 的 $FeCl_3$ 水溶液时，为了防止生成 $Fe(OH)_3$ 沉淀，需加入盐酸。问加入盐酸把溶液的 pH 值控制在多少才能避免 $Fe(OH)_3$ 沉淀的生成？

第4章 化学反应速率

根据化学热力学基础知识可知,在一定条件下有些反应能发生,有些反应不能发生;对于同一个反应,可以通过改变温度、改变压力、改变浓度、增加或减少局外气体等条件,使它的 $\Delta_r G_m$ 从大于零变为小于零,使其从不能发生变为能发生;相反,也可以使化学反应从能发生变为不能发生;通过改变条件还可以调节化学反应的最大限度即调节化学平衡组成;可以分析计算化学反应中能量的变化情况等。但是,仅仅了解这些知识是远远不够的,因为这些知识都与时间和化学反应速率无关。实际上,同一个化学反应在不同条件下的反应速率可能差别非常悬殊,在同样的条件下不同反应的反应速率也千差万别。快速反应可以快至猛烈的燃烧或爆炸,慢反应可以慢到煤和石油的形成、岩石的风化。所以,反应速率与生产成本、生产效益、生产安全等都密切相关。有必要初步认识和掌握与化学反应速率相关的基础知识。与化学反应速率相关的内容统称为化学动力学。

影响化学反应速率的因素较多,如浓度、温度、压力、溶剂、光辐射、催化剂等,而且同一种因素对不同反应的反应速率的影响也千差万别。与此同时,与化学热力学相似,各个化学反应的动力学行为也有一些共性。只有抓住了它们的共性,才能在化学动力学方面更主动、更有效地指导实践,才有可能具体分析在各不同专业领域的科研和生产实践中遇到的与化学变化有关的实际问题,才有可能采取适当的措施提高或减缓化学反应速率。化学反应速率理论就是用来描述大多数化学反应普遍遵循的动力学基本规律的。

与化学热力学相比较,化学动力学的研究和发展较迟缓。在19世纪,人们主要从大量的实验结果总结了浓度和温度对反应速率的影响,建立了一些经验公式,如阿累尼乌斯公式。有关反应速率理论的研究始于20世纪初,其中包括拟定反应机理和建立反应速率理论。后来随着科学技术的迅速发展,随着许多新的实验检测技术方法的出现,如快速反应测量方法、活性中间体的检测方法、固体表面结构与组成的测试方法等,随着量子化学的发展,化学动力学研究已逐步深入到了分子水平。但即便是这样,化学动力学理论到目前为止还不很成熟,还有许多基本问题有待解决。目前的化学动力学发展现状距离灵活自如地理论预测和指导实践还有一定的距离。这一章主要讨论化学反应速率的表示方法,讨论浓度、温度对反应速率的影响,讨论反应速率的碰撞理论。

4.1 反应速率的表示方法

1. 反应速率的表示方法

可以把化学反应 $a\mathrm{A} + b\mathrm{B} \Longrightarrow d\mathrm{D} + e\mathrm{E}$ 简记为

$$0 \Longrightarrow \sum \nu_B \mathrm{B}$$

其反应进度可用反应方程式中的任意一种物质 B 来表示,即

$$\xi = \frac{\Delta n_B}{\nu_B} = \frac{n_B - n_{B,0}}{\nu_B}$$

其中，$n_{B,0}$ 代表最初 B 物质的量。上式右边各量的下标 B 不论相对于反应式中的哪一种物质，由此得到的反应进度都相同。既然可用反应进度来表示反应的多少，那么原则上就可以用单位时间内的反应进度来表示反应速率，即

$$\dot{\xi} = \frac{d\xi}{dt} = \frac{dn_B}{\nu_B \cdot dt}$$

其中，$d\xi/dt$ 代表反应进度随时间的变化率。如果用 $\dot{\xi}$ 表示反应速率，其单位是 $mol \cdot s^{-1}$。不过仔细想一想，这种表示方法存在着明显的不足。譬如对于反应 $N_2 + 3H_2 \Longrightarrow 2NH_3$，$\dot{\xi} = 0.01\ mol \cdot s^{-1}$。如果此值代表的是在 1 L 容器内的反应速率，则该反应速率很快，因为该速率意味着在 1 L 容器内每小时可发生 36 mol 反应，即每小时生成 72 mol NH_3。如果 $\dot{\xi} = 0.01\ mol \cdot s^{-1}$ 代表的是在体积为 100 m^3 的反应器内的反应速率，则每小时生成 72 mol NH_3 就非常缓慢了。为了克服这个缺点，可以把**反应速率**(reaction rate) 定义为单位时间单位体积内的反应进度，并把反应速率用 r 表示，即

$$r = \frac{d\xi}{V \cdot dt} = \frac{dn_B}{V \cdot \nu_B \cdot dt} = \frac{dc_B}{\nu_B \cdot dt} \tag{4.1}$$

用式(4.1) 表示时，反应速率 r 的单位是 $mol \cdot m^{-3} \cdot s^{-1}$ 或 $mol \cdot L^{-1} \cdot s^{-1}$。这样表示时，反应速率才能真正反映反应的快慢，而且其值与式(4.1) 中选用哪一种物质无关。但是由于计量系数 ν_B 与反应方程式的写法有关，所以用式(4.1) 定义的反应速率也与反应方程式的写法有关，故这种表示方法也多有不便之处。在科研和生产实践中为了方便，人们更习惯于用某一种反应物的浓度随时间的减小率或某一种产物的浓度随时间的增加率来表示反应速率。如对于上述反应，其反应速率可分别表示如下：

$$r_A = -\frac{dc_A}{dt}, \quad r_B = -\frac{dc_B}{dt}, \quad r_D = \frac{dc_D}{dt}, \quad r_E = \frac{dc_E}{dt} \tag{4.2}$$

用式(4.2) 表示反应速率时，其单位仍为 $mol \cdot m^{-1} \cdot s^{-1}$ 或 $mol \cdot L^{-1} \cdot s^{-1}$，其值与反应方程式的写法无关。但是对于同一个反应，用不同物质表示反应速率时，它们的值可能彼此不同。比较式(4.1) 和式(4.2) 可以看出：

$$r_A = -\nu_A r = a \cdot r, \quad r_B = -\nu_B r = b \cdot r$$
$$r_D = \nu_D r = d \cdot r, \quad r_E = \nu_E r = e \cdot r \tag{4.3}$$

所以，用式(4.2) 表示反应速率时，应给出反应速率 r 及浓度 c 的下标。从现在开始，在没有文字说明也没有明显标志的情况下，反应速率就都被默认为是用式(4.1) 表示的，即它代表单位时间单位体积内的反应进度。

　　除了上述反应速率的表示方法外，对于一个具体的化学反应而言，反应速率可能还会有其他的表示方法。如对于刚性容器内的等温反应 $2KClO_3(s) \Longrightarrow 2KCl(s) + 3O_2(g)$。设最初容器内有空气，其中氮气的分压力为 p_{N_2}。若把反应过程中容器内氧气的分压力用 p_{O_2} 表示，则反应过程中容器内的总压力为

$$p = p_{O_2} + p_{N_2}$$

所以

$$p_{O_2} = p - p_{N_2}$$

在一定温度下，由于 p_{N_2} 为常数，故

$$\frac{\mathrm{d}p_{O_2}}{\mathrm{d}t} = \frac{\mathrm{d}p}{\mathrm{d}t} \tag{A}$$

又因

$$p_{O_2} = \frac{n_{O_2} RT}{V} = c_{O_2} RT$$

所以

$$\frac{\mathrm{d}p_{O_2}}{\mathrm{d}t} = RT\frac{\mathrm{d}c_{O_2}}{\mathrm{d}t} \tag{B}$$

比较(A)、(B) 两式可得

$$\frac{\mathrm{d}p}{\mathrm{d}t} = RT\frac{\mathrm{d}c_{O_2}}{\mathrm{d}t}$$

在等温等容条件下,由于 $\mathrm{d}p/\mathrm{d}t$ 与 $\mathrm{d}c_{O_2}/\mathrm{d}t$ 成正比,故也可以用 $\mathrm{d}p/\mathrm{d}t$ 表示该反应的反应速率。用这种表示方法时,反应速率的单位是 $\mathrm{Pa \cdot s^{-1}}$。

2. 反应速率的实验测定

反应速率都是间接实验测定的结果。在实验过程中,可以测定某个反应物或产物 B 在不同时刻的浓度 c_B,接下来由 $c_B - t$ 曲线便可求得任意某时段 Δt 内的浓度变化情况 Δc_B,由 Δc_B 和 Δt 便可求得在该时段内的平均反应速率。当选取的时段趋于无限小(用 $\mathrm{d}t$ 表示) 时,在该时段内的浓度变化也趋于无限小(用 $\mathrm{d}c_B$ 表示)。如果 B 是反应物,由 $-\mathrm{d}c_B/\mathrm{d}t$ 即可得到此时此刻的瞬时反应速率;如果 B 是产物,由 $\mathrm{d}c_3/\mathrm{d}t$ 也可得到此时此刻的瞬时反应速率。从形式上看, $\mathrm{d}c_B/\mathrm{d}t$ 代表在所讨论的时间点上 B 物质的浓度 c_B 随时间 t 的变化率,即 $c_B - t$ 曲线在该时间点上的斜率。在数学上,$\mathrm{d}c_B/\mathrm{d}t$ 代表在所讨论的时间点上浓度 c_B 对时间 t 的导数。所以,测反应速率的关键是测不同时刻反应混合物系中某个反应物或产物的浓度。其具体的测定方法与化学平衡组成的测定方法相似,可分为化学方法和物理方法。化学方法涉及取样和分析,需要一定的时间,在此期间反应仍在进行。为了使测定结果准确可靠,在此过程中应尽量设法使反应速率降到最小,而且测量过程越快越好,否则最终的测定结果就与取样时的实际情况差别太大了。物理方法是在反应条件下,直接从反应系统中测定反应混合物系的某些物理性质随时间的变化情况,并由此推知某个反应物或产物的浓度在不同时刻随时间的变化率。如对于上述氯酸钾分解制氧的反应,可直接测定不同时刻反应器内的总压力随时间的变化情况。又如对于皂化反应:

$$CH_3COOC_2H_5 + OH^- \longrightarrow CH_3COO^- + C_2H_5OH$$

在反应过程中,每消耗一个 OH^- 就会产生一个 CH_3COO^-。虽然这两种离子所带电荷的符号及数目都相同,但由于在水溶液中 OH^- 的电迁移速率明显大于 CH_3COO^- 的电迁移速率,从而使 OH^- 的导电能力明显大于 CH_3COO^- 的导电能力。故在反应过程中,反应混合物系的电导率会逐渐减小。可以用反应混合物系的电导率随时间的变化情况来反映反应物或产物的浓度随时间的变化情况。

又如对于蔗糖转化反应,可以用旋光仪测定反应混合物系的旋光度。在一定条件下,具有旋光性物质的旋光度 α 与其浓度 c 成正比,即 $\alpha = Kc$。对于不同的旋光物质,其比例系数 K 不同,从而导致蔗糖转化反应混合物系的旋光度随反应的进行而不断变化。

$$C_{12}H_{22}O_{11}(蔗糖,右旋) + H_2O \longrightarrow C_6H_{12}O_6(葡萄酒,右旋) + C_6H_{12}O_6(果糖,左旋)$$

$t = 0$	c_0	0	0
$t = t$	$c_0 - x$	x	x
旋光度	$\alpha_1 = K_1(c_0 - x)$	$\alpha_2 = K_2 x$	$\alpha_3 = K_3 x$

总旋光度为

$$\alpha = \alpha_1 + \alpha_2 - \alpha_3$$
$$= K_1 c_0 - (K_1 - K_2 + K_3)x$$

所以

$$\frac{\mathrm{d}\alpha}{\mathrm{d}t} = -(K_1 - K_2 + K_3)\frac{\mathrm{d}x}{\mathrm{d}t}$$

既然 $\frac{\mathrm{d}\alpha}{\mathrm{d}t}$ 与 $\frac{\mathrm{d}x}{\mathrm{d}t}$ 成正比,故也可以用 $\frac{\mathrm{d}\alpha}{\mathrm{d}t}$ 表示反应速率。

又如丙酮在水溶液中的溴化反应:

$$CH_3COCH_3 + Br_2 \Longrightarrow CH_3COCH_2Br + HBr$$

Br_2 本是红色的,随着反应的进行,反应混合物系的颜色会逐渐变淡。根据朗伯-比尔定律,在一定条件下吸光度与吸光物质的浓度成正比。所以,可借助分光光度计来测定反应混合物系对特定波长辐射的吸光度,并用吸光度随时间的变化情况推知该反应的反应速率。

4.2　基元反应和质量作用定律

1. 基元反应

以叔丁醇在酸催化作用下的脱水反应为例:

$$(CH_3)_3COH \xrightarrow{\ H^+\ } (CH_3)_2C = CH_2 + H_2O$$

表面上这个反应很简单,可是实际上这个反应是分三步进行的,即

① $(CH_3)_3COH + H^+ \longrightarrow (CH_3)_3COH_2^+$(中间产物)

② $(CH_3)_3COH_2^+ \longrightarrow (CH_3)_3C^+$(中间产物)$+ H_2O$

③ $(CH_3)_3C^+ \longrightarrow (CH_3)_2C = CH_2 + H^+$

作为催化剂,H^+ 在反应前后是不变的。实际上有许多反应与此类似,其总反应不是一步完成的,其中包括的反应步骤可能有几个、十几个甚至更多。反应步骤越多,其中涉及的中间产物也就越多。

在化学反应中,不论是反应物、产物还是中间产物,它们都有一定的稳定性,否则它们就不可能存在,就不可能被检测出来。有些中间产物虽然很活泼、寿命很短,但多多少少也有一些稳定性。这如同一个球体在从状态 A(反应物所处的状态) 变到状态 B(产物所处的状态) 的过程中,要经过状态 C(中间产物所处的状态),如图 4.1 所示。所谓稳定性就是不同状态之间有一定的能量障碍。发生变化时能量障碍越大的物质越稳定,能量障碍越小的物质越不稳定。如果A、B、C 三种状态彼此间没有任何能量障碍,那么这三种状态就不可能同时存在。三者当中只有能量最低最稳定的那一种能存在,才能被检测到。另外两种状态即使存在,也必然一晃即逝,还怎么能检测到呢?以此类推,整个自然界里的所有物质就只能以最稳定的那种状态出现。在这种情况下,整个自然界也就不会是眼前看到的这种花花绿绿、无奇不有的大千世界了。以 H_2O_2 为例,虽然 H_2O_2 不

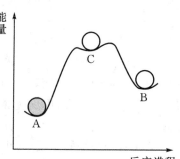

图 4.1　物质的稳定性示意图

稳定,有较强的氧化性,但是 H_2O_2 分子中的各原子之间仍有一定的键长、有一定的键角、有一定的二面角(两个 HOO 面的夹角)。这意味着不论当 H_2O_2 分子中键长、键角还是二面角发生变化时,不论变大还是变小,能量都要升高。又因所有反应都涉及这种微观结构的变化、都涉及化学键的重组,所以任何物质包括反应中的中间产物在内都有一定的稳定性,只是稳定性大小不同而已。

　　基元反应就是反应过程中两个相邻的具有一定稳定性的状态之间的变化。所谓相邻,就是彼此之间只有一个能峰。如在图 4.1 中,A 与 C 之间的变化是一个基元反应,B 与 C 之间的变化也是一个基元反应。发生基元反应所需要的最少粒子数(可能是分子,可能是原子,也可能是离子)叫做**反应分子数**。基元反应方程式就是根据反应分子数写出来的。如此说来,任何基元反应的反应方程式只有一种写法,不能对基元反应中各物质的计量系数随意扩大或缩小相同的倍数。反应分子数就是基元反应方程式中各反应物的粒子数的总和。如基元反应 $a\mathrm{A} + b\mathrm{B} \rightarrow \mathrm{P}$ 的反应分子数为 $a+b$。

　　按照反应分子数可将基元反应分为**单分子反应**、**双分子反应**和**三分子反应**。其中大多数基元反应都是单分子反应或双分子反应。目前已发现的气相三分子反应屈指可数,而四分子反应几乎是不可能的。这是为什么呢?以气相反应为例。第一,分子碰撞的时间非常短暂,约为 10^{-8} s。三分子反应就意味着三个分子要大约在 10^{-8} s 内同时碰撞,这种碰撞的几率非常小。第二,除单原子分子外,一般分子都不是球对称的,发生反应的三个分子在极短的时间内碰撞时,彼此还需要有合适的取向才有可能发生反应。可是,三个分子在极短的碰撞时间内都具有合适取向的几率就更小了。第三,除了满足前两个条件外,三个分子还要有足够的能量才可能越过反应物与产物之间的能量障碍发生反应。同时满足这三个条件的可能性太小太小,所以三分子反应是很难很难的,四分子反应几乎是不可能的。

　　在化学动力学部分,书写反应方程式时常不用等号而用箭头。原因是化学动力学所讨论的问题通常都与反应速率有关,而且不仅正向反应涉及到反应速率,逆向反应也涉及到反应速率。另一方面,虽然原则上任何基元反应既可以正向进行,也可以逆向进行,但是有些反应的逆向反应趋势很小或逆向反应很慢。这时可近似认为该反应是单方向的,其逆反应不能发生。所以在化学动力学部分,对单向反应就用单向箭头,对可逆反应就用可逆箭头。在这种情况下,所谈及到的反应速率和反应速率常数都是针对箭头所指方向而言的。书写反应方程式时,虽然大多都使用单向箭头,但是写出的方程式一般都要配平。否则在借助式(4.3)对同一个反应用不同的反应速率表达形式时容易出差错。

2. 质量作用定律

　　基元反应的反应速率与基元反应中各反应物的浓度并以其反应分子数为指数的幂的乘积成正比,这就是**质量作用定律**。譬如对于基元反应:

$$a\mathrm{A} + b\mathrm{B} + c\mathrm{C} + \cdots \longrightarrow \mathrm{P}$$

根据质量作用定律,其反应速率可以表示为

$$r = k c_{\mathrm{A}}^{a} c_{\mathrm{B}}^{b} c_{\mathrm{C}}^{c} \cdots \tag{4.4}$$

式(4.4)是质量作用定律的数学式。我们把反应速率与各物质的浓度之间的关系式叫做**反应速率方程**,故式(4.4)就是基元反应的速率方程。对于一个给定的基元反应,式(4.4)中的 k 在一定温度下有唯一确定的值,故把 k 称为**反应速率常数**。由式(4.4)可见,反应速率常数在数值上等于各反应物的浓度均为单位浓度时的反应速率。a、b、$c\cdots$ 分别是发生该基元反应所需要的反应物 A、B、C… 的分子数。a、b、c… 的加和就是该基元反应的反应分子数。

由式(4.3)可知,当用不同物质表示反应速率时:

$$r_A = a \cdot r$$

所以

$$r_A = akc_A^a c_B^b c_C^c \cdots$$

令

$$k_A = a \cdot k \tag{4.5}$$

则

$$r_A = k_A c_A^a c_B^b c_C^c \cdots \tag{4.6}$$

在式(4.5)和(4.6)中,k_A 代表用 A 物质表示反应速率时对应的反应速率常数。今后若无明显标志(如下标)或文字说明,就把所有的 k 都默认为是与式(4.4)相对应的反应速率常数。

例 4.1   已知基元反应 $N_2O_2 + O_2 \longrightarrow 2NO_2$ 的反应速率常数为 k。当分别用 N_2O_2、O_2 和 NO_2 表示反应速率时,请根据质量作用定律给出该反应的反应速率方程。

解   根据质量作用定律

$$r = kc_{N_2O_2} c_{O_2}$$

根据式(4.3),该反应的反应速率可用不同物质分别表示为

$$-\frac{dc_{N_2O_2}}{dt} = r = kc_{N_2O_2} c_{O_2}$$

$$-\frac{dc_{O_2}}{dt} = r = kc_{N_2O_2} c_{O_2}$$

$$\frac{dc_{NO_2}}{dt} = 2r = 2kc_{N_2O_2} c_{O_2}$$

4.3   具有简单级数的反应

1. 简单反应与复杂反应

把一个反应中所包含的基元反应的集合叫做该反应的**反应机理**(reaction mechanism)或**反应历程**。根据反应机理,化学反应可分为简单反应和复杂反应。所谓**简单反应**,就是整个反应过程只包含一个基元反应步骤。与简单反应相对应,整个反应过程包含两个或两个以上基元反应步骤的反应就是**复杂反应**。复杂反应也叫**复合反应**。

复杂反应的总反应速率虽然不遵守质量作用定律,但其中的每个基元反应步骤都遵守质量作用定律。复杂反应的总反应速率虽然不遵守质量作用定律,但在许多情况下,复杂反应的总反应速率方程具有如下的简单形式:

$$r = kc_A^\alpha c_B^\beta c_C^\gamma \cdots \tag{4.7}$$

式(4.7)在形式上虽与质量作用定律表示式(4.4)相同,但是二者有本质的区别。

(1)k 是该复杂反应的反应速率常数,其含义与质量作用定律中的 k 类似。

(2)α、β、γ… 分别是该反应对于 A 物质、B 物质、C 物质 … 的**反应级数**。与质量作用定律中的反应分子数 a、b、c… 不同,反应分子数 a、b、c… 都只能是正整数,但 α、β、γ… 可以是整数、分数、正数、负数,还可以是零。

(3)α、β、γ… 的加和称为该反应的**总级数**,用 n 表示,即 $n = \alpha + \beta + \gamma \cdots$。对于简单反应,反应总级数就等于反应分子数。

(4)c_A、c_B、c_C… 分别是反应混合物中 A 物质、B 物质、C 物质 … 的浓度。在质量作用定律

中，A、B、C… 代表所有的反应物，而且只能是反应物。但在适用于可能是复杂反应的式(4.7)中，A、B、C… 可能是反应物、产物，还可能是其他物质如催化剂。例如：

对于反应 $COCl_2 \longrightarrow CO + Cl_2$

$$r = kc_{COCl_2} \cdot c_{Cl_2}^{1/2}, \qquad n = 1.5$$

对于反应 $ClO^- + I^- \longrightarrow IO^- + Cl^-$

$$r = kc_{ClO^-} \cdot c_{I^-} \cdot c_{OH^-}^{-1}, \qquad n = 1$$

对于反应 $H_2 + Br_2 \longrightarrow 2HBr$

$$r = \frac{kc_{H_2} c_{Br_2}^{1/2}}{1 + k' c_{HBr} / c_{Br_2}}$$

其中，k 和 k' 在一定温度下均为常数。

上述反应的速率方程都不符合质量作用定律，故这些反应肯定都不是简单反应。复杂反应的反应速率虽然不遵守质量作用定律，但是根据复杂反应的反应机理，并把质量作用定律用于其中的每一个基元反应步骤，再经过必要的推导、整理，或结合实验结果作一些近似处理，一般都能得到复杂反应的速率方程。有关这方面的知识内容，可以参阅物理化学书中有关化学动力学的内容。

下面的讨论均以反应 aA $+ b$B $+ c$C $+ \cdots \longrightarrow$ P 为例。此处所谓具有**简单级数的反应**，是指反应速率方程 $r = kc_A^{\alpha} c_B^{\beta} c_C^{\gamma} \cdots$ 中涉及到的物质 A、B、C… 都是反应物，而且 α、β、γ… 都是非负的整数。此处需要注意，具有简单级数的反应未必是简单反应，不可将两者混为一谈。

2. 零级反应

零级反应是指 $\alpha = \beta = \gamma = \cdots = 0$ 的反应。对于零级反应，由式(4.7)可知

$$r = k \quad 或 \quad r_A = k_A$$

即
$$-\frac{dc_A}{dt} = k_A \tag{4.8}$$

这就是说，在一定温度下零级反应的反应速率为常数，其反应速率不会因各物质浓度的变化而变化。从式(4.8)可以看出，零级反应速率常数的单位与反应速率的单位相同，即 $mol \cdot L^{-1} \cdot s^{-1}$。对式(4.8)两边同乘以 $- dt$ 并积分，则

$$\int_{c_{A,0}}^{c_A} dc_A = \int_0^t -k_A dt$$

其中，$c_{A,0}$ 是 $t = 0$ 时反应物 A 的浓度，即反应物 A 的初始浓度。c_A 是反应 t 时间后反应物 A 的浓度。当反应时间从 $0 \rightarrow t$ 变化时，A 物质的浓度从 $c_{A,0} \rightarrow c_A$ 发生变化。上式的积分结果如下：

$$c_A = c_{A,0} - k_A t \tag{4.9}$$

式(4.9)是速率方程(4.8)的积分形式，我们把速率方程的积分形式即反应过程中某物质的浓度与时间的关系称为化学反应的**动力学方程**[①]。式(4.9)是零级反应的动力学方程。从式(4.9)可以看出，零级反应具有如下特点：

（1）$c_A - t$ 呈线性关系。

（2）该直线的斜率为 $- k_A$。所以可由 $c_A - t$ 直线的斜率求得反应速率常数。

---

① 如果高等数学课程尚未学到有关积分的内容，此处只需记住反应速率方程(4.8)和动力学方程(4.9)即可，至于具体怎样积分，可暂时不管。对于一级反应和二级反应也都如此处理。

（3）**半衰期**（half-life）是指反应过程中某反应物的量或浓度减小一半所需要的时间。半衰期常用 $t_{1/2}$ 表示。把 $c_A = c_{A,0}/2$ 代入式（4.9），可得零级反应的半衰期为

$$t_{1/2} = \frac{c_{A,0}}{2k_A} \tag{4.10}$$

所以，初始浓度越大，零级反应的半衰期越长。原因是零级反应的反应速率为常数，与浓度无关，故反应物的初始浓度越大，其浓度降低一半需要的时间就越长。

例 4.2 有一个零级反应 A $\longrightarrow$ P。在一定温度下反应 30 min 后，A 的转化率为 50%。那么在相同温度下继续反应 10 min 后，A 的转化率是多少？

解 对于零级反应由式（4.9）可知

$$c_{A,0} - c_A = kt$$

依题意

$$t = 30 \text{ min 时}, \qquad c_{A,0} - 0.5c_{A,0} = 30k$$
$$t = 40 \text{ min 时}, \qquad c_{A,0} - c_A = 40k$$

两式相除可得

$$\frac{c_{A,0} - 0.5c_{A,0}}{c_{A,0} - c_A} = \frac{3}{4}$$

即

$$\frac{c_{A,0}}{c_{A,0} - c_A} = \frac{3}{2}$$

所以

$$\frac{c_{A,0} - c_A}{c_{A,0}} = \frac{2}{3} = 66.7\%$$

故继续反应 10 min 后 A 的转化率是 66.7%。

到目前为止，已发现的零级反应不多。零级反应主要是一些表面催化反应，如

$$2NH_3(g) \xrightarrow{\text{钨催化剂}} N_2(g) + 3H_2(g)$$

由于该反应只能发生在固体催化剂的表面，而催化剂的表面积是有限的，所以催化剂表面对其他物质的吸附有一定限度。当 NH_3 气的压力足够大时，NH_3 气在钨催化剂表面的吸附就会达到饱和，这时催化剂表面的活性中心就被全部占据了，就最大限度地利用了催化剂的表面，故反应速率也就达到了最大值。在这种情况下，提高或降低 NH_3 气的压力（即浓度）时不会改变反应速率，即此时该反应表现为零级反应。只有当 NH_3 气的压力较小、催化剂表面吸附未达到饱和时，反应速率才与 NH_3 气的压力有关。这时压力越大，表面吸附得越多，反应速率就会越快，反之则反。

3. 一级反应

一级反应的速率方程可以表示为

$$r = kc_A$$

或

$$r_A = -\frac{dc_A}{dt} = k_A c_A \tag{4.11}$$

由式（4.11）可见：一级反应速率常数的单位都是时间的倒数，如 s^{-1}、min^{-1} 等。对式（4.11）变形可得

$$d\ln c_A = -k_A dt$$

所以

$$\int_{c_{A,0}}^{c_A} d\ln c_A = \int_0^t -k_A dt$$

所以
$$\ln c_A = \ln c_{A,0} - k_A t \qquad (4.12)$$

或
$$c_A = c_{A,0} e^{-k_A t} \qquad (4.13)$$

式(4.12)和式(4.13)均为一级反应的动力学方程。由式(4.12)可以看出：

(1) $\ln c_A - t$ 呈线性关系。

(2) 该直线的斜率为 $-k_A$，故由 $\ln c_A - t$ 直线的斜率可求得一级反应的速率常数。

(3) 把 $c_A = c_{A,0}/2$ 代入式(4.12)，可得一级反应的半衰期为

$$t_{1/2} = \frac{\ln 2}{k_A} \qquad (4.14)$$

即在一定温度下，一级反应的半衰期为常数，其值与反应物的初始浓度无关。因为由一级反应的速率方程式(4.11)可见，反应物的浓度 c_A 增大或减小几倍，反应速率 r_A 也会增大或减小几倍，所以一级反应的半衰期与反应物的初始浓度无关。放射性物质的放射强度一般都与放射性物质的含量成正比，放射性衰变一般都是一级反应，其半衰期与初始浓度无关。

例 4.3　一级反应 $(CH_3)_3CBr + H_2O \longrightarrow (CH_3)_3COH + HBr$ 可在丙酮水溶液中进行。由于反应很慢，在反应过程中可随时取样，用滴定其中 HBr 的方法确定不同时刻反应物 $(CH_3)_3CBr$ 的浓度。下表前两行给出了 25 ℃ 下的实验数据。

时间 /h	0	4.10	8.20	13.5	18.3	26.0	30.8	37.3	43.8
$c/(mol \cdot L^{-1})$	0.1039	0.0859	0.0701	0.0529	0.0353	0.0270	0.0207	0.0142	0.0101
$\ln[c/mol \cdot L^{-1})]$	−2.265	−2.455	−2.658	−2.940	−3.344	−3.613	−3.878	−4.255	−4.596

(1) 针对反应物 $(CH_3)_3CBr$，画出该反应的 c-t 曲线和 $\ln c$-t 曲线。

(2) 求该反应的速率常数和半衰期。

解　(1) 计算不同时刻的 $\ln c$(见表中第三行)，并根据表中数据画图。

(2) 根据一级反应的动力学方程式(4.12)

$$\ln c = \ln c_0 - kt$$

由 $\ln c - t$ 直线的斜率可知

$$k = 0.0532 h^{-1}$$

根据式(4.14)，该反应的半衰期为

$$t_{1/2} = \frac{\ln 2}{k} = \frac{\ln 2}{0.0532 h^{-1}} = 13.0 \ h$$

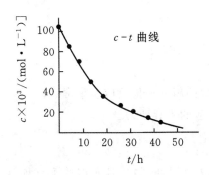

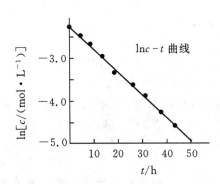

例 4.4 金属钚的同位素能发生 β 放射性衰变。14 天后其活性降低了 6.85%。

(1) 求放射性衰变反应的速率常数和半衰期。

(2) 衰变 90% 需要多长时间？

解 (1) 依题意,14 天后剩余的未衰变同位素含量为

$$100\% - 6.85\% = 93.15\%$$

由于放射性衰变是一级反应,故根据式(4.12)

$$\ln 93.15 = \ln 100 - 14k$$

所以

$$k = 5.07 \times 10^{-3} \, \text{d}^{-1}$$

将速率常数 k 代入式(4.14)可得

$$t_{1/2} = \frac{\ln 2}{5.07 \times 10^{-3} \, \text{d}^{-1}} = 136.7 \text{d}$$

(2) 计算衰变 90% 所需要的时间。根据式(4.12)

$$\ln(100 - 90) = \ln 100 - kt$$

所以

$$t = \frac{1}{k} \ln \frac{100}{100 - 90}$$
$$= \frac{1}{5.07 \times 10^{-3} \, \text{d}^{-1}} \ln 10$$
$$= 454.2 \text{d}$$

4. 二级反应

二级反应的速率方程表达式有两种情况,即

$$\alpha = 2, \quad \beta = \gamma = \cdots = 0$$

或

$$\alpha = \beta = 1, \quad \alpha + \beta = 2, \quad \gamma = \delta = \cdots = 0$$

此处只考虑第一种情况,这种情况比较简单。其反应的速率方程可以表示为

$$r = kc_A^2$$

或

$$r_A = -\frac{dc_A}{dt} = k_A c_A^2 \tag{4.15}$$

即

$$\frac{dc_A}{c_A^2} = -k_A dt$$

由此可以看出,二级反应速率常数的单位是 $\text{mol}^{-1} \cdot \text{L} \cdot \text{s}^{-1}$。对上式两边积分

$$\int_{c_{A,0}}^{c_A} -\frac{dc_A}{c_A^2} = \int_0^t k_A dt$$

所以

$$\frac{1}{c_A} - \frac{1}{c_{A,0}} = k_A t \tag{4.16}$$

由二级反应的动力学方程式(4.16)可以看出：

(1) $1/c_A - t$ 呈线性关系。

(2) 该直线的斜率为 k_A。所以可由 $1/c_A - t$ 直线的斜率求得反应速率常数。

(3) 把 $c_A = c_{A,0}/2$ 代入式(4.16),可得二级反应的半衰期为

$$t_{1/2} = \frac{1}{k_A c_{A,0}} \tag{4.17}$$

由式(4.17)可见,二级反应中反应物的初始浓度越大半衰期越短。其实这并不难理解,因为从

二级反应的速率方程式(4.15)可见,若反应物的浓度 c_A 增大 10 倍,反应速率 r_A 就会增大 100 倍。即反应物的浓度增大时,反应速率增大得更快,故初始浓度越大半衰期越短。

例 4.5　在 791 K 下,已知乙醛分解反应 $CH_3CHO(g) \longrightarrow CH_4(g) + CO(g)$ 的速率常数为 3.26×10^{-3} $mol^{-1} \cdot L \cdot s^{-1}$。设在 791 K 的刚性反应器中最初只有乙醛,反应器内的初始压力为 $p_0 = 48.40$ kPa。反应 1000 h 后,反应器内的总压力是多少?

解　从反应速率常数的单位看,该反应是二级反应,那么

$$-\frac{dc_Z}{dt} = k_Z c_Z^2 = kc_Z^2 \tag{A}$$

因题目告诉的是压力而非浓度,但是从速率常数的单位看,速率常数是相对于浓度而言的,故首先分析一下浓度与压力的关系。

$$CH_3CHO(g) \longrightarrow CH_4(g) + CO(g)$$

$t=0$	p_0	0	0
$t=t$	p	$p_0 - p$	$p_0 - p$

反应过程中反应器内的总压力为

$$p_{总} = 2p_0 - p \tag{B}$$

因为

$$p = \frac{n_Z}{V}RT = c_Z RT$$

所以

$$c_Z = \frac{p}{RT}$$

所以

$$-\frac{dc_Z}{dt} = -\frac{1}{RT}\frac{dp}{dt}$$

将 c_Z 和 $-dc_Z/dt$ 代入式(A)可得

$$-\frac{1}{RT}\frac{dp}{dt} = k\left(\frac{p}{RT}\right)^2$$

即

$$-\frac{dp}{dt} = k'p^2 \tag{C}$$

其中

$$k' = \frac{k}{RT} = \frac{3.26 \times 10^{-6} \ mol^{-1} \cdot m^3 \cdot s^{-1}}{8.314 \ J \cdot K^{-1} \cdot mol^{-1} \times 791 \ K}$$

$$= 4.96 \times 10^{-10} \ J^{-1} \cdot m^3 \cdot s^{-1}$$

$$= 4.96 \times 10^{-10} \ Pa^{-1} \cdot s^{-1}$$

(C)式变形并积分可得

$$\frac{1}{p} - \frac{1}{p_0} = k't$$

所以

$$\frac{1}{p} - \frac{1}{48.4 \times 10^3 \ Pa} = (4.96 \times 10^{-10} \ Pa^{-1} \cdot s^{-1}) \cdot (1000 \times 3600 \ s)$$

由此解得

$$p = 554 \ Pa$$

$$p_{总} = 2p_0 - p$$

$$= (2 \times 48400 - 554) \ Pa$$

$$= 96.2 \ kPa$$

4.4　温度对反应速率的影响

前边主要讨论了浓度对反应速率的影响。实际上反应速率除了受浓度影响外,还与温度有关,而且通常温度对反应速率的影响更显著。温度的影响集中表现在对反应速率常数的影响。这种影响大致有五种不同类型,如图 4.2 所示。

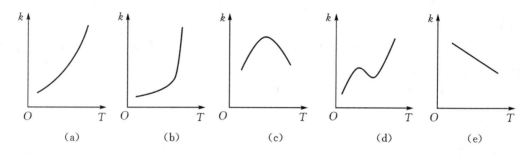

图 4.2　温度影响反应速率的五种不同类型

反应速率与温度的关系大多如图 4.2(a) 所示。这种情况是最常见的,即反应速率随温度的升高而逐渐增大。对于有爆炸极限的反应,其反应速率与温度的关系如图 4.2(b) 所示。即当温度升高到一定限度时,反应速率会急速无限增大,从而引起爆炸。有爆炸极限的反应主要是一些强放热的反应。放出的热不能及时导出,结果使系统的温度升高,温度升高又使反应速率加快,从而进入一种恶性循环,并最终导致爆炸。图 4.2(c) 描述的反应速率随温度变化的趋势主要存在于酶催化反应中。因为酶是有生命的物质,温度过低或过高会对酶的活性有抑制或破坏作用。另外,在部分多相催化反应中也会出现这种情况,原因是反应速率受固体表面吸附量的控制。而吸附过程一般都是放热的,温度低时吸附速率太慢,对反应不利;温度升高时吸附速率快,吸附容易达到平衡,但平衡吸附量会随温度的升高而减少,故升高温度会使反应速率减小。图 4.2(d) 描述的反应速率随温度变化的趋势是在碳的氢化反应过程中发现的。这可能是由于在温度升高过程中,反应机理有所改变而导致的。图 4.2(e) 描述的反应速率随温度的变化趋势只在反应 $2NO + O_2 \longrightarrow 2NO_2$ 中被发现。此处只讨论图 4.2(a) 所示的这种最常见的情况。

1. 范特霍夫经验规则

大量实验结果表明,在其他条件恒定不变的情况下,温度每升高 10 K,反应速率会增大 $2 \sim 4$ 倍。这就是范特霍夫经验规则。即使根据此规则保守地估计,也可以看出温度对化学反应速率的影响是非常显著的,如

$$\frac{k_{T+100}}{k_T} \approx 2^{10} \approx 10^3, \qquad \frac{k_{T+200}}{k_T} \approx 2^{20} \approx 10^6$$

由于这个经验规则太粗糙,我们只能借此定性地认识到温度会显著影响化学反应速率。如果要定量探讨温度对反应速率的影响,就需要进一步引入阿累尼乌斯经验公式。

2. 阿累尼乌斯经验公式

阿累尼乌斯经验公式描述了反应速率常数与温度的关系,其具体形式如下:

$$k = k_0 e^{-E_a/(RT)} \tag{4.18}$$

其中,k_0 和 E_a 都是只与化学反应有关而与其他因素(如温度、压力、浓度 ……)无关的常数。根据 k_0 所处的位置,将其称为**指数前因子**,其单位与速率常数 k 的单位相同。把 E_a 称为反应的**活化能**(energy of activation)。$E_a \geqslant 0$,E_a 的单位是 $J \cdot mol^{-1}$ 或 $kJ \cdot mol^{-1}$。在其他条件相同的情况下,活化能越大反应的速率常数越小,反应越慢;活化能越小反应的速率常数越大,反应越快。

对阿累尼乌斯公式(4.18)两边取对数可得

$$\ln k = \ln k_0 - \frac{E_a}{RT} \tag{4.19}$$

故根据阿累尼乌斯公式,在一定温度范围内 $\ln k - 1/T$ 呈线性关系,其斜率为 $-E_a/R$。所以,可在不同温度下测定多组 (k, T) 数据,然后画出 $\ln k - 1/T$ 直线,由该曲线的斜率就可以得到反应的活化能 E_a。另外,式(4.19)两边对温度求导可得

$$\frac{d\ln k}{dT} = \frac{E_a}{RT^2} \tag{4.20}$$

因为没有活化能小于零的反应,而且绝大多数反应的活化能都大于零,所以温度升高时 k 一般都会增大。大量实验结果表明,许多反应的活化能介于 $40 \sim 400 \ kJ \cdot mol^{-1}$ 之间。所以温度升高时,反应速率常数 k 会迅速增大,反应速率会迅速加快。

阿累尼乌斯公式虽然是个经验公式,但它能较准确地描述温度对反应速率常数的影响。那么活化能的物理意义是什么呢?为什么活化能越大反应速率常数越小,而活化能越小反应速率常数就越大呢?下面以气相基元反应 $A+B-C \Longrightarrow A-B+C$ 为例来进行分析。

前面在引入基元反应概念的过程中讲过,任何物质都有一定的稳定性,彼此之间都有一定的能量障碍。在此反应中,当 A 与 BC 逐渐靠近时,必然使得 A 和 BC 的结构(如键长)逐渐发生改变,并偏离它们的本来有一定稳定性的平衡状态,它们的能量必然会升高。在整个反应过程中,必然要经过一种 A 与 B 似乎成键又没有成键、B 与 C 似乎断键又没有断键的中间状态 A⋯B⋯C。该中间状态的能量必然最高,其活性必然最大。它既可以继续前进变为产物,也可以倒退变为反应物。

所以把 A⋯B⋯C 称为**活化状态**或**活化分子组**,也叫做**过渡态**。正因为这样,反应过程中的能量变化情况如图 4.3 所示。

在图 4.3 中,a 点的能量代表反应物分子组的平均能量;b 点的能量代表产物分子组的平均能量;c 点的能量代表活化分子组的平均能量。根据前边的分析,显然活化分子组的平均能量一般都大于而不可能小于反应物分子组或产物分子组的平均能量。而且活化分子组的平均能量与反应物分子组的平均能量之差越大,从反应物到产物途经的能量障碍越大,反应就越不容易进行,反应就越慢;相反,活化分子组的平均能量与反应物分子组的平均能量之差越小,反应过程途经的能量障碍就越小,反应就越快。所以,阿累

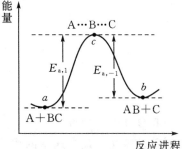

图 4.3　化学反应的活化能

尼乌斯公式中的活化能就代表活化分子组的平均能量与反应物分子组的平均能量之差。在图 4.3 中,$E_{a,1}$ 是正向反应的活化能,$E_{a,-1}$ 是逆向反应的活化能。

实际上,类似于稳定态分子,反应物分子组和活化分子组的平均能量也都会随温度的变化而变化。但是,活化分子组与反应物分子组的平均能量之差即反应的活化能随温度变化很小,所以可将大多数化学反应的活化能近似当作常数。当温度升高时,虽然活化能大致保持不变,但是反应物分子组的能量分布范围会变宽(参见大学物理中的气体动理论),结果使得能量大于活化分子组平均能量的反应物分子组所占的比例大增,所以反应速率会随温度的升高而迅速加快。

例 4.6　实验测得反应 $C(s) + CO_2(g) \Longrightarrow 2CO(g)$ 的活化能为 $167.36\ kJ \cdot mol^{-1}$,那么当温度从 $750\ ℃$ 上升到 $800\ ℃$ 时,反应速率将增大几倍?

解　由式(4.19)可知

$$\ln k_1 = \ln k_0 - \frac{E_a}{RT_1}, \qquad \ln k_2 = \ln k_0 - \frac{E_a}{RT_2}$$

两式相减可得

$$\begin{aligned}
\ln \frac{k_2}{k_1} &= \frac{E_a(T_2 - T_1)}{RT_1 T_2} \\
&= \frac{167.36 \times 10^3 (800 - 750)}{8.314 \times (750 + 273.2) \times (800 + 273.2)} \\
&= 0.9166
\end{aligned}$$

所以

$$k_2/k_1 = 2.5$$

例 4.7　实验测得反应 $2NOCl(g) \Longrightarrow 2NO(g) + Cl_2(g)$ 在 $300\ K$ 和 $400\ K$ 下的速率常数分别为 $2.8 \times 10^{-5}\ mol^{-1} \cdot L \cdot s^{-1}$ 和 $7.0 \times 10^{-1}\ mol^{-1} \cdot L \cdot s^{-1}$。求该反应的活化能。

解　由式(4.19)可知

$$\ln k_1 = \ln k_0 - \frac{E_a}{RT_1}, \qquad \ln k_2 = \ln k_0 - \frac{E_a}{RT_2}$$

两式相减可得

$$\ln \frac{k_2}{k_1} = \frac{E_a(T_2 - T_1)}{RT_1 T_2}$$

即

$$E_a = \frac{RT_1 T_2}{T_2 - T_1} \ln \frac{k_2}{k_1}$$

所以

$$\begin{aligned}
E_a &= \frac{8.314 \times 400 \times 300}{400 - 300} \ln \frac{7.0 \times 10^{-1}}{2.8 \times 10^{-5}} \\
&= 101.03 \times 10^3\ J \cdot mol^{-1}
\end{aligned}$$

4.5　催化反应

1. 催化剂的通性

能改变化学反应速率的物质通称为**催化剂**(catalyst),例如

$$2SO_2 + O_2 \xrightarrow{V_2O_5} 2SO_3, \qquad\qquad V_2O_5\ 为催化剂$$

$$2KClO_3 \xrightarrow{MnO_2} 2KCl + 3O_2, \qquad\qquad MnO_2\ 为催化剂$$

$$2C_2H_5OH \xrightarrow[\triangle]{H^+} C_2H_5OC_2H_5 + H_2O, \qquad H^+\ 为催化剂$$

上述反应中的催化剂都是用来加快反应速率的。通常人们所谈论的催化剂都是指能加速化学反应的物质,有必要详细区分时把这种催化剂叫做**正催化剂**。正催化剂在反应过程中其化学性质不变。在生产实践中,也常需要用到能减缓反应速率的物质。如能减缓金属腐蚀速率的**缓蚀剂**,能减缓食品腐败速率的**保鲜剂**,能减缓高分子材料老化速率并延长其使用寿命的**抗老化剂**等。把这些能减缓化学反应速率的物质叫做**负催化剂**,也叫做**阻化剂**。阻化剂在反应过程中会发生化学变化,一般都是要消耗的。如当塑料制品使用一定时间后开始老化时,会迅速变硬变脆,其老化速率很快。原因是其中的抗老化剂已消耗殆尽。食品开始腐败变质时的情况与此类似。

此处主要讨论能加速化学反应的催化剂(即正催化剂)。通常催化剂既不是反应物,也不是产物。但是在某些反应中,反应的产物对反应明显具有催化作用。我们把这种反应称为**自催化反应**,如用高锰酸钾溶液滴定草酸溶液时的反应如下:

$$2MnO_4^- + 5C_2O_4^{2-} + 16H^+ \longrightarrow 2Mn^{2+} + 10CO_2 + 8H_2O$$

最初滴入几滴 $KMnO_4$ 溶液后,$KMnO_4$ 的紫色消失得很缓慢。如果粗心,可能会误以为待测样品中不含草酸。实际上,随着产物 Mn^{2+} 的增多,继续滴加 $KMnO_4$ 溶液时其紫色消失得越来越快。原因是生成的 Mn^{2+} 对该反应具有催化作用。

关于催化剂的通性主要有以下几个方面:

(1) 催化剂不影响化学平衡。如对于反应

$$aA + bB \longrightarrow dD + eE$$

由于在一定温度下,不论有没有催化剂,反应中各物质的标准态都是确定的。所以在一定温度下,不论有没有催化剂,反应的 $\Delta_r G_m^\ominus$ 有唯一确定的数值,从而使反应的标准平衡常数 $K^\ominus$ 有唯一确定的值。所以催化剂的加入与否,只会影响化学反应到达平衡所需要的时间,而不会影响化学平衡组成。

(2) 催化剂对正向反应和逆向反应都有催化作用。如果不用催化剂,当反应达到平衡时,正向反应速率 r_1 和逆向反应速率 r_{-1} 相等,即

$$r_1 = r_{-1}$$

如果用了催化剂,当反应达到平衡时,正向反应速率 r_1' 和逆向反应速率 r_{-1}' 也相等,即

$$r_1' = r_{-1}'$$

所以

$$\frac{r_1'}{r_1} = \frac{r_{-1}'}{r_{-1}}$$

这就是说,使用催化剂时正向反应速率增大多少倍,逆向反应速率也增大多少倍。换句话说,催化剂对正向反应和逆向反应都具有催化作用。

(3) 催化剂的选择性。

一定条件下,若系统内相同的反应物可同时发生多个反应,如

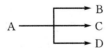

把这种反应叫做平行反应。其中 B、C、D 有主产物和副产物的分别。加入催化剂时如果这些反应都加速,即在加速生成主产物的同时,副产物的生成速率也加快了,这种催化剂当然不是最佳的。作为一种好的催化剂,应该选择性地只对主反应或主要对主反应有明显的催化作用。**催化剂的选择性**是指在平行反应中发生主反应消耗的反应物 A 的量与 A 物质消耗的总量之比。

所以催化剂的选择性越高越好。如果催化反应中没有副反应,则催化剂的选择性就是100%。

2. 催化作用

催化作用的本质在于催化剂能改变反应机理,从而降低反应的活化能。假设简单反应 A + B $\longrightarrow$ AB 的活化能为 E_a,如图4.4所示。如果往该反应系统中加入催化剂 C,其反应机理有可能变为

$$A + C \underset{k_{-1}}{\overset{k_1}{\rightleftharpoons}} AC$$

$$AC + B \overset{k_2}{\longrightarrow} AB + C$$

总反应速率可用产物 AB 的生成速率表示如下:

$$\frac{\mathrm{d}c_{AB}}{\mathrm{d}t} = k_2 c_{AC} c_B \qquad (4.21)$$

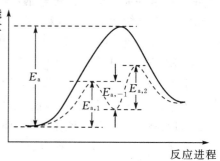

图 4.4　反应过程与活化能

由于式(4.21)中的 c_{AC} 代表中间产物的浓度,而中间产物的浓度往往不易确定,尤其是当中间产物较活泼时。故用式(4.21)表示总反应速率有些欠妥,在反应速率方程中应尽量避免使用中间产物的浓度。下面将讨论分析两种极端情况。

(1) 第一步反应很快而且可近似达到平衡($k_{-1} \gg k_2$)。

当第一步反应达到平衡时,其正逆向反应速率相等,即

$$k_1 c_A c_C = k_{-1} c_{AC}$$

所以

$$c_{AC} = \frac{k_1}{k_{-1}} c_A c_C$$

将此代入式(4.21)可得

$$\frac{\mathrm{d}c_{AB}}{\mathrm{d}t} = \frac{k_1 k_2}{k_{-1}} c_A c_B c_C = k c_A c_B c_C$$

其中,$k = \dfrac{k_1 k_2}{k_{-1}}$,$k$ 在一定温度下为常数。根据阿累尼乌斯公式,基元反应步骤 i 的反应速率常数可以表示为

$$k_i = k_{0,i} \mathrm{e}^{-E_{a,i}/RT}$$

所以

$$k = \frac{k_{1,0} k_{2,0}}{k_{-1,0}} \mathrm{e}^{-\frac{E_{a,1} + E_{a,2} - E_{a,-1}}{RT}}$$

又因为对于总反应

$$k = k_0 \mathrm{e}^{-\frac{E_a}{RT}}$$

比较这两个式子可以看出,该催化反应从反应物到产物需要越过的能垒总高度为

$$E_a' = E_{a,1} + E_{a,2} - E_{a,-1}$$

我们把 E_a' 称为该反应的**表观活化能**。结合图4.4可以明显地看出 $E_a' < E_a$。

(2) 第二步反应很快且 $k_2 \gg k_{-1}$。

如果第二步反应很快并且比第一步反应的逆反应快得多,即 $k_2 \gg k_{-1}$,则中间产物 AC 刚一生成就会马上发生第二步反应而消失。在这种情况下,第一步反应根本不可能近似达到平衡。中间产物 AC 在反应过程中的浓度一定很小,其浓度随时间的变化率更小,可近似将其看做零。这就是说,中间产物的生成速率与消失速率大致相等,故

$$\frac{\mathrm{d}c_{AC}}{\mathrm{d}t} = k_1 c_A c_C - k_{-1} c_{AC} - k_2 c_{AC} c_B = 0$$

所以
$$c_{AC} = \frac{k_1 c_A c_C}{k_{-1} + k_2 c_B}$$

将此代入式(4.21)可得

$$\frac{\mathrm{d}c_{AB}}{\mathrm{d}t} = \frac{k_1 k_2 c_A c_B c_C}{k_{-1} + k_2 c_B}$$

如果 c_B 不很小,则由于 $k_2 c_B \gg k_{-1}$,故上式可改写为

$$\frac{\mathrm{d}c_{AB}}{\mathrm{d}t} = k_1 c_A c_C$$

即总反应的速率等于第一步正向反应的反应速率,总反应速率常数等于第一步正向反应的速率常数。与此同时,总反应的表观活化能等于第一步正向反应的活化能。

3. 均相催化和非均相催化

均相催化就是反应物和催化剂处在同一相中。均相催化也叫做**单相催化**。如 KI 可溶解于 H_2O_2 的水溶液中,其中 I^- 对 H_2O_2 分解反应的催化作用就属于均相催化。

$$2H_2O_2 \xrightarrow{\ I^-\ } 2H_2O + O_2$$

又如,酸对乙醇脱水生成乙醚的催化作用也属于均相催化。

$$2C_2H_5OH \xrightarrow{\ H^+\ } C_2H_5OC_2H_5 + H_2O$$

由于在均相催化反应中,催化剂与反应物能以原子、分子或离子的形式均匀分散,结果使反应物和催化剂接触的机会多,催化活性大。但反应结束后,要将催化剂从反应混合物(溶液)中分离出来往往比较困难,有时甚至会影响最终的产品质量。

与均相催化相对应,**非均相催化**是指反应物和催化剂处在不同相中。这时催化反应只能发生在相界面上。非均相催化也叫**多相催化**。如在硝酸生产过程中,用金属铂作为催化剂使氨被氧化:

$$4NH_3 + 5O_2 \xrightarrow{\ Pt \ 网\ } 4NO + 6H_2O$$

又如在硫酸生产过程中,用固体五氧化二钒作为催化剂使二氧化硫被氧化:

$$2SO_2 + O_2 \xrightarrow{\ V_2O_5\ } 2SO_3$$

在非均相催化反应中,反应物与催化剂接触的机会较少,这会显著影响催化剂活性的发挥,但是反应结束后产物与催化剂容易分离。

在多相催化反应中,常用到固体催化剂。这时,固体表面是反应的场所,所以固体催化剂的表面积越大越好,为此常采用海绵状或多孔型的固体催化剂。在增大固体催化剂的**比表面**(单位质量或每摩尔物质所具有的表面积)的同时,也要注意固体催化剂的机械强度,否则催化剂易粉碎并且容易被产物带出反应器。

4.6　链反应和光反应

1. 链反应

链反应是一类特殊的反应。在链反应过程中,高活性的中间体一直存在。此处所谓的高活性中间体可以是自由基、自由原子等。这些高活性中间体如同铁锁链上的链环,使反应借助于

高活性中间体一环一环地、一步一步地往下进行。高活性中间体的消失如同链环断裂,链反应也就停止了。下面将对链反应的三个主要步骤分别进行讨论。

1) 链引发

链引发就是借助于光照、加热等方法使反应物中某个化学键发生均裂,从而产生链反应所需要的自由原子或自由基的过程。链引发也可以借助于链引发剂来实现。**链引发剂**本身通常是一些很不稳定的过氧化物或偶氮化合物,这些物质容易分解产生自由基。例如

$$Cl_2 \xrightarrow[\text{或加热}]{\text{光照}} 2Cl\cdot$$

$$H_2 + O_2 \xrightarrow{\Delta} 2HO\cdot$$

$$(CH_3)_2\underset{CN}{C}-N{=}N-\underset{CN}{C}(CH_3)_2(\text{偶氮二异丁氰}) \xrightarrow{\Delta} 2(CH_3)_2(CN)C\cdot + N_2$$

由链引发剂产生的活性很高的自由基或自由原子容易与其他分子反应,并产生新的自由基或自由原子,从而引发链反应。为了后续讨论方便,此处把由链引发剂产生的自由基简记为 $R\cdot$。

2) 链传递

一旦链反应被引发,产生了主反应所需要的自由基,链反应就开始了。**链传递**就是旧的高活性中间体消失、新的高活性中间体生成的链接过程,这实际上就是主反应过程。根据链传递形式的差异,可进一步把链反应分为直链反应和支链反应两大类。

直链反应就是在链传递过程中,高活性中间体的数目恒定不变的反应。也就是说,在链传递过程中消失几个高活性中间体,与此同时就又生成几个新的高活性中间体。如 HCl 的合成反应,在链传递过程中主要发生下列反应:

$$Cl\cdot + H_2 \longrightarrow HCl + H\cdot$$
$$H\cdot Cl_2 \longrightarrow HCl + Cl\cdot$$
$$\vdots$$

又如聚苯乙烯的合成反应,在链传递过程中主要发生下列反应:

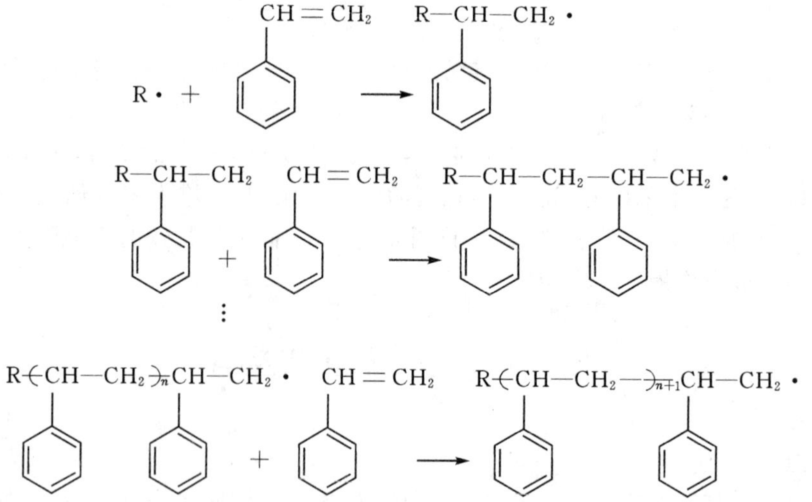

在这些反应过程中,自由基的数目不变。该过程可形象地用图 4.5(a) 表示。在链传递过程中链

环没有分支,所以称这种链反应为直链反应。

支链反应就是在链传递的过程中,自由基的数目越来越多,反应越来越快,以至无法控制,甚至发生猛烈的爆炸。所以支链反应中的链传递也叫做链增长。该过程可形象地用图4.5(b)表示。如氢气的燃烧爆炸就属于支链反应。

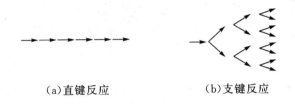

（a）直键反应　　　　　　　（b）支键反应

图 4.5　链反应

链引发　　① $H_2 + O_2 \xrightarrow{\Delta} 2HO\cdot$

链传递　　② $HO\cdot + H_2 \longrightarrow H_2O + H\cdot$

　　　　　　③ $H\cdot + O_2 \longrightarrow HO\cdot + O\cdot$

　　　　　　④ $\cdot O\cdot + H_2 \longrightarrow HO\cdot + H\cdot$

由链传递反应②～④可以看出,氢氧爆炸反应中的链支化过程如图4.6所示。从一个 $HO\cdot$ 开始完成一个循环后会产生两个 $HO\cdot$ 和一个 $H\cdot$,共三个自由基。与此同时,由图4.6还可以看出,每个 $H\cdot$ 完成一个循环后也会产生两个 $OH\cdot$ 和一个 $H\cdot$。所以氢氧爆炸反应是支链反应。许多燃烧爆炸反应以及高分子材料的光氧老化过程都是支链反应。

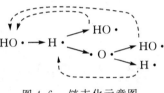

图 4.6　链支化示意图

3）链终止

在链反应过程中,如果高活性中间体消失,链反应就停止了。所以**链终止**就是高活性中间体消失的过程。自由基消失就是两个自由基相遇时,电子配对成键,并将多余的能量传递给其他分子或容器器壁的过程。如果自由基或自由原子配对成键时不能把多余的能量传递出去,则形成的分子由于能量高,还会再次分解成自由基或自由原子。所以在实验过程中,如果往气相反应系统加入固体粉末就能使反应明显减缓或停止,则该反应很可能就是链反应。其中加入的固体粉末就扮演了转移能量的其他分子或容器器壁的角色。

2. 光反应

化学反应大致可分为热反应、电反应(在原电池或电解池中的反应)和光反应。我们对热反应比较熟悉,对电反应也有所了解,但对于光反应知之甚少。所谓**光反应**,就是有光参与的化学反应。光反应也叫做光化反应。如传统照相底片(类似于 X 光片,但需要使用非数码相机)的感光过程就是一个光反应过程,即

$$AgBr \xrightarrow{h\nu} Ag + Br$$

底片上的 AgBr 感光后会分解出金属银,并牢牢地附着在底片上,冲洗时不会被冲掉,从而使感光处变黑。而底片上未感光处的 AgBr 在冲洗底片的过程中会与另一种物质生成配合物而溶解,结果使该处变为无色透明。

又如环丁烯的开环反应

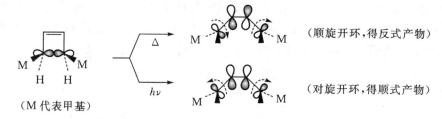

（M 代表甲基）

（顺旋开环,得反式产物）

（对旋开环,得顺式产物）

光化反应与热反应的主要区别在于:

(1) 热反应的活化能来源于分子碰撞。在一定温度和压力下,只能发生吉布斯函数减小的热反应。而光化反应的活化能来源于光辐射,有辐射功(非体积功)。在一定温度和压力下,既能发生吉布斯函数减小的反应,也能发生吉布斯函数增大的反应。

(2) 以前讨论过的热反应平衡常数对于光化反应是不适用的。光化反应的平衡组成与光化反应所使用的光的波长及其强度都有关系。

(3) 热反应的反应速率一般都明显受温度的影响,而光反应的反应速率一般很少受温度的影响,它几乎与温度无关。

3. 光敏反应

在许多光反应中,反应物都是直接吸收光的。但也有不少光反应,在反应过程中反应物本身不吸收光,而需要加入另外一种物质以协助光反应的进行。例如,已知 H—H 键的键能为 436 kJ·mol^{-1},而每摩尔波长为 253.7 nm 的紫外线光子的能量为

$$u = L\varepsilon = Lh\nu = Lhc/\lambda$$
$$= \frac{6.022 \times 10^{23} \times 6.626 \times 10^{-34} \times 3 \times 10^{8}}{253.7 \times 10^{-9}} \text{ J·mol}^{-1}$$
$$= 472 \text{ kJ·mol}^{-1}$$

从键能和紫外辐射光子的能量看,用这种紫外光照射氢气时应能发生如下反应:

$$H_2 \longrightarrow 2H$$

但是实际上,只有事先往氢气中加入少量的汞蒸气,然后用这种紫外光照射时才会发生上述反应。它的实际反应过程如下:

$$Hg + h\nu \longrightarrow Hg^*$$
$$Hg^* + H_2 \longrightarrow Hg + H_2^*$$
$$H_2^* \longrightarrow 2H$$

我们把这种反应物不直接吸光的光反应称为**光敏反应**或**感光反应**。汞在上述反应前后未发生变化,它的作用类似于催化剂。我们把光敏反应中的这类物质称为**光敏剂**或**感光剂**,在光敏反应中,光敏剂对光敏感。首先光敏剂吸光被激活变为富能分子,然后光敏剂把能量传递给反应物。

又如,植物的光合作用也是一种光敏反应,其中的光敏剂就是叶绿素。

$$6CO_2 + 6H_2O \xrightarrow[\text{叶绿素}]{h\nu} C_6H_{12}O_6 + 6O_2$$

又如,反应 $AgBr \xrightarrow{h\nu} Ag + Br$ 是早期照相技术的基础,原因是 AgBr 不受长波辐射如红光或红外光的影响。但是后来人们发现如果往感光材料 AgBr 中额外加入少量的某种染料,则红

外光也能使 AgBr 发生分解，使照相底片感光。此处所加入的染料就是光敏剂。红外摄像机就是这样诞生的。

4.7　反应速率的碰撞理论[*]

1. 碰撞理论要点

以气相基元反应 $A + B \longrightarrow P$ 为例，碰撞理论的要点如下。

1）发生反应的前提条件

A 分子和 B 分子要发生反应，首先必须相互碰撞，否则就不可能发生反应。一定条件下，在单位体积单位时间内 A 分子和 B 分子碰撞的次数 Z_{AB} 越多，发生反应的机会就越多，反应速率就有可能越快。把发生碰撞的 A 分子和 B 分子称为**相撞分子对**，简称分子对。

2）有效碰撞分数和临界能

对于一个宏观的化学反应系统，在一定条件下即使是同一种气体，其中各分子的能量也不尽相同。其能量分布服从物理学上的麦克斯威能量分布公式，而且由于分子彼此间不断发生碰撞和能量交换，结果使同一个分子在不同时刻的能量也不断变化。故相撞分子对的能量 ε 也有高有低。

由于化学反应中包含旧键的断裂和新键的生成，反应过程需要一定的能量才能完成。碰撞理论把能够发生反应的相撞分子对必须具备的最低能量称为**临界能**（critical energy）或**阈能**，并用 ε_c 表示。对于一个给定的反应，ε_c 是常数，其值与温度无关。这就是说，碰撞是化学反应的必要条件而不是充分条件，相撞分子对的能量可能高于临界能也可能低于临界能。或者说并非每次碰撞都是能够发生反应的有效碰撞。此处把**有效碰撞分数**定义为

$$\text{有效碰撞分数 } q = \frac{\text{有效碰撞次数}}{\text{碰撞总次数}} = \frac{\varepsilon \geqslant \varepsilon_c \text{ 的相撞分子对数目}}{\text{相撞分子对总数目}}$$

由气体动理论可知

$$\frac{\varepsilon \geqslant \varepsilon_c \text{ 的相撞分子对数目}}{\text{相撞分子对总数目}} = e^{-\varepsilon_c/(k_B T)} = e^{-E_c/(RT)}$$

其中，k_B 是玻尔兹曼常数；E_c 是每摩尔具有临界能的相撞分子对的总能量。所以

$$q = e^{-E_c/(RT)} \tag{4.22}$$

3）反应速率

反应速率可用单位时间单位体积内消耗的 A 分子数目来描述，其值等于单位时间单位体积内的有效碰撞次数。所以反应速率可以表示为

$$-\frac{dN_A}{dt} = Z_{AB} \cdot q$$

此式中的 N_A 是单位体积内 A 物质的分子数，Z_{AB} 是单位时间单位体积内的相撞分子对数目。此式两边同除以阿佛伽德罗常数 L 后可得

$$-\frac{dc_A}{dt} = \frac{Z_{AB} \cdot q}{L} \tag{4.23}$$

例 4.8　有一种气体，在其分子杂乱无章运动并发生碰撞的过程中：

（1）求 300 K 下能量不小于 $50 \text{ kJ} \cdot \text{mol}^{-1}$ 的相撞分子对所占的分数。

（2）求 300 K 下能量不小于 100 kJ·mol^{-1} 的相撞分子对所占的分数。

（3）求 1000 K 下能量不小于 100 kJ·mol^{-1} 的相撞分子对所占的分数。

解　能量不小于 E_c 的相撞分子对所占的分数为 $q = e^{-E_c/(RT)}$，所以：

（1）$q = e^{-50 \times 1000/(8.314 \times 300)} = 1.97 \times 10^{-9}$

（2）$q = e^{-100 \times 1000/(8.314 \times 300)} = 3.87 \times 10^{-18}$

（3）$q = e^{-100 \times 1000/(8.314 \times 1000)} = 5.98 \times 10^{-6}$

比较（1）和（2）的计算结果可以看出：有效碰撞分数与临界能的高低密切相关，所以临界能会显著影响化学反应速率。比较（2）和（3）的计算结果可以看出：在临界能相同的情况下，温度的高低也会显著影响有效碰撞分数，所以温度的高低也会显著影响化学反应速率。

2. 碰撞次数和反应速率

如果把 A 分子和 B 分子都近似看做无内部结构的刚性球体，它们的硬球半径分别为 r_A 和 r_B[①]。A 分子和 B 分子相互碰撞时它们的平均运动速率分别为 $\bar{u}_A$ 和 $\bar{u}_B$。若它们运动方向的夹角为 0°，则碰撞时它们的相对运动速率为 $|\bar{u}_A - \bar{u}_B|$；若它们运动方向的夹角为 180°，则碰撞时它们的相对运动速率为 $\bar{u}_A + \bar{u}_B$。运动方向的夹角为 0° 和 180° 是两种极端情况。为了使问题简化，此处把它们相撞时运动方向的夹角取 90° 这个平均值。那么它们相撞时的平均相对运动速率为

$$\bar{u}_{AB} = \sqrt{\bar{u}_A^2 + \bar{u}_B^2}$$

根据气体动理论，不同气体分子的平均速率为

$$\bar{u}_A = \sqrt{\frac{8k_B T}{\pi m_A}}, \qquad \bar{u}_B = \sqrt{\frac{8k_B T}{\pi m_B}}$$

其中，m_A 和 m_B 分别是 A 分子和 B 分子的质量。将 $\bar{u}_A$ 和 $\bar{u}_B$ 代入其前式可得相撞分子对的平均相对运动速率为

$$\bar{u}_{AB} = \sqrt{\frac{8k_B T}{\pi \mu}} \tag{4.24}$$

其中，$\mu = \dfrac{m_A \cdot m_B}{m_A + m_B}$，$\mu$ 是相撞分子对的折合质量。

有了相撞分子对的相对运动速率，就可以把运动着的将要发生碰撞的 A 分子和 B 分子考虑成分子 A 以运动速率 $\bar{u}_{AB}$ 去碰撞静止不动的 B 分子。那么，在单位时间单位体积内一个 A 分子到底可以和多少个 B 分子发生碰撞呢？从图 4.7 可以看出，在 A 分子的运动方向上，凡是分子中心处在半径为 $r_A + r_B$ 的园柱体内的 B 分子都会与 A 分子发生碰撞。因此，在单位时间单位体积内一个 A 分子与 B 分子发生碰撞的次数为

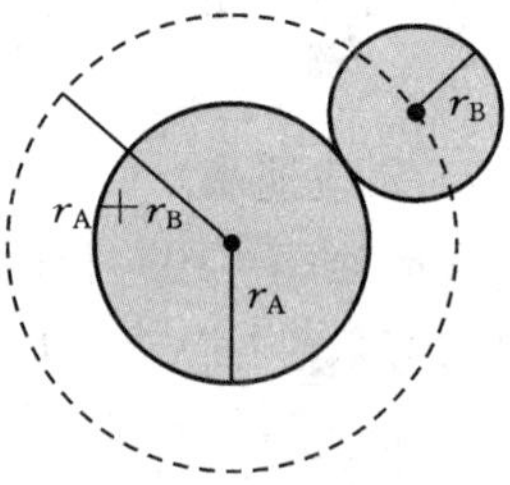

图 4.7　硬球碰撞示意图

$$Z'_{AB} = \underbrace{\pi(r_A + r_B)^2 \cdot \bar{u}_{AB}}_{\text{圆柱体的体积}} \cdot N_B$$

其中，N_B 代表单位体积内 B 分子的数目。那么，在单位时间单位体积内，所有的 A 分子与 B 分

---

①　硬球半径可以用具有等效体积的钢球半径来代替。任何物质不论其分子是不是球形，其分子都有硬球半径。对于同一种物质，确定其硬球半径的方法不同，得到的结果也会稍有差别。

子发生碰撞的总次数为

$$Z_{AB} = \pi(r_A + r_B)^2 \cdot \bar{u}_{AB} \cdot N_A \cdot N_B$$

将式(4.24)代入此式后可得

$$Z_{AB} = \pi(r_A + r_B)^2 \cdot \sqrt{\frac{8k_B T}{\pi \mu}} \cdot N_A \cdot N_B$$

即

$$Z_{AB} = \pi(r_A + r_B)^2 \cdot L^2 \sqrt{\frac{8k_B T}{\pi \mu}} \cdot c_A \cdot c_B \qquad (4.25)$$

将此式和式(4.22)代入式(4.23)可得

$$-\frac{dc_A}{dt} = \underbrace{\pi(r_A + r_B)^2 \cdot L \sqrt{\frac{8k_B T}{\pi \mu}} \cdot e^{-E_c/(RT)}}_{k'} \cdot c_A \cdot c_B \qquad (4.26)$$

这就是气相基元反应 $A + B \longrightarrow P$ 的反应速率表示式。其中的 k' 在一定温度下为常数。

如果气相基元反应是 $2A \longrightarrow P$,即 $A + A \longrightarrow P$,那么结合式(4.25)的推导过程不难看出,此时若直接套用式(4.25)计算单位时间单位体积内 A 分子彼此碰撞的次数,则所得结果就把每一对 A 分子发生碰撞的次数计算了两次(请仔细想一想为什么是这样),故正确的算式应为

$$Z_{AA} = \frac{1}{2}\pi(r_A + r_A)^2 \cdot L^2 \sqrt{\frac{8k_B T}{\pi m_A/2}} \cdot c_A \cdot c_A$$

即

$$Z_{AA} = 8\pi r_A^2 \cdot L^2 \sqrt{\frac{k_B T}{\pi m_A}} \cdot c_A^2 \qquad (4.27)$$

将式(4.27)和式(4.22)代入式(4.23)可得

$$-\frac{dc_A}{dt} = \underbrace{8\pi r_A^2 \cdot L \sqrt{\frac{k_B T}{\pi m_A}} \cdot e^{-E_c/(RT)}}_{k'} \cdot c_A^2 \qquad (4.28)$$

式(4.28)中的 k' 在一定温度下也是常数。从式(4.26)和式(4.28)可以看出,适合于基元反应的质量作用定律是碰撞理论的必然结果。其中 k' 就相当于质量作用定律中的反应速率常数 k。

例 4.9　对于双分子反应 $2NOCl \Longrightarrow 2NO + Cl_2$,请计算 500 ℃ 下该反应的速率常数。假设该反应的临界能为 103 kJ·mol^{-1},NOCl 分子的硬球直径为 283 pm。

解　由式(4.28)可见,该反应的速率常数为

$$k = 8\pi r_A^2 \cdot L \sqrt{\frac{k_B T}{\pi m_A}} \cdot e^{-E_c/(RT)}$$

$$= 8\pi r_A^2 \cdot L \sqrt{\frac{RT}{\pi M_A}} \cdot e^{-E_c/(RT)}$$

即

$$k = 8 \times 3.14 \times \left(\frac{283 \times 10^{-12}}{2}\right)^2 \times 6.022 \times 10^{23}$$

$$\times \sqrt{\frac{8.314 \times 773}{3.14 \times 65.5 \times 10^{-3}}} \cdot e^{-103 \times 10^3/(8.314 \times 773)} \, mol^{-1} \cdot m^3 \cdot s^{-1}$$

所以

$$k = 5.87 \, mol^{-1} \cdot m^3 \cdot s^{-1}$$

$$= 5.87 \times 10^3 \ \text{mol}^{-1} \cdot \text{L} \cdot \text{s}^{-1}$$

3. 碰撞理论与阿累尼乌斯公式比较

式(4.26)和式(4.28)中的 k' 反映了质量作用定律中反应速率常数 k 的具体表达形式。以反应 $A + B \longrightarrow P$ 为例，其反应速率常数的表达式为

$$k' = \pi(r_A + r_B)^2 L \sqrt{\frac{8k_B T}{\pi \mu}} \cdot \text{e}^{-E_c/(RT)} \tag{4.29}$$

由此可得

$$\frac{\text{dln}k'}{\text{d}T} = \frac{1}{2T} + \frac{E_c}{RT^2}$$

即

$$\frac{\text{dln}k'}{\text{d}T} = \frac{E_c + RT/2}{RT^2} \tag{4.30}$$

由阿累尼乌斯公式可知，速率常数的对数随温度的变化率可以表示为

$$\frac{\text{dln}k}{\text{d}T} = \frac{E_a}{RT^2}$$

将此式与式(4.30)进行比较可以看出

$$E_a = E_c + \frac{1}{2}RT \tag{4.31}$$

根据碰撞理论的基本假设，临界能 E_c 是与温度无关的常数。所以根据碰撞理论，并结合式(4.31)可以看出：阿累尼乌斯经验公式中的活化能 E_a 并不真正是一个常数，它与温度有关。但是当温度不很高时，通常由于 $E_c \gg RT/2$，在这种情况下可近似认为 $E_a \approx E_c$，近似认为 E_a 是一个常数。若令

$$A = \pi(r_A + r_B)^2 L \sqrt{\frac{8k_B T}{\pi \mu}} \tag{4.32}$$

则式(4.29)可改写为

$$k' = A \cdot \text{e}^{-E_c/(RT)} \tag{4.33}$$

把式(4.32)与式(4.25)对照可以看出，式(4.32)中的 A 反映了在反应物 A 和 B 均为单位浓度时的 Z_{AB}/L，即单位体积单位时间内产生的相撞分子对的摩尔数。所以把 A 称为碰撞的**频率因子**。把式(4.33)与阿累尼乌斯公式对照可以看出，阿累尼乌斯公式中的指数前因子 k_0 就相当于碰撞理论中的频率因子 A。或者说式(4.32)给出的频率因子 A 实际上就是阿累尼乌斯公式中指数前因子 k_0 的具体表达形式。由式(4.32)还可以看出，频率因子与温度有关，它并不真正是一个常数。不过由于频率因子与温度的二分之一次方成正比，它随温度变化非常缓慢，因此可以把它近似当作常数。如 3000 K 和 300 K 下的频率因子之比为

$$\frac{A(3000)}{A(300)} = \sqrt{10} = 3.16$$

综上所述，由碰撞理论不仅可以导出质量作用定律，而且由碰撞理论导出的结果与阿累尼乌斯经验公式完全一致，所以碰撞理论具有重要的理论意义。

思考题 4

4.1　用单位时间内的反应进度表示反应速率有什么不足之处？

4.2　如果用单位时间单位体积内的反应进度表示反应速率,则反应速率的单位是什么?

4.3　什么是基元反应?

4.4　什么是反应分子数?

4.5　有没有零分子反应?

4.6　什么是质量作用定律?

4.7　质量作用定律适用于所有的化学反应吗?

4.8　什么是反应级数?反应级数都是正整数吗?

4.9　什么是反应机理?

4.10　零级、一级、二级反应的速率常数单位分别是什么?

4.11　零级反应的半衰期与反应物的初始浓度有什么关系?

4.12　一级反应的半衰期与反应物的初始浓度有什么关系?

4.13　二级反应的半衰期与反应物的初始浓度有什么关系?

4.14　为什么反应物的初始浓度越大,零级反应的半衰期越长,而二级反应的半衰期越短?

4.15　借助阿累尼乌斯经验公式能说明什么问题?

4.16　什么是反应的活化能?

4.17　什么是表观活化能?

4.18　为什么温度会显著影响化学反应速率?

4.19　温度对反应速率的影响越显著,则反应的活化能越大还是越小?

4.20　催化剂为什么能提高反应速率?

4.21　为什么催化剂不能提高反应物的平衡转化率?

4.22　为什么催化剂对正向反应和逆向反应都有催化作用?

4.23　非均相催化和均相催化有什么区别?

4.24　通常链反应是怎样引发的?

4.25　链反应的三个主要步骤分别是什么?

4.26　直链反应和支链反应有何区别?

4.27　什么是光敏反应?什么是光敏剂?

4.28　碰撞理论能说明什么问题?

习　题　4

4.1　对于一定条件下的合成氨反应 $N_2 + 3H_2 \Longrightarrow 2NH_3$,已知

$$r_{NH_3} = dc_{NH_3}/dt = 3.5 \text{ mol} \cdot L^{-1} \cdot h^{-1}$$

(1) 当用 N_2 表示反应速率时,r_{N_2} 是多少?

(2) 当用 H_2 表示反应速率时,r_{H_2} 是多少?

4.2　一定温度下基元反应 $A + 2B \longrightarrow 3C$ 的反应速率常数为 k。

(1) 该反应的反应分子数是几?

(2) 该反应的反应级数是几?

(3) 用不同物质浓度随时间的变化率给出该反应的反应速率表达式。

4.3　已知反应 $2NO(g) + Cl_2(g) \Longrightarrow 2NOCl(g)$ 遵守质量作用定律。

(1) 写出该反应的速率方程。

(2) 该反应速率常数的单位是什么？

(3) 其他条件不变，若改变容器的体积使得 $V_2 = V_1/3$，则反应速率 r_2 将是 r_1 的几倍？

4.4　在 298 K 下，偶氮甲烷主要发生如下分解反应：

$$CH_3NNCH_3(g) \Longrightarrow C_2H_6(g) + N_2(g)$$

其反应速率只与偶氮甲烷的分压有关，反应速率常数为 $2.50 \times 10^{-4}\ s^{-1}$。在温度为 298 K 的刚性密闭容器内，如果偶氮甲烷的初始压力为 100 kPa，那么 1 h 后：

(1) 偶氮甲烷的分压力是多少？

(2) 反应器内的总压力是多少？

4.5　在一定温度下，反应 $R \longrightarrow P$ 的半衰期为 15 min，而且不论反应物 R 的初始浓度是多大，其半衰期都相同。

(1) 该反应是几级反应？

(2) 1 h 后反应物 R 的转化率是多少？

4.6　在一个 900 ℃ 的刚性密闭容器内，在 W 催化剂的作用下，NH_3 气会分解成 N_2 气和 H_2 气。该反应是零级反应。最初容器内只有 NH_3，最初总压力为 26.7 kPa。反应 160 min 后容器内的总压力为 40.0 kPa。

(1) 求 900 ℃ 下该反应的速率常数。

(2) 若纯 NH_3 的初始压力为 200 kPa，则 1 h 后的总压力是多少？

4.7　环丁烷分解生成乙烯是个气相一级反应。在 427 ℃ 下该反应的速率常数是 $1.23 \times 10^{-4}\ s^{-1}$。如果把 0.03 mol 环丁烷放入体积为 1 L、温度恒为 427 ℃ 的刚性密闭容器，则 2 h 后容器内的总压力是多少？假设该分解反应是不可逆的。

4.8　环氧乙烷的热分解反应 $C_2H_4O \Longrightarrow CH_4 + CO$ 是个一级反应。在 377 ℃ 下其半衰期为 363 min。

(1) 在 377 ℃ 下，环氧乙烷分解掉 98% 需要多长时间？

(2) 在 377 ℃ 下，若最初反应器内只有 C_2H_4O，且压力为 101.3 kPa。问多长时间后系统的总压力会增大至 152 kPa？

4.9　在高温下，气态二甲醚的分解反应 $CH_3OCH_3 \Longrightarrow CH_4 + H_2 + CO$ 是个一级反应。将一定量的二甲醚放入 504 ℃ 的刚性密闭容器内，测得不同时刻系统的总压力如下。试用作图法求 504 ℃ 下该反应的速率常数。

t/s	390	777	1587	3155	∞
p/kPa	54.4	65.1	83.2	104	124

4.10　如果 Sr^{90} 的半衰期是 28a，那么 95% 的 Sr^{90} 发生衰变需要多长时间？

4.11　在水溶液中，下列反应是个一级反应：

$$C_6H_5N_2Cl(aq) \Longrightarrow C_6H_5Cl(aq) + N_2(g)$$

在一定温度下，如果把反应时间用 t 表示，把 t 时间内反应中产生的 N_2 气在一定温度和压力下的体积用 V 表示，把 $t = \infty$ 时产生的 N_2 气在相同温度和压力下的体积用 V_∞ 表示，试证明该反应的速率常数 k 可以表示为

$$k = \frac{1}{t} \ln \frac{V_\infty}{V_\infty - V}$$

4.12　反应 $2NO_2(g) \Longrightarrow 2NO(g) + O_2(g)$ 是个二级反应。已知该反应在 600 K 下的速率常数为 $0.63\ mol^{-1} \cdot L \cdot s^{-1}$。

(1) 若把反应速率方程用 $-\dfrac{dp_{NO_2}}{dt} = k' p_{NO_2}^2$ 表示，求 600 K 下的速率常数 k'。

(2) 在 600 K 下的刚性密闭容器内，如果纯 NO_2 的初始压力为 200 kPa，则 NO_2 分解掉 80% 需要多长时间？

4.13　反应 $2HI(g) \Longrightarrow H_2(g) + I_2(g)$ 是个二级反应。在 300 ℃ 和 321 ℃ 下，其反应速率常数分别为 $1.07 \times 10^{-6}\ mol^{-1} \cdot L \cdot s^{-1}$ 和 $3.95 \times 10^{-6}\ mol^{-1} \cdot L \cdot s^{-1}$。

(1) 计算该反应的活化能 E_a。

(2) 求 400 ℃ 下该反应的速率常数。

(3) 在 400 ℃ 的刚性密闭容器内，压力为 150 kPa 的纯 HI 分解掉 5% 需要多长时间？

4.14　在 $540 \sim 727$ K 的温度范围内，双分子反应 $CO(g) + NO_2(g) \Longrightarrow CO_2(g) + NO(g)$ 的反应速率常数与温度的关系如下：

$$k / mol^{-1} \cdot L \cdot s^{-1} = 1.2 \times 10^{10} \exp\left(\frac{-15900}{T/K}\right)$$

(1) 求该反应的活化能。

(2) 在温度恒为 600 K 的刚性密闭容器内，若 CO 和 NO_2 的最初分压均为 2.0 kPa，那么 10 h 后 NO 的分压是多少？

4.15　实验测得反应 $CH_3 - CHF_2 \xrightarrow{k} CH_2 \Longrightarrow CHF + HF$ 在不同温度下的速率常数如下。请用作图法求该反应的活化能。

$t/℃$	429	447	463	483	487	507	521	522
$k \times 10^7 / s^{-1}$	7.9	26	69	230	250	620	1400	1700

4.16　醋酸酐的分解反应是个一级反应，该反应的表观活化能为 $144.4\ kJ \cdot mol^{-1}$。该反应在 284 ℃ 下的速率常数为 $3.3 \times 10^{-2}\ s^{-1}$。欲使醋酸酐在 30 min 内的分解率不大于 85%，则应如何控制反应温度？

4.17　在 280 ℃ 下，一级气相反应 $ClCOOCCl_3 \longrightarrow 2COCl_2$ 可以进行到底。在 280 ℃ 下将一定量的 $ClCOOCCl_3$（简记为 A）引入一个刚性密闭反应器内，反应 454 s 后测得系统的总压力为 2476 Pa，很长时间后系统的总压力稳定在 4008 Pa。另有人在 305 ℃ 做这个实验（容器的大小及药品的用量未必与前述的相同），结果测得反应 320 s 后系统的总压力为 2838 Pa，很长时间后系统的总压力稳定在 3554 Pa。

(1) 求该反应分别在 280 ℃ 和 305 ℃ 下的速率常数。

(2) 求该反应的活化能和指数前因子。

第5章　表面现象

由于不同物体都有各自的表面(surface),结果才使不同物体表现出一定形状和大小,结果才有固、液、气的分别,油和水的分别,石头、泥土和各种不同金属的分别 …… 从自然界到工农业生产,再到日常生活,表面和表面现象无处不有。只是在许多情况下,表面现象的作用并不那么显著和重要,所以表面现象常常被忽视。但是在某些场合,表面现象是决定系统性质的关键因素之一,这时非考虑表面现象不可。如蒸气凝结和液体凝固时的过冷现象、从溶液中结晶时的过饱和现象、毛细现象、表面润湿现象、纳米粒子的表面效应等。

5.1　表面张力

1. 表面张力

以一杯水为例,如图 5.1 所示。处于本体相中的水分子和处于表面相(即液面上)的水分子的受力情况是不同的。在本体相中,每个水分子受到四面八方其他分子的作用(主要是相互吸引),而且在各个方向上的受力情况相同,故本体相中每个水分子受到的合力为零。但表面相的水分子受到的合力不等于零,其方向与表面垂直,指向本体相内部。表面相中许多分子的这种受力情况的加和就构成了**表面不饱和力场**。表面不饱和力场的存在,使得表面分子的能量高于本体相分子的能量,使得表面相分子不如本体相分子稳定。

实际上,任何相邻相的界面(简称相界面)上都存在不饱和力场,而且不饱和力场都是指向本体相内部的。设想如果不饱和力场不是指向本体相内部,而是指向相反的方向即指向另一相,那么该相界面上的分子必然要自发趋于稳定,必然会自发迁移到另一相中去,即溶解。在这种情况下,最初所考察的不同相之间的相界面也就不可能稳定存在,就会消失。所以,任何相

图 5.1　表面不饱和力场

界面上的不饱和力场都是指向本体相内部的。如在油和水的相界面上,水分子受到的合力指向水,油分子受到的合力指向油。正因为这样,才使得油与水不互溶或彼此溶解度很小,才使得油与水彼此之间存在着相界面。换句话说,如果不同分子间的相互作用接近于或大于同种分子间的相互作用,那么水分子就容易跑到油相中,油分子也容易跑到水相中形成溶液,而不会有相界面存在,不会有两个相平衡共存。

既然不饱和力场都指向本体相内部,设想如果在一定的温度、压力和组成条件下试图把本体相中的水分子移动到表面使表面积增大,外界就需要对它做功。如此移动的水分子数目越多,相界面的面积增加得就越多,需要环境对系统做的功也就越多。由于在此过程中,系统的表面积会发生明显变化,而体积未发生明显的变化,所以这种功属于非体积功。由于这种功的大小与表面积增加的多少有关,故把这种功称为**表面功**。原本功既不是状态函数也不是状态函数的改变量,其值通常不仅与始终态有关,还与态变化的路线有关。但在化学热力学部分我们已

经看到,可逆过程中的做功效率最高。即在态变化过程中,如果系统对环境做功,则可逆时系统对环境做的功最多,能源利用率最高;在态变化过程中,如果需要环境对系统做功,则可逆时环境对系统做的功最少,消耗的能量最少。在表面积增大的过程中,环境需要对系统做的最小表面功 $\delta W'_{min}$ 应为可逆功,其值应与表面积的增加值 $\mathrm{d}A$ 成正比,即

$$\delta W'_{min} = \sigma \cdot \mathrm{d}A \tag{5.1}$$

其中 σ 是比例系数。从式(5.1)看,σ 的物理意义是在一定的温度、压力和组成条件下增加单位表面积时环境需要对系统做的最小表面功。

另一方面,根据吉布斯函数判据,在一定温度和压力下

$$- \mathrm{d}G \geqslant - \delta W' \quad 即 \quad \mathrm{d}G \leqslant \delta W'$$

对于一个给定的态变化过程而言,任何态函数的改变量都是一定的,但是环境对系统所做的非体积功 $\delta W'$ 却与路线有关,其值可能千变万化、可大可小。可逆时 $\delta W'$ 最小,这时 $\delta W'$ 等于吉布斯函数的增量 $\mathrm{d}G$。这就是说,如果上述把水分子从本体相移动到表面相使表面积增大的过程是在等温等压条件下以可逆方式完成的,则环境对系统所做的最小非体积功 $\delta W'_{min}$ 就等于系统的吉布斯函数增量 $\mathrm{d}G$,即

$$\delta W'_{min} = \mathrm{d}G \tag{5.2}$$

由式(5.1)和式(5.2)可得

$$\mathrm{d}G = \sigma \cdot \mathrm{d}A$$

所以

$$\sigma = \frac{\mathrm{d}G}{\mathrm{d}A} \tag{5.3}$$

式(5.3)表明:σ 是一定温度、压力和组成条件下系统的单位表面积所具有的吉布斯函数,故称 σ 为**比表面吉布斯函数**。σ 的单位是 $\mathrm{J} \cdot \mathrm{m}^{-2}$。由式(5.3)可见,$\sigma$ 是状态函数的组合,故 σ 也是状态函数,也是系统的性质。

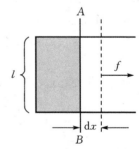

图 5.2 表面张力实验

另一方面,由于 $1\,\mathrm{J} \cdot \mathrm{m}^{-2} = 1\,\mathrm{N} \cdot \mathrm{m} \cdot \mathrm{m}^{-2} = 1\,\mathrm{N} \cdot \mathrm{m}^{-1}$,所以 σ 的单位也可以用 $\mathrm{N} \cdot \mathrm{m}^{-1}$ 表示。用 $\mathrm{N} \cdot \mathrm{m}^{-1}$ 这个单位时,σ 的物理意义是系统表面上单位长度受到的力,所以也常把 σ 称做**表面张力**。可是,σ 作为一种力,怎样才能与实验联系在一起,怎样才能更直观呢?设想有一个金属框架如图 5.2 所示,其宽度为 l。金属框架上有一个无摩擦的可移动边 AB。先在该框架上涂布一层肥皂液膜,然后用力 f 使可移动边 AB 向右可逆地(因为无摩擦力)移动 $\mathrm{d}x$ 距离,使肥皂液膜的表面积增大(液膜的正面和背面会同时增大)。在此过程中,环境对系统所做的表面功最小,其值为

$$\delta W' = \mathrm{d}G = \sigma \cdot \mathrm{d}A = \sigma \cdot 2(l \cdot \mathrm{d}x)$$

从机械功的角度考虑,在此过程中

$$\delta W' = f \cdot \mathrm{d}x$$

比较以上两式可得

$$\sigma = \frac{f}{2l} \tag{5.4}$$

从式(5.4)看,把 σ 理解为单位长度上的力、将其称为表面张力是很自然的。

由上述讨论可以看出,任何相界面都存在不饱和力场,单位相界面必然都有一定的吉布斯

函数 σ。所以,把 σ 称为**界面张力**更准确、更全面。界面张力的大小与两个相邻相的本性及其所处的状态(如温度、压力、组成等)有关,故讲界面张力时应说明是哪两相之间的界面张力。通常所讲的表面张力是指凝聚态物质与空气接触时的界面张力,故表面张力是界面张力中的一部分。讲表面张力时只需要给出凝聚态物相是什么即可。如一定温度下水的表面张力是多少,乙醇的表面张力是多少,铁的表面张力是多少……

由于力是一个矢量,是有方向的。那界面张力的方向如何呢?根据吉布斯函数最低原理,在一定的温度和压力下,系统总朝着吉布斯函数降低的方向发生变化。吉布斯函数越小,系统越稳定。据此可以推测界面张力的方向。以固体表面上的一滴液体为参考,如图 5.3 所示。在圆环形的固、液、气三相的交界线上,液气间的界面张力 σ_{l-g}(即液体的表面张力)在其作用点上的方向满足以下三点:

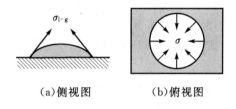

(a)侧视图   (b)俯视图

图 5.3   表面张力的方向

(1) 与液-气界面相切(见图 5.3(a));

(2) 与液-气界面的边缘垂直(见图 5.3(b));

(3) 力图使液-气的面积减小(见图 5.3(b)中箭头所指的方向)。

实际上,任何相邻相的界面张力的方向都是这样的,即在相界面边缘任意点上的界面张力都满足上述三个条件,都力图使两相间的界面积减小。

例 5.1   在 25 ℃ 下,当把 1 kg 水分散使其变成半径为 10^{-8} m 的小水珠时,环境至少需要对系统做多少功?已知在 25 ℃ 下水的密度为 0.9971 g·mL^{-1},水的表面张力为 71.95×10^{-3} N·m^{-1}。

解   此变化过程中环境需要对系统做的最小功就是表面功。

$$W' = \sigma(A_2 - A_1) \approx \sigma A_2$$

$$= \sigma \frac{m}{\frac{4}{3}\pi r^3 \rho} \cdot 4\pi r^2 = \frac{3\sigma m}{r\rho}$$

$$= \frac{3 \times 71.95 \times 10^{-3} \text{ N·m}^{-1} \times 1 \text{ kg}}{10^{-8} \text{ m} \times 997.1 \text{ kg·m}^{-3}}$$

$$= 2.16 \times 10^4 \text{ J}$$

2. 影响界面张力的因素

表 5-1 中列出了部分物质的表面(界面)张力。影响表面张力的因素是多种多样的,其主要影响因素有以下几个方面。

表 5 - 1　部分物质的表面(界面)张力

物质	温度 /℃	$\sigma \times 10^3/(N \cdot m^{-1})$	物质	温度 /℃	$\sigma \times 10^3/(N \cdot m^{-1})$
纯液体的表面张力					
水	0	75.68	乙醚	0	19.31
水	20	73.75	乙醚	20	17.01
水	25	71.95	四氯化碳	20	26.68
苯	0	31.7	二硫化碳	0	35.71
苯	20	28.88	正辛烷	0	23.36
甲醇	0	23.5	正己烷	0	21.31
甲醇	20	22.6	正丁醇	0	25.87
乙醇	0	23.3	正丙醇	0	25.32
乙醇	20	22.27	甘油	20	63.40
液态金属和熔盐的表面张力					
银	970	800	氯化银	452	125.5
金	1070	1000	氟化钠	1010	200
铜	1130	1100	氯化钠	1000	98
汞	20	476	溴化钠	1000	88
两种液体间的界面张力					
苯 / 水	20	35.0	乙酸乙酯 / 水	20	2.9
苯 / 水	25	32.6	汞 / 水	20	375
四氯化碳 / 水	20	45.0	汞 / 水	25	369
乙醚 / 水	20	10.7	汞 / 汞蒸气	20	471.6
正丁醇 / 水	20	1.6	汞 / 乙醇	20	364.0

1) 表面张力与物质的本性有关

同种粒子彼此之间相互作用越强的物质其表面张力越大。原因是粒子间的相互作用越强,其表面不饱和力场就越强,增加单位表面积需要做的最小功 $W'_{\min}$ 就越多。所以,不同键型的物质,其表面张力大小具有如下规律:

$$\sigma_{\text{金属键}} > \sigma_{\text{离子键}} > \sigma_{\text{极性共价键}} > \sigma_{\text{非极性共价键}}$$

2) 表面张力与组成有关

既然表面张力与物质的本性有关,表面张力就与凝聚态物质(如溶液)的组成有关,如图 5.4 所示。水是强极性物质,在无机盐水溶液中,由于水合离子的形成,使本体相溶液中的水分子变得更加稳定。这时,欲把水分子从本体相移动到表面就会更困难,水溶液表面的不饱和力场更强。所以无机盐水溶液的表面张力通常会随浓度的增大而增大。

许多有机物是非极性或弱极性物质,有机物分子与水分子之间的相互作用较弱。有机物溶入水中会使水分子的稳定性变差,更容易移动到表面。所以许多有机物水溶液的表面张力会随浓度的增大而减小。

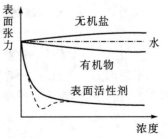

图 5.4　水溶液的表面张力

表面活性剂是一类能使水的表面张力显著降低的物质,其用途非常广泛。本章后边还要专门给于讨论。

3) 界面张力与两个相邻相的性质有关

一种物质与其他不同物质相接触时,其界面张力是不一样的。原因是界面张力是由界面不饱和力场产生的,而界面不饱和力场的强弱与相邻相的性质密切相关。

4) 界面张力与温度有关

通常温度升高时,界面张力下降。因为温度升高时,分子的能量升高,分子的热运动加强,分子从本体相跑到界面相会变得更容易,界面不饱和力场会减弱,所以界面张力会减小,参见表5-2给出的数据。目前,关于界面张力与温度之间确切的定量关系暂时还没有找到,只有一些经验或半经验的公式可供必要时参考。

表5-2   几种液体在不同温度下的表面张力 $\sigma \times 10^3/(\text{N} \cdot \text{m}^{-1})$

温度 $t/℃$	0	20	40	60	80	100
水	75.64	72.75	69.56	66.18	62.61	58.85
乙醇	24.05	22.27	20.60	19.01	——	——
甲苯	30.74	28.43	26.13	23.81	21.53	19.39
苯	31.6	28.9	26.3	23.7	21.3	

5.2　表面现象

1. 润湿现象

将液体滴加在水平放置的固体表面时,大致有两种情况,其横截面如图5.5所示。在固、液、气三相的交点有三种界面张力,即固-气界面张力 $\sigma_{\text{s-g}}$、固-液界面张力 $\sigma_{\text{s-l}}$ 及液-气界面张力 $\sigma_{\text{l-g}}$。它们都与两个相邻相之间的界面相切,与相界面的边缘垂直,都力图使相应相界面的面积减小。此处把 $\sigma_{\text{s-l}}$ 与 $\sigma_{\text{l-g}}$ 之间的夹角称为接触角,并用 θ 表示。接触角也叫润湿角。

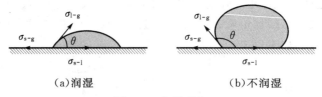

(a)润湿　　　　　　　　　(b)不润湿

图5.5　润湿现象

如果 $\theta > 90°$,就说液体不能润湿固体,或者说该固体是憎液的。

如果 $\theta < 90°$,就说液体能润湿固体,或者说该固体是亲液的。

如果 $\theta = 0°$,就说液体能完全润湿固体,或者说液体可在固体表面铺展。

不论润湿与否,每一种界面张力都力图使相应相界面的面积减小。平衡时,在三个相的交界点上,这三种界面张力的合力应为零,即彼此间必然满足

$$\sigma_{\text{s-g}} = \sigma_{\text{s-l}} + \sigma_{\text{l-g}}\cos\theta \tag{5.5}$$

所以

$$\cos\theta = \frac{\sigma_{\text{s-g}} - \sigma_{\text{s-l}}}{\sigma_{\text{l-g}}} \tag{5.6}$$

　　由于界面张力是状态函数，所以在一定条件下，对于一个给定的系统，其相应的各界面的界面张力均有确定的值。这时由式(5.6)可见，其接触角 θ 必有确定的值。这就是说，一个系统到底能否润湿，其接触角既可以用实验方法测定(测定 θ)，也可以根据相关的界面张力数据进行理论计算。

　　若 $\sigma_{s-g} - \sigma_{s-l} < 0$，则 $\theta > 90°$，不能润湿。

　　若 $0 < \sigma_{s-g} - \sigma_{s-l} < \sigma_{l-g}$，则 $\theta < 90°$，能润湿。

　　若 $\sigma_{s-g} - \sigma_{s-l} > \sigma_{l-g}$，此时虽然接触角 θ 不满足(5.6)式，但从图5.5中合力的方向看，此时必然可以铺展。

　　例 5.2　已知在 20 ℃ 下，水、乙醚和汞彼此都不互溶，水的密度明显大于乙醚的密度，水-乙醚、汞-水、汞-乙醚的界面张力分别为 10.7×10^{-3} N·m^{-1}、375×10^{-3} N·m^{-1}、379×10^{-3} N·m^{-1}。在同温度下，如果往盛放汞和乙醚(汞在下层)的烧杯中加一滴水。问水能否润湿汞表面？

　　解　由于水的密度大于乙醚的密度，并且它们两者的密度都远小于汞的密度，所以加水后，水滴会沉降到乙醚-汞的界面。由于汞的密度很大，故可以把水-汞界面和乙醚-汞界面近似看成同一个平面，如图5.6所示。当该系统处于平衡状态时

$$\sigma_{汞-乙醚} = \sigma_{汞-水} + \sigma_{水-乙醚}\cos\theta$$

所以
$$\cos\theta = \frac{\sigma_{汞-乙醚} - \sigma_{汞-水}}{\sigma_{水-乙醚}}$$

$$= \frac{379 \times 10^{-3} - 375 \times 10^{-3}}{10.7 \times 10^{-3}} = 0.374$$

$$\theta = 68°$$

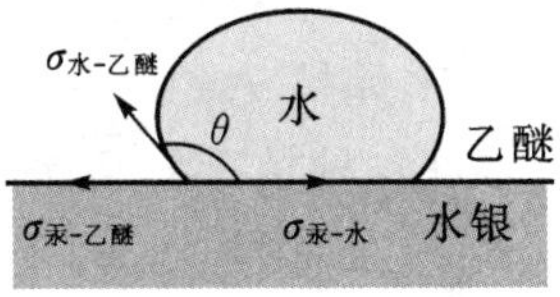

图5.6　例5.2图

由于润湿角小于 90°，所以水能润湿汞的表面。

2. 毛细现象与弯曲液面下的附加压

　　将一根毛细管插入液体中，能观察到的现象通常并非如图5.7(a)所示那样，即毛细管内外的液面都是水平的，而且高度相同。因为只有当 $\sigma_{s-l} = \sigma_{s-g}$ 时，才会出现这种情况。实际上，影响界面张力的因素较多。只有在特殊条件下，当 σ_{s-l} 与 σ_{s-g} 完全相等时，才会出现图5.7(a)所示的那种情况。如果 $\sigma_{s-l} < \sigma_{s-g}$，则因图中三相交点受到的合力方向朝上，所以实际情况将如图5.7(b)所示；如果 $\sigma_{s-l} > \sigma_{s-g}$，则因图中三相交点受到的合力方向朝下，所以实际情况将如图5.7(c)所示。**毛细现象**就是图5.7(b)和图5.7(c)所示的毛细管内外液位高度明显不同的现象。

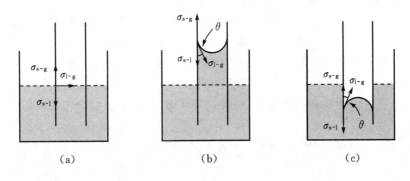

图 5.7　毛细现象

1) 如果 $\sigma_{s-l} < \sigma_{s-g}$

在这种情况下,毛细现象如图 5.7(b) 所示。平衡时

$$\sigma_{s-g} = \sigma_{s-l} + \sigma_{l-g}\cos\theta$$

从力平衡的角度考虑,毛细管内和管外相同高度处液体的压力必然相同。以管外液面高度为参考,管外的压力等于外压(大气的压力)p_e。简单看上去,管内的压力似乎就是 p_e 与 $\rho g h$ 的加和(此处 h 是毛细管内和管外的液位高度差,ρ 是液体的密度,g 是重力加速度)。但如果真是这样,在管内和管外相同液位高度处的压力就不可能相等,图 5.7(b) 所示的状态就不可能是平衡状态。所以,这种认识肯定有误。实际上,在毛细管内的弯曲液面下还有一个附加压力(supplementary pressure)p_s,即

$$p_内 = p_e + \rho g h + p_s$$

由于图 5.7(b) 所示系统处于平衡状态,所以 $p_内 = p_外$,即

$$p_e + \rho g h + p_s = p_e$$

所以

$$p_s = -\rho g h < 0$$

$p_s < 0$ 说明,凹面液体液面下的附加压方向不是朝下,而是朝上,即朝着液面的曲率中心。

2) 如果 $\sigma_{s-l} > \sigma_{s-g}$

在这种情况下,毛细现象如图 5.7(c) 所示,即毛细管内的液面低于管外。这时管内的弯曲液面下也有附加压力。平衡时,若以管内的液面高度为参考,则

$$\underbrace{p_e + \rho g h}_{p_外} = \underbrace{p_e + p_s}_{p_内}$$

所以

$$p_s = \rho g h > 0$$

$p_s > 0$ 说明,凸面液体液面下的附加压方向朝下,也指向液面的曲率中心。此处借助毛细现象,从实验的角度说明了弯曲液面下附加压的方向。

3. 附加压与液面曲率半径的关系

设想用一个形如注射器的工具做一个实验,如图 5.8 所示。此处忽略重力场的作用。由于球形液滴内部有附加压 p_s,所以液滴内的压力较大。在这种情况下,注射器管内的液面仅仅依靠外压 p_e 是无法维持现状的。结果是液球内的液体会向管内移动,液球会逐渐收缩,管内的液面会逐渐升高。只有当注射器活塞施加给管内液

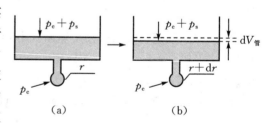

图 5.8　弯曲液面下的附加压

体的压力为 $p_e + p_s$ 时,系统才能处于平衡状态即维持现状。现设想在压力 $p_e + p_s + \mathrm{d}p$ 的作用下推动活塞,可逆地使注射器管内液体的体积改变量为 $\mathrm{d}V_管$,结果使球状液滴的半径从 r 变为 $r + \mathrm{d}r$。发生这种变化后,系统仍处于平衡状态。在此过程中,从管中液柱的体积看,环境对系统做了体积功;从下边球形液滴的体积看,系统对环境做了体积功。综合考虑,环境对系统做的总功为

$$\delta W = \underbrace{-(p_e + p_s + \mathrm{d}p)\mathrm{d}V_管}_{\delta W_管} \underbrace{-p_e\mathrm{d}V_球}_{\delta W_球}$$

在此过程中,由于 $\mathrm{d}V_管 = -\mathrm{d}V_球$,故

$$\delta W = (p_e + p_s + \mathrm{d}p)\mathrm{d}V_球 - p_e\mathrm{d}V_球$$

所以
$$\delta W = p_s dV_{球}$$

此处忽略了二阶无穷小 $dp dV_{球}$，这是正常的数学处理方法。

又因为 $V_{球} = \dfrac{4}{3}\pi r^3$，$dV_{球} = 4\pi r^2 dr$，所以

$$\delta W = 4 p_s \pi r^2 dr \tag{5.7}$$

实际上，由于整个过程中系统的总体积没有变化，仅仅是液滴的表面积、注射器管内的固-气界面的面积以及固-液界面的面积有所变化，故环境对系统所做的功实际上是表面功而不是体积功。那么，从表面功的角度考虑，此过程中环境对系统做的功又该如何表示呢？假设实验用的注射器管径非常大，此过程中管内相界面面积的变化可以忽略不计，与管内相界面相关的表面功也就可以忽略不计。在这种情况下，环境对系统所做的全部表面功只与液滴的表面积变化情况有关，即

$$\delta W' = \sigma dA_{球} = 8\sigma\pi r dr \tag{5.8}$$

δW 和 $\delta W'$ 在数值上是相等的。因此，由式(5.7)和式(5.8)可得

$$p_s = \frac{2\sigma}{r} \tag{5.9}$$

此式叫做**拉普拉斯公式**。对于凸面液体，由于附加压指向液体内部(即指向液面的曲率中心)，即液体内部的压力大于外面的压力，故 $p_s > 0$，所以凸面液体的液面曲率半径 $r > 0$；对于凹面液体，由于附加压指向液体外部(即指向液面的曲率中心)，即液体内部的压力小于外面的压力，故 $p_s < 0$，所以凹面液体的液面曲率半径 $r < 0$；对于平面液体，液面的曲率半径为 $r = \infty$，故 $p_s = 0$。

虽然拉普拉斯公式(5.9)的上述推导过程较特殊(参见图 5.8，而且注射器的管径非常大)，但是从结果(5.9)式看，弯曲液面下的附加压 p_s 是一个状态函数，其值只与系统所处的状态有关，而与系统的状态是经过怎样变化得到的无关。所以，拉普拉斯公式对于所有的球形弯曲液面都是适用的。实际上，拉普拉斯公式对任何具有球形弯曲表面的固体也是适用的。

例 5.3　已知在 293.2 K 下，水的表面张力为 72.8×10^{-3} N·m^{-1}。

(1) 计算在同样温度下半径为 10^{-8} m 的小水珠内的附加压力。

(2) 计算在同样温度和 100 kPa 下，水面下(深度为 0 m)半径为 10^{-6} m 的气泡内的压力。

解　(1) $p_s = \dfrac{2\sigma}{r} = \dfrac{2 \times 72.8 \times 10^{-3}\ \text{N·}m^{-1}}{10^{-8}\ \text{m}}$

$\qquad = 1.46 \times 10^7$ Pa $= 14.6$ MPa

(2) $p = p_e + p_s = p_e + \dfrac{2\sigma}{r}$

$\qquad = \left(10^5 + \dfrac{2 \times 72.8 \times 10^{-3}}{10^{-6}}\right)$ Pa

$\qquad = 246$ kPa

由于弯曲液面下存在附加压力，所以如果没有重力场的作用，所有液滴就都是球形的。其原因不仅仅是在体积相同的前提下球体的表面积最小(故表面吉布斯函数最小)，而且当液滴出现不规则的弯曲表面时，其不同部位附加压力的大小及方向各不相同，这样的系统未处于平衡状态，参见图 5.9。这种情况会迫

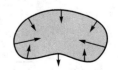

图 5.9　球形液滴的形成

使液滴自动调整为球形。实际上,由于重力场的影响,通常液滴不是规则的球形,而是椭球形。

4. 弯曲液面的饱和蒸气压

借助于化学热力学可以推得凝聚态物质(包括液体和固体)的饱和蒸气压 p_r 与其表面曲率半径 r 之间的关系如下:

$$RT\ln\frac{p_r}{p_\infty} = \frac{2\sigma V_m}{r} \tag{5.10}$$

或

$$RT\ln\frac{p_r}{p_\infty} = \frac{2\sigma M}{\rho r} \tag{5.11}$$

式(5.10)和式(5.11)均称为**开尔文公式**,其中,σ 是凝聚态物质的表面张力;V_m、M、ρ 和 r 分别是凝聚态物质的摩尔体积、摩尔质量、密度及表面曲率半径。

在一定温度下,各物质的 p_∞ 是一定的。一定温度下根据开尔文公式,因凸面液体的曲率半径 $r>0$,故 $p_r>p_\infty$。而且 r 越小,p_r 越大。一定温度下凹面液体的曲率半径 $r<0$,故 $p_r<p_\infty$。而且 $|r|$ 越小,p_r 越小。可以用一个简单的实验定性地验证开尔文公式。把热水瓶盖打开,把一个透明的玻璃杯倒扣在热水瓶口几秒钟,然后将水杯倒扣在桌面。接下来仔细观察就会发现,随着时间推移,杯壁上的大水珠越来越大,而小水珠越来越小并最终消失。原因是在同样温度下,小水珠的饱和蒸汽压较大,而大水珠的饱和蒸汽压较小。同样的水蒸气分压,对于小水珠是未饱和的,小水珠会继续蒸发,但同样的水蒸气分压对于大水珠却是过饱和的,水蒸气会在大水珠上凝结。所以小水珠不断蒸发变小并最终消失,而大水珠表面不断有水蒸气凝结使其变得越来越大。

例 5.4 水在 25 ℃ 下的表面张力和密度分别为 71.95×10^{-3} N·m^{-1} 和 0.9971 g·mL^{-1}。

(1) 计算在 25 ℃ 下,半径分别为 10^{-7} m、10^{-8} m、10^{-9} m 的小水珠的饱和蒸汽压与平面水的饱和蒸汽压的比值 p_r/p_∞。

(2) 计算在 25 ℃ 下,水中半径分别为 10^{-7} m、10^{-8} m、10^{-9} m 的气泡内水的饱和蒸汽压与平面水的饱和蒸汽压的比值 p_r/p_∞。

解 根据开尔文公式(5.11)

$$RT\ln\frac{p_r}{p_\infty} = \frac{2\sigma_{l-g}M}{\rho r}$$

所以

$$\frac{p_r}{p_\infty} = \exp\left(\frac{2\sigma_{l-g}M}{RT\rho r}\right)$$

$$= \exp\left(\frac{2\times71.95\times10^{-3}\times18\times10^{-3}}{8.314\times298.2\times997.1\ r/m}\right)$$

即

$$\frac{p_r}{p_\infty} = \exp\left(\frac{1.0478\times10^{-9}}{r/m}\right)$$

对于球形液珠,液面是凸面,$r>0$;对于气泡,液面是凹面,$r<0$。将题给数据代入上式,其结果如下表所示。

半径 r/m	10^{-7}	10^{-8}	10^{-9}
p_r/p_∞(水珠)	1.011	1.110	2.851
p_r/p_∞(气泡)	0.990	0.901	0.351

上述讨论表明,凝聚态物质的颗粒越小其饱和蒸气压越大。这说明凝聚态物质的颗粒越小

越不稳定,实际情况的确如此。如颗粒越小的溶质其溶解度越大;我们常常会遇到过饱和溶液,浓缩至过饱和的溶液未必能析出溶质;过饱和蒸气未必能凝结出液体,乌云密布未必下雨;降温至凝固点的液体未必能发生凝固,即过冷液体也是经常出现的。这些问题在科研和生产实践中会经常遇到。

5.3　表面活性剂

1. 结构特点及其分类

表面活性剂是能显著降低水溶液表面张力的物质。表面活性剂广泛用于石油、化工、纺织、农药、医药、采矿、食品加工、洗涤等各个行业。目前,表面活性剂也广泛用于微电子技术、电子印刷、磁盘技术及生物化学等许多高新技术领域。

从化学结构看,表面活性剂分子或离子都是由亲水基和疏水基组成的。其中亲水基是具有亲水性的强极性基团或带电荷的基团;疏水基是具有憎水性的非极性基团或弱极性基团。疏水基也叫做憎水基或亲油基。根据表面活性剂溶于水中后是否发生电离以及电离后生成的表面活性离子所带电荷的正负,通常对表面活性剂作以下分类:

$$
表面活性剂 \begin{cases} 离子型 \begin{cases} 阳离子型 \\ 阴离子型 \\ 两性离子型 \end{cases} \\ 非离子型 \end{cases}
$$

其中,阳离子型表面活性剂主要是季胺盐类化合物,其通式可用 $R_1R_2R_3R_4N^+Cl^-$ 表示,其中 R 均代表烷基;阴离子型表面活性剂主要是烷基链较长的脂肪酸盐如 $RCOO^-Na^+$、烷基磺酸盐如 $RSO_3^-Na^+$ 和烷基硫酸盐如 $ROSO_3^-Na^+$;两性离子型表面活性剂主要是胺基酸类物质如 $R\overset{+}{N}H_2CH_2COO^-$;非离子型表面活性剂主要是多元醇类化合物和聚氧乙烯醚,如 $RCOOCH_2C(CH_2OH)_3$ 和 $RO(CH_2CH_2O)_{\overline{n}}H$。在这些表面活性物质中,R 大多都是 $C_{10}\sim C_{18}$ 的烷基。

2. 胶束

表面活性剂分子或离子都较大,为了讨论问题方便,把表面活性剂分子或离子常用符号 $\bigcirc\!\!-\!\!-$ 表示,其中的圆圈代表亲水基,而直线段代表疏水基。

根据相似相溶规则,同类基团之间相互作用较强,异类基团之间相互作用较弱。在水溶液中,随着表面活性剂浓度的增大,表面活性剂分子或离子彼此靠近时,由于疏水基与水分子之间的作用明显小于亲水基与水分子之间或水分子与水分子之间的相互作用,其结果如同疏水基与水分子之间相互排斥,彼此靠近时能量升高而不稳定。这时有两种方式可以使这种稳定性较差的状态自发趋于稳定,即表面定向排列和形成胶束,如图 5.10 所示。

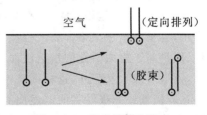

图 5.10　定向排列和胶束

表面定向排列是指表面活性剂分子或离子在溶液表面排列时,疏水基都在液面上方指向空气,而亲水基在液面下的水溶液中。在这种情况下,亲水基和疏水基各得其所,彼此都处于稳定状态。**胶束**(micell)是指表面活性剂粒子的同类基团相互靠拢形成的集合体。胶束的形式有多种多样,如图 5.11 所示。在胶束中,由于同类基团相互靠拢,所以它们彼此间的相互作用较强、较稳定。另一方面,由于胶束的形成使系统从单相变为多相,使系统的界面吉布斯函数有所增大。所以相比之下,表面定向排列一般都会优先于形成胶束。即随着水溶液中表面活性剂浓度的增大,在形成稳定胶束之前,先发生表面定向排列。待表面定向排列趋于饱和即继续发生表面定向排列遇到较大阻力时,才有可能形成稳定的胶束。并且相对而言,简单胶束的稳定性差一些。因为对于一定量的表面活性剂而言,简单胶束的表面积很大,故简单胶束的表面吉布斯函数很大。

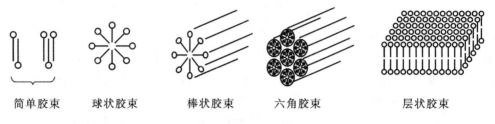

简单胶束　　球状胶束　　棒状胶束　　六角胶束　　层状胶束

图 5.11　各种形状的胶束

临界胶束浓度(critical micell concentration,简记为 cmc)就是开始生成稳定胶束的最小浓度。在一定温度下,测定同一种表面活性剂水溶液的方法不同,得到的临界胶束浓度也会有些差异。故通常许多书中给出的同一种表面活性剂的临界胶束浓度都有一定的浓度范围而不是一个浓度点。在临界胶束浓度前后,分散系统的许多与浓度有关的性质的变化趋势会发生很大变化,如图 5.12 所示。其中,横坐标 c 代表分散系统中表面活性剂的总浓度,而不是把胶束排除在外的表面活性剂真溶液的总浓度。实际上,当表面活性剂的浓度大于临界胶束浓度后,继续加入的表面活性剂都生成胶束了,其中真溶液的浓度不会继续增大。

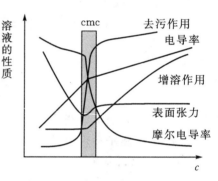

图 5.12　临界胶束浓度与物性

3. 表面活性剂的应用

1) 润湿作用

分子间的相互作用既有相互吸引的因素又有相互排斥的因素,但分子间相互作用的综合表现行为一般都是相互吸引。故分子间相互作用越强,系统的能量就越低越稳定。水是强极性分子,容易在离子型化合物或强极性物质的表面润湿,而不易在非极性或弱极性物质表面润湿。但是对于表面活性剂水溶液而言,由于其中的表面活性剂分子或离子在水溶液表面定向排列,而且其疏水基朝外,这种溶液不仅容易在离子型化合物或强极性物质的表面润湿,而且容易在弱极性或非极性物质的表面润湿。这就是说,在水溶液中加入表面活性剂可以改善其润湿性。在喷洒农药的过程中,广泛涉及药液在植物叶面的润湿问题。如果润湿性差,药液就像露珠一样不会停留在植物叶面而滚落到土壤。在焊接方面、在金属和塑料的浇铸成型与模具制作等方面普遍存在类似的问题。液态金属和塑料对模具的润湿性不能太差,也不能太好,否则会影响产品质量。

2) 起泡作用

一方面,液体中气泡的存在会使液体表面积增大,使表面吉布斯函数增大,使系统的稳定性降低。另一方面,当液体中的几个气泡相遇时,为了保持稳定,相遇的气泡总是按照一定的方式彼此靠拢,如图 5.13 的左图所示。图中的虚线代表相邻气泡之间的液膜。将不同气泡之间的液膜放大后,如图 5.13 的右图所示。结合描述弯曲液面下附加压的拉普拉斯公式,从图 5.13 的右图可以看出,因点 b、c、d 两侧的液

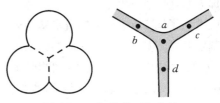

图 5.13　气泡的不稳定性

面近似为平面,故这些点附近几乎都没有附加压力。相比之下,点 a 附近有三个弯曲液面,而且液面都是凹面。所以,点 a 附近的压力明显小于点 b、c、d 附近的压力。在这种情况下,液体会从 b、c、d 点附近的液膜中自发流向 a 点,使相邻气泡之间的液膜会变得越来越薄,并最终破裂使不同的气泡合二为一。所以,液体中的气泡一般都容易破裂消失。当往液体中加入表面活性剂后,结合拉普拉斯公式,液体表面张力的减小会使弯曲液面下的附加压减小。结果会使得点 b、c、d 附近与点 a 附近的压力差减小,会使液膜中的液体自发流向 a 点的趋势减小,从而使气泡变得较稳定。因此,表面活性剂有利于起泡。通常起泡剂大多都是表面活性物质。

起泡作用在浮游选矿中是很重要的。具体操作时,先把低品位的矿石粉碎成粉末并倒入专用的表面活性剂(此处称其为捕集剂)水溶液中,然后从容器底部通入压缩空气进行搅拌。结果表面活性剂会选择性地附着在有用的亲水性矿物微粒表面,其憎水基在气泡内的液面上方即指向空气。在这种情况下,鼓泡时憎水基就会附着在气泡上并浮起,然后收集泡沫并消泡,就可以达到富集有用矿物质的目的,而不含有用矿物质的泥沙等则停留在溶液底部被除去。

作为起泡剂时,对表面活性剂主要有以下几点要求:

(1)能明显降低液体的表面张力。

(2)产生的气泡膜应有一定的强度和弹性。只有当气泡膜具备一定的强度和弹性时,气泡才能真正稳定地存在。正因为这样,明胶和蛋白质虽然不能明显降低水溶液的表面张力,但由于它们在水溶液中形成的气泡膜很牢固,所以明胶和蛋白质也是很好的起泡剂。如在加工豆浆过程中形成的泡沫和在加工禽蛋食品过程中搅拌蛋黄和蛋清时形成的泡沫就比较稳定而不易消失。

(3)能适当增大水溶液的粘度。只有这样,才会使气泡膜内的溶液不会因为重力的作用而迅速流失、变薄,以至最终破裂,参见图 5.14。

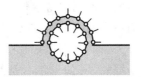

图 5.14　液面上的气泡

基于上述理由,表面活性剂大都可以作为起泡剂(也叫做发泡剂)。但与此同时,起泡剂不全是表面活性剂。

3)乳化作用

通常许多有机物因其极性小,结果就像油一样与水互不相溶,或者彼此的溶解度很小。故常把这类有机物统称为油(oil),并用字母 O 表示,而把水(water)用字母 W 表示。当把油和水彼此混合并充分振荡或搅拌后,其中的油或者水就会以微小液滴的形式分散在另一种液体中,形成**乳状液**。之所以称这种分散系统为乳状液,原因是许多乳状液的外观是乳白色的,与乳品相似。实际上,用上述简单方法得到的乳状液是不稳定的,静置一段时间后就会自动分层又变为互不相溶的水和油两相,原因是油-水相界面的界面张力较大,界面积较大时界面吉布斯函数较大,稳定性较差。如果往乳状液分散系统中加入适当的表面活性剂,并经过充分振荡或搅拌后形成的乳状液的稳定性就会大大增加。原因是表面活性剂可以减小油-水的界面张力,从

而增加乳状液的稳定性。

胶束除了图5.10所示的憎水基朝内而亲水基朝外这种形式以外,也可以是亲水基朝内而憎水基朝外。所以在表面活性剂的作用下,并借助强力搅拌不但可以形成水包油型乳液(常简记为O/W,其中水相是连续相,油相是不连续的分散相),也可以形成油包水型乳液(常简记为W/O,其中水相是不连续的分散相,而油相是连续相)。

对于一个给定的互不相溶的油-水系统,在表面活性剂的作用下,到底形成水包油型乳液还是油包水型乳液,这主要与表面活性剂的本性有关。仔细分析,乳状液系统中的油-水相界面实际上有一定的厚度,而不是无厚度的几何面。从油相到水相需要越过一个过渡区,我们称此区域为界面相(相当于第三个相)。如果界面相与水相之间的界面张力小于界面相与油相之间的界面张力,通常会形成O/W型乳状液;如果界面相与水相之间的界面张力大于界面相与油相之间的界面张力,通常会形成W/O型乳状液。因为在分散相颗粒大小一定的情况下,这种系统的界面吉布斯函数才比较小,系统才比较稳定。

4) 增溶作用

顾名思义,增溶作用是指能增加难溶物在水中的溶解度。但是此处的难溶物主要是指非极性的或弱极性的有机物,而非难溶的无机化合物如氯化银。表面活性剂之所以具有增溶作用,可主要从以下几个方面考虑:

(1) 待溶解的物质会进入胶束并形成类似于O/W型乳液,使系统变得较稳定。

(2) 相对而言,待溶解的物质一般也有亲水基和憎水基,只是其亲水性和亲油性的差别不很显著而已。其分子能与表面活性剂粒子共同参与形成胶束。这种情况也有利于增大待溶解物在水中的分散趋势。

(3) 待溶解的物质可以被表面活性剂水溶液中的胶束表面吸附,从而也可以增大它在水中的分散趋势。原因是任何相界面都存在不饱和力场,都能不同程度地发生吸附,胶束表面也是如此。

所以,增溶作用既非真正增大难溶物在水中的溶解度(形成真溶液),也不仅仅是难溶物与水之间发生乳化,而是由于多种因素的影响,从而增大难溶物在水中的分散程度。

表面活性剂的增溶作用用途很广,如去除油污。表面活性剂在去油污方面,其强大的去污能力不仅与它的增溶作用有关,而且它能在油污表面和织物表面被吸附,同时亲水基都朝外。如果亲水基是带电荷的,则它们彼此之间就存在静电排斥作用,使得被乳化的油滴不易再聚集,也不易重新附着在织物表面,结果会被水冲走,如图5.15所示。除此以外,制药工业也经常用到表面活性剂,如常温下氯霉素在水中的溶解度为0.25%,加入20%的表面活性

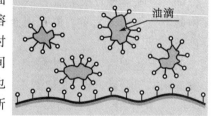

图5.15　去污作用示意图

剂吐温80后,其溶解度可提高到5%。其他维生素类、激素类药物也可用吐温系列表面活性剂增溶。也有不少生理现象与增溶作用有关。例如,水溶性差的脂肪不能直接被小肠吸收,但它可借助于胆汁的增溶作用被吸收。

5) 抗静电作用

许多高分子材料(包括塑料、橡胶、纤维等)都是高阻抗的绝缘体,其表面因摩擦而产生的静电荷不易扩散,结果导致局部表面容易产生较高的静电压。在某些特殊条件下,静电压可高

达几千伏。当静电压大于 4000 V 时,就容易自发放电打火花,从而引起易燃易爆物品的燃烧爆炸。另一方面,局部静电压达到几个伏特就可能会使自动控制电路中产生错误的电信号,从而引起自动控制系统的误操作,结果可能造成重大损失。

如果在高分子材料表面涂敷一层表面活性剂,或者在高分子材料加工成型前,作为助剂往原材料中添加一些表面活性物质,那么表面活性剂分子或离子在高分子材料表面定向排列时,就会亲水基朝外而憎水基朝内,如图 5.16 所示。结果使其表面容易吸附空气中的水分子,使其表面的导电性能大增。当空气湿

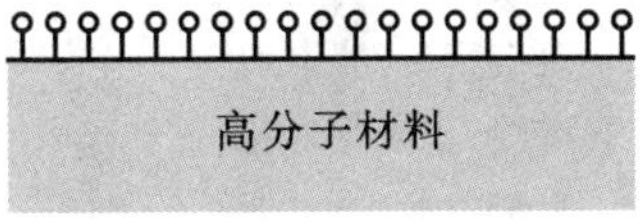

图 5.16　抗静电作用示意图

度较大时,其表面可吸附较多的水分子形成液膜,与此同时空气中的 CO_2、SO_2、NH_3 等气体溶于液膜后会使其表面的导电性增大得更显著,使表面的静电荷容易扩散而不易聚集,从而达到抗静电的目的。

5.4　固体对气体的吸附

1. 吸附作用

通过表面现象知识的学习,我们知道由于不饱和力场的存在,相界面的面积越大,界面吉布斯函数就越高,系统就越不稳定。另一方面,一定条件下任何系统都有自发趋于稳定的趋势。固体表面自发趋于稳定的主要途径之一就是对其他粒子的吸附。被吸附的粒子可以是气体分子也可以是溶液中的粒子,可以是分子也可以是离子。此处只讨论固体对气体的吸附。通常我们把具有较强吸附能力的物质叫做**吸附剂**或者**基质**,而把被吸附的物质叫做**吸附质**。

2. 吸附量的表示方法

讨论固体对气体的吸附时,我们常用到吸附量这个概念。**吸附量** Γ 可用单位质量吸附剂所吸附的吸附质的量来表示($mol \cdot kg^{-1}$),也可以用单位质量吸附剂所吸附的吸附质在一定温度和压力下(如标准状况)的体积来表示($m^3 \cdot kg^{-1}$),即

$$\Gamma = \frac{n}{m} \qquad \text{或} \qquad \Gamma = \frac{V}{m}$$

当吸附剂的量一定时,也可以用全部吸附剂所吸附的吸附质的总量 n 来表示吸附量,也可以用全部吸附剂所吸附的吸附质在标准状况下的总体积 V 来表示吸附量。

实际上,吸附量与发生吸附的时间密切相关。足够长时间后,吸附与脱附就会达到平衡。此处首先应把与平衡吸附量相关的规律性搞清楚。在我们后续的讨论中,涉及到的吸附量虽然未必加平衡二字,但实际上都是指一定条件下足够长时间后的平衡吸附量。平衡吸附量是衡量吸附剂吸附能力的一个重要参数,也是衡量气-固催化反应中固体催化剂性能的一个重要参数。

吸附量除了与吸附剂和吸附质的本性有关外,还与温度以及被吸附气体的分压有关。对于一个给定的系统,在一定温度下考察其吸附量与吸附质的平衡分压之间的关系比较方便,所以后边主要讨论在一定温度下吸附量与吸附质的平衡分压之间的关系,即吸附等温式。

3. 物理吸附和化学吸附

吸附可分为**物理吸附**和**化学吸附**,两者的主要区别见表 5 - 3。

表 5-3   物理吸附和化学吸附的区别

性　质	物理吸附	化学吸附
吸附力	较弱,主要是范德华力[1]	较强,主要是化学键力[2]
对吸附质的选择性	没有选择性	有选择性
对吸附质结构的影响	没有影响	有影响,如变形、断键、重排等
解吸(也叫做脱附)	容易解吸	不容易解吸
吸附层数	既有单层,也有多层	只有单层
吸附热	放热且较少,与冷凝热相当	放热且较多,与反应热相当

在一定温度和压力下,由于吸附过程使系统趋于更加稳定,故吸附过程中 $\Delta G < 0$。与此同时,从混乱度方面考虑,吸附过程使气体分子的自由运动范围受到了很大限制,使系统的混乱度大大减小了,故吸附过程中 $\Delta S < 0$。所以,在一定温度和压力下吸附过程中必然 $\Delta H < 0$(因为 $\Delta G = \Delta H - T\Delta S$)。这就是说,不论物理吸附还是化学吸附,它们都是放热的。实际上在许多情况下,物理吸附和化学吸附不能截然分开,二者往往可同时发生。例如在 19.96 kPa 和 $-200 \sim$ 200 ℃ 之间,在一定的吸附时间间隔内,实验测得 CO 在一

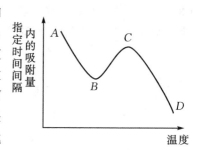

图 5.17　CO 在 Pd 上的吸附

定量金属 Pd 表面的吸附量如图 5.17 所示。对于该图中的吸附量随温度的变化趋势可作如下解释:

(1) 不论物理吸附还是化学吸附,一种气体从未被吸附到被吸附,这种变化过程就是两种具有一定稳定性的状态之间的变化,可将其视为一种简单的化学变化(即基元反应)。在这种情况下,可以参考化学平衡移动原理和化学反应速率与温度的关系,对吸附量与温度的关系进行讨论分析。

(2) 物理吸附主要由范德华力引起,其吸附力较小。这种吸附对吸附质的化学结构没有明显影响。所以物理吸附一般不需要活化能(或者说物理吸附的活化能很小,可近似当作零),其吸附速率很快,很容易达到吸附平衡。正因为这样,所以在 $-200 \sim 200$ ℃ 范围内不论温度高低,在规定的时间间隔内物理吸附都能达到平衡。故物理吸附的吸附量都是平衡吸附量。另一方面,由于物理吸附是个放热过程,所以物理吸附的吸附量会随着温度的升高而减小。

(3) 化学吸附是由较强的化学键力引起的。化学键力会影响到吸附质的化学结构,故化学吸附的活化能较高。所以在低温下,化学吸附速率很慢。在规定的有限时间间隔内,化学吸附不能达到平衡。温度很低时,在规定的吸附时间间隔内化学吸附的吸附量很小,可以忽略不计。但是,化学吸附的吸附速率会随温度的升高而明显加快。根据阿累尼乌斯公式,吸附过程的活化能越大,温度对吸附速率的影响越显著。当温度足够高时,不仅化学吸附的速率很快,而且很容易达到吸附平衡。由于化学吸附也放热,所以当温度继续升高时,化学吸附的平衡吸附量也会逐渐减小。

综合考虑,在低温下由于化学吸附速率太慢,在规定的吸附时间间隔内,化学吸附的吸附

---

[1]　关于范德华力,参见第 8 章中的相关内容。

[2]　关于化学键力,参见第 8 章中的相关内容。

量很小,可忽略不计。总吸附量主要由物理吸附所产生。又因物理吸附的吸附量是平衡吸附量,所以总吸附量会随温度的升高而下降,如图 5.17 中的 AB 段所示。温度继续升高时(见图中的 BC 段),物理吸附的平衡吸附量越来越小,并逐渐趋于可忽略不计。但与此同时,化学吸附越来越快。虽然这时化学吸附仍未达到平衡,但化学吸附的非平衡吸附量越来越大,结果使总吸附量主要由化学吸附产生。所以随着温度的升高,在 BC 段吸附总量越来越大。当温度进一步升高时,化学吸附和脱附的速率都会进一步加快。但从平衡移动角度考虑,这时总吸附量会随温度的进一步升高而减小,如图中的 CD 段所示。

4. 单分子层吸附理论

单分子层吸附理论的基本假设:

(1) 固体表面不饱和力场的作用范围与普通分子的尺寸相当,故吸附都是单层吸附。

(2) 固体表面各处均匀一致,各处的吸附能力相同。

(3) 被吸附的分子彼此之间无相互作用,所以被吸附的分子脱附时彼此不受干扰。

(4) 脱附与吸附同时进行。一定条件下当两者速率相等时,就达到了吸附平衡。

根据上述基本假设,当达到吸附平衡时

$$吸附质(气相) \underset{脱附\ k_{-1}}{\overset{吸附\ k_1}{\rightleftharpoons}} 吸附质(被吸附)$$

定义

$$\theta = \frac{已被吸附质覆盖的固体表面积}{固体的总表面积} \tag{5.12}$$

把式(5.12)中的 θ 称为**覆盖度**,它是吸附平衡时被吸附质占据的固体表面积占固体总表面积的分数。覆盖度也叫做**覆盖率**。吸附平衡时未被吸附质占据的固体表面积所占的分数为 $(1-\theta)$。由于固体的表面积是有限的,因此吸附量也是有限的。固体表面有限的吸附能力可归功于固体表面上有限的吸附活性中心。下面分几种不同情况进行讨论。

(1) 只有一种吸附质 A_2,该吸附质被吸附时不发生解离。

吸附过程如同吸附质分子 A_2 与吸附活性中心 □ 之间的双分子基元反应,其速率常数为 k_1。脱附过程如同被吸附的吸附质分子 $\boxed{A_2}$ 的单分子基元反应,其速率常数为 k_{-1},即

$$A_2 + \boxed{} \underset{脱附\ k_{-1}}{\overset{吸附\ k_1}{\rightleftharpoons}} \boxed{A_2}$$

根据质量作用定律,吸附速率 r_1 和脱附速率 r_{-1} 可分别表示为

$$r_1 = k_1 p(1-\theta) \tag{5.13}$$

$$r_{-1} = k_{-1}\theta \tag{5.14}$$

在式(5.13)中,p 代表吸附质 A_2 分压力。吸附平衡时,吸附速率与脱附速率相等,即

$$k_1 p(1-\theta) = k_{-1}\theta$$

由此可得

$$\theta = \frac{k_1 p}{k_{-1} + k_1 p}$$

若令

$$b = k_1/k_{-1} \tag{5.15}$$

则上式可改写为

$$\theta = \frac{bp}{1+bp} \tag{5.16}$$

由于在一定温度下,反应速率常数 k_1 和 k_{-1} 分别有唯一确定的值,所以在一定温度下 b 为常数,此称吸附系数。式(5.16)被称为**兰格缪尔吸附等温式**。把由式(5.16)描述的吸附称为**兰格缪尔吸附**。式(5.16)描述了一定温度下覆盖度与吸附质的平衡压力之间的关系。

若平衡压力很小即 $bp \ll 1$,则由式(5.16)可知 $\theta = bp$,即 θ 与 p 成正比。若平衡压力很大即 $bp \gg 1$,则由式(5.16)可知 $\theta = 1$,即表面吸附达到了饱和。所以,覆盖度与平衡压力之间的关系可用图 5.18 中的 $\theta \sim p$ 曲线来描述。如果把未达到饱和与达到饱和时的吸附量分别用 V 和 V_∞ 表示,则覆盖度就可以表示为

$$\theta = \frac{V}{V_\infty} \tag{5.17}$$

将式(5.17)代入式(5.16)并整理可得

$$bpV_\infty = bpV + V$$

两边同除以 bVV_∞ 可得

$$\frac{p}{V} = \frac{p}{V_\infty} + \frac{1}{bV_\infty} \tag{5.18}$$

图 5.18 兰格缪尔吸附等温线

因为对于一个给定的系统,在一定温度下 b 和 V_∞ 均为常数,故一定温度下兰格缪尔吸附的 p/V-p 呈线性关系。由该直线的斜率和截距可分别求得饱和吸附量 V_∞ 和吸附系数 b。有了饱和吸附量 V_∞ 后,结合吸附质分子的横截面积,就可以求得固体的比表面。**比表面**是单位质量的吸附剂所具有的表面积,其单位是 $m^2 \cdot kg^{-1}$。多孔性或海绵状物质有很大的比表面。另一方面,也可以根据饱和吸附量 V_∞ 和固体的比表面,求算吸附质分子的横截面积。在涉及固体催化剂的科研和生产实践中,比表面是一个重要的指标参数。

例 5.5 在 90 K 和不同压力下,一定量的云母对 CO 气体吸附的实验数据见下表中的第一行和第二行。其中的吸附量都是折算成标准状况下的体积。该吸附遵守兰格缪尔吸附等温式,且已知 CO 分子的横截面积为 $S = 0.122 \text{ nm}^2$。

p/Pa	0.755	1.400	6.040	7.266	10.55	14.12
$V \times 10^7/m^3$	1.05	1.30	1.63	1.68	1.78	1.83
$(p/V) \times 10^{-7}/(Pa \cdot m^{-3})$	0.719	1.077	3.706	4.325	5.927	7.716

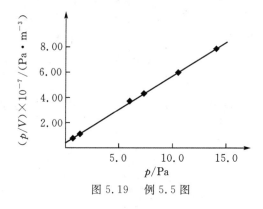

图 5.19 例 5.5 图

(1) 求饱和吸附量 V_∞ 和兰格缪尔吸附等温式中的吸附系数 b。

(2) 实验用云母的总表面积是多少?

解　（1）结合式（5.18），先用实验数据计算 p/V，并将计算结果列于上表中的第三行。然后画出 p/V-p 曲线，如图 5.19 所示。由图可以得到

$$斜率 = \frac{1}{V_\infty} = 5.24 \times 10^6 \text{ m}^{-3}$$

$$截距 = \frac{1}{bV_\infty} = 0.43 \times 10^7 \text{ Pa} \cdot \text{m}^{-3}$$

所以
$$V_\infty = 1.91 \times 10^{-7} \text{ m}^{-3}$$

$$b = \frac{1}{截距 \times V_\infty} = \frac{1}{0.43 \times^7 \text{ Pa} \cdot \text{m}^{-3} \times 1.91 \times 10^{-7} \text{ m}^3}$$
$$= 1.22 \text{ Pa}^{-1}$$

（2）饱和吸附量为

$$n_\infty = \frac{V_\infty}{0.0224 \text{ m}^3 \cdot \text{mol}^{-1}} = \frac{1.91 \times 10^{-7} \text{ m}^3}{0.0224 \text{ m}^3 \cdot \text{mol}^{-1}} = 8.53 \times 10^{-6} \text{ mol}$$

所以实验用云母的总表面积为

$$A = n_\infty \cdot L \cdot S$$
$$= 8.53 \times 10^{-6} \text{ mol} \times 6.022 \times 10^{23} \text{ mol}^{-1} \times 0.122 \times 10^{-18} \text{ m}^2$$
$$= 0.627 \text{ m}^2$$

（2）只有一种气体 A_2，但被吸附时会发生解离。

气体分子 A_2 被吸附时会发生解离，结果变为两个 A。每个 A 都要占据一个吸附活性中心。该吸附过程可表示如下：

$$A_2 + 2 \ \boxed{} \ \underset{\text{脱附 } k_{-1}}{\overset{\text{吸附 } k_1}{\rightleftharpoons}} \ 2 \ \boxed{A}$$

根据质量作用定律，吸附速率和脱附速率可分别表示为

$$r = k_1 p (1 - \theta)^2$$
$$r_{-1} = k_{-1} \theta^2$$

平衡时
$$k_1 p (1 - \theta)^2 = k_{-1} \theta^2$$

令 $b = k_1/k_{-1}$，则

$$bp = \frac{\theta^2}{(1 - \theta)^2}$$

即
$$\frac{1}{\sqrt{bp}} = \frac{1}{\theta} - 1 \qquad 或 \qquad \frac{1 + \sqrt{bp}}{\sqrt{bp}} = \frac{1}{\theta}$$

由此可得兰格缪尔吸附等温式如下：

$$\theta = \frac{\sqrt{bp}}{1 + \sqrt{bp}} \tag{5.19}$$

式（5.19）中的 b 也是吸附系数。

5.5　胶体

胶体是物质的一种相当普遍的存在形式。连续物相中（不论是固体、液体还是气体）凡是含有固体微粒或微小液滴或小气泡的，这些系统均属胶体科学研究的范围。在胶体分散系统

中,分散相粒子的线度大都在 $1 \sim 100$ nm 之间。这么大的颗粒通常是由许许多多的分子或离子组成的,故这种分散系统属于多相系统。由于胶体分散系统的相界面的面积很大,其界面吉布斯函数很高,抛开界面现象的研究和认识就无法理解胶体的许多表现行为,因而这门科学又常被称为界面与胶体化学。界面与胶体化学对生产实践具有重要的指导意义,例如土壤、农药、石油、橡胶、纺织、造纸、水泥、染色、油漆、印刷、食品、陶瓷、医药等行业均与胶体化学有关。随着科学技术的飞速发展与进步,如今在生物膜和各种新型纳米材料的研究开发等方面,胶体化学作为一个重要的理论基础,其作用尤为重要。有人认为,世界上有 50% 以上的科学家都在与界面和胶体打交道,有 50% 以上的产品都与胶体分散系统有关。因此,学习和掌握界面与胶体化学基础知识是很有必要的。我们在前边已学习过界面现象,此处主要讨论胶体化学。

1. 分散系统的分类

把一种或多种物质分散到另一种物质中,得到的就是一个分散系统。其中,把被分散的物质称为**分散质**或**分散相**,而把另外一种物质称为**分散剂**或**分散介质**。

最初人们把不同物质溶解在水中后,发现有些扩散得快,有些扩散得慢。扩散快的可以透过半透膜,扩散慢的不能透过半透膜。扩散快的分散系统蒸去水分后可以得到晶体,扩散慢的分散系统蒸去水分后只能得到胶状物。最初人们以此为参考,把被分散物质分为晶体和胶体两大类。后来进一步的研究发现,许多物质在有些分散剂中表现为晶体,但在另一些分散剂中却表现为胶体。如松香溶解在酒精中表现为晶体,但是松香溶解在水中却表现为胶体。又如氯化钠可溶解于水形成溶液,表现为晶体。但是当氯化钠溶解于苯中时,就表现为胶体。实际上,不同分散系统在扩散、渗透等方面之所以有别,其根本原因在于分散相粒子的大小。既然如此,最初把物质分为晶体和胶体两大类就不尽合理了,而根据分散质粒子的大小把分散系统分为溶液、胶体和粗分散系统更恰当一些。它们的主要特征见表 $5-4$。

表 $5-4$　分散系统的分类

分散系统	分散质粒子的线度	特　　性
溶液	$< 10^{-9}$ m	扩散快,可以渗透
胶体	$10^{-9} \sim 10^{7}$ m	扩散慢,不渗透
粗分散系统	$> 10^{-7}$ m	不扩散,不渗透

由于胶体粒子体积较大,故它不能透过半透膜发生渗透,在这方面粗分散系统中的分散质粒子就更不用说了。在胶体分散系统中的胶体粒子,由于每时每刻受分散剂分子沿不同方向碰撞的频次和强度不均匀而产生布朗运动,从而会发生扩散。但是布朗运动速度比普通分子的运动速度小得多,所以胶体分散系统的扩散速度明显比溶液慢。粗分散系统中的分散质粒子每时每刻在不同方向受到分散剂分子碰撞的频次和强度也不相同,但是这种差异不足以引起粗大的分散质粒子产生布朗运动,所以粗分散系统中的分散质粒子不扩散。

当我们将一把泥土放入水中时,其中的许多盐类物质会溶解于水变为溶液;其中的大颗粒泥沙会很快下沉;部分较小的未溶解的土粒会暂时使分散系统变混浊,但这些使水变混浊的土粒最终也会沉降于容器底部,使分散系统变为澄清,貌似溶液。这时,分散系统虽然是澄清的,但混杂在真溶液中的还有更细小的泥土颗粒,它们既不下沉,也不溶解。这就是在普通显微镜下也观察不到的胶体粒子。这种含有胶体粒子的分散系统就是胶体。

通常认为胶体颗粒的线度大约在 $1 \sim 100$ nm 之间,但并不严格,也有许多书中给出的胶体颗粒尺度范围是 $1 \sim 1000$ nm。小于 1 nm 的通常是以分子或离子形式分散的体系,是真溶液,是单相;大于 100 nm 的通常为粗分散体系。胶体化学的研究对象就是胶体分散系统。由于不同胶体分散系统彼此之间的性质会有很大差别,故根据胶体分散系统的稳定性和胶体粒子的结构可将胶体分散系进一步划分为以下几大类:

(1) **溶胶**。溶胶也叫做**憎液胶体**。把一种物质以很小的颗粒分散到其溶解度很小的分散剂中所得到的系统即为溶胶。在溶胶分散系统中,其分散相粒子是由许许多多的原子或分子组成的,而不是单个分子或原子。所以溶胶分散系统属于多相系统,系统的相界面很大,界面吉布斯函数很高,是热力学不稳定系统。

(2) **胶束胶体**。胶束胶体也叫做**缔合胶体**。把表面活性物质溶解在水中,当浓度较大并大于其临界胶束浓度时就会形成胶束。这时虽然系统中有两个相,但是相界面由表面活性剂分子或离子组成,而表面活性剂分子或离子既有亲水基又有亲油基,故由表面活性剂形成的界面膜把水相和油相紧密地笼络在一起,这样的系统是稳定系统。胶束胶体在本章前边表面活性剂部分已讨论过

(3) **大分子溶液**。许多天然的大分子化合物如纤维素、蛋白质、淀粉、橡胶等,以及许多人工合成的高聚物如聚乙烯醇、聚丙烯酰胺、聚苯乙烯等,它们可分别以分子或离子的形式分散在适当的溶剂中形成真溶液。真溶液是热力学稳定的单相分散系统。由于大分子溶液中溶质的相对分子量很大(可高达几万、几十万或更高),分子的线度也很大,故根据其溶质分子的线度可将这种溶液划分为胶体。另外,大分子溶液的许多性质与低分子溶液不同,而与胶体分散系统相似,如丁铎尔效应、布朗运动、扩散性、渗透性等。所以,大分子溶液也是胶体化学讨论的对象,但大分子溶液属于亲液胶体,而不是憎液胶体。随着高分子化学的迅速发展,大分子溶液讨论的内容范围越来越广泛,越来越深入细致,所以大分子溶液是目前高分子物理讨论的主要内容之一。此处主要讨论憎液胶体,即溶胶。

在不同分散介质中,只要分散质粒子的线度介于 $1 \sim 100$ nm 之间,即为胶体分散系统。根据分散介质的不同,可以把溶胶进一步划分为气态溶胶、液态溶胶和固态溶胶。不同的溶胶分散系统见表 $5-5$。任何气体都能彼此完全互溶,所以气体与气体不能形成胶体。通常把分散介质为液体的胶体分散系统称为液态溶胶,把分散介质为固体的胶体分散系统称为固态溶胶,把分散介质为气体的胶体分散系统称为气态溶胶。

表 5-5　不同的溶胶分散系统

分散介质	溶　　　胶	分散质	举　　　例
气体	气态溶胶	气	—
		液	云雾
		固	烟尘
液体	液态溶胶	气	泡沫
		液	乳制品等乳状液
		固	油墨、油漆等
固体	固态溶胶	气	沸石
		液	珍珠
		固	合金等

2. 胶体的动力学性质

1）布朗运动与扩散

在溶液里，由于分散质粒子的尺寸非常小，我们观察不到分散质粒子及其运动。其实在溶液里，溶质粒子的运动速度很快，这一点可用溶液扩散很快这种实验结果得到验证。在粗分散系统中，通常用肉眼就可以观察到尺寸较大的分散质粒子。粗分散系统中的分散质粒子虽然每时每刻受到四面八方分散剂分子的碰撞机会不尽相同，但这种碰撞不会引起粗大的分散质粒子运动，所以粗分散系统无布朗运动、不扩散。与粗分散系统相比，虽然胶体分散系统中的分散质粒子较小，虽然用肉眼观察不到，但使用超显微镜可以观察到分散质粒子的布朗运动，如图5.20所

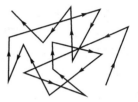

图 5.20　布朗运动

示。这是由于分散质粒子即胶体粒子每时每刻受四面八方分散剂分子或其他分子或离子碰撞的机会不完全相同，而且其自身的质量又不是特别大，从而引起胶体粒子的运动。这种运动是杂乱无章的，无确定的方向，这就是**布朗运动**。布朗运动的速度比普通分子或离子的运动速度小得多，所以胶体分散系统虽然能发生扩散，但其扩散速度比溶液慢得多。

2）沉降速度和沉降平衡

在溶胶中，胶体粒子和分散剂的密度一般不完全相同，而且在许多情况下，胶体粒子的密度大于分散剂的密度。所以，重力场的作用会使胶体粒子下沉，结果使上部胶体粒子的浓度减小，使下部的胶体粒子浓度增大。另一方面，根据菲克扩散第一定律，分散系统内有浓度梯度就有扩散。扩散作用总力图使得不同高度处的胶体粒子浓度趋于一致。所以在重力作用下胶体粒子的沉降是有限度的，足够长时间后沉降与扩散就会达到平衡。这时从上到下浓度逐渐增大，从上到下有一定的浓度梯度。我们把这种平衡叫做**沉降平衡**。下面就来分析胶体粒子的下沉速度和沉降平衡时的浓度分布情况。

（1）沉降速度。胶体粒子的下沉力等于它受到的重力与浮力之差。对于密度为 ρ、半径为 r 的球形分散质粒子，若分散剂的密度为 ρ_0，则

下沉力：　$F_1 = \dfrac{4}{3}\pi r^3 \cdot (\rho - \rho_0) \cdot g$　　　　（g 为重力加速度）

摩擦力：　$F_2 = f \cdot v = 6\pi\eta r \cdot v$

其中，v 为分散质粒子的下沉速度；f 为分散质粒子下沉时的摩擦系数；η 是分散剂的粘度，其单位是 Pa·s。

当分散质粒子匀速下沉时，必然 $F_1 = F_2$，即

$$\frac{4}{3}\pi r^3 \cdot (\rho - \rho_0) \cdot g = 6\pi\eta r \cdot v$$

所以　　　　　　　　　　　　　$$v = \frac{2r^2 \cdot (\rho - \rho_0) \cdot g}{9\eta} \tag{5.20}$$

由式（5.20）可见，粒子的下沉速度与粒径的平方成正比。这就是说，在其他条件一定的情况下，粒子的大小对其沉降速度的影响非常显著。另一方面，通过实验测定 ρ、η 和 v 以后，由式（5.20）便可以确定分散质粒子的半径 r。也可以结合分散质粒子的 ρ、r 以及实验测得的 v，由式（5.20）确定分散介质的粘度 η。

例 5.6 　在 298 K 下,已知水的粘度为 $\eta = 1.0 \times 10^{-3}$ Pa·s,水的密度为 1.0 g·mL^{-1},金子的密度为 19.3 g·mL^{-1}。

(1) 半径为 10^{-5} m、10^{-7} m、10^{-9} m 的球形金粒在水中的沉降速度分别是多少?

(2) 半径为 10^{-7} m 的球形金粒下沉 10 cm 需要多长时间?

解 　(1) 由式(5.20)可知

$$v = \frac{2r^2 \cdot (\rho - \rho_0) \cdot g}{9\eta}$$

$$= \frac{2 \times (19.3 \times 10^3 - 1.0 \times 10^3) \times 9.8}{9 \times 10^{-3}} \cdot r^2$$

$$= 3.99 \times 10^7 r^2$$

$r = 10^{-5}$ m 时,$v = 3.99 \times 10^{-3}$ m·s^{-1}

$r = 10^{-7}$ m 时,$v = 3.99 \times 10^{-7}$ m·s^{-1}

$r = 10^{-9}$ m 时,$v = 3.99 \times 10^{-11}$ m·s^{-1}

(2) $t = \dfrac{h}{v}$

$$= \frac{0.1 \text{ m}}{3.99 \times 10^{-7} \text{ m·s}^{-1}}$$

$$= 2.51 \times 10^5 \text{ s}$$

$$= 69.6 \text{ h}$$

(2) 沉降平衡。渗透压是分散系统的性质,是状态函数。当其他条件一定时,渗透压与分散系统的浓度有一一对应的关系。在一个分散系统中,如果不同区域的浓度不同,则它们的渗透压也就不同。在这种情况下,分散质会从高浓度区往低浓度区扩散,分散剂会从低浓度区往高浓度区扩散,其结果都力图使得各区域的浓度相等,使渗透压趋于一致,使不同区域的渗透压力差消失。如此说来,不同区域有渗透压力差时才会有扩散。或者说,可以把不同区域的渗透压力差视为扩散的推动力。

另一方面,根据前面的讨论,胶体分散系统会因胶体粒子的下沉而产生浓度梯度,如图5.21所示。从下往上浓度逐渐减小。设在 h 高度处浓度为 c,在 $h + \mathrm{d}h$ 高度处浓度为 $c + \mathrm{d}c$。那么,当一个分散系统达到沉降平衡时,其浓度到底是如何分布的呢?在高度从 h 到 $h + \mathrm{d}h$ 的范围内,设分散质粒子总数为 N。这 N 个粒子往上扩散的合力为 f。这个力就是来源于渗透压力差的总推动力。那么,每个粒子往上扩散的推动力可以表示为

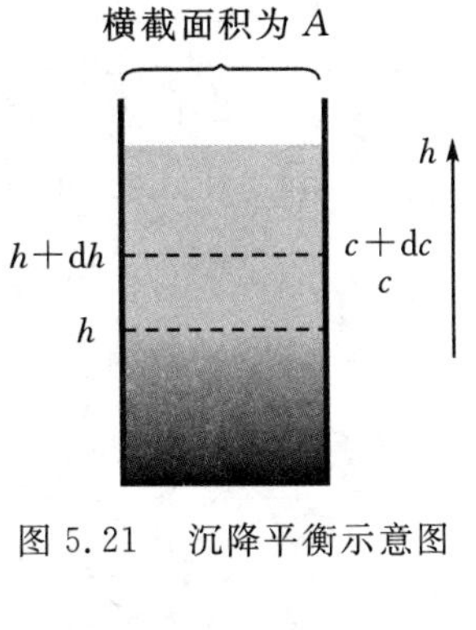

图 5.21 　沉降平衡示意图

$$F_\text{上} = \frac{f}{N} = -\frac{A \cdot \mathrm{d}\pi}{c \cdot A \cdot \mathrm{d}h \cdot L}$$

即

$$F_\text{上} = -\frac{R \cdot T \cdot \mathrm{d}c}{c \cdot \mathrm{d}h \cdot L} \tag{5.21}$$

在式(5.21)中,L 代表阿佛伽德罗常数。由于浓度从下往上逐渐减小,故每个分散质粒子往上扩散的推动力必大于零。但由于随着高度的增加,浓度的微分 $\mathrm{d}c$ 小于零,渗透压的微分 $\mathrm{d}\pi$ 也小于零,所以式(5.21)及其前式的右边应有一个负号。

重力与浮力共同作用使每个球形分散质粒子下沉的力为

$$F_下 = \frac{4}{3}\pi r^3 \cdot (\rho - \rho_0) \cdot g \tag{5.22}$$

沉降平衡时,对于每个粒子而言,所受到的合力为零,即向上扩散的推动力与下沉驱动力的大小相等。这时由式(5.21) 和式(5.22) 可知

$$-\frac{R \cdot T \cdot dc}{c \cdot dh \cdot L} = \frac{4}{3}\pi r^3 \cdot (\rho - \rho_0) \cdot g$$

即

$$d\ln c = \left[\frac{4\pi r^3 \cdot (\rho_0 - \rho) \cdot g \cdot L}{3RT}\right]dh$$

对上式两边进行积分,高度从 h_1 到 h_2,浓度从 c_1 到 c_2。积分结果如下:

$$\ln\frac{c_2}{c_1} = \frac{4\pi r^3 \cdot (\rho_0 - \rho) \cdot g \cdot L}{3RT}(h_2 - h_1) \tag{5.23}$$

即

$$\ln\frac{c_2}{c_1} = \frac{M(\rho_0/\rho - 1) \cdot g}{RT}(h_2 - h_1) \tag{5.24}$$

在式(5.24) 中,M 代表分散质粒子的摩尔质量。式(5.23) 式(5.24) 描述了沉降平衡时的浓度分布情况。反过来,也可以借助式(5.23) 和式(5.24),根据沉降平衡时的浓度分布情况,确定分散质粒子的大小 r 以及分散质粒子的摩尔质量 M。

例 5.7 在 25 ℃ 下汞的密度是 13.5 g·mL^{-1}。在某密度为 1.0 g·mL^{-1} 的分散剂中

(1) 半径为 3.5×10^{-8} m 的汞胶粒子的浓度降低 50% 时的高度差是多少?

(2) 如果汞能以单原子的形式分散成真溶液,则其浓度降低 50% 时的高度差是多少?

解 (1) 由式(5.23) 可知

$$\ln\frac{c_2}{c_1} = \frac{4\pi r^3 \cdot (\rho_0 - \rho) \cdot g \cdot L}{3RT}\Delta h$$

所以

$$\begin{aligned}
\Delta h &= \frac{3RT}{4\pi r^3 \cdot (\rho_0 - \rho) \cdot g \cdot L}\ln\frac{c_2}{c_1} \\
&= \frac{3 \times 8.314 \times 298}{4 \times 3.14 \times (3.5 \times 10^{-8})^3 \times (1000 - 13.6 \times 10^3) \times 9.8 \times 6.02 \times 10^{23}}\ln\frac{1}{2} \\
&= 1.3 \times 10^{-4}\text{ m} = 0.13\text{ mm}
\end{aligned}$$

(2) 由式(5.24) 可知

$$\ln\frac{c_2}{c_1} = \frac{M(\rho_0/\rho - 1) \cdot g}{RT}\Delta h$$

所以

$$\begin{aligned}
\Delta h &= \frac{RT}{M \cdot (\rho_0/\rho - 1) \cdot g}\ln\frac{c_2}{c_1} \\
&= \frac{8.314 \times 298}{200.6 \times 10^{-3} \times (1000/13600 - 1) \times 9.8}\ln\frac{1}{2} \\
&= 943\text{ m}
\end{aligned}$$

由上例可见,对于真溶液,通常根本不必考虑它的沉降平衡,即不必考虑不同高度处的浓度差。实际上,由于真溶液中的溶质粒子非常小,其沉降速度非常缓慢而扩散速度非常快,所以根本无法达到沉降平衡,不同高度处的浓度通常都是均匀一致的。

即使对于胶体分散系统,由例 5.6 可见,其胶体粒子的沉降速度也是非常缓慢的,很难达

到沉降平衡。正因为这样，在科研实践中，欲借助沉降平衡推测胶体粒子的摩尔质量，就需要用超离心机以便尽快建立沉降平衡，而任其自然下沉是很难达到沉降平衡的。

3. 胶体的光学性质

当一束光照射到分散系统时，如果分散质粒子的尺寸大于光的波长，通常会发生光的反射或折射；相反，如果分散质粒子的尺寸小于光的波长，通常会发生光的散射。所谓光散射，就是分散质粒子中的电子在电磁波（光就是电磁波）的作用下被迫振动从而成为二次光源。二次光源向各个方向发射电磁波，而且频率与入射光的频率相同。严格说来，散射可分为弹性散射和非弹性散射。在弹性散射中频率不变，在非弹性散射中频率会发生变化。对于胶体分散系统，主要是弹性散射。

如果胶体分散系统中的分散质是球形非导体粒子，分散质粒子彼此之间无相互作用，与入射光的波长 λ 相比较分散质粒子的尺寸小于 $\lambda/10$，而且入射光是非偏振光，则根据电磁场理论可以导出散射光的总强度为

$$I = \frac{24\pi^3 CV^2}{\lambda^4} \cdot \left(\frac{n_2^2 - n_1^2}{n_2^2 + 2n_1^2}\right)^2 \cdot I_0 \tag{5.25}$$

其中，I_0 代表入射光的强度；V 代表每个分散质粒子的体积；λ 代表入射光的波长；n_1 代表分散剂的折光率；C 代表单位体积内分散质的粒子数；n_2 代表分散质的折光率。

式(5.25)称为**雷利公式**。由雷利公式可以看出：

（1）分散质粒子的体积越大，散射光越强；反之，散射光越弱。

（2）单位体积内分散质粒子的数目越多，散射光越强；反之，散射光越弱。

（3）入射光波长越短，散射光越强；反之，散射光越弱。

（4）分散剂与分散质的折光率差别越大，散射光越强；折光率相同时无散射。

如果用一束白光（白光是复色光）照射无色透明的溶胶，如图 5.22 所示。根据雷利公式(5.25)，由于其中波长短的散射强度大，因此波长短的透射强度小；而波长长的散射强度小，因此波长长的透射强度大。所以，在侧面（与入射光的方向垂直）观察时，会看到一个淡蓝色的光柱。面对入射光光源的方向（即在容器的右侧）观察时，会看到淡红色。该实验现象叫做**丁铎尔效应**，也叫**乳光效应**。不完全满足前述条件的胶体分散系统也会产生丁铎尔效应，只是其散射光强度不严格服从雷利公式而已。

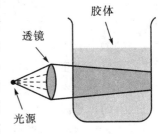

图 5.22　丁铎尔效应

日出日落时分，常常可以看到红红的太阳、蓝蓝的天空。这种现象与此时阳光斜射到达观察者的视野范围需要穿越厚厚的大气层（气态溶胶）并产生明显的丁铎尔效应有关。

根据雷利公式，当其他条件一定时，散射光强度与单位体积内分散质的粒子数 C 成正比。浊度计就是根据这个原理制成的用于监测水质优劣的一种常用仪器。浊度的大小可以反映水中微小的悬浮颗粒的多少。这种悬浮的微小颗粒用肉眼是看不出来的，但实际生产往往对此有严格的要求。对于真溶液，根据雷利公式，由于分散质粒子的体积很小，从而使散射光的强度非常弱，故对于真溶液一般观察不到丁铎尔效应。通常可用有无丁铎尔效应来判断一个分散系统是溶液还是胶体。

4. 胶体的电学性质

以分散质为固体的水溶胶为例,其中既含有胶体粒子,又含有电解质离子,其中还存在固一液相界面。系统的稳定性与界面张力有一定的关系。在界面积大小一定的情况下,界面张力越小界面吉布斯函数就越小,系统就越稳定。而界面张力是由界面不饱和力场产生的。当固体和液体接触时,固体表面可能会从液体中选择性的吸附某种离子,从而在该离子周围的溶液中产生过剩的反号离子,结果会形成双电层。除了借助于固体颗粒表面选择性吸附可以形成双电层外,也可以通过固体表面上的原子或分子发生电离的方式形成双电层。电离产生的离子会进入溶液并变成溶剂化离子,而电离出来的电子仍滞留在固体表面,这样也会形成双电层。

以固体表面选择性吸附形成的双电层为例,静电互吸作用会使固体表面选择性吸附的离子对周围过剩的带相反电荷的**反号离子**具有束缚作用。与此同时,这些过剩的反号离子也有热运动,也会由于浓度梯度的存在而向周围远处发生扩散。这两种作用的综合结果,使得溶液中过剩的反号离子并非都紧密地整齐地依附在固体表面附近并形成简单的双电层结构,而是过剩的反号离子以扩散的形式分布在固体颗粒周围,从而形成扩散双电层,如图 5.23 的上半部分所示。其中的反号离子是负离子。

在扩散双电层中,最靠近固体表面的第一层反号离子受到最初固体表面选择性吸附上去的离子的静电引力最强最牢固。所以在固体颗粒表面的扩散双电层中,把第一层反号离子以内的部分称为**紧密层**,而把其余反号离子组成的部分称为**扩散层**。在紧密层中,把由反号离子的电荷中心所构成的面称为**斯特恩面**。

当胶体粒子因布朗运动与分散介质发生相对位移时,紧密层中的离子与固体颗粒结合较紧密,会步调一致地随胶体粒子的运动而运动。而扩散层中的反号离子因受到的静电引力较弱,当胶体粒子做布朗运动时,扩散层中的反号离子会不同程度地出现掉队现象,即扩散层中的反号离子不能与胶体粒子同步运动。实际上,斯特恩面上的反号离子都是溶剂化的。当胶体粒子与分散介质发生相对运动时,斯特恩面上的离子会劫持它的溶剂化层跟随胶体粒子一起运动。我们把跟随胶体粒子一起运动的包含溶剂化层在内的相对运动界面叫做**切动面**。

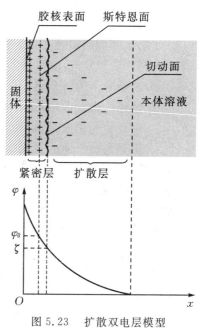

图 5.23　扩散双电层模型

在对静止的和运动的双电层结构有了一个清晰的图像之后,不难想象:在扩散双电层中,不同位置处与本体溶液之间的电势差如图 5.23 下半部分的曲线所示。这其中有几个电势概念需要了解和认识。

(1) **热力学电势** φ。热力学电势是选择性吸附了某种离子以后固体表面的电势。热力学电势等于固体表面与本体溶液间的电势差。热力学电势 φ 就是我们将在"电化学基础"一章中讨论的电极电势。

(2) **斯特恩电势** φ_δ。斯特恩电势是斯特恩面与本体溶液之间的电势差。

(3) **电动电势** ζ。电动电势就是切动面与本体溶液之间的电势差。电动电势常用 ζ 表示,所

以电动电势也叫做 ζ 电势。

从图 5.23 可以看出，其中的固体粒子带正电，热力学电势、斯特恩电势以及电动电势均大于零，而且它们的值依次减小即 $\varphi > \varphi_\delta > \zeta$。如果固体表面最初选择性地吸附了带负电荷的离子，则热力学电势、斯特恩电势以及电动电势必然都小于零，但它们的绝对值仍然是依次减小的，即 $|\varphi| > |\varphi_\delta| > |\zeta|$。

由于微观粒子的热运动永不停息，有浓度梯度就有扩散的趋势。浓度梯度越大，扩散趋势就越大。所以不难想象，分散介质中的电解质浓度越小，则过剩的反号离子在扩散层与本体溶液之间的浓度梯度就越大，那么过剩反号离子的扩散趋势就越大，扩散双电层的厚度也就越大。在这种情况下，电势随离开固体表面距离的增大而减小得越缓慢，热力学电势、斯特恩电势以及电动电势的差别越不明显。所以当溶液中的电解质浓度较小时，φ_δ 和 ζ 比较接近，可不必对两者加以严格区分。相反，当溶液中的电解质浓度较大时，反号离子在扩散层与本体溶液之间的浓度

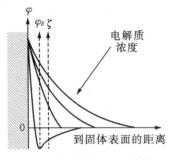

图 5.24　扩散双电层结构

梯度较小，扩散趋势也较小。在这种情况下，扩散双电层的厚度就较小，此时热力学电势、斯特恩电势以及电动电势的差别就比较明显。所以，当溶液中的电解质浓度不同时，距离固体表面不同位置处的电势随距离的变化情况如图 5.24 中的不同曲线所示。

综上所述，此处需要强调的是：分散介质中的电解质浓度对 φ_δ 和 ζ 有显著的影响。当胶体分散系统中的电解质浓度逐渐增大时，斯特恩电势 φ_δ 和电动电势 ζ 的差别越来越明显。如果电解质的浓度增大太快，φ_δ 和 ζ 不仅可以变为零，还有可能改变方向，即由正变负或由负变正，如图 5.24 中的虚线所示。

5. 胶团结构和胶粒的电性

在胶体分散系统中，我们把由许许多多个原子或分子组成的、尚未吸附离子的、不带电荷的分散质粒子叫做**胶核**；把由紧密吸附层包围起来的、包括紧密吸附层在内的、能作为一个整体发生布朗运动的这部分叫做**胶粒**；把胶粒及其外围的扩散层作为一个整体叫做**胶团**。结合前边对扩散双电层结构的认识，胶粒通常都是带电的。在同一种胶体分散系统中，由于胶核相同，故所有的胶核会选择性吸附相同的离子，使得所有胶粒带相同符号的电荷。在不同的胶体分散系统中，有些胶粒带正电，有些胶粒带负电。在所有的胶体分散系统中，胶团都是不带电的。例如，当二氧化硅与水接触时，会借助于下列反应形成溶胶。

$$SiO_2 + H_2O \longrightarrow H_2SiO_3 \longrightarrow 2H^+ + SiO_3^{2-}$$

硅酸溶胶的胶团结构示意图见图 5.25。硅酸溶胶的胶团式如下：

$$\underbrace{\underbrace{\big[\underbrace{(SiO_2)_m}_{\text{胶核}}, \overbrace{nSiO_3^{2-}, (2n-x)H^+}^{\text{紧密层}}\big]^{x-}}_{\text{胶粒}} : \overbrace{xH^+}^{\text{扩散层}}}_{\text{胶团}}$$

照理讲，憎液胶体属于多相分散系统，应该是不稳定的。如果胶核相互聚集，会有利于减小界面吉布斯函数，会使系统变得较稳定。可是实际上，由于胶核外有一个紧密吸附层，结果使胶核彼此无法直接相聚。另一方面，在胶体粒子的布朗运动中，因扩散层与胶粒之间的静电相互

作用较弱,扩散层不能与胶粒同步发生布朗运动。所以在布朗运动中直接相遇的既不是不带电的胶核,也不是呈电中性的胶团,而是带同号电荷的胶粒。带同号电荷的胶粒由于静电互斥,从而阻止彼此相互聚集,结果使得这种本不稳定的分散系统能够长时间存在,使其不容易聚集变得更稳定。我们把这种貌似稳定但实际上不稳定的状态叫做**亚稳状态**或**介稳状态**。由于胶粒表面的电势就是 ζ 电势,故通常 ζ 电势的绝对值越大的胶体分散系统,其亚稳状态存在的时间就越长,或者说其稳定性就越好。

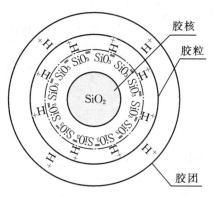

图 5.25　SiO_2 胶团结构示意图

胶核表面之所以吸附分散介质中的带电离子,原因是胶核表面存在着不饱和力场。胶核对分散介质中的离子发生选择性吸附时遵循一定的规律性。大量实验结果表明:

(1) 与胶核中的某个组分相同的离子会优先被胶核吸附。

(2) 如果分散介质中没有与胶核中的任何组分相同的离子,则胶核一般优先吸附水合能力较弱的阴离子,故带负电的胶粒比较多见。因为带电荷数相同的正离子和负离子相比较,通常负离子的半径明显大于正离子的半径,所以正离子的水合能力明显大于负离子的水合能力。正因为如此,水合后正离子的体积明显大于负离子的体积。故对于水合离子而言,负离子表面的电场强较大,负离子与胶核表面的相互作用较强,容易被胶核吸附。

例如,把 $AgNO_3$ 溶液逐滴加入到 KI 溶液中可制得碘化银溶胶,其胶团式如下:

$$[(AgI)_m, nI^-, (n-x)K^+]^{x-} : xK^+ \qquad \text{胶粒带负电}$$

又如,把 KI 溶液逐滴加入到 $AgNO_3$ 溶液中也可制得碘化银溶胶,其胶团式如下:

$$[(AgI)_m, nAg^+, (n-x)NO_3^-]^{x+} : xNO_3^- \qquad \text{胶粒带正电}$$

6. 电泳

由于胶体粒子通常都是带电的,因此在电场的作用下,胶体粒子会发生定向迁移。把胶体粒子在电场作用下的定向迁移现象叫做**电泳**。以氢氧化铁胶体为例,将 $FeCl_3$ 溶液加热煮沸并搅拌促使其水解,即可制得棕红色透明的氢氧化铁胶体。结合图 5.26,先把密度较大的棕红色氢氧化铁胶体加入到电泳仪中,然后把无色透明且密度较小的 KCl 溶液小心翼翼地加入到氢氧化铁胶体的上方,并尽量使两种分散系统之间保持一个清晰的相界面。把最初两侧两种液体的相界面高度记录下来。然后把该系统与一个恒压直流电源相接。通电后发现阴极那边的相界面往上移动,而阳极这边的相界面往下移动。这说明氢氧化铁胶体粒子带正电。其实这是很自然的,因为水解生成的氢氧化铁胶核 $[Fe(OH)_3]_m$ 中有 Fe^{3+} 离子和 OH^- 离子,这种胶核会优先吸附 Fe^{3+} 离子或 OH^- 离子。但 $FeCl_3$ 水解时溶液显酸性,其中的 OH^- 离子很少,而 Fe^{3+} 离子较多,所以 $[Fe(OH)_3]_m$ 胶核会优先选择性吸附溶液中的 Fe^{3+} 离子,结果使其胶粒带正电。

图 5.26　电泳实验

在电泳实验中,可以根据通电时间和相界面的移动距离确定电泳速度 v。而电泳速度与实验中所用的电场强度及胶体的 ζ 电势密切相关。因此,可以借助电泳实验来确定胶体的 ζ 电势。此处假设胶粒是很小的球形粒子,可将其视为点电荷;其扩散层也是球形的,而且扩散层的电荷在球面上是均匀分布的。那么,扩散层本身所带的电荷在扩散层球壳内所产生的电场强度处处为零,而且对扩散层球壳内的电势(其中包括电动电势)没有影响。在这种情况下,电动电势只与胶粒所带电荷 q 以及胶粒的半径 r 有关,其值可以表示为

$$\zeta = \frac{q}{4\pi\varepsilon_r\varepsilon_0 r} \tag{5.26}$$

在式(5.26)中,ε_0 是真空介电常数,其值为 $8.8542 \times 10^{-12}\ \text{F} \cdot \text{m}^{-1}$;$\varepsilon_r$ 是分散介质的相对介电常数。电泳时,胶粒受到两种力的作用。一个是电场强度为 E 的外加电场的作用力,另一个是它在外加电场中以速度 v 定向移动时受到的摩擦力。这两种力可分别表示为

$$F_{电} = q \cdot E$$

$$F_{摩擦} = 6\pi\eta r \cdot v$$

当胶粒匀速运动时,这两个力大小相等而方向相反,即

$$q \cdot E = 6\pi\eta r \cdot v$$

所以

$$q = \frac{6\pi\eta r \cdot v}{E}$$

将此代入式(5.26)可得

$$\zeta = \frac{1.5\eta \cdot v}{\varepsilon_r\varepsilon_0 E} \tag{5.27}$$

在式(5.27)中,E 是在电泳实验中施加在两个电极之间的电场强度,其单位是 $\text{V} \cdot \text{m}^{-1}$,其值等于施加在两个电极之间的电压与两极之间通过胶体的距离(非两极之间的直线距离)之比;v 是电泳速度,其单位是 $\text{m} \cdot \text{s}^{-1}$。由此得到的 ζ 是以 V 为单位的电动电势。式(5.27)给出的电动电势表达式只适用于球形胶粒。实际上如果胶粒很小,而且胶体分散系统中的电解质浓度较小,则相对而言其扩散双电层的厚度就较大。这时就可以把胶粒近似看做球形粒子,就可以用式(5.27)计算它的电动电势。

与上述情况相反,如果胶粒较大,而且胶体分散系统中电解质的浓度较大,则相对而言其扩散双电层较薄。这时不能把胶粒视为球形,而应将其视为板状或棒状胶粒。在这种情况下,它的电动电势不能直接用式(5.27)进行计算,而需要在式(5.27)的右边乘以一个校正系数后才能正确表示它的电动电势,即

$$\zeta = \frac{\eta \cdot v}{\varepsilon_0\varepsilon_r E} \tag{5.28}$$

实际上,对于平板式胶体粒子和圆柱状(即棒状)胶体粒子,式(5.28)都是适用的。在胶体分散系统中,ζ 电势与胶体的稳定性及其他许多性质都有关系,故 ζ 电势是一个很重要的参数。

例 5.8 有人用 Sb_2O_3 溶胶(可视为球形胶粒)做电泳实验。所用的电压为 200 V,两极间的距离为 38.0 cm,通电时间是 30 min,结果溶胶界面向正极方向移动了 3.0 cm。已知该溶胶中分散介质的相对介电常数为 81.1,粘度为 $1.03 \times 10^{-3}\ \text{Pa} \cdot \text{s}$。计算此溶胶的电动电势。

解 对于球形胶粒,根据式(5.27)得

$$\zeta = \frac{1.5\eta \cdot v}{\varepsilon_r\varepsilon_0 E}$$

$$= \frac{1.5 \times 1.03 \times 10^{-3} \times 0.03/1800}{81.1 \times 8.854 \times 10^{-12} \times 200/0.38}\ \text{V}$$

$$= 0.068 \text{ V}$$

电泳实验的应用非常广泛。在生物化学中常用电泳方法分离各种大分子氨基酸和蛋白质等。因为这些物质大多是两性高分子化合物（既有羧基又有氨基），而且不同物质的**等电点**[①]不同。在同一个水溶液中（pH 值一定）不同物质带电荷的多少是不一样的，故它们的电泳速度彼此有别，可以用电泳的方法使它们彼此分离。电泳法是生物大分子化合物分离中应用最广泛而且最有效的方法之一。20 世纪 30～40 年代，Tiselius 致力于电泳研究，使界面移动电泳成为研究生物大分子的准确方法，并成功地分离了人的血清，从中得到了血清白蛋白和 α、β、γ 球蛋白，并因此获得了 1948 年的诺贝尔化学奖。目前在医学上，血清的纸上电泳并结合显色处理，其结果可用于协助诊断肝硬化。

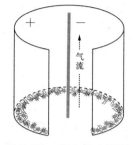

图 5.27　静电除尘原理

目前，工业上的静电除尘过程实际上就是气态溶胶的电泳过程。如图 5.27 所示，带有尘埃粒子的气流在高压直流电场中（30～60 kV），因电极放电（电子从阴极发射并向阳极移动），气体分子俘获了这些电子后会变成阴离子。尘埃粒子会吸附这些阴离子而带负电并向阳极移动。带负电的尘埃粒子会在阳极放电变为电中性，并下落聚集。所以，在静电除尘设备中把阳极称为**集尘极**。静电除尘的效率可高达 98% 以上，但是运行成本较高。这种除尘方法主要用于化学工业、冶金工业等领域，以除去烟雾中的某些典型的有毒有害物质，或回收烟尘中的某些贵重物质。

5.6　胶体的稳定性和聚沉作用

1. 胶体的稳定性 ——DLVO 理论

原则上，憎液溶胶的界面吉布斯函数很大、很不稳定。如果许多胶粒彼此聚集变大，则一方面可使表面吉布斯函数减小，使系统变得较稳定；另一方面，分散质粒子变大后，其沉降速度会明显加快，会使分散质沉降析出。所以，聚集和沉降这两种变化过程往往是密不可分的、是同时进行的。我们将此现象统称为**聚沉**。可是实际情况却与理论推测的结果存在明显出入，即有许多胶体分散系统能够存在较长的时间，貌似稳定。这是为什么呢？究其原因，可从以下几个方面考虑。

1）布朗运动

重力作用会促使胶体粒子下沉，并由此产生浓度梯度。与重力作用相反，布朗运动会促使胶粒扩散，会阻碍胶粒的聚集和下沉。

2）溶剂化作用

在胶粒表面，处于紧密吸附层的离子都是溶剂化的。又因为分散介质都有一定的极性和结构，从而使溶剂化层的溶剂分子有一定的取向，结果使胶粒表面形成了一个具有一定弹性的溶剂化层。所以当胶粒彼此靠近时，会受到有一定弹性的溶剂化层的阻碍。

3）DLVO 理论

在同一个胶体分散系统中，所有的胶体粒子都带有相同符号的电荷。一方面，胶粒彼此之

---

① 等电点是指两性化合物所带的正电荷数和负电荷数相同时溶液的 pH 值。在两性电解质溶液的等电点上，不会因为两性电解质的解离而使溶液中的粒子数增多或减少，实际上就是由羧基解离出的质子都与氨基结合了。或者说在等电点上，溶液中与两性电解质相关的粒子数与该电解质不发生解离时的粒子数相同，整个粒子是不带电的。

间由于静电互斥(repulsion)作用能 E_R 的存在,使它们彼此难以靠近。另一方面,胶粒彼此之间也存在因范德华力而产生的互吸(attraction)势能 E_A。范德华引力势能与胶粒彼此之间的距离密切相关。近程范德华引力势能与彼此间距离的六次方成反比,而且作用范围很小;远程范德华引力势能与彼此间距离的一次方或二次方成反比。实际上,斥力势能、引力势能以及总势能都与彼此的间距有关。它们之间的关系如图 5.28 所示。

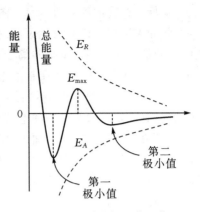

图 5.28　胶粒间的作用能

随着胶粒彼此之间间距的缩小,当总能量处于第二极小值时,由于能量降低得不多,不够稳定,不足以抵抗布朗运动的冲击,彼此很容易再次分开,所以当彼此间距较大、总能量处于第二极小值时,胶粒彼此不能有效聚集变大并沉降。但当总能量处于第一极小值时,总能量很低、很稳定,彼此间距也很小、聚集很紧密。这时布朗运动很难再次将它们冲散。聚集变大后,其沉降速度就会明显加快。但是,从总能量的第二极小值到第一极小值,随着彼此间距的变化需要越过一个能量障碍(或称其为能垒)E_{max}。影响该能量障碍大小的主要因素是胶粒彼此间的静电互斥作用。或者说,电动电势是使这种界面吉布斯函数较大的、本不稳定的胶体分散系统能存在较长时间并貌似稳定的主要原因。这就是关于憎液胶体稳定性的 DLVO 理论的基本思想。

实际上,处于亚稳状态的憎液胶体的稳定性与布朗运动、胶粒表面有弹性的溶剂化层、ζ电势引起的静电互斥作用等因素都有关系,但是 DLVO 理论认为 ζ 电势是影响胶体稳定性的一个最主要的因素。

往胶体中加入电解质对胶粒彼此间的引力势能影响不大。但根据前边的讨论,并结合图5.23可以看出,电解质浓度对胶粒的 ζ 电势有显著的影响。实际上,不论 ζ 电势是正还是负,其绝对值越大,胶粒彼此之间的静电互斥作用就越大,胶粒彼此聚集的能量障碍 E_{max} 也就越大(见图5.28)。相反,ζ电势的绝对值越小,胶粒彼此之间的静电互斥作用就越小,彼此聚集时的能量障碍 E_{max} 就越小,就越不稳定。所以我们可以通过加入适量的电解质,使 ζ 电势的绝对值减小,使胶粒彼此聚集的能量障碍降低,结果就会使得胶体的稳定性变差,使得胶体容易发生聚沉。

2. 胶体的聚沉

有多种因素会促使胶体发生聚沉。在掌握了影响胶体稳定性的因素以后,对于促使胶体聚沉的因素也就不难理解了。

1) 温度的影响

胶体的稳定性与其 ζ 电势密切相关,而它的 ζ 电势是由于胶核表面的选择性吸附造成的。由于吸附过程一般都是放热的,所以升高温度对吸附是不利的,即升高温度会减小胶粒表面 ζ 电势的绝对值,会使胶体的稳定性减小。通常温度越高,胶体越容易发生聚沉。

2) 胶体浓度的影响

在一定温度下,溶胶的浓度越大,则彼此相撞并冲破层层障碍发生聚沉的机会就越多。所以溶胶的浓度越大,越容易发生聚沉。

3) 加入电解质

加入电解质会使胶体发生聚沉的根本原因在于:加入电解质会降低胶体的 ζ 电势(准确地

说,是降低ζ电势的绝对值),参见图5.22。ζ电势降低后,胶粒彼此之间的静电互斥力就减小了,彼此冲破层层障碍并发生聚沉的机会就增多了。在此过程中,起主要作用的是加入的电解质中与胶粒表面带相反电荷的离子即反号离子。加入电解质时的聚沉效果除了与加入电解质的量有关外,还与反号离子所带的电荷数有关。

(1)反号离子所带电荷数的影响。

聚沉值可以用来衡量一种电解质对某胶体的聚沉能力。一种电解质对某胶体的聚沉值是指在一定条件下往该胶体中加入这种电解质使胶体明显发生聚沉时,混合物系中这种电解质的浓度。在一定条件下,同一种电解质对不同胶体的聚沉值通常是不一样的。对同一种胶体,不同电解质的聚沉值往往也是不同的。对同一种胶体,聚沉值越大的电解质其聚沉能力越弱。相反,聚沉值越小的电解质其聚沉能力越强。

大量实验结果表明,在一定条件下对于同一种胶体而言,分别含一价、二价、三价反号离子的电解质的聚沉值之比大致如下:

$$\left(\frac{1}{1}\right)^6 : \left(\frac{1}{2}\right)^6 : \left(\frac{1}{3}\right)^6$$

此称**叔采-哈迪经验规则**。对于不同电解质而言,可用其聚沉值的倒数来衡量其聚沉能力。根据叔采-哈迪经验规则,含一价、二价、三价反号离子的电解质的聚沉能力之比约为 $1:64:730$。所以,反号离子所带的电荷数对电解质聚沉能力的影响非常显著,参见表 5-6 给出的实例数据。

表 5-6 反号离子的电荷数对聚沉值的影响 $\text{mol} \cdot \text{m}^{-3}$

As_2S_3(负溶胶)		AgI(负溶胶)		Al_2O_3(正溶胶)	
LiCl	58	$LiNO_3$	165	NaCl	43.5
NaCl	51	$NaNO_3$	140	KCl	46
$CaCl_2$	0.65	$Ca(NO_3)_2$	2.40	KNO_3	60
$MgCl_2$	0.72	$Mg(NO_3)_2$	2.60	K_2SO_4	0.30
$AlCl_3$	0.093	$Al(NO_3)_3$	0.067	$K_2Cr_2O_7$	0.63
$Al(NO_3)_2$	0.095	$Ce(NO_3)_3$	0.069	$K_3[Fe(CN)_6]$	0.08

(2)感胶离子序的影响。

即使反号离子所带的电荷数相同,它们的聚沉能力也未必相同。在这种情况下,反号离子的水合能力越强,其聚沉能力越弱。原因是离子的水合能力越强,它周围的水合分子就越多、包袱累赘就越大,借助静电引力接近胶粒时的阻力就越大;与此相反,水合能力越弱的反号离子越容易接近胶粒,聚沉能力越强。如部分一价离子的聚沉能力排序如下:

$$Cs^+ > Rb^+ > K^+ > Na^+ > Li^+, \qquad F^{-1} > Cl^{-1} > Br^{-1} > I^{-1}$$

对于带电荷数相同的离子,我们将其聚沉能力的排列顺序称为**感胶离子序**。通常,由于负离子的半径远大于正离子的半径,故相对而言负离子的水合能力很弱。水合情况主要影响正离子的感胶离子序,而对负离子的感胶离子序影响不大。因此在感胶离子序中,正离子的半径越小,聚沉能力越弱;负离子的半径越小,聚沉能力越大。

(3)反号离子相同时同号离子所带电荷数的影响。

往同一种胶体中加入不同电解质时,若这些电解质中的反号离子相同,则同号离子对聚沉也略有影响.这种影响表现为:同号离子带电荷数越多,其聚沉能力越弱.原因是同号离子带电荷数越多,它对反号离子的约束力就越大,反号离子的聚沉作用越不容易得到发挥.

(4) 有机化合物离子普遍具有很强的聚沉能力.

有机化合物离子一般都具有很强的聚沉能力.如对于带负电的 As_2S_3 胶体,不同电解质的聚沉值见表 5-7.

表 5-7　不同电解质对 As_2S_3 负溶胶的聚沉值

电解质	聚沉值 /mol·m^{-3}
KCl	49.5
氯化吗啡	0.4
$C_2H_5NH_3Cl$	18.2
$(C_2H_5)_2NH_2Cl$	9.96
$(C_2H_5)_3NHCl$	2.79
$(C_2H_5)_4NCl$	0.89

这主要与有机离子的体积有关.有机离子一般都比无机离子大很多,它与胶体粒子之间不仅有静电相互作用,而且具有较强的吸附能力(由较强的范德华力产生).

综上所述,加入电解质聚沉时,有机化合物离子都具有很强的聚沉能力.除此以外,决定普通无机盐聚沉能力的主要因素是反号离子带电荷的数目,其次是与反号离子的水合能力有关的感胶离子序,以及同号离子所带的电荷数.

4) 把带有相反电荷的溶胶混合

把带相反电荷的溶胶相混合,容易发生聚沉.溶胶系统之所以貌似稳定,主要原因是胶粒带电,胶粒表面有一定的 ζ 电势.在同一个溶胶系统中,不同胶粒表面的 ζ 电势符号相同,结果它们彼此相互排斥.当把带相反电荷的溶胶相混合时,由于异号电荷相互吸引,从而使它们各自表面的 ζ 电势绝对值都减小或消失.在这种情况下,很容易发生聚沉.该原理在污水处理方面的应用是比较普遍的.

5) 加入高分子化合物

高分子化合物是目前工业上应用最广的一类聚沉剂,其具体的作用形式可以是离子型的,也可以是分子型的,如天然明胶、人工合成的聚丙烯酰胺 $\left[CH_2{-}CH(CONH_2)\right]_n$ 等.其聚沉机理主要是高分子化合物对胶粒的搭桥吸附作用.由于高分子化合物的分子量较大而且有许多是长链的,与其他粒子之间的范德华引力较强,因此容易把多个胶粒吸附在同一个链上,这就是**搭桥吸附作用**.吸附了许多胶粒的高分子长链弯曲蠕动的结果会强制性地使胶粒彼此聚集变大并沉降.如果用的是离子型高分子化合物,除了搭桥吸附作用外,还有电中和降低胶体的 ζ 电势绝对值的作用,使胶体的稳定性减小.这类聚沉剂的聚沉效果很好、效率很高.通常其用量在 $10\sim100$ ppm[①] 范围,就会有显著的聚沉效果,而且析出的沉淀颗粒大,容易过滤.目前在工业水处理方面,使用聚丙烯酰胺的较多.

使用高分子化合物作为聚沉剂时,如果用量过多,可能会适得其反,结果难以聚沉.原因是

---

① ppm 不是浓度的 SI 单位,其意为质量分数 part per million,即百万分之一.

高分子化合物过量时,许多胶粒会单独被高分子链缠绕包裹,这如同形成了亲液性的保护膜,这时搭桥作用不明显,结果反倒会增大胶体的稳定性。高分子化合物对胶体的这种保护作用也是很重要的。如血液中含有的难溶盐(如 $CaCO_3$、$Ca_3(PO_4)_2$ 等)就是靠血液中的蛋白质保护而稳定存在的。又如照相底片上的感光材料就是用明胶保护的溴化银。

5.7　纳米化学简介*

19 世纪末到 20 世纪初,人类对微观世界的认识已深入到一定层次,并建立了相应的理论体系,如量子力学、原子核物理等。相对而言,人们对原子、分子与宏观物体之间的这个中间领域的认识还相当肤浅。近二三十年来,人们发现在这个中间领域的物质有许多既不同于宏观物体也不同于微观粒子体系的奇异现象,并因此产生了面向 21 世纪的纳米科学技术。

纳米材料是指颗粒尺寸在纳米量级即 $1 \sim 1000$ nm 的超细粉末,其尺寸介于原子簇和宏观物体之间的过渡区域。纳米材料科学是凝聚态物理、胶体化学、配位化学、化学反应动力学、界面现象等领域的交叉学科,是现代材料科学的重要组成部分。纳米材料在结构、光电性能、化学性质等方面的诱人特性在全球范围内引起了材料学家的浓厚兴趣,使之成为目前材料科学研究的热点之一。

实际上,19 世纪中叶建立起来的胶体化学就是研究分散质粒子的线度在 $1 \sim 100$ nm(此线度没有严格的划分标准,也有些书中将其表示为 $1 \sim 1000$ nm)范围的分散系统。在染料、颜料等领域很早就已经使用了纳米超细粒子,负载型催化剂的活性组分在载体上的分散情况也经常达到纳米量级。但这种情况与纳米科技完全是两码事。在最近二十多年,由于高分辨电子显微镜和制备纳米结构材料技术的发展,才有可能深入到对单个纳米粒子进行研究,才有可能揭示不同于微观粒子和宏观物体的纳米结构的特性,才有可能开启揭示介观物理(介于纳米和微米尺度之间)的新篇章。纳米科学技术被认为是 21 世纪头等重要的科学技术。纳米科学与技术将改变几乎每一种人造物体的特性。材料性能的重大改进以及制造方式的重大变化,将在新世纪引起一场新的工业革命。

1. 纳米材料的特性

当材料的尺寸进入纳米量级时,将具有原材料所不具备的许多特性。

1) 体积效应

当纳米粒子的尺寸与电子的德布罗意波长(微观粒子具有波粒二象性,详见第 7 章中的相关内容)或超导相干波长等物理尺寸相当或更小时,其周期性的边界条件将被破坏,其光吸收特性、电磁特性、化学活性、催化活性等和普通材料相比将发生很大变化,将发生质的飞跃。这就是纳米粒子的体积效应。纳米粒子的体积效应会极大地扩充材料的特性范围,会极大地拓宽材料的应用领域。如可用纳米尺寸的强磁性颗粒制成磁性信用卡;由于纳米材料的熔点远低于其原材料的熔点,因此诞生了粉末冶金新工艺,借此可生产出用熔铸方法不能或难以生产的特殊性能的材料,如多孔材料、金属和非金属复合材料、金属和难熔金属化合物复合材料、粉末和纤维复合材料等。利用等离子共振频率随颗粒尺寸变化的性质,可制造出具有一定频宽的微波吸收纳米材料,并将其用于电磁波的屏蔽等。

2) 表面效应

由于纳米粒子的体积小,它的表面原子数与整个粒子中所含的原子总数之比会随粒径变小而急剧增大,表面效应就是指这种变化所引起的性质上的显著变化。表5-8给出了纳米粒子尺寸与表面原子数的关系。由于粒子表面存在不饱和力场,表面上的原子或分子普遍较活泼,所以表面原子数的增多会大大增强纳米粒子的化学活性。纳米材料在吸附、催化等方面具有普通材料无法比拟的优越性。

表 5 - 8　纳米粒子尺寸与表面原子数的关系

粒子半径 /nm	原子个数	表面原子所占比例
20	2.5×10^5	10%
10	3.0×10^4	20%
2	2.5×10^2	80%
1	30	90%

3） 宏观量子隧道效应

微观粒子都具有波粒二象性。根据波动性,微观粒子具有贯穿势垒的能力,此即微观粒子的隧道效应。经典物理学认为,当粒子越过一个势垒时需要一定的能量阈值。如果粒子的能量大于此阈值就能越过,反之就不能越过。例如骑自行车欲越过前方的小坡,得先用力骑。如果坡很低,不继续蹬车也能靠已有的动能越过;如果坡较高,不继续蹬车就过不去。但对于微观粒子而言,当很多粒子冲向势垒时,即使其能量小于能量阈值,在部分粒子被反弹回来的同时也会有一些粒子越过势垒,会在势垒的另一侧观察到粒子的波动性。这就像微观粒子穿越隧道过去的一样,故称此现象为**隧道效应**。由此可见,宏观上的确定性在微观上往往是不确定的。虽然在一般情况下,隧道效应并不影响经典的宏观物性,因为宏观物体的隧道穿越几率极小。但在某些特殊的条件下,宏观的隧道效应也会出现。如纳米粒子的磁场强度等也具有隧道效应,它们可以穿越宏观系统的势垒而产生变化,此称纳米粒子的**宏观量子隧道效应**。宏观量子隧道效应预示了磁盘等存贮信息的最大容量,确定了现代微电子器件进一步微型化的极限。

凡此种种,正是由于纳米材料本身所具备的特异功能,使其在催化、光电、磁性、力学等方面有很高的应用价值,应用前景非常广阔。

2. 纳米材料的应用

在催化方面,由于纳米粒子表面有很多的活性中心,这为纳米粒子作催化剂提供了必要的条件。用纳米粒子作催化剂可大大提高反应效率,甚至使原本不能发生的反应也能快速进行。在材料工程方面,通常许多在高温下才能烧结的材料如 SiC、BC 等,这些材料在纳米尺度下会由于体积效应而在较低温度即可烧结。另外,可以把纳米材料掺入到陶瓷材料中作为活性剂使用,从而在烧结过程中降低烧结温度、缩短烧结时间。在传感器方面,由于纳米粒子的高比表面和高活性,从而使环境变化时会迅速引起材料表面或界面离子价态和电子输运过程的变化。因此,可利用其电阻随环境的显著变化而制成传感器。这种传感器的特点是响应快、灵敏度高。在医学和生物工程方面,由于纳米粒子尺寸小,可以在血液中自由活动,因此可用来检查身体各部位的病变和治疗,同时可利用纳米传感器获取各种生化信息和电化学信息。在微型半导体器件方面,量子器件的研究核心就是减少材料的维数,迫使电子处于不同能态,制造出可控能态的材料,并将其加工成工作器件。因此,微型半导体器件将是半导体纳米材料最重要的应用场所。在信息领域,随着纳米材料科学技术的发展,目前广泛应用的微电子技术将转换为纳电子技术。这方面的研究将是最热门的研究领域之一。另外,纳米材料在磁记录、人造生物器官等方面也存在着潜在诱人的广阔应用前景。

3. 纳米材料的制备

由于纳米粒子具有优良的理化性质和特殊的电、磁、光等特性,因此吸引了一大批有识之士开始对纳米粒子进行研究,其中包括对纳米粒子制备方法的探索。自然界本来就存在着大量纳米粒子,如烟尘、各种微粒子粉尘、大气中的各类尘埃物等。然而,自然界中存在的纳米粒子都是以有害的污染物面目出现的,无法直接加以利用。目前,对人类生活和社会进步有益的各类纳米粒子几乎都是人工制备的。

由于纳米粒子的尺寸处于胶体分散系统中分散质粒子的尺寸范围,因此当纳米粒子分散在另一相中形成胶体分散系统时,系统就具有胶体的性质。故原则上用于制备胶体的方法都可用来制备纳米粒子。可是事实上,有一定使用价值的纳米粒子往往要求纯度高、粒度可调控、粒度分布范围较狭窄等。因此纳米粒子的人工制备方法中包含许多高新技术以及许多有待进一步开发的高新技术。在人工制备纳米粒子的过程中,最先被考虑并加以实施的制备方法是机械粉碎法。通过改进传统的机械粉碎方法,使各类无机非金属矿物质粒子不断细化,并在此基础上形成了大规模的工业化生产。最早用于制备纳米粒子的机械粉碎技术不能使物质粒子足够细小,其粉碎极限一般都是几微米。直到近二十年来,采用了高能球磨、振动与搅拌磨及高速气流磨等以后,才使得机械粉碎造粒的分散度有所提高。目前机械粉碎能够达到的极限值一般在 $0.5~\mu m$ 左右。随着科学技术的不断进步,人们也开发了多种化学方法和物理方法来制备纳米粒子。如溶液化学反应、气相化学反应、固体氧化还原反应、真空蒸发等。采用这些方法可方便地制备金属、金属氧化物、氯化物、碳化物、超导材料、磁性材料等几乎所有物质的纳米粒子。这些方法有些已经在工业上开始使用。不过,这些制备方法中也不同程度地存在一些技术问题,如粒子的纯度、产率、粒径分布、粒径的可控制性等。这些问题无论在过去还是现在,都是工业化生产中必须考虑的。

到目前为止,已发展起来的应用较多的纳米材料制备方法见表 5-9。

表 5-9　纳米材料的制备方法

方　　法	制备过程	特　　点
真空冷凝法	真空蒸发使气化或形成等离子体,然后骤冷	纯度高、粒度可控
物理粉碎法	通过机械粉碎或电火花爆炸等	纯度低、粒度分布不均
机械球磨法	利用球磨方法得到纳米粒子	纯度低、粒度分布不均
气相沉积法	用气相化学反应合成纳米粒子	纯度高、粒度分布范围小
沉淀法	沉淀反应后将沉淀热处理	纯度低、颗粒较大
水热合成法	高温高压下在水溶液或蒸气中反应合成	纯度高,粒度分布范围小
苯热合成法	高温高压下在苯溶液中反应合成	纯度高、粒度分布范围小
溶胶凝胶法	金属化合物经溶液、溶胶、凝胶、低温热处理	颗粒均匀,过程易控制
微乳液法	借乳液在微泡中经成核、聚结和热处理	单分散性和界面性好

纳米材料的研究不断为发展新型材料提供新思路和新途径,也不断为常规复合材料的研究提出新课题。通过纳米材料的合成及性能研究,势必把化学、物理领域的许多学科推向一个

新的层次，也势必给化学和物理学研究带来新的机遇。

思考题 5

5.1　什么是界面张力？

5.2　界面张力的单位是什么？

5.3　界面张力就是界面不饱和力场吗？

5.4　在相界面边缘任一点上，怎样确定界面张力的方向？

5.5　表面张力和界面张力有什么异同？

5.6　为什么相界面的面积越大系统越不稳定？

5.7　影响界面张力的因素有哪些？

5.8　讨论润湿角有什么意义？

5.9　润湿角的大小与哪些参数有关？

5.10　实验表明，当两块平板玻璃之间有水时，欲将两者拉开的难度比无水时大得多。分析说明这可能是什么原因造成的。

5.11　何谓毛细现象？

5.12　为什么会产生毛细现象？

5.13　弯曲液面下附加压的大小与哪些因素有关？

5.14　怎样确定弯曲液面下附加压力的方向？

5.15　弯曲液面的饱和蒸气压都大于平面液体的饱和蒸气压吗？

5.16　一定温度下，指定液体的饱和蒸气压与液面曲率半径有什么关系？

5.17　图 5.29 所示的整个装置中含有同一种液体。毛细管两端的两个液球大小不同。当打开中间的连通活塞时会发生什么现象？

图 5.29　思考题 5.17 图

5.18　表面活性剂有什么结构特点？

5.19　表面活性剂有哪些主要用途？

5.20　为什么固体表面会对气体产生吸附作用？

5.21　通常吸附量是怎样表示的？

5.22　什么是比表面？

5.23　什么是覆盖度？覆盖度的变化范围是多少？

5.24　怎样根据单层饱和吸附量确定固体的比表面？

5.25　物理吸附和化学吸附有什么异同？

5.26　为什么吸附过程一般都是放热的？

5.27　溶液、胶体和粗分散系统各自有何特点？

5.28　什么是沉降平衡？

5.29　什么是丁铎尔效应？

5.30　为什么溶液和粗分散系统都没有丁铎尔效应？

5.31　扩散双电层是怎样形成的？

5.32　扩散双电层的厚度与什么因素有关？

5.33　什么是热力学电势?什么是 ζ 电势(亦称为电动电势)?

5.34　ζ 电势的大小受哪些因素影响?

5.35　溶胶分散系统是热力学不稳定的,但它为何会貌似稳定并存在较长时间?

5.36　胶团结构由哪几部分组成?

5.37　胶粒带正电还是带负电大致遵循什么规律?

5.38　什么是电泳?

5.39　大分子溶液都能发生电泳吗?

5.40　电泳速度主要与哪些因素有关?

5.41　为什么电泳可用于不同蛋白质的分离?

5.42　什么是聚沉?

5.43　憎液胶体的稳定性与哪些因素有关?

5.44　什么是叔采-哈迪经验规则?

5.45　什么是电解质的聚沉值?

习　题　5

5.1　对于半径为 1 nm、密度为 19.3 g·mL^{-1} 的球形金粒:

(1) 这种金粒的摩尔质量是多少?

(2) 每个金粒中包含多少个金原子?

(3) 这种金粒的比表面(单位质量金粒所具有的表面积)是多少?

5.2　在 30 ℃ 下,水的密度为 996 kg·m^{-3},水的表面张力为 71.18 mN·m^{-1}。在同温度下欲把 5 kg 水喷成半径为 1 nm 的水雾,则至少要消耗多少功?

5.3　在 20 ℃ 下,水的表面张力为 72.8×10^{-3} N·m^{-1},汞的表面张力为 483×10^{-3} N·m^{-1},汞和水之间的界面张力为 375×10^{-3} N·m^{-1}。问水在汞表面上能否铺展?

5.4　在一定温度下,一种肥皂水溶液的表面张力为 5×10^{-3} N·m^{-1}。当用此水溶液在空气中吹制半径为 1 cm 的小气泡时,求该气泡内外的压力差。(提示:气泡由液膜组成,液膜有一定厚度,液膜两侧有两个液面)

5.5　将一根半径为 5×10^{-5} m 的毛细管插入汞中。结果发现毛细管内的汞面比毛细管外的汞面低 11.2 cm,而且汞与毛细管壁的接触角为 140°。已知在实验温度下汞的密度为 13.6 g·mL^{-1},重力加速度为 9.80 m·s^{-2}。求实验温度下汞的表面张力。

5.6　在 20 ℃ 下,在苯的液面下 0.15 m 处有一个半径为 0.1 μm 的气泡。已知同温度下苯的密度为 0.879 g·mL^{-1}、表面张力为 28.88 mN·m^{-1},当时的大气压力为 100 kPa。

(1) 气泡内的总压力由哪几种压力组成?

(2) 气泡内的总压力是多少?

5.7　在 30 ℃ 下,水的密度为 996 kg·m^{-3},水的表面张力为 71.2 mN·m^{-1},水的饱和蒸气压为 4.24 kPa。在同温度下如果把水喷成半径为 1 nm 的雾状水珠,则同温度下雾状水珠的饱和蒸气压是多少?

5.8　铜粉对氢气 H$_2$ 的吸附符合兰格缪尔吸附等温式。在某温度下一定量的铜粉对氢气的吸附量与氢气的平衡压力之间满足如下关系:

$$V/L \cdot kg^{-1} = \frac{1.36p/MPa}{0.5 + p/MPa}$$

式中的 V 是将每千克铜粉对氢气的吸附量折算成标准状况下的体积。如果该吸附完全是单分子层吸附，而且可以把被吸附的氢视为液态氢，其密度为 $0.07 \text{ g} \cdot \text{mL}^{-1}$。设氢分子的横截面积可用(氢分子体积)$^{2/3}$ 表示。

(1) 求同温度下每千克铜粉对氢气的饱和吸附量 V_∞。

(2) 求铜粉的比表面。

5.9　在 0 ℃ 下，实验测得在不同压力下活性炭对乙烯气体的吸附量见下表。其中的体积 V 是把每克活性炭吸附的乙烯气体折算成标准状况下的体积。已知该吸附符合兰格缪尔吸附等温式，乙烯分子的横截面积为 0.21 nm^2。

p/MPa	0.405	0.908	1.36	1.93	2.75
$V/(L \cdot g^{-1})$	0.130	0.151	0.158	0.165	0.165

(1) 用作图法求吸附系数 b。

(2) 求实验用活性炭的比表面。

5.10　在实验温度下，已知水晶的密度为 $2.6 \text{ g} \cdot \text{mL}^{-1}$，水的密度为 $1.0 \text{ g} \cdot \text{mL}^{-1}$，水的粘度为 $0.001 \text{ Pa} \cdot \text{s}$，实验所在地的重力加速度为 $9.8 \text{ m} \cdot \text{s}^{-2}$。

(1) 求直径为 $8 \mu m$ 的球形水晶粒子在水中的下沉速度。

(2) 计算直径为 $8 \mu m$ 的水晶粒子在水中下沉 0.35 m 所要的时间。

5.11　在 20 ℃ 下已知汞的密度为 $13.6 \text{ g} \cdot \text{mL}^{-1}$，水的密度为 $1.0 \text{ g} \cdot \text{mL}^{-1}$，水的粘度为 $1.01 \text{ mPa} \cdot \text{s}$。对于半径分别为 5 nm 和 10 nm 的球形汞滴：

(1) 求这两种汞滴的摩尔质量。

(2) 在 20 ℃ 下这两种汞滴在水中下沉 1 m 所需要的时间分别是多少？

5.12　在 25 ℃ 下，当半径为 30 nm 的金溶胶达到沉降平衡时，测得某高度处每毫升含有 300 个胶粒。问再往上 0.1 mm 处每毫升中含有多少个胶粒。已知金的密度为 $19.3 \text{ g} \cdot \text{mL}^{-1}$，分散介质的密度为 $1.0 \text{ g} \cdot \text{mL}^{-1}$，重力加速度为 $9.8 \text{ m} \cdot \text{s}^{-2}$。

5.13　加热 $FeCl_3$ 水溶液时，可促 $FeCl_3$ 发生水解并生成 $Fe(OH)_3$ 胶体。

(1) 请写出 $Fe(OH)_3$ 胶体的胶团式。

(2) 在电泳实验中，$Fe(OH)_3$ 胶体将向哪个电极移动？

5.14　把 $0.01 \text{ mol} \cdot \text{L}^{-1}$ 的 $AgNO_3$ 溶液逐滴加入到等体积的浓度为 $0.02 \text{ mol} \cdot \text{L}^{-1}$ 的 KI 溶液中并搅拌，即可制得 AgI 胶体。

(1) 请写出这种胶体的胶团式。

(2) 针对上述胶体，请按照聚沉能力从大到小的顺序把下列电解质进行排序。

$$NaCl \qquad MgCl_2 \qquad MgSO_4 \qquad Na_2SO_4$$

5.15　往三个烧杯中各加入 20 mL 同种 $Fe(OH)_3$ 胶体，然后往这三个烧杯中分别加入不同的电解质溶液使其发生聚沉。结果是明显发生聚沉时需要 $1 \text{ mol} \cdot \text{L}^{-1}$ 的 NaCl 溶液21 mL，需要 $0.005 \text{ mol} \cdot \text{L}^{-1}$ 的 Na_2SO_4 溶液 125 mL，需要 $0.0033 \text{ mol} \cdot \text{L}^{-1}$ 的 Na_3PO_4 溶液 7.4 mL。

(1) 求这三种电解质对 $Fe(OH)_3$ 胶体的聚沉值。

(2) $Fe(OH)_3$ 胶体带正电荷还是带负电荷？

第6章　电化学基础

6.1　电化学简介

在第2章中引入吉布斯函数时曾经导出:在一定温度和压力下,态变化过程的吉布斯函数降低值总不小于系统对外所做的非体积功,即

$$-\Delta G \geqslant -W' \quad \begin{cases} > & \text{过程不可逆} \\ = & \text{过程可逆} \\ < & \text{过程不可能发生} \end{cases}$$

由此可见,吉布斯函数 G 是等温等压条件下系统对外做非体积功能力的量度。在等温等压条件下的态变化过程中,只要系统的吉布斯函数是减小的,系统就可以对外做非体积功,就可以把该系统组装成原电池。对于一个吉布斯函数降低的态变化过程而言,若要求系统对外所做的非体积功 $-W'$ 比系统的吉布斯函数降低值 $-\Delta G$ 还大,那是不可能发生的。可逆时,虽然系统对外做非体积功的效率最高,但系统对外做的非体积功无论如何也不会大于它对外做非体积功的能力。也可以把上式改写为

$$\Delta G \leqslant W' \quad \begin{cases} < & \text{过程不可逆} \\ = & \text{过程可逆} \\ > & \text{过程不可能发生} \end{cases}$$

由此可见在等温等压条件下,一个吉布斯函数增大的态变化过程并非不能发生。在态变化过程中,只要环境对系统所做的非体积功不小于吉布斯函数的增量,态变化过程就能发生。对于等温等压条件下吉布斯函数增大的态变化过程而言,若外界对系统所做的非体积功 W' 小于系统的吉布斯函数增量 ΔG,则这样的态变化过程是不可能发生的。可逆时,虽然外界对系统做非体积功的效率最高,需要做的非体积功最少,但无论如何也不会小于态变化过程中系统的吉布斯函数增加值。

在一定的温度和压力下,如果没有非体积功,即可由上式过渡到吉布斯函数最低原理。在电化学中,由于有非体积功(即电功),所以吉布斯函数最低原理是不适用的。电化学涉及到非体积功,涉及到电能与化学能的相互转化。原电池可以迫使系统将其在态变化过程中的吉布斯函数降低值转化为电功,把化学能转变为电能。与原电池相对应,电解池可以借助电能强迫使系统发生吉布斯函数增大的过程,可以把电能转变为化学能。

在原电池工作时,环境对系统所做的非体积功就是环境对系统所做的电功,就等于系统对外所做电功的负值,即 $W' = -W_\text{电}$。而系统对外所做的电功 $W_\text{电}$ 等于在电场中转移的电量与转移这些电量时所经过的电势降 E(即电动势)的乘积。故发生 1 mol 电池反应时若转移电子的摩尔数是 n,则 $W_\text{电} = nFE$,这时由上式可知

$$\Delta_r G_m \leqslant -nFE$$

此式中的 F 是**法拉第常数**，它代表每摩尔元电荷所带的电量。**元电荷**是指最小的不能再分割的电荷单元，如一个电子所带的电荷是一个元电荷，一个质子所带的电荷也是一个元电荷，一个钠离子所带的电荷也是一个元电荷。

$$F = 96485 \text{ C} \cdot \text{mol}^{-1} \approx 96500 \text{ C} \cdot \text{mol}^{-1}$$

即每摩尔元电荷所带的总电量约为 96 500 C。

对于可逆电池反应而言，其放电过程是热力学可逆过程，此时 $\Delta G = W'$，故

$$\Delta_r G_m = -nFE \tag{6.1}$$

式(6.1) 中的 E 是可逆电动势。由此可得

$$E = \frac{-\Delta_r G_m}{nF} \tag{6.2}$$

当电池反应方程式的写法不同时，虽然 $\Delta_r G_m$ 和 n 都会发生改变，但是 $\Delta_r G_m$ 与 n 的比值会保持不变。所以由式(6.2) 可见，可逆电动势是状态函数，是电池系统的性质。可逆电动势与电池反应方程式的写法无关，与电池的大小无关，它只与电池所处的状态（即电池内各物质所处的状态）有关。如果电池反应中的各物质均处于标准状态，这时它的电动势就是标准电动势 $E^{\ominus}$。在这种情况下，可以把式(6.1) 改写为

$$\Delta_r G_m^{\ominus} = -nFE^{\ominus} \tag{6.3}$$

又因为

$$\Delta_r G_m^{\ominus} = -RT\ln K^{\ominus}$$

所以

$$RT\ln K^{\ominus} = nFE^{\ominus} \tag{6.4}$$

$$K^{\ominus} = \exp\left(\frac{nFE^{\ominus}}{RT}\right) \tag{6.5}$$

由式(6.3) 和式(6.5) 可以看出，可借助于电化学讨论分析化学热力学问题和化学平衡问题。有关电化学基础知识的学习目的并非都是为了探讨化学能与电能的相互转化。实际上，电化学基础知识的应用面非常广泛，其应用领域涉及电化学分析、电化学合成、生物学、医学、材料科学、环境保护、能源开发等。

6.2　氧化还原反应

电化学与氧化还原反应密切相关，故在具体讨论电化学问题之前，有必要先认识和掌握一些与氧化还原反应相关的基本概念以及如何用半反应法配平氧化还原反应方程式。

1. 氧化还原反应

我们知道，在反应过程中有电子得失的化学反应就叫氧化还原反应。氧化还原反应中涉及许多新概念，充分理解和掌握这些概念会对本章电化学基础知识的学习有很大帮助。

氧化态是一种元素的氧化数较高的状态。氧化态有氧化性，在化学反应中可作为氧化剂。在化学反应过程中，氧化态在氧化其他物质的同时本身会被还原，即氧化态在使其他物质的氧化数升高的同时自身发生**还原反应**，自身的氧化数会降低。**还原态**是一种元素的氧化数较低的状态。还原态有还原性，在化学反应中可作为还原剂。在化学反应中，还原态在还原其他物质的同时自身会被氧化，即还原态在使其他物质的氧化数降低的同时自身发生**氧化反应**，自身的氧化数会升高。氧化态与还原态之间的关系如同跷跷板两端的两个小朋友，氧化数的高低就如同每个小朋友的位置高低。例如

$$Zn + 2H^+ \Longrightarrow Zn^{2+} + H_2$$

在此反应中,Zn 是还原剂,H^+ 是氧化剂。Zn 还原 H^+,H^+ 氧化 Zn。Zn 在还原 H^+ 的过程中自身被氧化(即发生氧化反应)变成氧化态 Zn^{2+}。H^+ 在氧化 Zn 的过程中自身被还原(即发生还原反应)变成还原态 H_2。

由以上描述可以看出,氧化反应就是失电子的反应,还原反应就是得电子的反应。氧化反应和还原反应必然同时发生,共同组成氧化还原反应。氧化反应和还原反应都是氧化还原反应中的一部分,都是半反应。上述反应中的两个半反应如下:

氧化反应　　　$Zn - 2e^- \longrightarrow Zn^{2+}$

还原反应　　　$2H^+ + 2e^- \longrightarrow H_2$

在同一个反应中,我们把同一种元素的两种具有不同氧化数的状态称为**氧化还原电对**。所以,在一个氧化还原反应中至少有两个氧化还原电对。上述反应中的两个氧化还原电对分别是 $Zn - Zn^{2+}$ 和 $H_2 - H^+$。

又如反应 $2MnO_4^- + 10Cl^- + 16H^+ \longrightarrow 2Mn^{2+} + 5Cl_2 + 8H_2O$ 中的两个半反应分别是

氧化反应　　　$2Cl^- - 2e^- \longrightarrow Cl_2$

还原反应　　　$MnO_4^- + 8H^+ + 5e^- \longrightarrow Mn^{2+} + 4H_2O$

其中的两个氧化还原电对分别是 $Cl^- - Cl_2$ 和 $MnO_4^- - Mn^{2+}$(不能写成 $Mn^{7+} - Mn^{2+}$,应以各元素的主要存在形式为参考)。

2. 氧化还原反应的配平

在中学化学中曾学习过氧化还原反应方程式的配平,但那时所用的配平方法主要是氧化数法。此处要介绍的是用半反应法配平氧化还原反应方程式。这种方法在电化学中更实用,更方便。以化学反应 $MnO_4^- + Cl^- + H^+ \longrightarrow Mn^{2+} + Cl_2 + H_2O$ 为例,其具体步骤如下:

(1) 找出两个氧化还原电对。

该反应中的两个氧化还原电对分别是 $Cl^- - Cl_2$ 和 $MnO_4^- - Mn^{2+}$。

(2) 分别写出与这两个氧化还原电对相对应的半反应方程式。

氧化反应　　　$Cl^- - e^- \longrightarrow Cl_2$

还原反应　　　$MnO_4^- + e^- \longrightarrow Mn^{2+}$

(3) 配平两个半反应方程式。在具体配平过程中要抓住以下几点。

第一,氧化数变化的原子个数与其氧化数变化的乘积应与得失电子数一致。

第二,有关其他原子(反应前后这些原子的氧化数不发生变化)的配平,必要时可以给半反应式的左边或右边添加 H_2O、H^+、OH^- 或其他分子、离子。但原则上,若整个反应是在酸性介质中进行的,则反应式两边不能出现 OH^-;若整个反应是在碱性介质中进行的,则反应式两边不能出现 H^+。

第三,配平后半反应两边各原子的数目和电荷总数应分别相同。

配平氧化反应　　　$\boxed{2} Cl^- - \boxed{2} e^- \longrightarrow Cl_2$

配平还原反应　　　$MnO_4^- + \boxed{8H^+} + \boxed{5} e^- \longrightarrow Mn^{2+} + \boxed{4H_2O}$

(4) 给两个配平的半反应分别乘以它们得失电子数的最小公倍数并彼此加和。

$$\text{氧化反应} \times 5 \qquad 10Cl^- - 10e^- \longrightarrow 5Cl_2$$
$$+) \quad \text{还原反应} \times 2 \qquad 2MnO_4^- + 16H^+ + 10e^- \longrightarrow 2Mn^{2+} + 8H_2O$$
$$\text{总反应} \qquad 2MnO_4^- + 10Cl^- + 16H^+ == 2Mn^{2+} + 5Cl_2 + 8H_2O$$

又如对于反应 $Cu + HNO_3(稀) \longrightarrow Cu(NO_3)_2 + NO + H_2O$

两个电对　　　　　　$Cu - Cu^{2+}$　　　　$NO_3^- - NO$

氧化反应　　　　　　$Cu - e^- \longrightarrow Cu^{2+}$

还原反应　　　　　　$NO_3^- + e^- \longrightarrow NO$

配平氧化反应　　　　$Cu - \boxed{2}\, e^- \longrightarrow Cu^{2+}$

配平还原反应　　　　$NO_3^- + \boxed{3}\, e^- + \boxed{4H^+} \longrightarrow NO + \boxed{2H_2O}$

氧化反应 $\times 3$　　　$3Cu - 6e^- \longrightarrow 3Cu^{2+}$

$+)$　还原反应 $\times 2$　　$2NO_3^- + 6e^- + 8H^+ \longrightarrow 2NO + 4H_2O$

总反应　　　　$3Cu + 2NO_3^- + 8H^+ == 3Cu^{2+} + 2NO + 4H_2O$

或　　　　　　$3Cu + 8HNO_3 == 3Cu(NO_3)_2 + 2NO + 4H_2O$

以上为了把这种配平氧化还原反应的方法叙述清楚,故给出的步骤较多。实际上,在熟练掌握了该方法以后,在具体配平一个氧化还原反应方程式时,可以不写出电对,可以把写出半反应、配平半反应和给两个半反应乘以其得失电子数的最小公倍数这几步合而为一。然后把两个配平的半反应相加,即可得到配平的总反应。

例 6.1　配平下列化学反应方程式。

(1) $AgCl + Zn \longrightarrow ZnCl_2 + Ag$

(2) $H_2S + HNO_3 \longrightarrow S + NO + H_2O$

解　(1)　　氧化反应　　　$Zn - 2e^- \longrightarrow Zn^{2+}$

还原反应　　　$2AgCl + 2e^- \longrightarrow 2Ag + 2Cl^-$

总反应　　　　$2AgCl + Zn == ZnCl_2 + 2Ag$

此处氧化数为 $+1$ 的银主要以难溶的 $AgCl$ 形式存在,故不能出现 Ag^+。

(2)　　氧化反应　　　$3H_2S - 6e^- \longrightarrow 3S + 6H^+$

还原反应　　　$2NO_3^- + 6e^- + 8H^+ \longrightarrow 2NO + 4H_2O$

总反应　　　　$3H_2S + 2HNO_3 == 3S + 2NO + 4H_2O$

此处氧化数为 -2 的硫主要以弱电解质 H_2S 的形式存在,故不能出现 S^{2-}。

6.3　原电池和电动势

电流是由电荷定向流动形成的。在一般的金属导体中,自由电子的杂乱无章运动不能形成电流。在氧化还原反应中有电子得失,也有电子的定向转移。如果能够设法让氧化还原反应中的电子定向转移过程通过金属导体来完成,则必然会产生电流,也必然会对外做电功。这就是说,可以设法把氧化还原反应组装成原电池,使化学能转化成电能。如可以把反应 $Cu^{2+} + Zn == Cu + Zn^{2+}$ 组装成原电池,如图 6.1 所示。但同时我们也知道,欲使电荷定向流动,必须有电势差。那么图 6.1 所示电池中两个电极的电

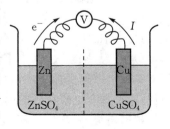

图 6.1　原电池示意图

势差从何而来呢?请看下面对于电极电势的描述。

1. 电极电势

原电池的电动势是两个电极的电势之差。可是,每个电极上的电势又是从何而来呢?

1) 电极电势

当把电极插入电解质溶液后,即可形成电极电势。其成因分两种情况。

第一种情况如图 6.2 所示。电极表面(即电极与溶液之间的相界面)由于存在不饱和力场,故电极表面会选择性地吸附溶液中的某种离子(图 6.2 中选择性吸附的是正离子),使溶液中产生过剩的反号离子。溶液中这些过剩的反号离子不会由于正负电荷的静电相互作用而全部整齐地排列在电极表面附近并形成简单的双电层。原因是溶液中过剩的反号离子也有热运动、有扩散,彼此之间也互相排斥,所以溶液中过剩的反号离子是以扩散形式分布的。结果被电极表面选择性吸附的离子与溶液中过剩的反号离子会形成扩散双电层。在扩散双电层中,距离电极表面越近,分布的过剩反号离子越多;距离电极表面越远,分布的过剩反号离子越少。在离开电极表面足够远处,就没有过剩的反号离子了。此处的溶液是电中性的,把此处的溶液称为本体溶液。这种扩散双电层结构在前边的胶体部分介绍电动电势时已经做过仔细分析。

如果电极表面选择性吸附的是正离子,结果会使该电极的电势高于本体溶液。同理,如果电极表面选择性吸附的是负离子,则该电极的电势就会低于本体溶液。针对图 6.2 所示情况,由于电极表面附近反号离子的影响,从而使电极表面附近不同距离处的电势(相对于本体溶液而言)不同。离开电极表面越远,其电势就越低。所以,从电极表面到本体溶液,不同距离处与本体溶液的电势差如图 6.2 中的曲线所示。**电极电势** φ 是指

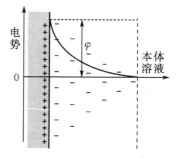

图 6.2 扩散双电层模型

优先选择性地吸附了某种离子以后的电极表面与本体溶液之间的电势差。电极表面带正电时,电极电势为正;电极表面带负电时,电极电势为负。

第二种情况是把电极插入溶液后,由于电极表面不饱和力场的存在,电极本身(如较活泼的金属)会发生电离,产生的离子进入溶液,而电离出的电子仍滞留在电极上。进入溶液的正离子也以扩散的形式分布,结果也会形成扩散双电层,从而产生电极电势。所以不论什么电极,在一定条件下都有各自的电极电势。

2) 液接电势

以纯水和盐酸溶液之间的液接电势为例,如图 6.3 所示。最初一边是纯水,另一边是盐酸水溶液。设想用一种理想化的轻柔动作抽去隔板时,不会使两种液体的清晰界面被破坏。但当抽去隔板后,盐酸会自发往水中扩散。由于 H^+ 和 Cl^- 分别带有相反的电荷,而且由于 H^+ 的扩散速度明显大于 Cl^- 的扩散速度,所以会在两种液体的界面上产生一个**扩散双电层**,从而导致纯水这一侧带正电,电势较高;盐酸那一侧带负电,电势较低。随着时间的推移,扩散双电层的厚度似乎会越来越大,其实不然。由于静电相互作用,双电层本身会使 H^+ 的扩散速度减慢,会使 Cl^- 的扩散速度加快。所以抽去隔板一段时间后,在理想的情况下,会形成较稳定的扩散双电层。由扩散双电层产生的电势差就是**液接电势**。由于液接电势是扩散造成的,故液接电势也叫做**扩散电势**。

不同电解质溶液之间会产生液接电势,种类相同但浓度不同的电解质溶液之间也会产生

液接电势。液接电势一般都比较小。根据上述讨论,似乎在一定条件下液接电势会有一个稳定值。其实不然,由于影响液接电势大小的因素较多,如液体内部的对流和环境对液体的扰动如振动等,所以液接电势不仅数值小而且不稳定、波动较大、不易定量描述。正因为这样,在实践中总要尽量设法消除液接电势,否则就无法定量分析影响电极电势的其他因素,就会使与电极电势相关的研究工作遇到重

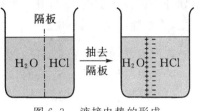

图 6.3　液接电势的形成

重困难,会使电化学研究方法的应用范围受到很大限制。消除液接电势的常用方法是使用盐桥。

很显然,搅拌也可以扰乱和破坏扩散双电层,故搅拌可消除液接电势。但真正有实用价值的消除液接电势的方法是使用盐桥。**盐桥**是用盐做成的架设在两个溶液之间的桥梁。其作用是连接两个溶液,但不让两个溶液直接接触,并使整个系统形成一个闭合回路。用琼脂冻胶(其外观与无色的果冻食品相似)将某种饱和电解质溶液固定在 U 形管中,就可以形成盐桥。盐桥中的饱和电解质溶液虽不能流动,但其中离子的可自由运动情况与在水溶液中大致相同。因为其中琼脂的质量分数只有 1% 左右,对盐桥中的离子而言,其所处的环境与在液态水溶液中没有明显的差别。盐桥中的电解质常选用 KCl、KNO_3、NH_4NO_3 等。此处要求盐桥中电解质的正离子和负离子的迁移速度越接近越好,最好彼此相等而没有差别。在这种情况下,盐桥内的电解质往盐桥外扩散时不会产生液接电势,或者产生的液接电势很小,可以忽略不计。当盐桥外电解质溶液中的正负离子往盐桥内扩散时,因盐桥内电解质的浓度很大,这些离子借助静电相互作用随时都可以破坏初步显现的扩散双电层。所以使用盐桥可以把液接电势减小到可忽略不计的程度。

3) 接触电势

金属中的价电子是自由电子,它们可以在金属内部自由运动。但是当这些价电子要跑出金属时,则需要一定的能量即**电子逸出功**。不同金属的电子逸出功不同。金属的电子逸出功越小,金属就越活泼。当两种不同金属接触时,会有部分电子从逸出功较小的金属中迁移到逸出功较大的金属中,从而使彼此带相反的电荷,使彼此之间产生一定的电势差,这种电势差就是**接触电势**。

接触电势随彼此接触的金属对的不同而不同。对于大多数金属对而言,通常接触电势的绝对值都很小,一般可忽略不计。有少数金属对的接触电势较大,而且其值受温度的影响很显著,其灵敏度可达到 $0.0001\ ℃$。正因为这样,用于精密测量温度的**热电偶**就是根据这个原理制成的,而且其温度测定范围较宽。

综上所述,组成原电池的两个电极的电势差通常由三部分组成,即正负极的电极电势之差 $\varphi_+ - \varphi_-$、液接电势 $\varphi_{液接}$ 以及接触电势 $\varphi_{接触}$。严格说来,原电池的电动势 E 应该用下式表示:

$$E = \varphi_+ - \varphi_- + \varphi_{液接} + \varphi_{接触}$$

接触电势一般都非常小,可忽略不计。由于液接电势可以用盐桥来消除,所以原电池的电动势通常就等于两个电极的电极电势之差,即

$$E = \varphi_+ - \varphi_- \tag{6.6}$$

不论在原电池中还是电解池中,可根据电极反应将电极划分为阳极和阴极。**阳极**是指发生氧化反应的电极,**阴极**是指发生还原反应的电极。对于原电池,也可以将其两极按照电势的高

低划分为正极和负极。电势高的电极为**正极**,电势低的电极为**负极**。这就是说,原电池的正极是阴极,原电池的负极是阳极。

2. 原电池的写法

关于原电池的写法,主要有以下几点需要熟悉和掌握:

(1) 按照左负右正的原则,把各物质按照在原电池中彼此接触的先后次序排列。左负右正就是把负极写在左边,把正极写在右边,而不需要标出两个极的正负号。

(2) 对于电池中的各物质,应标明它的状态,如物理状态、浓度、压力等。

(3) 用双竖线"‖"表示盐桥。如果电池中没有不同液体相互接触,例如电池中只有一种溶液,这时电池中就不需要用盐桥了。

(4) 相界面的表示方法不统一,可用"│"或","或"-"表示。但是,其中有一相是溶液的相界面大多都用单竖线"│"表示,其他相界面大多都用","表示。

例如,可以把铜锌原电池表示为

$$Zn(s) \mid ZnSO_4(c_1) \parallel CuSO_4(c_2) \mid Cu(s)$$

其中,锌电极为负极,铜电极为正极;s 表示 Zn 和 Cu 都是固体;c_1 和 c_2 分别表示 $ZnSO_4$ 溶液和 $CuSO_4$ 溶液的浓度;金属锌 Zn 与 $ZnSO_4$ 溶液之间的相界面用单竖线表示,金属铜 Cu 与 $CuSO_4$ 溶液之间的相界面也用单竖线表示;用双竖线"‖"表示架设在 $ZnSO_4$ 溶液与 $CuSO_4$ 溶液之间的盐桥。其中各物质的接触次序是:首先,与外电路(即用电器)相接的正极(金属铜)和负极(金属锌)应处在原电池的最两端;然后从负极到正极把各物质按照彼此的接触次序排列,即金属锌插入到 $ZnSO_4$ 溶液中,负极的 $ZnSO_4$ 溶液通过盐桥与正极的 $CuSO_4$ 溶液相连,$CuSO_4$ 溶液中插入的是金属铜。又如

$$Pt, H_2(p) \mid HCl(0.02 \text{ mol} \cdot L^{-1}) \parallel NaCl(0.01 \text{ mol} \cdot L^{-1}) \mid AgCl, Ag$$

其中,负极是氢电极。此处如果不给与氢气组成电对的盐酸溶液中插入一个仅起传输电荷作用的**惰性电极** Pt(也可以用石墨 C 作为惰性电极),则这种所谓的电池就无法与外电路相接并对外放电(即对外转移电荷)。正极是氯化银电极,它是把氯化银涂敷在金属银表面,然后将它插入到 NaCl 溶液中。该电池中各物质的书写顺序也与它们的接触次序相同。电池中能与外电路相接并传输电荷的只能是 Ag 和 Pt,所以应把它们分别放在原电池的最两端。此处 Pt 电极同时与氢气及 HCl 溶液接触,它们都属于负极。但由于用盐桥连通的是负极的 HCl 溶液和正极的 NaCl 溶液,所以应把离正极最近的 HCl 溶液放在氢气 H_2 之后;NaCl 溶液里插入的是氯化银电极,但由于 Ag 与外电路相接,故处在最后的应是 Ag 而不是 AgCl。

实际上有许多物质,不标出它们的物理状态一般不至于引起误会。在这种情况下,可以不标出这些物质的物理状态。如上述第一个电池中 Zn 和 Cu 的物理状态可以省略;在第二个电池中,就没有给出 Pt、AgCl 和 Ag 的物理状态。实际上,大家会普遍认为这些物质都是纯固体。在这两个电池中,对所有的溶液都只给出了组成而未给出物理状态,实际上读者会普遍认为它们就是水溶液。

3. 电极反应与电池反应

电池放电过程就是把化学能转变为电能的过程。在原电池放电过程中,电池内发生的到底是什么化学变化呢?这要用电极反应和电池反应来说明。参照下列步骤,即可正确地写出一个给定原电池的电极反应和电池反应。

（1）从给定的电池中找出两个氧化还原电对并分清正极和负极。

由于电流方向都是指正电荷的流动方向，而且电流都是从电源的正极流出经过外电路而流入负极，又因为实际上外电路流动的是带负电荷的电子，故电子是从电源的负极流出经过外电路流入正极。所以，原电池负极只能发生失电子（产生电子）的氧化反应，正极只能发生得电子（吃电子）的还原反应。负极的氧化还原电对由负极中同一种元素 A 的氧化态和还原态组成；正极的氧化还原电对由正极中同一种元素 B 的氧化态和还原态组成。

（2）根据两个氧化还原电对写出两个极的电极反应。

电极反应都是半反应。负极发生的是氧化反应，正极发生的是还原反应。写电极反应时应注明各物质的状态，因为当把两个电极反应加和时，只有状态相同的同种物质才能彼此加和或抵消，所以：

负极　　　　还原态 $A - e^- \longrightarrow$ 氧化态 A

正极　　　　氧化态 $B + e^- \longrightarrow$ 还原态 B

（3）配平上述电极反应。

关于配平电极反应的方法在半反应法配平氧化还原反应的叙述中已讨论过。

（4）由电极反应得到电池反应。

给两个配平的电极反应分别乘以它们得失电子数的最小公倍数，然后将两者相加即得配平的电池反应。在电池反应中不能出现电子，因为电子不是可独立存在的反应物或产物。

例 6.2　写出下列电池的正负极反应和电池反应。

（1）$Hg, HgO \mid NaOH(c = 0.1c^\ominus) \mid H_2(p = 0.2p^\ominus), Pt$

（2）$K(Hg) \mid KOH(c = 0.3c^\ominus) \mid O_2(p = p^\ominus), Pt$　　　其中 K(Hg) 表示钾汞齐

（3）$Pb, PbSO_4 \mid H_2SO_4(c_1) \parallel HCl(c_2) \mid PbCl_2, Pb$

（4）$Pb, PbSO_4 \mid Na_2SO_4(0.01c^\ominus) \parallel Na_2SO_4(0.001c^\ominus) \mid PbSO_4, Pb$

解　（1）　（−）　　$Hg + 2OH^- (0.1c^\ominus) - 2e^- \longrightarrow HgO + H_2O$

　　　　　（+）　　$2H_2O + 2e^- \longrightarrow H_2(0.2p^\ominus) + 2OH^- (0.1c^\ominus)$

电池反应　　　　$Hg + H_2O = HgO + H_2(0.2p^\ominus)$

（2）　（−）　　$4K(Hg) - 4e^- \longrightarrow 4K^+ (0.3c^\ominus)$

　　　　（+）　　$O_2(p^\ominus) + 2H_2O + 4e^- \longrightarrow 4OH^- (0.3c^\ominus)$

电池反应　　　　$4K(Hg) + O_2(p^\ominus) + 2H_2O = 4KOH(c = 0.3c^\ominus)$

（3）　（−）　　$Pb + SO_4^{2-} (c_1) - 2e^- \longrightarrow PbSO_4$

　　　　（+）　　$PbCl_2 + 2e^- \longrightarrow Pb + 2Cl^- (c_2)$

电池反应　　　　$PbCl_2 + SO_4^{2-} (c_1) = PbSO_4 + 2Cl^- (c_2)$

（4）　（−）　　$Pb + SO_4^{2-} (0.01c^\ominus) - 2e^- \longrightarrow PbSO_4$

　　　　（+）　　$PbSO_4 + 2e^- \longrightarrow Pb + SO_4^{2-} (0.001c^\ominus)$

电池反应　　　　$SO_4^{2-} (0.01c^\ominus) = SO_4^{2-} (0.001c^\ominus)$

6.4　原电池的设计

根据吉布斯函数判据，对于在一定温度和压力下能够发生的态变化过程

$$\Delta G \leqslant W' \qquad 或者 \qquad -\Delta G \geqslant -W'$$

其中,$-\Delta G$是态变化过程中系统的吉布斯函数减小值,$-W'$是态变化过程中系统对外所做的非体积功。由此可见,不论是氧化还原反应还是非氧化还原反应,不论是化学变化还是物理变化,只要吉布斯函数是减小的,系统就可以对外做非体积功,就可以组装原电池。

1. 电极的分类

电化学基础知识对许多科研工作很有帮助。在实际工作中,经常需要自行组装原电池。在组装原电池之前,首先有必要了解一下几种常见类型的电极。

1）金属电极

将棒状或片状金属 M 插入含有该金属离子 M^{z+} 的溶液中即可构成金属电极,如

$$铜电极\ Cu \mid Cu^{2+}, \qquad 锌电极\ Zn \mid Zn^{2+}, \qquad 铁电极\ Fe \mid Fe^{2+}$$

金属电极的电极反应为

$$M - ze^- \longrightarrow M^{z+}$$

金属电极作阳极时此电极反应正向进行,金属电极作阴极时此电极反应逆向进行。

2）气体电极

让气体与含有与该气体对应的离子的溶液接触,并在溶液中插入一个惰性电极,即可构成气体电极。所谓**惰性电极**,一方面这种电极很稳定,电极本身不参与电极反应;另一方面,惰性电极应该是导体,应能传输电荷。如果惰性电极不能传输电荷,则当气体与含该气体离子的溶液接触并发生反应时,若失去电子,则失去的电子无转移出去的通路;若得到电子,则需要得到的电子没有到来的通路。常用的惰性电极是金属铂(Pt)和石墨(C)。以氢电极为例,如图6.4所示。其电极反应为

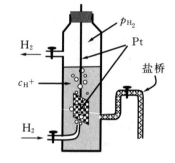

图 6.4 气体电极

$$2H^+ + 2e^- \longrightarrow H_2$$

氢电极作阴极时此电极反应正向进行,氢电极作阳极时此电极反应逆向进行。作为惰性电极,在铂丝下端有一块镀有铂黑的铂片。铂黑疏松而多孔,可增加对氢气的吸附量,能使电极反应容易发生。所有气体电极的结构都大同小异,其结构都大致如图6.4所示。如果往其中的水溶液里通入的气体是氧气,它就是氧电极;如果往其中含有氯离子的水溶液里通入的气体是氯气,它就是氯电极……

以酸性氧电极 $Pt, O_2 \mid H_2O, H^+$ 为例,其还原电极反应为

$$O_2 + 4H^+ + 4e^- \longrightarrow 2H_2O$$

以碱性氧电极 $Pt, O_2 \mid H_2O, OH^-$ 为例,其还原电极反应为

$$O_2 + 2H_2O + 4e^- \longrightarrow 4OH^-$$

3）难溶盐电极

难溶盐电极就是将难溶金属盐(铵盐一般都是易溶的)$M_{\nu_+}^{z_+} A_{\nu_-}^{z_-}$ 涂敷在棒状或片状金属 M 上,然后将其插入含有 A^{z-} 离子的溶液中,即可构成难溶盐电极。以氯化银电极 $Ag, AgCl \mid Cl^-$ 为例,如图 6.5 所示。其还原电极反应为

$$AgCl + e^- \longrightarrow Ag + Cl^-$$

虽然 AgCl 在水中的溶解度很小,但是与 AgCl 接触的水溶液中总有一定量的 Ag^+ 和 Cl^-

与 AgCl 处于平衡状态(此即溶解平衡)。虽然通常把组成该电极的电对看做 AgCl-Ag 电对,但是将其视为 Ag^+-Ag 电对也没错。当把它视为 Ag^+-Ag 电对时,其还原电极反应为

$$Ag^+ + e^- \longrightarrow Ag$$

但将其视为 Ag^+-Ag 电对时,其中涉及到的 Ag^+ 的浓度受溶液中的 Cl^- 浓度的制约,具体可根据 AgCl 的溶度积常数进行计算。

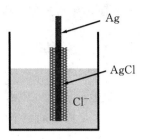

图 6.5　氯化银电极

4) 氧化还原电极

氧化还原电极就是氧化还原电对中的氧化态和还原态均处在溶液中,需要另外插入一个惰性电极来传输电荷。如 $Pt \mid Fe^{3+}, Fe^{2+}$ 或 $C \mid Fe^{3+}, Fe^{2+}$,又如 $Pt \mid MnO_4^-, Mn^{2+}, H^+$ 或 $C \mid MnO_4^-, Mn^{2+}, H^+$。

以上是几种常见类型的电极。除此以外,在实践中还会用到或需要研制开发各种各样的特殊电极,如氧化物电极、配合物电极、各种离子选择性电极等。这些电极的结构也许不像以上几种电极那么简单,在研究开发方面有许多工作要做。

2. 把氧化还原反应设计成原电池

把氧化还原反应组装成原电池时,应首先从反应式中找出两个氧化还原电对。其中发生还原反应的电对在原电池中作正极,发生氧化反应的电对在原电池中作负极。紧接着,需进一步弄清楚两个电极的类型,确定是否需要插入惰性电极。此外,还要分析其中有几种溶液,是否需要盐桥。明确了这些以后,便可以写出电池符号了。另外,不论把什么反应或状态变化过程组装成原电池,其正负极反应的加和即电池总反应应该与原反应或原状态变化过程相同。否则,组装的原电池就是不正确的。

例 6.3　将下列反应组装成原电池,并写出正负极反应和电池反应。

(1) $Zn + 2Ag^+ \rule[0.5ex]{1.5em}{0.4pt} Zn^{2+} + 2Ag$

(2) $Sn^{2+} + 2Fe^{3+} \rule[0.5ex]{1.5em}{0.4pt} Sn^{4+} + 2Fe^{2+}$

(3) $2Fe^{2+} + Br_2 \rule[0.5ex]{1.5em}{0.4pt} 2Fe^{3+} + 2Br^-$

(4) $Zn + 2H^+ \rule[0.5ex]{1.5em}{0.4pt} Zn^{2+} + H_2$

解　(1) 反应中的两个电对分别是:Zn-Zn^{2+},发生氧化反应,应为负极,此属金属电极;Ag-Ag^+,发生还原反应,应为正极,此属金属电极。所以

$$Zn \mid Zn^{2+} \parallel Ag^+ \mid Ag$$

(-)　　　$Zn - 2e^- \longrightarrow Zn^{2+}$

(+)　　　$2Ag^+ + 2e^- \longrightarrow 2Ag$

电池反应　　$2Ag^+ + Zn \rule[0.5ex]{1.5em}{0.4pt} 2Ag + Zn^{2+}$

(2) 反应中的两个电对分别是:Sn^{2+}-Sn^{4+},发生氧化反应,应为负极,此属氧化还原电极;Fe^{2+}-Fe^{3+},发生还原反应,应为正极,此属氧化还原电极。所以

$$Pt \mid Sn^{2+}, Sn^{4+} \parallel Fe^{3+}, Fe^{2+} \mid Pt$$

(-)　　　$Sn^{2+} - 2e^- \longrightarrow Sn^{4+}$

(+)　　　$2Fe^{3+} + 2e^- \longrightarrow 2Fe^{2+}$

电池反应　　$2Fe^{3+} + Sn^{2+} \rule[0.5ex]{1.5em}{0.4pt} 2Fe^{2+} + Sn^{4+}$

(3) 反应中的两个电对分别是:Fe^{2+}-Fe^{3+},发生氧化反应,应为负极,此属氧化还原电极;

Br_2-Br^-,发生还原反应,应为正极,此属氧化还原电极。所以

$$Pt \mid Fe^{3+}, Fe^{2+} \parallel Br^-, Br_2 \mid Pt$$

$$(-) \qquad 2Fe^{2+} - 2e^- \longrightarrow 2Fe^{3+}$$

$$(+) \qquad Br_2 + 2e^- \longrightarrow 2Br^-$$

电池反应 $\qquad 2Fe^{2+} + Br_2 \Longrightarrow 2Fe^{3+} + 2Br^-$

(4) 反应中的两个电对分别是:$Zn-Zn^{2+}$,发生氧化反应,应为负极,此属金属电极;H^+-H_2,发生还原反应,应为正极,此属气体电极。所以

$$Zn \mid Zn \parallel H^+ \mid H_2, Pt$$

$$(-) \qquad Zn - 2e^- \longrightarrow Zn^{2+}$$

$$(+) \qquad 2H^+ + 2e^- \longrightarrow H_2$$

电池反应 $\qquad Zn + 2H^+ \Longrightarrow Zn^{2+} + H_2$

3. 将非氧化还原反应设计成原电池

前边讲过,不论状态变化过程是不是氧化还原反应,也不论状态变化过程是化学变化还是物理变化,在一定温度和压力下只要状态变化过程中系统的吉布斯函数是减小的,其减小值就可用于对外做电功(即非体积功)。

由于吉布斯函数是状态函数,其改变量 ΔG 只与始终态有关,而与路线无关。在非氧化还原反应中,原本各种元素的氧化数均保持不变,其中无电荷转移。但可以在原反应的始态和终态之间设置一种中间产物,该中间产物中某元素的氧化数或高或低,但不能与原反应中该元素的氧化数相同。这样就把原来的非氧化还原反应分成了两个有氧化数变化的半反应,其中必然有一个半反应是氧化反应,另一个半反应是还原反应。沿着新的状态变化路线,先从反应物到中间产物,再由中间产物到最终产物。当把这两个半反应配平并加和时,中间产物就抵消掉了,而且得到的总反应与原来的非氧化还原反应相同。这就是殊途同归。沿着这种思路,原则上可以把所有能自发进行的非氧化还原反应组装成原电池。

例 6.4 将下列反应组装成原电池,并写出该电池的正负极反应。

(1) $AgCl + I^- \Longrightarrow AgI + Cl^-$

(2) $AgI(s) \Longrightarrow Ag^+ + I^-$

(3) $Cu(OH)_2(s) \Longrightarrow Cu^{2+} + 2OH^-$

(4) $AgCl(s) + 2NH_3(aq) \Longrightarrow [Ag(NH_3)_2]^+ + Cl^-$

解 (1) 设置中间产物

$$AgCl + I^- \Longrightarrow AgI + Cl^-$$
$$还原(+) \searrow Ag \nearrow 氧化(-)$$

电对 $AgCl\text{-}Ag$ 发生还原反应,故作正极,它是氯化银电极;电对 $Ag\text{-}AgI$ 发生氧化反应,故作负极,它是碘化银电极。所以

$$Ag, AgI \mid I^-(aq) \parallel Cl^-(aq) \mid AgCl, Ag$$

$$(-) \qquad Ag + I^- - e^- \longrightarrow AgI$$

$$(+) \qquad AgCl + e^- \longrightarrow Ag + Cl^-$$

(2) 设置中间产物

$$AgI(s) \Longrightarrow Ag^+ + I^-$$
$$还原(+) \searrow Ag \nearrow 氧化(-)$$

电对 Ag – AgI 发生还原反应,故作正极,它是碘化银电极;电对 Ag – Ag$^+$ 发生氧化反应,故作负极,它是银电极。所以

$$Ag \mid Ag^+ (aq) \parallel I^- (aq) \mid AgI, Ag$$

(—)　　　$Ag - e^- \longrightarrow Ag^+$

(+)　　　$AgI + e^- \longrightarrow Ag + I^-$

(3) 设置中间产物

$$Cu(OH)_2(s) \Longrightarrow Cu^{2+} + 2OH^-$$

$$还原(+) \searrow Cu \nearrow 氧化(—)$$

电对 Cu(OH)$_2$ – Cu 发生还原反应,故作正极,它是难溶氢氧化物电极;电对 Cu – Cu^{2+} 发生氧化反应,故作负极,它是铜电极。所以

$$Cu \mid Cu^{2+}(aq) \parallel OH^- (aq) \mid Cu(OH)_2, Cu$$

(—)　　　$Cu - 2e^- \longrightarrow Cu^{2+}$

(+)　　　$Cu(OH)_2 + 2e^- \longrightarrow Cu + 2OH^-$

(4) 设置中间产物

$$AgCl(s) + 2NH_3(aq) \Longrightarrow [Ag(NH_3)_2]^+ + Cl^-$$

$$还原(+) \searrow Ag \nearrow 氧化(—)$$

电对 AgCl – Ag 发生还原反应,故作正极,它是氯化银电极;电对 [Ag(NH$_3$)$_2$]$^+$ – Ag 发生氧化反应,故作负极,它是配合物电极。所以

$$Ag \mid Ag(NH_3)_2^+(aq), NH_3(aq) \parallel Cl^- (aq) \mid AgCl, Ag$$

(—)　　　$Ag + 2NH_3(aq) - e^- \longrightarrow [Ag(CH_3)_2]^+$

(+)　　　$AgCl + e^- \longrightarrow Ag + Cl^-$

4. 设计浓差电池

实际上,电池总反应除了化学变化外也可以是物理变化,如气体从高压区往低压区扩散,溶质从高浓度区往低浓度区扩散等。根据不同物质的摩尔吉布斯函数与组成的关系,这些过程都是吉布斯函数减小的过程,都可以用来对外做非体积功。这些状态变化都可借助于原电池来实现。我们把完成这类态变化的电池称为**浓差电池**。

浓差电池的电池总反应只涉及一种物质,即反应物和产物相同,但反应前后该物质的浓度或分压有别。设计浓差电池的关键是:先寻找涉及该物质的电极反应,然后把电极反应中不与该物质处在同一方的所有物质都作为中间产物,而把与该物质处在同一方的所有物质既作为反应物也作为产物,但除了发生浓差变化的物质外,其余物质在反应前后的浓度或分压应完全相同。这样就有两个半反应了,就可以把这两个半反应组装成原电池。

1) 设计电极浓差电池

浓差电池也是多种多样的。**电极浓差电池**是指浓度差出现在电池中的非溶液部分。如欲将态变化过程 $H_2(0.10 \text{ MPa}) \Longrightarrow H_2(0.05 \text{ MPa})$ 设计成原电池,首先要找到一个涉及 H_2 的电极反应,如 $H_2 - 2e^- \rightarrow 2H^+$。根据这个电极反应,可以把不与 H_2 处在同一方的 H^+ 作为中间产物。因此,可沿如下箭头所示路线绕道完成这个浓差变化过程:

$$H_2(0.10 \text{ MPa}) \Longrightarrow H_2(0.05 \text{ MPa})$$

$$氧化(—) \searrow H^+ (aq, c) \nearrow 还原(+)$$

其中,0.10 MPa 的 H_2 气在负极,0.05 MPa 的 H_2 气在正极。该绕道路线对应的原电池可以表示为

$$Pt, H_2(0.10 \text{ MPa}) \mid HCl(aq, c) \mid H_2(0.05 \text{ MPa}), Pt$$

$$(-) \qquad H_2(0.10 \text{ MPa}) - 2e^- \longrightarrow 2H^+(c)$$

$$(+) \qquad 2H^+(c) + 2e^- \longrightarrow H_2(0.05 \text{ MPa})$$

电池反应　　　$H_2(0.10 \text{ MPa}) = H_2(0.05 \text{ MPa})$

虽然此处每个电极上的确发生了得电子或失电子的反应,但总反应是一个物理变化。

对于这个浓差态变化过程 $H_2(0.10 \text{ MPa}) = H_2(0.05 \text{ MPa})$,涉及 H_2 的电极反应也可以是 $H_2 + 2OH^- - 2e^- \longrightarrow 2H_2O$。根据这个电极反应,可以把不与 H_2 处在同一方的 H_2O 作为中间产物,而把与 H_2 处在同一方的所有物质即 H_2 和 OH^- 既作为反应物也作为产物,但反应前后 OH^- 的浓度不变。因此,可沿如下箭头所示路线绕道完成这个浓差变化过程:

$$H_2(0.10 \text{ MPa}) + 2OH^-(c) = H_2(0.05 \text{ MPa}) + 2OH^-(c)$$

$$氧化(-) \searrow H_2O \nearrow 还原(+)$$

其中,0.10 MPa 的 H_2 气在负极,0.05 MPa 的 H_2 气在正极。该绕道路线对应的原电池可以表示为

$$Pt, H_2(0.10 \text{ MPa}) \mid NaOH(aq, c) \mid H_2(0.05 \text{ MPa}), Pt$$

$$(-) \qquad H_2(0.10 \text{ MPa}) + 2OH^-(c) - 2e^- \longrightarrow 2H_2O$$

$$(+) \qquad 2H_2O + 2e^- \longrightarrow H_2(0.05 \text{ MPa}) + 2OH^-(c)$$

电池反应　　　$H_2(0.10 \text{ MPa}) = H_2(0.05 \text{ MPa})$

2) 设计溶液浓差电池

溶液浓差电池就是浓度差出现在电池中的溶液部分,其总变化也是物理变化。溶液浓差电池的总反应相当于某溶质从溶液的高浓度区往低浓度区扩散,或者相当于涉及该物质的溶液被稀释,从高浓度变为低浓度。所以,设计溶液浓差电池的关键也是寻找合适的中间态,寻找涉及该物质的电极反应。其基本思路与组装电极浓差电池类似。例如,欲将下面的态变化过程设计成原电池:

$$Cu^{2+}(0.1 \text{ mol} \cdot L^{-1}) = Cu^{2+}(0.05 \text{ mol} \cdot L^{-1})$$

首先要寻找涉及 Cu^{2+} 的电极反应如 $Cu^{2+} + 2e^- \longrightarrow Cu$。根据这个电极反应,可以把不与 Cu^{2+} 处在同一方的 Cu 作为中间产物。因此,可沿如下箭头所示路线完成这个浓差变化过程:

$$Cu^{2+}(0.1 \text{ mol} \cdot L^{-1}) = Cu^{2+}(0.05 \text{ mol} \cdot L^{-1})$$

$$还原(+) \searrow Cu \nearrow 氧化(-)$$

其中,0.01 mol · L^{-1} 的 Cu^{2+} 离子在正极,0.05 mol · L^{-1} 的 Cu^{2+} 离子在负极。该绕道路线对应的原电池可表示为

$$Cu \mid CuCl_2(0.05 \text{ mol} \cdot L^{-1}) \parallel CuCl_2(0.1 \text{ mol} \cdot L^{-1}) \mid Cu$$

$$(-) \qquad Cu - 2e^- \longrightarrow Cu^{2+}(0.05 \text{ mol} \cdot L^{-1})$$

$$(+) \qquad Cu^{2+}(0.1 \text{ mol} \cdot L^{-1}) + 2e^- \longrightarrow Cu$$

电池反应　　　$Cu^{2+}(0.1 \text{ mol} \cdot L^{-1}) = Cu^{2+}(0.05 \text{ mol} \cdot L^{-1})$

又如,欲将态变化 $OH^-(1.0 \text{ mol} \cdot L^{-1}) = OH^-(0.3 \text{ mol} \cdot L^{-1})$ 设计成原电池,首先要寻找一个涉及 OH^- 的电极反应如 $4OH^- - 4e^- \longrightarrow O_2 + 2H_2O$。根据这个电极反应,可以把不与 OH^- 处在同一方的 O_2 和 H_2O 作为中间产物。因此,可绕道沿如下箭头所示路线来完成这个浓

差态变化过程：

$$OH^-(1.0\ mol \cdot L^{-1}) \Longrightarrow OH^-(0.3\ mol \cdot L^{-1})$$
$$氧化(-) \searrow O_2(p), H_2O \nearrow 还原(+)$$

其中,1.0 mol·L^{-1} 的 OH$^-$ 离子在负极,0.3 mol·L^{-1} 的 OH$^-$ 离子在正极。该绕道路线对应的原电池可以表示为

$$Pt, O_2(p) \mid NaOH(1.0\ mol \cdot L^{-1}) \parallel NaOH(0.3\ mol \cdot L^{-1}) \mid O_2(p), Pt$$

$$(-) \qquad 4OH^-(1.0\ mol \cdot L^{-1}) - 4e^- \longrightarrow O_2(p) + 2H_2O$$

$$(+) \qquad O_2(p) + 2H_2O + 4e^- \longrightarrow 4OH^-(0.3\ mol \cdot L^{-1})$$

电池反应　　$4OH^-(1.0\ mol \cdot L^{-1}) \Longrightarrow 4OH^-(0.3\ mol \cdot L^{-1})$

6.5　可逆电动势的测定

1. 可逆电池

可以通过原电池把化学能转变为电能,也可以通过电解池将电能转变为化学能。化学能和电能可以相互转化,但这仅仅是方向上的可逆而不是热力学意义上的可逆。所谓可逆电池,它是指热力学意义上的可逆,它是指工作电流无限小,电池反应无限缓慢,而且无液接电势的电池。因为这种电池系统每时每刻都处于平衡状态,而可逆过程就是由一连串平衡状态组成的。与此相反,包含下列一个或多个因素的电池就不是可逆电池。

(1) 工作电流不是无限小的电池。因为电功可以变为热,其热量可以表示为 $Q = I^2Rt$,而且功变为热都是不可逆的。所以工作电流不是无限小的电池都不是可逆电池。

(2) 有液接电势的电池。液接电势是由扩散引起的,而扩散本身都是不可逆的。因为一个系统之所以扩散,就是由于系统未处于平衡状态,这与可逆过程由一连串平衡状态所组成的要求不一致。所以有液接电势的电池肯定不是可逆电池。

在可逆电池中,当无限小电流改变方向时,电池反应仍与原反应相同,只是反应方向与原反应相反。把可逆电池的电动势叫做**可逆电动势**。可逆电动势只与电池系统所处的状态有关,即可逆电池的电动势是状态函数。严格说来,工作电流为无限小的、含有液体接界但液接电势为零的电池也不是可逆电池。不过,通常情况下可以把这种电池近似看做可逆电池。因为当这种电池在无限小的电流下工作时,可以测得较稳定的再现性较好的电动势,而且其值近似等于可逆电池的电动势。

2. 惠斯顿标准电池

惠斯顿标准电池如图 6.6 所示。其电极反应和电池反应如下：

$$(+) \qquad Hg_2SO_4 + 2e^- \longrightarrow 2Hg + SO_4^{2-}$$

$$(-) \qquad Cd + SO_4^{2-} + \frac{8}{3}H_2O - 2e^- \longrightarrow CdSO_4 \cdot \frac{8}{3}H_2O$$

电池反应　　$Hg_2SO_4 + Cd + \frac{8}{3}H_2O \Longrightarrow 2Hg + CdSO_4 \cdot \frac{8}{3}H_2O$

惠斯顿标准电池的可逆性(非热力学意义的可逆) 较好,即放电时电池反应正向进行,充电时电池反应逆向进行。另外,从电池反应的始终态看,Hg_2SO_4、Hg 和 $SdSO_4 \cdot \frac{8}{3}H_2O$ 均为纯

凝聚态物质，其浓度恒定不变；在饱和的 $CdSO_4$ 水溶液中，水的浓度只与温度有关；加之如果该电池只在近似可逆($I \rightarrow 0$)的条件下工作，而且有时放电，有时充电，那么电池中镉汞齐 $Cd(Hg)$ 的浓度也就基本上保持不变。在这种情况下，从电池反应方程式看，影响该电池系统状态（电池反应的始态和终态）的因素就只有温度了。作为状态函数，该电池的电动势也就只与温度有关。在一定温度下其电动势为常数。正因为这样，人们常把惠斯顿电池作为标准电池用于可逆电池电动势的测定。惠斯顿标准电池的电动势与摄氏温度 t 的关系如下：

$$E/V = 1.01864 - 4.05 \times 10^{-5}(t/℃ - 20) - 9.5 \times 10^{-7}(t/℃ - 20)^2 \tag{6.7}$$

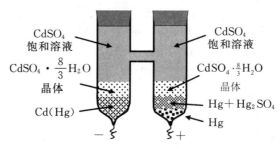

图 6.6　惠斯顿标准电池

3. 可逆电动势的测定

可逆电池无液接电势，若接触电势也很小，可忽略不计，则其电动势就是正极和负极的电极电势之差。通常所说的电动势都是指可逆电池的电动势。当用电压表测量时，其读数只反映了原电池的端电压而不是电动势。结合闭合电路欧姆定律，端电压 $V_测$ 与原电池的电动势 E 和原电池的内电阻 r 有关，即

$$V_测 = E - I \cdot r = E - \frac{E}{R+r}r = \frac{R}{R+r}E$$

虽然电压表的电阻 R 一般都很大，但不是无限大。又因为每个电池都有一定的内电阻 r。所以根据上式，用电压表测得的端电压都小于原电池的电动势 E。另一方面，虽然结合上式由测得的端电压、内电阻和电流强度可以得到原电池的电动势 $E(E = V_测 + I \cdot r)$，但这样得到的电动势 E 不是原电池的可逆电动势，因为这样测量时电流强度 I 不是无限小。

测量可逆电动势的常用方法是**对消法**，其测量原理参见图 6.7，其中 E_w 为工作电源；E_s 为标准电池的电动势；E_x 为待测电池的电动势；AB 为均匀电阻丝；Ⓖ 为检流计，用来检测有无电流流过，而非测定电流的大小；R 为滑线变阻器。

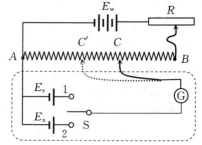

图 6.7　对消法测可逆电动势

在一定温度下，均匀电阻丝上单位长度的压降与通过它的电流强度成正比。当电流强度（工作电流）一定时，其单位长度的压降为常数（如同仪器常数），可将其用 k 表示。这时，AC 段的压降 V_{AC} 与其长度 L_{AC} 的关系如下：

$$V_{AC} = k \cdot L_{AC} \tag{6.8}$$

用对消法测定可逆电动势时，主要分两步进行。

第一步:校准(调工作电流)。

(1) 根据实验温度,用式(6.7)计算标准电池的电动势 E_s。

(2) 将检流计 G 的可移动触头置于 C 点,使 AC 段的长度满足下式:

$$E_s = k \cdot L_{AC}$$

(3) 将单刀双掷开关 S 置于"1",使其与标准电池接通。

(4) 调节滑线变阻器 R。调节 R 时,通过均匀电阻丝的电流强度会同时发生变化,故 V_{AC} 也跟着变。当检流计 G 不发生偏转时,必然 $V_{AC} = E_s$。此时通过均匀电阻丝的电流就等于工作电流。

第二步:测量。

(5) R 保持不动,将 S 置于"2",使其与待测电池接通。

(6) 调节检流计 G 的可移动触头,直到检流计不发生偏转。当检流计不发生偏转时,假设可移动触头处于 C' 点。这时,图 6.7 中用虚线框起来的部分对于工作电源 E_w 而言形同虚设,加上此时 R 的状态与完成校准时相同,故此时工作电源 E_w 的外电阻与完成校准时相同,此时通过均匀电阻丝的电流强度也与完成校准时相同,此时单位长度的压降也与完成校准时相同并等于仪器常数 k。所以

$$E_x = V_{AC'} = L_{AC'} \cdot k$$

用这种方法测量时,由于 E_s 与 V_{AC} 大小相等而方向相反、彼此相互抵消,结果使得没有电流流过检流计;E_x 与 $V_{AC'}$ 也大小相等而方向相反、彼此相互抵消,结果也使得没有电流流过检流计。这就是说,在测量过程中,标准电池和待测电池都不放电也不充电,或者说放电或充电时的电流强度都无限小,电池的内压降也无限小,所以测得的端电压就等于原电池的电动势,而且是可逆电动势。故称这种测量方法为**对消法**。对消法也叫做**补偿法**。

从现在开始,在该课程中讨论原电池的电动势时,如果没有明显标志或文字说明,就把所涉及的电动势都默认为可逆电动势。

6.6　电极电势和电动势与组成的关系

1. 标准电极电势

标准电极是指在一定温度下,电极反应涉及到的各物质都处于标准状态。**标准电极电势**就是标准电极的电极电势,常用 $\varphi^{\ominus}$ 表示。

到目前为止,我们虽然可以用对消法测定一个电池的电动势,但无法确定单个电极的电极电势。这种情况对讨论分析实际问题是很不利的。所以,1953 年 IUPAC(国际纯化学与应用化学联合会) 建议在任何温度下把酸性标准氢电极的电极电势都规定为零,即

$$\varphi^{\ominus}_{\mathrm{H^+/H_2}} = 0 \tag{6.9}$$

酸性标准氢电极就是在一定温度下,由 $p_{\mathrm{H_2}} = p^{\ominus}$ 的氢气、$c_{\mathrm{H^+}} = c^{\ominus} = 1\ \mathrm{mol \cdot L^{-1}}$ 而且具有无限稀释溶液特性的溶液以及不参与电极反应的金属铂(即惰性电极)组成的电极。通常所说的标准氢电极都是指酸性标准氢电极。

以标准氢电极为参考,就可以确定其他电极的电极电势。虽然参考点的选取会影响其他电极的电极电势大小,但是不会影响任意两个电极的电极电势之差,不会影响原电池的电动势。这如同不论以海平面为参考点还是以珠穆朗玛峰的顶点为参考点来确定其他物体的高度,虽

然参考点不同会影响各物体本身的高度,但不会影响两个物体的高度差。确定其他电极电势的具体做法是:将任意一个待测电极与标准氢电极组成原电池,然后测该电池的电动势。如果把待测电极作正极,则测得的电动势为

$$E = \varphi(待测) - \varphi_{H^+/H_2}^{\ominus} = \varphi(待测) - 0$$

所以

$$\varphi(待测) = E \tag{6.10}$$

如果把待测电极作负极,则测得的电动势为

$$E' = \varphi_{H^+/H_2}^{\ominus} - \varphi(待测) = 0 - \varphi(待测)$$

所以

$$\varphi(待测) = -E' \tag{6.11}$$

比较(6.10)和(6.11)两式,由于 $E' = -E$,故一个电极不论作正极还是作负极,其电极电势是相同的。原因是电极电势是电极的性质、是电极系统的状态函数,其值理所当然只与电极本身所处的状态有关,而与把它作为正极还是负极无关,与该电极是独身相处还是与别的电极组成了原电池无关。具体说起来,影响电极电势的因素包括:电极是由哪些物质组成的,温度和压力分别是多少,各物质分别处于什么状态,它的浓度或分压力分别是多少等。

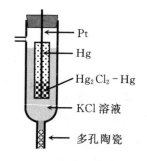

图 6.8　甘汞电极

标准氢电极作为电极电势的标准是非常重要的。但在具体应用时,氢电极操作起来多有不便之处,而且使用氢气比较危险。**甘汞电极** $Hg, Hg_2Cl_2 \mid Cl^-$ 属于难溶盐电极,其结构如图 6.8 所示,其中的难溶盐就是氯化亚汞 Hg_2Cl_2(即甘汞)。它的还原电极反应如下:

$$Hg_2Cl_2 + 2e^- \longrightarrow 2Hg + 2Cl^-$$

在用标准氢电极确定了甘汞电极的电极电势之后,现在常把甘汞电极作为参比电极,并将其用于确定其他电极的电极电势。因为甘汞电极的电极电势较稳定。

常用的甘汞电极有三种,它们的区别集中表现在 KCl 溶液的浓度分别为饱和、$1.0 \text{ mol} \cdot L^{-1}$ 和 $0.1 \text{ mol} \cdot L^{-1}$。它们的电极电势都只是温度的函数。

饱和甘汞电极　　　　　$\varphi/V = 0.2410 - 7.6 \times 10^{-4}(t/^{\circ}C - 25)$

$1.0 \text{ mol} \cdot L^{-1}$ 甘汞电极　　$\varphi/V = 0.2799 - 2.4 \times 10^{-4}(t/^{\circ}C - 25)$

$0.1 \text{ mol} \cdot L^{-1}$ 甘汞电极　　$\varphi/V = 0.3335 - 7.0 \times 10^{-5}(t/^{\circ}C - 25)$

2. 电极电势与物质的氧化还原性

用标准氢电极确定待测电极的电极电势时,如果待测电极中的各物质都处于标准状态,则测得的电极电势就是该电极在实验温度下的标准电极电势,并把它用 $\varphi_{氧化态/还原态}^{\ominus}$ 表示。通常由于电池的电动势会随着温度的变化而变化,所以除了人为规定标准氢电极的电极电势在任何温度下都等于零以外,从式(6.10)或式(6.11)可以看出:其他电极的电极电势包括标准电极电势都与温度有关,因为电动势与温度有关。部分电极在 25 ℃ 下的标准电极电势见附录 Ⅶ。

如果一个任意电极的电极电势大于零,则该电极与标准氢电极组成原电池时必然是正极,并发生还原反应。其中的电极反应和电池反应如下:

$$(-)　　\frac{n}{2}H_2 - ne^- \longrightarrow nH^+$$

$$\underline{(+)　　xOx + ne^- \longrightarrow yRe}　　(Ox 和 Re 分别表示氧化态和还原态)$$

电池反应　　$xOx + \dfrac{n}{2}H_2 \Longrightarrow yRe + nH^+$

$$E = \varphi(\text{任意}) - 0 = \varphi(\text{任意})$$

由此可见,该任意电极的电极电势越大,该电池的电动势 E 就越大。在这种情况下,结合式 (6.1) 可以看出,该电池反应的吉布斯函数降低值 $-\Delta_r G_m$ 越大,该电池反应正向进行的趋势就越大。这说明电池反应中作为氧化剂的 Ox 的氧化性越强。所以电极电势越大,电极反应涉及的氧化还原电对中的氧化态的氧化性越强。从附录 Ⅶ 列出的数据看,单质氟是最强的氧化剂。

与上述情况相反,如果一个任意电极的电极电势小于零,则该电极与标准氢电极组成原电池时必然是负极,并发生氧化反应。其电池反应是上述电池反应的逆反应,即

$$y\text{Re} + n\text{H}^+ \Longrightarrow x\text{Ox} + \frac{n}{2}\text{H}_2$$

$$E = 0 - \varphi(\text{任意}) = -\varphi(\text{任意})$$

该任意电极的电极电势越小(即其负值越大),则电动势 E 越大,电池反应吉布斯函数的降低值 $-\Delta_r G_m$ 就越大,电池反应正向进行的趋势就越大。这说明电池反应中还原剂 Re 的还原性越强。所以电极电势越小,电极反应涉及的氧化还原电对中还原态的还原性越强。从附录 Ⅶ 列出的数据看,在水溶液中,金属锂是最强的还原剂。[①]

3. 能斯特公式

1)电动势与电池组成的关系

根据第 2 章中学过的知识,在一定温度和压力下,对于电池反应

$$\Delta_r G_m = \Delta_r G_m^\ominus + RT\ln J \tag{6.12}$$

其中,$\Delta_r G_m^\ominus = \sum \nu_B G_m^\ominus(\text{B})$;$J$ 是电池反应的混合商,其中产物都处于分子的位置,反应物都处于分母的位置。具体计算 J 时,对于溶液中的组分就用它的相对浓度,对于气体物质就用它的相对压力;对于纯凝聚态物质或溶液中的溶剂型组分就用 1。

将式(6.1)代入式(6.12)可得

$$-nFE = -nFE^\ominus + RT\ln J$$

所以

$$E = E^\ominus - \frac{RT}{nF}\ln J \tag{6.13}$$

在 25 ℃ 下,式(6.13)可以改写为

$$E = E^\ominus - \frac{0.059}{n}\lg J \tag{6.14}$$

式(6.13)和式(6.14)均称为**能斯特公式**。这两个公式描述了在一定温度下电池的电动势与其组成的关系。其中 n 是 1 mol 电池反应中转移电子的摩尔数。虽然 J 是电池反应的混合商,其值与电池反应方程式的写法有关,但是 n 也与电池反应方程式的写法有关,结果由这两个公式计算得到的电动势 E 与电池反应方程式的写法无关。

例 6.5　已知在 25 ℃ 下,$\varphi_{\text{H}^+/\text{H}_2}^\ominus = 0$ V,$\varphi_{\text{Ti}^{3+}/\text{Ti}^{2+}}^\ominus = -0.369$ V。请计算下列电池在 25 ℃ 下的电动势。

Pt｜Ti^{2+}(0.20 mol·L^{-1}),Ti^{3+}(0.02 mol·L^{-1})‖H$^+$(0.01 mol·L^{-1})｜H$_2$(90 kPa),Pt

---

① 这与碱金属的活泼性依 Li、Na、K、Rb、Cs 顺序逐渐增强并不矛盾。原因是我们通常讲金属的活泼性时,是针对气态金属原子失去电子变为气态金属离子的难易程度而言的。此处讲还原性,是针对常温下的纯金属失去电子变为水合离子的难易程度而言的。两者的参考点不同。

解 (一) $2Ti^{2+} - 2e^- \longrightarrow 2Ti^{3+}$

(+) $2H^+ + 2e^- \longrightarrow H_2$

电池反应 $2Ti^{2+} + 2H^+ \Longrightarrow 2Ti^{3+} + H_2$

根据能斯特公式(6.13),该电池的电动势为

$$E = E^\ominus - \frac{RT}{2F} \ln \frac{(c_{Ti^{3+}}/c^\ominus)^2 \cdot (p_{H_2}/p^\ominus)}{(c_{Ti^{2+}}/c^\ominus)^2 \cdot (c_{H^+}/c^\ominus)^2}$$

$$= \left(0.369 - \frac{8.314 \times 298.2}{2 \times 96485} \ln \frac{0.02^2 \times (90/100)}{0.20^2 \times 0.0100^2}\right) V$$

$$= 0.311 \text{ V}$$

2) 电极电势与电极组成的关系

对于电池 $Pt, H_2(p^\ominus) \mid H^+(c_{H^+} = c^\ominus) \parallel$ 任意电极,其电极反应和电池反应如下:

(一) $\frac{n}{2}H_2 - ne^- \longrightarrow nH^+$

(+) $xOx + ne^- \longrightarrow yRe$

电池反应 $xOx + \frac{n}{2}H_2 \Longrightarrow yRe + nH^+$

结合该电池反应,由能斯特公式(6.13) 可得

$$E = E^\ominus - \frac{RT}{nF} \ln \frac{(c_{Re}/c^\ominus)^y \cdot (c_{H^+}/c^\ominus)^n}{(c_{Ox}/c^\ominus)^x \cdot (p_{H_2}/p^\ominus)^{n/2}}$$

由于负极是标准氢电极,即 $p_{H_2} = p^\ominus, c_{H^+} = c^\ominus$,又因为 $\varphi_- = \varphi_{H_2/H^+}^\ominus = 0$,所以

$$E = \varphi - 0 = \varphi$$

$$E^\ominus = \varphi^\ominus - 0 = \varphi^\ominus$$

所以由上式可得

$$\varphi = \varphi^\ominus - \frac{RT}{nF} \ln \frac{(c_{Re}/c^\ominus)^y}{(c_{Ox}/c^\ominus)^x} \tag{6.15}$$

或

$$\varphi = \varphi^\ominus + \frac{RT}{nF} \ln \frac{(c_{Ox}/c^\ominus)^x}{(c_{Re}/c^\ominus)^y} \tag{6.16}$$

式(6.15) 和式(6.16) 也都称为能斯特公式,它们反映了电极电势与电极组成的关系。其中 n 是 1 mol 电极反应转移电子的摩尔数。相比之下,式(6.16) 比式(6.15) 更容易记忆,因为氧化态的浓度越大其氧化性越强,又因为电极电势越高的电对中氧化态的氧化性越强,所以氧化态的浓度越大其电极电势就越高。这种推理与式(6.16) 完全一致。用式(6.16) 可以计算任意电极的电极电势 φ。在 25 ℃ 下,可以把式(6.16) 改写为

$$\varphi = \varphi^\ominus + \frac{0.059}{n} \lg \frac{(c_{Ox}/c^\ominus)^x}{(c_{Re}/c^\ominus)^y} \tag{6.17}$$

严格说来,式(6.17) 只在 25 ℃ 下才是准确的。但由于通常室温与 25 ℃ 差别不大,故通常室温下都可以用式(6.17) 计算,只是得到的结果可能稍许有点误差。

在具体使用能斯特公式(6.16) 或(6.17) 时,有以下几点需要注意:

(1) 因为电极电势是状态函数,任何电极不论作正极还是作负极,其电极电势相同,故式(6.16) 和(6.17) 对任何电极都是通用的,而不必区分正负极。

(2) x 和 y 未必等于 1,它们是配平的电极反应方程式中各物质前的系数。

(3) 若电极反应中除了氧化态和还原态以外还有其他物质,则类似于 J 的表示方法,在式 (6.16) 和公式 (6.17) 的混合商中,原则上应包含电极反应方程式中所有的物质,并且电极反应方程式中的氧化态一方的所有物质都在分子的位置,还原态一方所有的物质都在分母的位置。

(4) 电极反应的写法不同,其混合商就不同,发生 1 mol 电极反应转移电子的摩尔数 n 也就不同。但从式 (6.16) 和式 (6.17) 可以看出,电极电势 φ 与电极反应方程式的写法无关。其根本原因在于电极电势是状态函数。

例如,对于电极反应 $Cl_2 + 2e^- \longrightarrow 2Cl^-$,根据式 (6.16) 有

$$\varphi_{Cl_2/Cl^-} = \varphi^{\ominus}_{Cl_2/Cl^-} + \frac{RT}{2F}\ln\frac{p_{Cl_2}/p^{\ominus}}{(c_{Cl^-}/c^{\ominus})^2}$$

又如,对于电极反应 $Ag + Cl^- - e^- \longrightarrow AgCl$,根据式 (6.16) 有

$$\varphi_{AgCl/Ag} = \varphi^{\ominus}_{AgCl/Ag} + \frac{RT}{F}\ln\frac{1}{c_{Cl^-}/c^{\ominus}}$$

其中 Ag 和 AgCl 都是纯凝聚态物质,在混合商中把它们的组成都用 1 表示。

又如,对于电极反应 $MnO_4^- + 8H^+ + 5e^- \longrightarrow Mn^{2+} + 4H_2O$,根据式 (6.16) 有

$$\varphi_{MnO_4^-/Mn^{2+}} = \varphi^{\ominus}_{MnO_4^-/Mn^{2+}} + \frac{RT}{5F}\ln\frac{(c_{MnO_4^-}/c^{\ominus})\cdot(c_{H^+}/c^{\ominus})^8}{c_{Mn^{2+}}/c^{\ominus}}$$

其中,水作为溶剂是大量的,可将其近似看做纯凝聚态物质,在混合商中用 1 表示。

例 6.6　结合下列电极反应,写出各电极的电极电势与组成的关系。

(1) $Cu^{2+} + 2e^- \longrightarrow Cu$

(2) $Hg_2Cl_2 + 2e^- \longrightarrow 2Hg + 2Cl^-$

(3) $2H_2O - 4e^- \longrightarrow O_2 + 4H^+$

解　由能斯特公式 (6.16) 可知:

(1) $\varphi_{Cu^{2+}/Cu} = \varphi^{\ominus}_{Cu^{2+}/Cu} + \dfrac{RT}{2F}\ln(c_{Cu^{2+}}/c^{\ominus})$

(2) $\varphi_{Hg_2Cl_2/Hg} = \varphi^{\ominus}_{Hg_2Cl_2/Hg} + \dfrac{RT}{2F}\ln\dfrac{1}{(c_{Cl^-}/c^{\ominus})^2}$

(3) $\varphi_{O_2/H_2O,H^+} = \varphi^{\ominus}_{O_2/H_2O,H^+} + \dfrac{RT}{4F}\ln[(p_{O_2}/p^{\ominus})\cdot(c_{H^+}/c^{\ominus})^4]$

例 6.7　在 25 ℃ 下,已知酸性氧电极的标准电极电势为 1.229 V,水的离子积为 $K^{\ominus}_w = 10^{-14}$。计算 25 ℃ 下碱性氧电极的标准电极电势。

解　酸性氧电极和碱性氧电极的标准状态不同,故二者的标准电极电势不同。但在一定温度下,对于同一个氧电极,不论将其视为酸性氧电极还是碱性氧电极,其电极电势的值是唯一的,因为电极电势是状态函数,其值只与电极本身所处的状态有关。酸性氧电极和碱性氧电极的电极反应分别如下:

酸性　　　$O_2 + 4H^+ + 4e^- \longrightarrow 2H_2O$

碱性　　　$O_2 + 2H_2O + 4e^- \longrightarrow 4OH^-$

根据能斯特公式,其电极电势可用两种不同形式表示,即

$$\varphi = \varphi^{\ominus}_{O_2/H_2O,H^+} + \frac{RT}{4F}\ln[(p_{O_2}/p^{\ominus})\cdot(c_{H^+}/c^{\ominus})^4] \qquad \text{(视其为酸性)}$$

$$\varphi = \varphi_{O_2/H_2O,OH^-}^{\ominus} + \frac{RT}{4F}\ln\frac{p_{O_2}/p^{\ominus}}{(c_{OH^-}/c^{\ominus})^4} \qquad (视其为碱性)$$

所以 $\quad \varphi_{O_2/H_2O,OH^-}^{\ominus} + \frac{RT}{4F}\ln\frac{p_{O_2}/p^{\ominus}}{(c_{OH^-}/c^{\ominus})^4} = \varphi_{O_2/H_2O,H^+}^{\ominus} + \frac{RT}{4F}\ln\left[(p_{O_2}/p^{\ominus})\cdot(c_{H^+}/c^{\ominus})^4\right]$

所以 $\qquad\qquad \varphi_{O_2/H_2O,OH^-}^{\ominus} = \varphi_{O_2/H_2O,H^+}^{\ominus} + \frac{RT}{4F}\ln\left(\frac{c_{OH^-}}{c^{\ominus}}\cdot\frac{c_{H^+}}{c^{\ominus}}\right)^4$

由于在同一溶液中 $\dfrac{c_{OH^-}}{c^{\ominus}}\cdot\dfrac{c_{H^+}}{c^{\ominus}} = K_w^{\ominus}$,所以

$$\varphi_{O_2/H_2O,OH^-}^{\ominus} = \varphi_{O_2/H_2O,H^+}^{\ominus} + \frac{RT}{F}\ln K_w^{\ominus}$$

$$= \left(1.229 + \frac{8.314\times298.2}{96485}\ln10^{-14}\right)V$$

$$= 0.401\ V$$

例 6.8 已知在 25 ℃ 下,$\varphi_{Ag^+/Ag}^{\ominus} = 0.799\ V$,$Ag_2CrO_4$ 的溶度积常数为 1.1×10^{-12}.求同温度下 Ag_2CrO_4 电极的标准电极电势。

解 不论将铬酸银电极视为难溶盐电极还是金属银电极,其电极电势相同。若将其视为难溶盐电极,则还原电极反应为

$$Ag_2CrO_4 + 2e^- \longrightarrow 2Ag + CrO_4^{2-}$$

$$\varphi = \varphi_{Ag_2CrO_4/Ag}^{\ominus} + \frac{RT}{2F}\ln\frac{1}{c_{CrO_4^{2-}}/c^{\ominus}}$$

若将其视为金属银电极,则还原电极反应为

$$2Ag^+ + 2e^- \longrightarrow 2Ag$$

$$\varphi = \varphi_{Ag^+/Ag}^{\ominus} + \frac{RT}{2F}\ln(c_{Ag^+}/c^{\ominus})^2$$

所以

$$\varphi_{Ag_2CrO_4/Ag}^{\ominus} + \frac{RT}{2F}\ln\frac{1}{c_{CrO_4^{2-}}/c^{\ominus}} = \varphi_{Ag^+/Ag}^{\ominus} + \frac{RT}{2F}\ln(c_{Ag^+}/c^{\ominus})^2$$

即

$$\varphi_{Ag_2CrO_4/Ag}^{\ominus} = \varphi_{Ag^+/Ag}^{\ominus} + \frac{RT}{2F}\ln\left[\left(\frac{c_{CrO_4^{2-}}}{c^{\ominus}}\right)\cdot\left(\frac{c_{Ag^+}}{c^{\ominus}}\right)^2\right]$$

在同一个溶液中,在有 Ag_2CrO_4 固体存在的前提下,下式必然成立:

$$\left(\frac{c_{CrO_4^{2-}}}{c^{\ominus}}\right)\cdot\left(\frac{c_{Ag^+}}{c^{\ominus}}\right)^2 = K_{sp}^{\ominus}$$

所以

$$\varphi_{Ag_2CrO_4/Ag}^{\ominus} = \varphi_{Ag^+/Ag}^{\ominus} + \frac{RT}{2F}\ln K_{sp}^{\ominus}$$

$$= 0.799 + \frac{8.314\times298.2}{2\times96485}\ln(1.1\times10^{-12})$$

$$= 0.445\ V$$

3) 元素电势图及其应用

如果一种元素有多种氧化数不同的状态,可以按照氧化数从高到低把它们在一定温度下的标准电极电势以图解的形式表示出来。例如

$$\begin{array}{ccccccc} & & & ④\ -0.0367 & & \\ FeO_4^{2-} & \underline{\qquad} & Fe^{3+} & \underline{\qquad} & Fe^{2+} & \underline{\qquad} & Fe \\ & ①\ 2.20 & & ②\ 0.77 & & ③\ -0.44 & \end{array}$$

$$⑤\ 1.082$$

这就是一个元素电势图。图中的 ①,②,… 分别代表与不同电极反应相对应的编号,图中的数值代表在 25 ℃ 下与该电极相对应的标准电极电势的值 $\varphi_i^{\ominus}/V$。元素电势图与电化学、氧化还原反应关系密切,用途较广泛。结合元素电势图不仅可以判断歧化反应能否发生,还可以用已知的标准电极电势计算未知的标准电极电势。

　　所谓**歧化反应**,就是在化学反应中,同一种物质中的同一种元素有一部分被氧化,而另一部分被还原。歧化反应也叫做**自氧化还原反应**。

　　结合上述的铁元素电势图,考察亚铁离子 Fe^{2+} 能否发生下面的歧化反应。

$$3Fe^{2+} === 2Fe^{3+} + Fe$$

如果该歧化反应能够发生,则由于电极 ③ 发生的是还原反应,而电极 ② 发生的是氧化反应,故将该反应组装成原电池时电极 ③ 是正极,电极 ② 是负极。该电池的标准电动势为

$$E^{\ominus} = \varphi_3^{\ominus} - \varphi_2^{\ominus} = (-0.44 - 0.77)\ V = -1.21\ V$$

标准电动势小于零,这说明在标准状态下该电池反应不能正向进行,只能逆向进行。或者说,此歧化反应不能自发进行,而它的逆向反应即反歧化反应可以自发进行。

　　又如,在 25℃ 下铜的元素电势图如下:

$$\begin{array}{ccccc} & & ③\ 0.339 & & \\ Cu^{2+} & \underline{\qquad} & Cu^+ & \underline{\qquad} & Cu \\ & ①\ 0.158 & & ②\ 0.522 & \end{array}$$

结合铜元素电势图,考察亚铜离子 Cu^+ 能否发生歧化反应生成 Cu^{2+} 和 Cu,即

$$2Cu^+ === Cu^{2+} + Cu$$

如果该歧化反应能够发生,则由于电极 ② 发生的是还原反应,电极 ① 发生的是氧化反应,故将该反应组装成原电池时电极 ② 是正极,电极 ① 是负极。该电池的标准电动势为

$$E^{\ominus} = \varphi_2^{\ominus} - \varphi_1^{\ominus} = (0.522 - 0.158)\ V = 0.364\ V$$

标准电动势大于零,这说明在标准状态下该电池反应即该歧化反应能够自发进行。

　　如果把元素电势图中某电极 i 作为正极与标准氢电极组成原电池,则

$$Pt, H_2(p^{\ominus}) \mid H^+(c_{H^+} = c^{\ominus}) \parallel 电极\ i$$

其电极反应和电池反应为

$$(+) \qquad xOx + n_i e^- \longrightarrow yRe$$

$$(-) \qquad \frac{n_i}{2}H_2 - n_i e^- \longrightarrow n_i H^+$$

$$电池反应 \qquad xOx + \frac{n_i}{2}H_2 === yRe + n_i H^+$$

其中,n_i 等于电极 i 发生 1 mol 反应时得电子的摩尔数。对于该电池反应

$$\Delta_r G_m^{\ominus} = y\Delta_f G_m^{\ominus}(Re) + n_i \Delta_f G_m^{\ominus}(H^+) - x\Delta_f G_m^{\ominus}(Ox) - n_i \Delta_f G_m^{\ominus}(H_2)/2$$

因为 $\Delta_f G_m^{\ominus}(H^+) = 0, \Delta_f G_m^{\ominus}(H_2) = 0$,所以

$$\Delta_r G_m^{\ominus} = y\Delta_f G_m^{\ominus}(\text{Re}) - x\Delta_f G_m^{\ominus}(\text{Ox})$$

即
$$\Delta_r G_m^{\ominus} = \Delta_r G_{m,i}^{\ominus} \tag{6.18}$$

此处的 $\Delta_r G_{m,i}^{\ominus}$ 与半反应相对应,它是电极 i 的标准摩尔电极反应吉布斯函数。又因为

$$\Delta_r G_m^{\ominus} = -n_i F E^{\ominus} = -n_i F(\varphi_i^{\ominus} - 0)$$

即
$$\Delta_r G_m^{\ominus} = -n_i F \varphi_i^{\ominus} \tag{6.19}$$

由式(6.18)和(6.19)可知

$$\Delta_r G_{m,i}^{\ominus} = -n_i F \varphi_i^{\ominus} \tag{6.20}$$

式(6.20)给出了标准摩尔电极反应吉布斯函数 $\Delta_r G_{m,i}^{\ominus}$ 与摩尔电极反应**得电子**的摩尔数 n_i 以及该电极的标准电极电势 $\varphi_i^{\ominus}$ 之间的关系。如果电极反应方向反了,则 $\Delta_r G_{m,i}^{\ominus}$ 和 n_i 的大小都不变但符号也就都反了,这时根据式(6.20),该电极的标准电极电势 $\varphi_i^{\ominus}$ 仍保持不变。有了式(6.20),就可以结合元素电势图计算同温度下许多电对的标准电极电势了。以铁的元素电势图为例,先写出与不同电对相对应的还原电极反应,如

$$Fe^{3+} + e^- \longrightarrow Fe^{2+} \qquad ②$$
$$Fe^{2+} + 2e^- \longrightarrow Fe \qquad ③$$
$$Fe^{3+} + 3e^- \longrightarrow Fe \qquad ④$$

很容易看出

$$反应 ④ = 反应 ② + 反应 ③$$

所以
$$\Delta_r G_{m,4}^{\ominus} = \Delta_r G_{m,2}^{\ominus} + \Delta_r G_{m,3}^{\ominus}$$

把式(6.20)代入此式并且两边同除以 $-F$ 后可得

$$n_4 \varphi_4^{\ominus} = n_2 \varphi_2^{\ominus} + n_3 \varphi_3^{\ominus} \tag{6.21}$$

所以
$$\varphi_4^{\ominus} = \frac{n_2 \varphi_2^{\ominus} + n_3 \varphi_3^{\ominus}}{n_4}$$

即
$$\varphi_4^{\ominus} = \frac{0.77\ \text{V} - 2 \times 0.44\ \text{V}}{3} = -0.0367\ \text{V}$$

又如,结合铁的元素电势图

$$反应 ⑤ = 反应 ① + 反应 ② + 反应 ③$$

所以
$$n_5 \varphi_5^{\ominus} = n_1 \varphi_1^{\ominus} + n_2 \varphi_2^{\ominus} + n_3 \varphi_3^{\ominus} \tag{6.22}$$

所以
$$\varphi_5^{\ominus} = \frac{n_1 \varphi_1^{\ominus} + n_2 \varphi_2^{\ominus} + n_3 \varphi_3^{\ominus}}{n_5}$$

即
$$\varphi_5^{\ominus} = \frac{3 \times 2.20\ \text{V} + 0.77\ \text{V} - 2 \times 0.44\ \text{V}}{6} = 1.082\ \text{V}$$

6.7 电动势测定的应用

前边已讨论过可逆电动势及其测定方法,可逆电动势与 $\Delta_r G_m$ 之间的关系,标准电动势与电池反应平衡常数之间的关系。可逆电动势的测定还可用于其他许多方面,其应用范围非常广泛。

1. 测定难溶盐的溶度积常数

以难溶盐氯化银为例:

$$AgCl \Longrightarrow Ag^+ + Cl^-$$

当这个溶解反应达到平衡时,其中的离子积必满足下式:

$$K_{sp}^{\ominus} = (c_{Ag^+}/c^{\ominus}) \cdot (c_{Cl^-}/c^{\ominus})$$

其中的溶度积常数 $K_{sp}^{\ominus}$ 就是该溶解反应的标准平衡常数。

如果把上述反应设计成原电池,则该电池的标准电动势 $E^{\ominus}$ 与该反应的溶度积常数 $K_{sp}^{\ominus}$ 密切相关(见式(6.4))。所以,通过组装原电池并测定其电动势 E,就可以确定该电池反应的标准电动势 $E^{\ominus}$。有标准电动势 $E^{\ominus}$ 可进一步确定该难溶盐的溶度积常数 $K_{sp}^{\ominus}$。对于氯化银,可在其溶解反应中设置一种中间产物,即可以沿箭头所示路线来完成这个态变化。

$$AgCl \Longrightarrow Ag^+ + Cl^-$$

原还(+) $\searrow Ag \nearrow$ 氧化(一)

箭头所示路线对应的原电池如下:

$$Ag \mid Ag^+ (c_{Ag^+}) \parallel Cl^- (c_{Cl^-}) \mid AgCl, Ag$$

其中　　(一)　　　$Ag - e^- \longrightarrow Ag^+ (c_{Ag^+})$

　　　　(+)　　　$AgCl + e^- \longrightarrow Ag + Cl^- (c_{Cl^-})$

电池反应　　　$AgCl \Longrightarrow Ag^+ (c_{Ag^+}) + Cl^- (c_{Cl^-})$

根据能斯特公式,该电池的电动势可以表示为

$$E = E^{\ominus} - \frac{RT}{F}\ln \underbrace{\left(\frac{c_{Ag^+}}{c^{\ominus}} \cdot \frac{c_{Cl^-}}{c^{\ominus}} \right)}_{\neq K_{sp}^{\ominus} \text{因不在同一溶液}} \tag{6.23}$$

由标准电动势与标准平衡常数之间的关系式(6.4)可知

$$E^{\ominus} = \frac{RT}{F}\ln K_{sp}^{\ominus}$$

将此代入式(6.23)可得

$$E = \frac{RT}{F}\ln K_{sp}^{\ominus} - \frac{RT}{F}\ln \left(\frac{c_{Ag^+}}{c^{\ominus}} \cdot \frac{c_{Cl^-}}{c^{\ominus}} \right) \tag{6.24}$$

所以,可在一定温度下用浓度 c_{Ag^+} 和 c_{Cl^-} 为已知的两种不同溶液组装上述原电池,并把 c_{Ag^+} 和 c_{Cl^-} 以及测得的电动势 E 代入式(6.24),由此就可以得到氯化银的溶度积 $K_{sp}^{\ominus}$。

2. 电势滴定

例如,用 $Ce(SO_4)_2$ 溶液滴定含 Fe^{2+} 的溶液。该滴定反应的方程式如下:

$$Ce^{4+} + Fe^{2+} \Longrightarrow Ce^{3+} + Fe^{3+}$$

若将该反应组装成原电池,则在 25 ℃ 下

$$E^{\ominus} = \varphi_{Ce^{4+}/Ce^{3+}}^{\ominus} - \varphi_{Fe^{4+}/Fe^{3+}}^{\ominus} = (1.61 - 0.771) \text{ V} = 0.839 \text{ V}$$

所以

$$K^{\ominus} = \exp\left(\frac{nFE^{\ominus}}{RT} \right) = \exp\left(\frac{1 \times 96500 \times 0.839}{8.314 \times 298} \right)$$

$$= 1.45 \times 10^{13}$$

由此可见,在 25 ℃ 下平衡时该反应进行得很完全。另外,由于水溶液中的离子反应一般都很快,所以在滴定过程中该反应始终处于平衡状态。在滴定终点前,加入的 Ce^{4+} 会马上完全反应生成相应量的 Fe^{3+} 和 Ce^{3+},溶液中 Ce^{4+} 的浓度非常小,几乎为零。由于该反应的平衡常数很大,由此不难想象:在滴定终点附近,从还未到达终点到超过终点,Ce^{4+} 的浓度会从几乎为零

突然增大好几个数量级；与此同时，Fe^{2+} 的浓度从很小突然减小好几个数量级至几乎为零。又因为该反应一直处于平衡状态，故在滴定过程中该反应的 $\Delta_r G_m$ 始终等于零。根据式 $\Delta_r G_m = -nFE$，如果把该反应组装成原电池，其电动势 E（不是标准电动势 $E^{\ominus}$）始终为零，即滴定过程中下式自始至终都成立：

$$\varphi_{Fe^{3+}/Fe^{2+}} = \varphi_{Ce^{4+}/Ce^{3+}}$$

既然这两个电极的电极电势始终相等，那么插入惰性电极后，它们实际上只相当于一个电极。可将其视为电极 $Pt \mid Ce^{4+}, Ce^{3+}$ 或电极 $Pt \mid Fe^{2+}, Fe^{3+}$。在滴定过程中可以把这个电极与甘汞电极组成原电池，即

$$甘汞电极 \left| \begin{matrix} Fe^{3+}, Fe^{2+} \\ Ce^{4+}, Ce^{3+} \end{matrix} \right| Pt$$

该电池的电动势可以表示为

$$E = \varphi_{Fe^{3+}/Fe^{2+}} - \varphi_{甘}$$

即

$$E = \underbrace{\varphi^{\ominus}_{Fe^{3+}/Fe^{2+}} - \varphi_{甘}}_{T-定时为常数} + \frac{RT}{F} \ln \frac{c_{Fe^{3+}}}{c_{Fe^{2+}}}$$

由此式可以看出，随着滴定的进行，$c_{Fe^{2+}}$ 逐渐减小，$c_{Fe^{3+}}$ 逐渐增大，但两者之比的对数增大很缓慢，所以 E 增大很缓慢。在终点前后，随着滴入的 Ce^{4+} 从不足到过量，Fe^{3+} 的浓度变化不明显，但是 Fe^{2+} 的浓度会急剧减小多个数量级，结果使它们两者之比的对数突然增大，所以电动势 E 会发生突跃，如图 6.9 所示。反过来，电动势 E 发生突跃之处就是滴定终点。

由于滴定时自始至终 $\varphi_{Fe^{3+}/Fe^{2+}} = \varphi_{Ce^{4+}/Ce^{3+}}$，故该电池的电动势亦可表示为

$$E = \varphi_{Ce^{4+}/Ce^{3+}} - \varphi_{甘}$$
$$= \underbrace{\varphi^{\ominus}_{Ce^{4+}/Ce^{3+}} - \varphi_{甘}}_{T-定时为常数} + \frac{RT}{F} \ln \frac{c_{Ce^{4+}}}{c_{Ce^{3+}}}$$

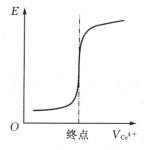

图 6.9 电势滴定曲线

由此式也可以看出：在滴定终点前随着滴定的进行，$c_{Ce^{4+}}$ 虽然很小很小，但一直在逐渐增大并迫使化学平衡向右移动，使 $c_{Ce^{3+}}$ 逐渐增大，使 $c_{Ce^{4+}}$ 与 $c_{Ce^{3+}}$ 之比的对数很缓慢地增大，所以 E 很缓慢地增大。在终点前后，随着滴入的 Ce^{4+} 从不足到过量，Ce^{3+} 的浓度虽变化不明显，但 Ce^{4+} 的浓度会急剧增大多个数量级，结果使 $c_{Ce^{4+}}$ 与 $c_{Ce^{3+}}$ 之比的对数突然大幅度增大，所以会使电动势 E 发生突跃。这种情况与前边对铁离子浓度的变化情况进行分析得到的结果是一致的。所以，在电势滴定过程中，可借助电动势的突跃点来确定滴定终点。

在该滴定反应的终点以后，随着 Ce^{4+} 的继续滴入，$c_{Ce^{4+}}$、$c_{Ce^{3+}}$ 和 $c_{Fe^{3+}}$ 都逐渐增大，而 $c_{Fe^{2+}}$ 逐渐减小，但它们的变化速度都非常缓慢，结果使电动势 E 在滴定终点附近发生突跃后增大速度又变得非常缓慢。

例 6.9 把一块较大的锌片放进浓度为 $0.1\ mol \cdot L^{-1}$ 的 $CuSO_4$ 溶液中。平衡时锌片未完全溶解。求 25 ℃ 下平衡时，溶液中 Cu^{2+} 和 Zn^{2+} 的浓度。已知 25 ℃ 下铜电极和锌电极的标准电极电势分别为 0.337 V 和 -0.7628 V。

解 其中发生的反应是

$$Zn + Cu^{2+} =\!=\!= Zn^{2+} + Cu$$

如果把该反应组装成原电池,则正极是铜电极,负极是锌电极。其标准电动势为

$$E^{\ominus} = \varphi^{\ominus}_{Cu^{2+}/Cu} - \varphi^{\ominus}_{Zn^{2+}/Zn} = 0.337\ V + 0.7628\ V$$
$$= 1.0998\ V$$

故在 25 ℃ 下,上述反应的标准平衡常数为

$$K^{\ominus} = \exp\!\left(\frac{nFE^{\ominus}}{RT}\right) = \exp\!\left(\frac{2 \times 96485 \times 1.0998}{8.314 \times 298.2}\right)$$
$$= 1.50 \times 10^{37}$$

平衡时,因为

$$K^{\ominus} = \frac{c_{Zn^{2+}}/c^{\ominus}}{c_{Cu^{2+}}/c^{\ominus}} = \frac{c_{Zn^{2+}}}{c_{Cu^{2+}}}$$

即 $$1.50 \times 10^{37} = \frac{c_{Zn^{2+}}}{c_{Cu^{2+}}} \tag{A}$$

所以 $$c_{Zn^{2+}} \gg c_{Cu^{2+}}$$

所以 $$c_{Zn^{2+}} = c_{Cu^{2+}}(初始) - c_{Cu^{2+}} \approx c_{Cu^{2+}}(初始) = 0.1\ mol \cdot L^{-1}$$

由(A) 式知

$$c_{Cu^{2+}} = \frac{c_{Zn^{2+}}}{K^{\ominus}} = \frac{0.1\ mol \cdot L^{-1}}{1.50 \times 10^{37}}$$
$$= 6.77 \times 10^{-39}\ mol \cdot L^{-1}$$

所以该置换反应是很完全的。

3. 测定溶液的 pH 值

溶液的酸碱性用 pH 值来衡量。溶液的 pH 值与溶液中 H^+ 浓度的关系如下:

$$pH = -\lg(c_{H^+}/c^{\ominus})$$

玻璃电极是测定溶液 pH 值用的 pH 计的一个必不可少的组成部分,它是一种**氢离子选择电极**[1]。测定 pH 值时,玻璃电极与参比电极(常用甘汞电极)同时使用,如图 6.10 所示。

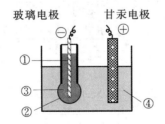

① Ag - AgCl 电极　　② 玻璃薄膜
③ 0.1 mol · kg⁻¹ HCl　④ 待测溶液

图 6.10　测定溶液的 pH 值

玻璃电极上的玻璃膜通常由 SiO_2、Na_2O、CaO 等组成。改变其组成可使玻璃电极的 pH 值测量范围达到 0 ～ 14。图 6.10 所示装置构成的原电池如下:

---

① 离子选择电极是指在一定条件下其电极电势对某特定离子非常敏感的电极,其电极电势与该离子的浓度之间存在一定的函数关系。离子选择电极常用于电化学分析。如氯离子选择电极、氟离子选择电极等。

$$\text{Ag,AgCl} \mid \text{HCl}(0.1 \text{ mol} \cdot \text{kg}^{-1}) \overset{\text{玻璃膜}}{:} \text{待测溶液}(\text{pH} = x) \mid \text{甘汞电极}$$

当把玻璃电极浸入待测溶液时,玻璃膜表面吸收水分形成溶胀的硅酸盐层(即水化凝胶层),厚度约为 $0.05 \sim 1 \ \mu\text{m}$。中间的干玻璃层约为 $50 \ \mu\text{m}$,其电阻为 $10 \sim 100 \ \text{M}\Omega$。处于溶胀层的正离子可与溶液中的氢离子发生交换,即

$$\text{M}^{z_+}(\text{玻}) + z_+ \text{H}^+ (\text{溶液}) = \text{M}^{z_+}(\text{溶液}) + z_+ \text{H}^+ (\text{玻})$$

另外,由于氢离子 H^+ 就是裸体质子,其体积非常小,故干玻璃层可允许微量的 H^+ 缓慢迁移并透过,但不允许其他离子迁移并透过。在这种情况下,由于玻璃膜内外的 H^+ 浓度不同,从而使玻璃膜内外(即玻璃膜两侧)产生电势差 E'。该电势差属于扩散电势。所以,上述电池的电动势为

$$E = \varphi_+ - \varphi_- + E' = \varphi_甘 - \varphi_{\text{AgCl/Ag}} + E' \qquad (6.25)$$

E' 与玻璃膜内盐酸溶液中的 H^+ 浓度 c_+ 以及玻璃膜外待测液中的 H^+ 浓度 c_x 有关。由于阳离子都是朝阴极移动的,故 H^+ 从玻璃电极内往待测溶液中迁移。这种变化可以表示为

$$\text{H}^+ (c_+, \text{膜内}) = \text{H}^+ (c_x, \text{膜外})$$

根据摩尔吉布斯函数表示式,由此引起的摩尔反应吉布斯函数为

$$\Delta_r G_m = RT \ln \frac{c_x / c^\ominus}{c_+ / c^\ominus}$$

一方面,因该迁移过程非常缓慢,与该迁移过程相关的部分每时每刻都处于平衡状态,即该迁移过程是由一连串平衡状态组成的,故可将该迁移过程视为可逆过程。另一方面,1 mol H^+ 发生这种迁移时转移元电荷的量也是 1 mol,故由式(6.1)可知

$$\Delta_r G_m = -FE'$$

将此代入上式并整理,可得玻璃膜内外的电势差为

$$E' = \frac{RT}{F} \ln \frac{c_+ / c^\ominus}{c_x / c^\ominus}$$

将此代入式(6.25),并把氯化银电极的电极电势用能斯特公式展开可得

$$E = \varphi_甘 - \left(\varphi_{\text{AgCl/Ag}}^\ominus + \frac{RT}{F} \ln \frac{1}{c_- / c^\ominus} \right) + \frac{RT}{F} \ln \frac{c_+ / c^\ominus}{c_x / c^\ominus} \qquad (c_- \text{ 为膜内的 Cl}^- \text{浓度})$$

即

$$E = \varphi_甘 - \varphi_{\text{AgCl/Ag}}^\ominus + \frac{RT}{F} \ln \frac{c_+ \cdot c_-}{c^\ominus \cdot c^\ominus} + \frac{RT}{F} \ln \frac{1}{c_x / c^\ominus}$$

所以

$$E = \underbrace{\varphi_甘 - \varphi_{\text{AgCl/Ag}}^\ominus + \frac{RT}{F} \ln \frac{c_+ \cdot c_-}{c^\ominus \cdot c^\ominus}}_{\text{一定温度下为常数,简记为} B} + \frac{2.303RT}{F} \text{pH}$$

因一定温度下 B 为常数,故

$$E = B + \frac{2.303RT}{F} \text{pH} \qquad (6.26)$$

所以

$$\text{pH} = \frac{F}{2.303RT}(E - B) \qquad (6.27)$$

既然在一定温度下 B 为常数,就可以借助标准缓冲溶液(其 pH 值是已知的,并将其用 pH(s) 表示),通过测电动势的办法来测定未知溶液的 pH(用 pH(x) 表示)。因为根据式(6.27)

测标准溶液时 $\qquad \text{pH(s)} = \frac{F}{2.303RT}[E(\text{s}) - B]$

测未知溶液时　　　　　$$pH(x) = \frac{F}{2.303RT}[E(x) - B]$$

两式相减并整理可得

$$pH(x) = pH(s) + \frac{F}{2.303RT}[E(x) - E(s)] \tag{6.28}$$

在实验过程中,结合图 6.10,先在一定温度下把标准溶液作为待测液,测定其电动势 $E(s)$。然后把未知液作为待测液测定其电动势 $E(x)$。由式(6.28)可见:在一定温度下,未知液的 $E(x)$ 与它的 $pH(x)$ 有一一对应的关系。

6.8　分解电压

1. 电极反应速率

实践表明,电极反应速率除了与电极附近的反应物及产物的浓度有关外,还与电极材料本身(如 C、Pt)以及电极的表面状态(光洁程度、孔径分布、空隙率 ……)等有关。电极反应类似于多相催化反应,电极本身既作为收授电子的介质,又起着相当于固体催化剂的作用。收授电子的速率与电极反应速率是平行的。

研究电极反应的目的之一,就是要寻找电极反应的动力学规律及各种影响因素。如果把电极反应都写成得到或失去一个电子这种形式,如 $\frac{1}{n}M^{n+} + e^- \rightarrow \frac{1}{n}M$,则电极反应进度 ξ 与原电池或电解池的电流强度 I 及通电时间 t 之间的关系可以表示为

$$\xi = \frac{Q}{F} = \frac{I \cdot t}{F} \qquad (Q \text{ 表示在 } t \text{ 时间内通入的电量})$$

那么,简单说来电极反应速率就可以表示为

$$\dot{\xi} = \frac{d\xi}{dt} = \frac{I}{F} \tag{6.29}$$

但是由于电极反应速率与电极表面状态有关,因此在一定条件下即使是同一个电极,其不同部位的反应速率也不尽相同。另一方面,即使电极的表面状态完全相同,用上述方法表示电极反应速率也存在明显不足。例如,同样是 $\dot{\xi} = 0.001$ mol $\cdot$ s^{-1},若该值描述的是实验室内电极表面积为 1 cm^2 的电极反应速率,则该反应是很快的;若该值描述的是电解车间内极板的表面积为 1 m^2 的电极反应速率,则该电极反应就太慢了。考虑到这些因素,人们常采用单位时间、单位电极表面积上的反应进度来表示电极反应速率,即

$$r = \frac{d\dot{\xi}}{dA} = \frac{dI/dA}{F} = \frac{j}{F} \tag{6.30}$$

其中 j 为**电流密度**,即单位电极表面上的电流强度,其单位是 A $\cdot$ m^{-2}。这样表示时,电极反应速率的单位是 mol $\cdot$ m^{-2} $\cdot$ s^{-1}。

由此可见,单位电极表面上的反应速率与电流密度成正比。

2. 分解电压

图 6.11 是一个电解水的实验装置。水中需要加入少许不参与反应的电解质以增大电解液的导电能力。如果电解液显酸性,则通电后

阳极	$2H_2O - 4e^- \longrightarrow O_2 + 4H^+$
阴极	$4H^+ + 4e^- \longrightarrow 2H_2$
总反应	$2H_2O = 2H_2 + O_2$

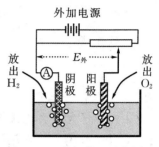

图 6.11　电解装置示意图

一旦有氧气和氢气生成,插入电解池的这两个电极就可以组成原电池。其中氧电极的电极电势较高,做正极;氢电极的电极电势较低,做负极。这时到底是原电池对外放电还是外加电源给原电池充电使其继续发生电解,这取决于原电池的电动势 E 和外加电源施加给该电池的电压 $E_外$ 哪个大。如果 $E < E_外$,则发生电解;如果 $E > E_外$,则原电池放电。下面主要从电解的角度来进行分析。

（1）接通外加电源之前,$E_外 = 0$。这时,可以认为反应 $2H_2O = 2H_2 + O_2$ 处于平衡状态,该反应的 $\Delta_r G_m$ 为零。故根据式(6.2),由氢电极和氧电极组成的原电池的电动势为零,电流强度 I 亦为零,即该装置既不充电也不放电。

（2）当 $E_外$ 从零开始逐渐增大时,只要 $E_外$ 大于零,就会破坏上述平衡,会给该装置充电,发生电解反应。从电流方向看,与外加电源正极相连的是阳极,将发生氧化反应生成 O_2;与外加电源负极相连的是阴极,将发生还原反应生成 H_2。更多的 O_2 和 H_2 会使氧电极的电极电势升高,使氢电极的电极电势降低,结果使氢氧电池的电动势增大,而且其电动势的方向与外加电压的方向相反。最初当 $E_外$ 较小时,电解产生的 O_2 和 H_2 的分压也较小,它们不容易从电极表面脱附并逸出。结果组成的原电池的电动势会对进一步电解起到阻碍作用。另一方面,分压小的 O_2 和 H_2 可以缓慢溶解、扩散,使原电池的电动势减小,使它对电解反应的阻力减小,使电解反应能够以很小的速率持续进行,所以这时的电流强度非常小。

（3）$E_外$ 继续增大时,电极表面吸附的氢气和氧气的分压也会增大,从而使原电池的电动势增大,对进一步电解的阻力也会更大,所以此时电流强度仍然很小。不过,随着氢气和氧分压的增大,其溶解、扩散的速率也会加快,所以电解补充 O_2 和 H_2 的速率也会加快,电流强度也会有所增大,只是增大得不明显而已。

（4）当 $E_外$ 足够大,电解产生的 O_2 和 H_2 的分压足以抵抗外界压力,而且气泡较大使其受到足够大的浮力时,气体就容易从电极表面脱附并逸出,而不是继续聚集、继续增大对电解反应的阻碍作用。从这时起,对电解反应的阻碍作用基本上不会继续增大了。$E_外$ 继续增大时,电解反应会明显加快,与电极反应速率成正比的电流强度 I 当然也会明显增大。

综上所述,反映电解反应速率的电流强度随外加电压的变化情况如图 6.12 所示。将电流强度随外加电压的增大而迅速增大的直线部分反向延长时,延长线与 $E_外$ 轴交于 D 点,我们把 D 点对应的外加电压称为该电解液的**分解电压**。分解电压是使水溶液能明显发生电解反应所需要的最小电压。当外加电压小于分解电压时,水的电解反应不能明显发生,此时电流强度很小。我们称这种微小电流为**残余电流**。

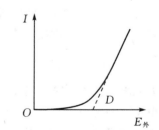

图 6.12　电流强度与外加电压的关系

当电极处于平衡状态时,其电极电势叫做**平衡电极电势**。实际上,只有平衡电极电势才遵守能斯特公式。我们把电解池中阴阳两极的平衡电极电势之差称为**可逆分解电压**,并把它用 $E_可逆$ 表示。根据以上分析,并结合电解总反应,似乎在 $p^{\ominus}$ 压力下水的分解电压就等于它的可逆分解电压 1.23 V,并且与 pH 无关。可是实际情况并非如此,实际分解电压与所用的电极材料、电极的表面状态、溶液的组成等多种因素有关。表 6-1 列出了在其他条件相同的情况下,用 Pt 作电极、用浓度为 $\frac{1}{\nu_+}$ mol·L^{-1} 的不同溶液作为电解液时水的分解电压。从表 6-1 中的数据可以看出,不同溶液的分解电压明显不同,而且都明显大于可逆分解电压。这是为什么呢?下一节将进一步讨论这个问题。

表 6-1　用 Pt 电极电解 $\frac{1}{\nu_+}$ mol·L^{-1} 的不同电解质水溶液时的分解电压

电解质溶液	分解电压 $E_{分解}$/V	电解产物	可逆分解电压 $E_{可逆}$/V	$\dfrac{E_{分解} - E_{可逆}}{V}$
H_2SO_4	1.67	$H_2 + O_2$	1.23	0.44
KOH	1.67	$H_2 + O_2$	1.23	0.44
NaOH	1.69	$H_2 + O_2$	1.23	0.46
HNO_3	1.69	$H_2 + O_2$	1.23	0.46
H_3PO_4	1.70	$H_2 + O_2$	1.23	0.47
$CH_2ClCOOH$	1.72	$H_2 + O_2$	1.23	0.49
NH_4OH	1.74	$H_2 + O_2$	1.23	0.51

6.9　电极的极化

根据上一节讨论的内容,并结合表 6-1 中的数据可以看出:任何电解液的实际分解电压都大于它的可逆分解电压。其实这是很自然的。因为当电解反应明显发生时,回路中必有一定的电流强度 I,加上在阴阳极之间的溶液以及导线等都有一定的电阻 R,所以阴阳极之间的溶液以及导线上必然有一定的压降,此称**欧姆压降**,其值等于 $I \cdot R$。欧姆压降的存在必然使 $E_{分解}$ 大于 $E_{可逆}$。或者说,分解电压应不小于可逆分解电压与欧姆压降的加和。进一步的实验测试表明:$E_{分解}$ 不仅与 $(E_{可逆} + I \cdot R)$ 不相等,而且 $E_{分解}$ 明显大于 $(E_{可逆} + I \cdot R)$。这又是为什么呢?

原来,当电极上无电流或只有无限小的电流流过时,电极处于平衡状态,此时的电极电势就是平衡电极电势(亦即可逆电极电势)。平衡电极电势服从能斯特公式。随着电极上电流密度的增大,电极的不可逆程度越来越明显,其电极电势与平衡电极电势的偏差也越来越大,而且电极电势不再服从能斯特公式。我们称这种现象为**电极极化**。电极极化是由于不可逆因素造成的,而且由于不可逆程度越大,做功的效率就越低,所以发生电解反应消耗的电功就越多,需要施加的外电压就越大。如果把可逆分解电压、欧姆压降以及不可逆因素造成的电极极化都考虑在内,则实际分解电压可用下式表示:

$$E_{分解} = E_{可逆} + I \cdot R + \Delta E_{不可逆} \tag{6.31}$$

其中,$\Delta E_{不可逆}$ 是因电极极化引起的两个电极的电极电势与其平衡值之间偏差的加和。

电极极化主要有三种形式,即欧姆极化、浓差极化和活化极化。其中,欧姆极化是由于电极反应生成的产物膜等覆盖在电极表面所产生的电阻造成的。欧姆极化对 $\Delta E_{不可逆}$ 的贡献与欧姆压降不同,欧姆极化不具有普遍性。在许多情况下,欧姆极化引起的压降很小,可以忽略不计。

所以下面主要讨论浓差极化和活化极化。

1. 浓差极化

在平衡状态下,本体溶液中的各物质都是均匀分布的,只是在电极表面附近的很小范围内有扩散双电层存在。但是,当有电流流过电解液时情况就不一样了。由于电极反应的进行,电极表面附近参与电极反应的反应物未必能及时得到补充,参与电极反应的产物未必能及时扩散开。所以有电流时电极表面附近与本体溶液的浓差状况和无电流时完全不同,从而使实际电极电势偏离与本体溶液组成相对应的平衡电极电势。我们把这种现象称为**浓差极化**。针对电极反应

$$xOx + ne^- \rightarrow yRe$$

根据能斯特公式,其电极电势可以表示为

$$\varphi = \varphi^\ominus + \frac{RT}{nF} \ln \frac{(c_{Ox}/c^\ominus)^x}{(c_{Re}/c^\ominus)^y}$$

阳极上发生的是氧化反应,其浓差极化具体表现为:氧化态(产物)在电极表面附近的浓度大于它在本体溶液中的浓度,还原态(反应物)在电极表面附近的浓度小于它在本体溶液中的浓度。故根据上式,阳极的电极电势大于它的平衡电极电势。同样的道理,浓差极化会使阴极的电极电势小于它的平衡电极电势。所以在电解池中,浓差极化的总结果使阴阳两极的电极电势差增大,其结果必然导致分解电压大于可逆分解电压。在原电池中,浓差极化会使原电池的电动势小于它的可逆电动势。

通常,强力搅拌会使浓差极化减小到可忽略不计的程度。另一方面,浓差极化也不完全是坏事。分析化学中的极谱分析基本原理就涉及到利用汞滴电极上的浓差极化。

2. 活化极化

电极反应速率受多种因素的影响。电极反应通常都不是一步完成的,如反应物需要穿过扩散层、紧密层并发生电极反应,所得产物需要穿过紧密层和扩散层并进入本体溶液。如果电极反应涉及气体,则电极反应还会涉及到气体在电极表面的吸附或脱附。电极反应的每一步都有各自的活化能。反应速率主要受活化能较高步骤的控制。要想使电极反应得以顺利进行,电解时外加电源就需要额外增加一定的电压去克服电极反应的活化能,这就是**活化极化**。活化极化也叫做**电化学极化**。电解时分解电压大于可逆分解电压,这与活化极化有很大的关系。活化极化也使得做功的效率降低。活化极化使阳极的电极电势升高,使阴极的电极电势降低。活化极化与电极反应机理密切相关。

综上所述,电极极化是由于电流强度大于零且过程不可逆造成的。不可逆过程使功变为热,使系统的做功效率降低。总之,不论是电解池还是原电池,也不论是哪种极化,电极极化的结果都会使阳极的电极电势升高,使阴极的电极电势降低。在原电池中,极化的结果使原电池的电动势小于可逆电动势,使电池系统的对外做功效率降低;极化的结果使分解电压大于可逆分解电压,使电解反应过程的做功效率降低,使外界消耗的电功增多。我们把由于电极极化造成的不可逆电极电势与平衡电极电势的偏差称为**超电势**,并把它用 η 表示。超电势也叫做**过电势**。式(6.31)中的 $\Delta E_{不可逆}$ 可表示如下:

$$\Delta E_{不可逆} = \eta_阴 + \eta_阳 \tag{6.32}$$

其中的阴极超电势 $\eta_阴$ 等于平衡电极电势与实际电极电势之差;阳极超电势 $\eta_阳$ 等于实际电极

电势与平衡电极电势之差,即

$$\eta_{阴} = \varphi_{阴,平} - \varphi_{阴} \geqslant 0 \tag{6.33}$$

$$\eta_{阳} = \varphi_{阳} - \varphi_{阳,平} \geqslant 0 \tag{6.34}$$

3. 超电势的测定

根据以上讨论,每一个电极的超电势都是由**欧姆超电势**、**浓差超电势**以及**活化超电势**三部分组成的。活化超电势也叫做电化学超电势。所以一个电极的超电势可以表示为

$$\eta = \eta_{欧姆} + \eta_{浓差} + \eta_{活化}$$

如图 6.13 所示,借助参比电极(此处把甘汞电极作为参比电极)用**三极法**测定超电势时,由于参比电极与待测电极(图 6.13 中的阳极)非常靠近,从而将欧姆压降减小到可忽略不计的程度,所以电位差计测得的电动势就是待测电极与参比电极的电极电势之差,即

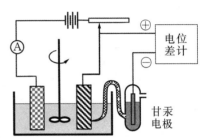

$$E = \varphi_{待测} - \varphi_{甘} \tag{6.35}$$

图 6.13　用三极法测定超电势

一方面,在测定过程中电解反应仍在进行,电解回路中有电流流过,阴极和阳极都有电极极化。另一方面,由于用电位差计测电动势的基本原理是对消法,所以测定时与电位差计相接的回路中无电流通过。故用三极法测定时,待测电极有极化而参比电极没有极化。与此同时,搅拌作用使待测电极的浓差极化可忽略不计,所以

$$\varphi_{甘} = \varphi_{甘,平衡}$$

$$\varphi_{待测} = \varphi_{待测,平衡} + \eta_{欧姆} + \eta_{活化}$$

将这两个参数代入式(6.35)并变形整理可得

$$\eta_{欧姆} + \eta_{活化} = E + \varphi_{甘,平衡} - \varphi_{待测,平衡} \tag{6.36}$$

由此可见,用三极法可以测定电解池或原电池中任意一个电极的欧姆超电势与活化超电势之和。用三极法并借助不同的电流强度可以测得同一个电极在不同电流密度下的超电势,如图 6.14 所示。我们把超电势随电流密度变化的曲线称为**极化曲线**。

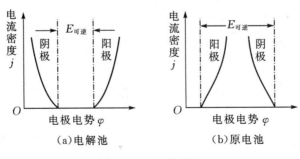

图 6.14　极化曲线

由于电极表面上因生成物膜引起的欧姆极化不多见,所以通常用三极法测得的超电势基本上就是由活化极化引起的活化超电势。

影响超电势的因素较多,如电极材料的本性、表面状态、电流密度、温度,电解质溶液的本性、浓度、以及其中含有的杂质等等。虽然如此,但在其他条件一定的情况下,不同电极的活化

超电势随电流密度变化的总趋势都是相同的,即电流密度越大,超电势就越大。

虽然影响超电势的因素很多,但总的说来气体电极的超电势较非气体电极大得多,气体电极的极化很明显。原因是与非气体电极相比,气体电极发生电极反应时还涉及到气体分子被电极表面吸附、脱附等多个环节,遇到阻力的机会明显增多。而且在气体电极中,氢电极和氧电极的极化现象尤为突出,它们的超电势明显大于其他气体电极的超电势。表6-2给出了 H_2 电极、O_2 电极和 Cl_2 电极在不同电流密度下、在不同电极(扮演惰性电极角色)上的超电势。在电化学中,涉及到的电解质溶液一般都是水溶液,所以氢电极和氧电极的极化现象非常重要,受到了人们的广泛关注。

表 6-2　25 ℃ 下 H_2 电极、O_2 电极和 Cl_2 电极在不同电极上的超电势 /V

电极		电流密度 /(A·m⁻²)				
电对	惰性电极	10	100	1000	5000	10000
H_2 H_2SO_4 溶液 (1 mol·L⁻¹)	Ag	0.097	0.13	0.3	—	0.48
	Au	0.017	0.1		—	0.24
	Fe	—	0.56	0.82		1.29
	C(石墨)	0.002	—	0.32		0.60
	Ni	0.14	0.3			0.56
	Pb	0.40	0.4	—		0.52
	Pt(光亮)	0.000	0.16	0.29		0.68
	Pt(镀铂黑)	0.000	0.030	0.041		0.048
O_2 KOH 溶液 (1 mol·L⁻¹)	Ag	0.58	0.73	0.98	—	1.13
	Au	0.67	0.96	1.24	—	1.63
	Cu	0.42	0.58	0.66		0.79
	C(石墨)	0.53	0.90	1.06		1.24
	Ni	0.36	0.52	0.73		0.85
	Pt(光亮)	0.72	0.85	1.28		1.49
	Pt(镀铂黑)	0.40	0.52	0.64		0.77
Cl_2 NaCl 溶液 (饱和)	C(石墨)	—	—	0.25	0.42	—
	Pt(光亮)	0.008	0.03	0.054	0.161	
	Pt(镀铂黑)	0.006	—	0.026	0.05	—

6.10　电解反应

1. 电极反应

电流总是从电源的正极流出,经过外电路流入负极。据此分析,电解池中与外加电源正极相接的电极上必然发生失电子的反应即氧化反应,该极必然是阳极;电解池中与外加电源负极相接的电极上必然发生得电子的反应即还原反应,该极必然是阴极。在阳极和外加电压 $E_{外}$ 一定的情况下,如果阴极可能发生多个反应,则 $\varphi_{阴}$ 越高的电极反应越容易进行;在阴极和外加电压 $E_{外}$ 一定的情况下,如果阳极可能发生多个反应,则 $\varphi_{阳}$ 越低的电极反应越容易进行。究其原因,通常 $\varphi_{阳}$ 和 $\varphi_{阴}$ 越靠近,分解电压就越低,反应就越容易进行。$\varphi_{阳}$ 和 $\varphi_{阴}$ 除了与平衡电极电势有关外,还与超电势有关。

例 6.10　在 25 ℃下,将两个铂电极插入 NaF 溶液并与外电源相接。通电后两个电极上将发生什么反应?

$$Pt \,|\, NaF(aq) \,|\, Pt$$

解　该装置中两个电极上可能发生的反应如下:

阳极 $\begin{cases} ① \ 2H_2O - 4e^- \longrightarrow 4H^+ + O_2 \\ ② \ 4F^- - 4e^- \longrightarrow 2F_2 \end{cases}$

阴极 $\begin{cases} ③ \ 4H^+ + 4e^- \longrightarrow 2H_2 \\ ④ \ 4Na^+ + 4e^- \longrightarrow 4Na \end{cases}$

由于 $\varphi_1^{\ominus} = 1.229 \text{ V}, \varphi_2^{\ominus} = 2.87 \text{ V}$,两者相差悬殊。在这种情况下,即使把超电势、浓度等因素都考虑在内,仍然是 $\varphi_1 \ll \varphi_2$。所以,电解时阳极上必然发生反应 ① 析出氧气,而不会发生反应 ② 析出氟气体。

由于 $\varphi_3^{\ominus} = 0, \varphi_4^{\ominus} = -2.711 \text{ V}$,两者相差悬殊。在这种情况下,即使把超电势、浓度等因素都考虑在内,仍然是 $\varphi_3 \gg \varphi_4$。所以,电解时阴极上必然发生反应 ③ 析出氢气,而不会发生反应 ④ 析出金属钠。故电解总反应为 ① + ③,即

$$2H_2O = 2H_2 + O_2$$

例 6.11　在 25 ℃下,将两个铂电极插入 NaCl 溶液并与外电源相接。通电后两个电极上将发生什么反应?

$$Pt \,|\, NaCl(aq) \,|\, Pt$$

解　该装置中两个电极上可能发生的反应如下:

阳极 $\begin{cases} ① \ 2H_2O - 4e^- \longrightarrow 4H^+ + O_2 \\ ② \ 4Cl^- - 4e^- \longrightarrow 2Cl_2 \end{cases}$

阴极　　③ $4H^+ + 4e^- \longrightarrow 2H_2$　　　(例 6.10 中已把析出 Na 排除)

其中 $\varphi_1^{\ominus} = 1.229 \text{ V}, \varphi_2^{\ominus} = 1.353 \text{ V}$。由此看来,两者差别不大,电极反应 ① 和 ② 都有可能发生,而且发生反应 ① 的可能性似乎更大。但由于通常氧电极的极化现象明显比氯电极突出,加之 NaCl 溶液中 Cl^- 的浓度较大,结果会使氯电极的电极电势 φ_2 明显低于氧电极的电极电势 φ_1,故电解时阳极上容易发生反应 ② 而不是反应 ①。这时两极的总反应为 ② + ③,即

$$④ \quad 2H^+ + 2Cl^- = H_2 + Cl_2$$

又因反应 ④ 中的 H^+ 来源于 H_2O 的电离即

$$⑤ \quad 2H_2O = 2H^+ + 2OH^-$$

所以,实际的电解总反应是反应 ④ 与 ⑤ 的加和,即

$$2Cl^- + 2H_2O = H_2 + Cl_2 + 2OH^-$$

或

$$2NaCl + 2H_2O = H_2 + Cl_2 + 2NaOH$$

这就是氯碱工业的主反应。

2. 金属的电沉积

金属的电沉积就是金属离子或它的配合物在阴极上被还原成金属的过程。例如：

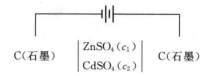

在该装置中，两个电极上可能发生的反应如下：

阳极： $2H_2O - 4e^- \longrightarrow 4H^+ + O_2$

阴极：   ① $2H^+ + 2e^- \longrightarrow H_2$, $\varphi_1^{\ominus} = 0$

② $Zn^{2+} + 2e^- \longrightarrow Zn$, $\varphi_2^{\ominus} = -0.763\ V$

③ $Cd^{2+} + 2e^- \longrightarrow Cd$, $\varphi_3^{\ominus} = -0.403\ V$

由于氢电极的超电势都较大，又因为电解液不是酸性溶液即 H^+ 浓度很小，结果使得氢电极（阴极）的电极电势 φ_1 远小于零，且低于锌电极和镉电极的电极电势，所以阴极上不会发生电极反应①。另一方面，由于 $\varphi_2^{\ominus}$ 和 $\varphi_3^{\ominus}$ 较接近，而且由于金属电极的超电势都很小，其电极电势都接近于平衡电极电势。根据能斯特公式，锌电极和镉电极的电极电势主要取决于 c_1 和 c_2。若 $\varphi_2 > \varphi_3$，则先析出锌；若 $\varphi_2 < \varphi_3$，则先析出镉；若 $\varphi_2 \approx \varphi_3$，则锌和镉可同时析出。所以，用这种方法可以达到提纯金属或电镀合金的目的。

金属的电沉积主要涉及电冶金和电镀工业。电冶金就是通过电解熔盐的方法生产有色金属，如生产电解铜、电解铝等。电解铝就是把 Al_2O_3 溶于熔融的冰晶石（Na_3AlF_6），然后进行电解得到的，其电解总反应为

$$2Al_2O_3 =\!=\!= 4Al + 3O_2$$

电镀就是用电解的方法使金属析出，并以膜的形式附着在其他材料的表面。常见的是在一种金属材料表面镀上其他金属膜。如在钢铁材料表面镀铜、镀锌、镀铬、镀镍等，在首饰及装饰品方面也常常镀金、镀银。随着电镀工艺技术的不断改进与创新，现在也可以在塑料表面进行电镀，其结果不仅可以降低生产成本、减轻产品的重量、使产品具有金属光泽，而且产品还可以导电，同时也具有较好的抗光氧老化性能。

3. 铝及铝合金的表面氧化

金属铝具有质轻、导热、导电、延展性好等优点。与此同时，金属铝也具有活泼性强、抗腐蚀性差、不耐磨、硬度小、色调单一等缺点。但是铝的氧化物 Al_2O_3（学名叫刚玉）的硬度很高，可用于轴承。Al_2O_3 的熔点高达 2320 ℃，而且绝热、绝缘、结构致密，这使得金属铝表面的氧化物膜可以有效保护膜下的金属铝，从而避免进一步被氧化。由此可见，金属铝和氧化铝的性质差别很大，各有利弊。

通常铝表面因自然氧化形成的氧化膜厚度只有 4 μm 左右，这对于改善铝制品的强度、耐磨性能等都是远远不够的。可是，如果把铝或铝合金制品置于电解液中作为阳极进行氧化处理，其氧化膜厚度可以得到大幅度的提高。根据阳极氧化生产工艺的不同，得到的氧化膜厚度从几十微米到几百微米不等，从而使其性能得到明显改善。又因铝的氧化物膜带有许多致密的微孔，比表面很大，有很强的吸附能力，故把 Al_2O_3 用于轴承时可吸附较多的润滑剂。另外，铝的氧化物膜也可以吸附各种染料，并广泛用于建筑装饰装修。所以，铝及其合金广泛用于机械

制造、电力、航空航天、轻工、建材等领域。

6.11 金属腐蚀与防护

1. 金属腐蚀

金属腐蚀是普遍存在的,尤其值得关注的是钢铁材料的腐蚀,因为在金属材料中钢铁材料的使用面最广、用量最大。据报道,全世界每年因腐蚀而报废的钢铁材料及其制品已超过钢铁年产量的 20%。当然这么高的报废比例并不是说钢铁因腐蚀全部变成了氧化物或者盐类,其中也有相当一部分是因腐蚀而导致受力结构或强度不能满足要求而报废的。

腐蚀可分为两大类,即化学腐蚀和电化学腐蚀。**化学腐蚀**是金属材料与干燥气体或非电解质溶液接触,并直接发生化学反应引起的腐蚀。在化学腐蚀过程中没有腐蚀电池、没有电流。在金属腐蚀中,化学腐蚀所占的比例很小,而绝大部分属于电化学腐蚀。**电化学腐蚀**是金属材料与周围介质形成微电池后,通过阳极氧化发生的腐蚀。此处结合已学过的电化学基础知识,主要讨论电化学腐蚀以及相应的防腐蚀方法。

当环境温度降低时,空气中的水蒸气就有可能变为过饱和状态,就有可能在许多物体表面凝结形成水膜。除此以外,相界面上的不饱和力场也会使许多物体表面吸附空气中的水分子并形成水膜。与此同时,空气中的 SO_2、CO_2、NH_3、HCl 等气体会溶解于水膜而形成电解质溶液。在这种情况下,如果两种不同的金属接触,其结果就如同把两种不同的金属插入到同一个电解质溶液中,形成了原电池,如图 6.15 所示。

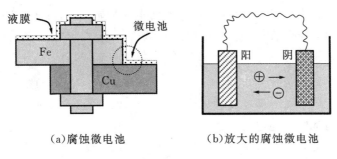

(a)腐蚀微电池　　　　　　　(b)放大的腐蚀微电池

图 6.15 电化学腐蚀示意图

在 25 ℃ 下 $\varphi_{Fe^{2+}/Fe}^{\ominus} = -0.4402$ V,$\varphi_{Cu^{2+}/Cu}^{\ominus} = 0.34$ V,故常温下在铜和铁接触形成的腐蚀微电池中,作阳极(即负极)的是电极电势明显较低的铁电极,而铜电极是阴极(即正极)。原电池中可能发生的电极反应和电池反应如下:

阳极　　　　　　① $2Fe - 4e^- \longrightarrow 2Fe^{2+}$

阴极 $\begin{cases} ② & 4H^+ + 4e^- \longrightarrow 2H_2 \\ ③ & O_2 + 4H^+ + 4e^- \longrightarrow 2H_2O \end{cases}$

①＋② 得　　　$2Fe + 4H^+ = 2Fe^{2+} + 2H_2$,　　　　　　此称**析氢腐蚀**

①＋③ 得　　　$2Fe + O_2 + 4H^+ = 2Fe^{2+} + 2H_2O$,　　　此称**吸氧腐蚀**

实际上到底发生析氢腐蚀还是吸氧腐蚀,这与多种因素有关。从本质上看,应发生腐蚀电池电动势大的反应,因为这种反应对应的吉布斯函数降低值 $-\Delta_r G_m$ 大。通常若溶液是强酸性的,则主要发生析氢腐蚀。若溶液在中性附近,则发生什么腐蚀主要取决于氧的浓度。在缺氧区域主要发生析氢腐蚀,在富氧区域主要发生吸氧腐蚀。

通常大多数腐蚀介质既不是强酸性也不是强碱性,而是在中性附近。这时钢铁腐蚀产生的 Fe^{2+} 易水解变成 $Fe(OH)_2$。$Fe(OH)_2$ 进一步与 O_2 和 H_2O 作用变为 $Fe(OH)_3$。如果环境湿度减小了,$Fe(OH)_3$ 会脱水变为 $Fe_2O_3 \cdot mH_2O$,这就是铁锈。铁锈较疏松,它不能有效阻止其内部的铁进一步发生腐蚀。

根据以上分析可知,不同金属接触时容易发生腐蚀,所以要求严格的工程项目在这方面都有严格的限制。例如碳钢部件与不锈钢部件不能直接接触。如此说来,似乎没有不同金属互相接触就没有电化学腐蚀了,其实不然。原因有以下几个方面。

第一,即使是同一种金属,其表面状态未必均匀一致。因不同部位的状态不同,超电势就不同,因此不同部位的电极电势各异,故同样会形成许许多多的微电池而发生腐蚀。所以,加工金属制品时应尽量把表面加工得均匀光滑。如果对棱角没有特殊要求,最好也把棱角加工得圆滑一些。在使用过程中也要保持表面光洁干净,这样才对防腐蚀有利。譬如,我们有时会在路边看到一些失落或被丢弃的螺杆,其螺纹部分往往锈迹斑斑,而非螺纹部分会明显好一些。

第二,如果金属制品表面有裂纹或微孔,如图 6.16 所示,则当表面附着一层水膜后,由于不同部位溶解氧的多少不同,从而导致不同部位氧电极的电极电势不同。在氧浓度较高处,氧电极作为腐蚀微电池的阴极(即正极)发生吸氧反应,而氧浓度较低处作为腐蚀微电池阳极(即负极)只能发生金属腐蚀了。这种腐蚀叫做**浓差腐蚀**。

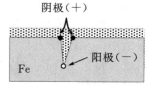

图 6.16　浓差腐蚀

由于浓差腐蚀发生在微孔内部或裂纹深处,往往不易被察觉,结果会造成严重的突发事故。浓差腐蚀在水面附近非常明显,如海水中的船体或浮标等,在与水面接触部位的附近,往往会明显看到棕红色的铁锈。

2. 影响腐蚀速率的主要因素

金属腐蚀是通过阳极氧化发生的。由于电极反应速率与电流强度成正比,所以腐蚀电池中的电流强度越大,腐蚀就越快。但是腐蚀电流的大小与什么因素有关呢?

本应该是腐蚀电池的可逆电动势越大,腐蚀电池放电时电流就越大,腐蚀也就越快。可是实际情况并非完全如此,腐蚀电池的电动势并不等于它的可逆电动势。因为腐蚀电池中一旦有电流流过,电极就会发生极化。有极化就有超电势,腐蚀微电池的电动势就要减小。所以金属腐蚀速率与电极极化是密切相关的。

前已述及,电极极化所产生的超电势可用三极法测定,参见图 6.13。通过改变外电路的电阻 R 来改变电流的大小,从而可测定阴极和阳极的电极电势与电流强度的关系,其定性结果如图 6.17 所示。在没有液接电势而且接触电势可忽略不计的情况下,腐蚀电池的电动势就等于腐蚀电池中两个电极的电极电势(非可逆电极电势)之差,即

$$E = \varphi_{阴} - \varphi_{阳}$$

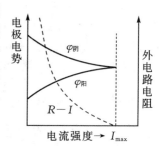

图 6.17　腐蚀电流示意图

当外电路的电阻减小时,结果会导致腐蚀电流 I 增大、电极极化加强、超电势 η 增大,从而使 $\varphi_{阴}$ 减小、$\varphi_{阳}$ 增大、电势差 $\varphi_{阴} - \varphi_{阳}$ 减小。即腐蚀电流 I 越大,电势差 $\varphi_{阴} - \varphi_{阳}$ 就越小;反过来,电势差 $\varphi_{阴} - \varphi_{阳}$ 越小,腐蚀电流 I 就

越大。电势差趋于零时对应的腐蚀电流应是最大的,可将此时的电流强度用 I_{max} 表示。但是实际上腐蚀电池的电动势不可能为零,因为即使外电路的电阻 R 等于零(短路),腐蚀电池总有一定的内电阻和内压降,故腐蚀电池的电动势不可能等于零,腐蚀电池的电流强度也不可能达到 I_{max}。不过,可以近似用 I_{max} 反映金属腐蚀的快慢,故称 I_{max} 为**腐蚀电流**。

1) 金属的平衡电极电势

金属电极的极化性能一般都很弱,其电极电势随电流变化都很小,都接近于各自的平衡电极电势。故不同金属电极(作阳极)的极化曲线一般不会发生交错,如图 6.18 所示。在其他条件相同尤其是腐蚀电池的阴极条件相同的情况下,电极电势越低的金属(作阳极),其腐蚀电流就越大,腐蚀速率就越快。这与通常越活泼的金属越容易发生腐蚀是一致的。

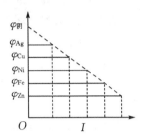

图 6.18　不同金属的腐蚀电流

2) 阴极极化性能的影响

虽然金属电极的极化性能一般都很弱,即同一种金属电极在不同环境介质中的极化性能没有明显的差异,但作为阴极的气体电极(氧电极或氢电极)的极化性能都较强,而且极化性能明显受多种因素的影响。即同一种气体电极在不同环境介质中的极化曲线的斜率可能差别较大,如图 6.19 所示。这种差别会影响腐蚀电流 I_{max} 的大小,会影响金属的腐蚀速率,如图 6.19 中的 I_1 和 I_2。

3) 氢电极的超电势

在析氢腐蚀中,氢电极作为阴极发生还原反应,其中涉及到不参与电极反应的惰性电极(此处把只起传输电荷作用而不参与电极反应的电极通称为惰性电极,前边提及到的铂和石墨只是两种常用的惰性电极而已)。在不同的惰性电极上,氢电极的超电势彼此差别较大,从而导致某些金属的腐蚀电流与该金属的活泼性不一致,如图 6.20 所示。由该图可以看出:

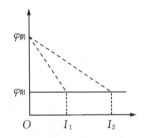

图 6.19　极化对腐蚀电流的影响

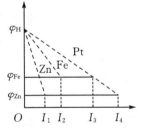

图 6.20　氢电极极化对腐蚀电流的影响

(1) 虽然锌比铁活泼,但是以锌作为惰性电极时,氢电极的极化现象很严重,这时氢电极与锌金属电极组成的腐蚀电池的腐蚀电流 I_1 很小。而以铁作为惰性电极时,氢电极的极化现象不很严重,这时氢电极与铁金属电极组成的腐蚀电池的腐蚀电流 I_2 较大。因此铁比锌更容易发生腐蚀。正因为这样,可用在铁皮上镀锌的方法来保护铁制品。

(2) 如果溶液中含有少量铂盐,则将锌或铁与溶液接触时,铂盐会很容易被 Zn 或 Fe 还原并析出金属铂。在这种情况下,对于氢电极而言,其惰性电极就是铂 Pt,其极化程度最弱,以铁为惰性电极时的极化程度较强,以锌为惰性电极时的极化程度最强。结果使铁的腐蚀电流从 I_2 变为 I_3,使锌的腐蚀电流从 I_1 变为 I_4。两者的腐蚀电流都明显增大,而且此时锌的腐蚀电流大于铁的腐蚀电流。这时,锌比铁腐蚀得更快。

3. 金属防腐蚀

1）保护层保护

保护层主要是把被保护金属与腐蚀介质隔开,从而达到防腐蚀的目的。保护层分为非金属保护层和金属保护层。非金属保护层是指油漆、搪瓷、喷塑、衬胶等。金属保护层主要是用电镀的方法,即把不太活泼的或腐蚀电流较小的金属(参见图 6.19)以膜的形式涂镀在被保护金属的表面,从而达到保护金属的目的。

2）加入缓蚀剂

在电镀及搪瓷制品的生产加工过程中,其前处理工序都涉及到酸洗,否则镀层或搪瓷涂层对基材的附着力不强,容易起皮脱落。酸洗就是将待加工的金属原器件放入酸中,以除去表面的氧化物或毛刺。结果既能把基体表面整平,又能增强镀(涂)层与基体的附着力。为了防止在酸洗过程中金属基体被迅速腐蚀使产品报废或影响产品质量,常常需要在酸洗液中加入缓蚀剂。**缓蚀剂**的作用原理是它能与金属表面发生化学反应并生成保护膜,但突出的毛刺部分不易被保护。缓蚀剂也叫**阻蚀剂**或**腐蚀抑制剂**。缓蚀剂有无机类缓蚀剂和有机类缓蚀剂。常用的无机类缓蚀剂有亚硝酸钠、铬酸盐、重铬酸盐、磷酸盐。这些物质会与铁表面发生反应生成致密的有一定保护作用的氧化物或难溶盐薄膜。常用的有机类缓蚀剂主要是一些胺类化合物,如硫脲(硫代碳酰胺 $CS(NH_2)_2$)、乌洛脱品(六次甲基四胺 $C_6H_{12}N_4$)。这些胺类化合物在酸性介质中遇到 H^+ 会变成 RNH_3^+。RNH_3^+ 会附着在带负电的金属表面(因为较活泼的金属会发生电离,电离后离子进入溶液而电子滞留在金属表面),从而使金属得到保护,阻止进一步发生腐蚀。

3）牺牲阳极法

对于长期在水中作业的钢铁设备,如船舶、潜艇、海上石油钻井平台等,可以人为地在这些设备上附着多块较活泼的金属如锌、铝等,从而使得被保护金属在腐蚀电池中作为阴极,其上只能发生析氢反应或吸氧反应。在此过程中被保护金属本身只起到一个惰性电极的作用,不会被腐蚀,而被附着的较活泼金属在腐蚀电池中作为阳极,会逐渐被氧化腐蚀。所以称这种保护方法为**牺牲阳极法**。

4）阴极保护法

外加直流电源和废金属,并把废金属作为阳极与电源正极相接,而把被保护金属作为阴极与电源的负极相接。这时阴极上发生的还原反应不论是析氢反应还是吸氧反应,被保护金属本身不会发生变化。所以把这种金属防腐蚀方法称为**阴极保护法**。阴极保护法常用于酸性化学物质的储罐和地下管道等金属设施的防护。

5）阳极保护法

我们可以借助恒电流方式用三极法测定超电势随电流强度的变化情况,即极化曲线。也可以借助恒电压方式用三级法测定金属在腐蚀性溶液中作为阳极时的腐蚀电流随电极电势的变化情况。譬如一种钢在硫酸溶液中的腐蚀电流(实为腐蚀电流的对数)与电极电势的关系,如图 6.21 所示。由于这种阳极极化曲线与金属的钝化防腐蚀密切相关,所以常把这种曲线叫做**钝化曲线**。该钝化曲线有以下几个特点。

第一,在 AB 段,当施加在待测电极上的电势(外加电压等于施加在两个电极上的电势之差)逐渐增大时,电流强度 I 增大,即腐蚀速率加快。所以把 AB 区域称为**活化区**。在活化区内,

钢材中的铁被腐蚀并以二价离子的形式转入溶液,即

$$Fe - 2e^- \longrightarrow Fe^{2+}$$

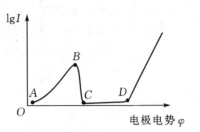

图 6.21　钢在硫酸中的钝化曲线

第二,$\varphi = \varphi_B$ 时,钢材的表面开始钝化。接下来,随着 φ 的增大,电流强度 I 迅速减小,所以把 φ_B 称为**钝化电势**。

第三,在 CD 段,这种钢处于稳定的钝态。在此电势范围内增大外加电压时,电流强度 I 变化很小,而且该区段的电流强度往往比活化区的电流强度小 $10^3 \sim 10^6$ 倍,腐蚀速率很小。所以把 CD 区称为**钝化区**。$\Delta\varphi_{CD}$ 大约为 1 V。

第四,$\varphi > \varphi_D$ 时,随着 φ 的增大,电流强度又迅速增大,腐蚀速率又加快,故称 $\varphi > \varphi_D$ 区域为**过钝化区**。在过钝化区内,钢材中的铁被腐蚀并以三价离子的形式转入溶液,即

$$Fe - 3e^- \longrightarrow Fe^{3+}$$

根据上述讨论,实际使用阳极保护法时,应外加电源并且把被保护金属作为阳极。与此同时,应把阳极的电势维持在钝化区,只有这样,才能达到有效保护金属的目的。

思考题 6

6.1　法拉第常数的物理意义是什么?

6.2　法拉第常数等于多少?

6.3　为什么原电池的正极发生还原反应,而负极发生氧化反应?

6.4　什么是阳极?什么是阴极?

6.5　什么是正极?什么是负极?

6.6　不论在原电池中还是电解池中,为何负离子都朝着阳极移动而正离子都朝着阴极移动?

6.7　对原电池而言,式 $\Delta_r G_m = -nFE$ 的使用条件是什么?

6.8　什么是可逆电池?

6.9　什么是可逆电极电势?

6.10　什么是标准电极电势?什么是标准电动势

6.11　一种物质的氧化性或还原性与其电极电势的大小有什么关系?

6.12　书写原电池符号时应注意些什么问题?

6.13　什么是盐桥?盐桥的主要作用是什么?

6.14　盐桥为什么能消除液接电势?

6.15　补偿法测定可逆电动势的基本原理是什么?

6.16　电极电势只与电极中氧化态和还原态的浓度有关吗?

6.17　欲使一个电极的电极电势增大,则应提高氧化态的浓度还是还原态的浓度?

6.18　用能斯特公式求得的电极电势或电动势是不是状态函数?

6.19　为什么惠斯顿标准电池的电动势只与温度有关?

6.20　同一个电极,它在原电池中作正极和做负极时的电极电势是否相同?

6.21　惰性电极的作用是什么?

6.22　只能选用铂 Pt 或石墨 C 做惰性电极吗?

6.23   常用电极有哪几种类型?它们是怎样组成的?

6.24   可否将物理变化设计成原电池?

6.25   设计原电池并测定其电动势有什么意义?

6.26   什么是分解电压?什么是可逆分解电压?分解电压为何总大于可逆分解电压?

6.27   为什么会产生电极极化?电极极化会导致什么结果?

6.28   什么是极化曲线?

6.29   如何解释阳极和阴极的极化曲线的变化趋势?

6.30   三级法测定超电势的基本原理是什么?

6.31   阳极和阴极的超电势都能用三极法测定吗?

6.32   金属为什么会发生电化学腐蚀?其中被腐蚀金属是阳极还是阴极?

6.33   什么是析氢腐蚀?什么是吸氧腐蚀?什么是浓差腐蚀?

6.34   什么是腐蚀电流?

6.35   金属越活泼,其腐蚀电流必然就越大吗?

6.36   什么是牺牲阳极法?什么是阳极保护法?什么是阴极保护法?

6.37   什么是钝化电势?

习 题 6

6.1   用半反应法配平下列氧化还原反应方程式。

(1) $P + HNO_3 + H_2O \longrightarrow H_3PO_4 + NO$

(2) $MnO_2 + HBr \longrightarrow MnBr_2 + Br_2 + H_2O$

(3) $MnO_4^- + C_2O_4^{2-} + H^+ \longrightarrow Mn^{2+} + CO_2 + H_2O$

(4) $AsO_3^{3-} + I_2 + OH^- \longrightarrow AsO_4^{3-} + I^- + H_2O$

(5) $Cr_2O_7^{2-} + I^- + H^+ \longrightarrow Cr^{3+} + I_2 + H_2O$

(6) $BrO_3^- + Br^- + H^+ \longrightarrow Br_2 + H_2O$

6.2   写出下列电池的正负极反应和电池总反应。

(1) $Pt, H_2(g, p_1) \mid HCl(aq, c) \mid Cl_2(g, p_2), Pt$

(2) $Ag, AgCl(s) \mid CuCl_2(aq, c) \mid Cu$

(3) $Pb, PbSO_4(s) \mid K_2SO_4(aq, c_1) \parallel KCl(aq, c_2) \mid PbCl_2(s), Pb$

(4) $Pt \mid Fe^{3+}(c_1), Fe^{2+}(c_2) \parallel Hg_2^{2+}(c_3) \mid Hg(l)$

(5) $Pt, H_2(g, p) \mid NaOH(b) \mid HgO(s), Hg(l)$

(6) $Sn \mid SnSO_4(b_1) \parallel H_2SO_4(b_2) \mid H_2(g, p), Pt$

6.3   请把下列反应组装成原电池。

(1) $Fe^{2+} + Ag^+ =\!=\!= Fe^{3+} + Ag$

(2) $Pb(s) + Hg_2SO_4(s) =\!=\!= PbSO_4(s) + 2Hg(l)$

(3) $Cu(s) + Cl_2(g) =\!=\!= CuCl_2(aq)$

(4) $Zn(s) + H_2SO_4(aq) =\!=\!= ZnSO_4(aq) + H_2(g)$

(5) $2Br^-(aq) + Cl_2(g) =\!=\!= Br_2(l) + 2Cl^-(aq)$

6.4   请把下列反应组装成原电池。

(1) $AgCl(s) + I^- \Longrightarrow AgI(s) + Cl^-$

(2) $Ag_2CrO_4(s) + 2Cl^- \Longrightarrow 2AgCl(s) + CrO_4^{2-}$

(3) $AgBr(s) + 2S_2O_3^{2-} \Longrightarrow Ag(S_2O_3)_2^{3-} + Br^-$

(4) $H^+ + OH^- \Longrightarrow H_2O$

6.5　请把下列态变化组装成原电池,并计算它们在 25 ℃ 下的电动势。

(1) $O_2(200 \text{ kPa}) \Longrightarrow O_2(110 \text{ kPa})$

(2) $Cl_2(80 \text{ kPa}) \Longrightarrow Cl_2(50 \text{ kPa})$

(3) $SO_4^{2-}(0.06 \text{ mol} \cdot L^{-1}) = SO_4^{2-}(0.01 \text{ mol} \cdot L^{-1})$

(4) $Cu^{2+}(0.6 \text{ mol} \cdot L^{-1}) \Longrightarrow Cu^{2+}(0.1 \text{ mol} \cdot L^{-1})$

(5) $Ni^{2+}(0.40 \text{ mol} \cdot L^{-1}) \Longrightarrow Ni^{2+}(0.15 \text{ mol} \cdot L^{-1})$

6.6　写出下列各电池的电池反应,并查表计算它们在 25 ℃ 下的电动势。

(1) $Cu(s) \mid Cu^{2+}(0.0010 \text{ mol} \cdot L^{-1}) \parallel Cl^-(0.30 \text{ mol} \cdot L^{-1}) \mid Cl_2(120 \text{ kPa}), Pt$

(2) $Pt \mid V^{2+}(0.234 \text{ mol} \cdot L^{-1}), V^{3+}(0.055 \text{ mol} \cdot L^{-1}) \parallel V^{2+}(0.446 \text{ mol} \cdot L^{-1}) \mid V(s)$

(3) $Pt, Cl_2(50 \text{ kPa}) \mid Cl^-(0.250 \text{ mol} \cdot L^{-1}) \parallel I^-(0.300 \text{ mol} \cdot L^{-1}) \mid AgI(s), Ag$

6.7　实验测得电池 $Ag, AgBr \mid Br^-(0.32 \text{ mol} \cdot L^{-1}) \parallel Cu^{2+}(0.42 \text{ mol} \cdot L^{-1}) \mid Cu$ 在 25 ℃ 下的可逆电动势为 0.0565 V。

(1) 写出正负极反应和电池总反应。

(2) 计算该电池在 25 ℃ 下的标准电动势。

6.8　在 25 ℃ 下,电池 $Sn(s) \mid Sn^{2+}(0.347 \text{ mol} \cdot L^{-1}) \parallel Zn^{2+}(0.100 \text{ mol} \cdot L^{-1}) \mid Zn(s)$ 的电动势为 -0.643 V,$\varphi_{Zn^{2+}/Zn}^{\ominus} = -0.763$ V。

(1) 写出正负极反应和电池总反应。

(2) 求同温度下的 $\varphi_{Sn^{2+}/Sn}^{\ominus}$。

6.9　已知 25 ℃ 下水的离子积为 $K_w^{\ominus} = 10^{-14}$,酸性标准氢电极的电极电势为零。计算在 25 ℃ 下电极反应 $2H_2O + 2e^- \rightarrow H_2(g) + 2OH^-$（此即碱性氢电极）的标准电极电势。

6.10　下面是把两个电池串联在一起的。
$$Na(Hg)(0.2\%) \mid NaCl(0.042 \text{ mol} \cdot kg^{-1}) \mid AgCl, Ag -$$
$$- Ag, AgCl \mid NaCl(0.21 \text{ mol} \cdot kg^{-1}) \mid Na(Hg)(0.2\%)$$

(1) 分别写出左电池和右电池的正负极反应和电池反应。

(2) 写出串联电池的总反应。

(3) 求该串联电池在 25 ℃ 下的总电动势。

6.11　对于反应 $Fe^{3+} + Ag \Longrightarrow Fe^{2+} + Ag^+$:

(1) 请把该反应设计成原电池。

(2) 查表计算该电池在 25 ℃ 下的标准电动势 $E^{\ominus}$。

(3) 根据标准电动势求该反应在 25 ℃ 下的标准平衡常数 $E^{\ominus}$。

6.12　对于反应 $Cu^{2+} + Cu \Longrightarrow 2Cu^+$:

(1) 请把该反应设计成原电池。

(2) 简述如何借助电化学方法测定该反应的标准平衡常数。

6.13　在 25 ℃ 下已知:

$$Fe(OH)_3(s) + 3e^- \rightarrow Fe(s) + 3OH^-, \qquad \varphi_{Fe(OH)_3/Fe}^{\ominus} = -0.77 \text{ V}$$

$$Fe^{3+} + 3e^- \rightarrow Fe(s), \qquad \varphi_{Fe^{3+}/Fe}^{\ominus} = -0.036 \text{ V}$$

(1) 请用这两个电极组装原电池,并写出电池反应。

(2) 计算 25 ℃ 下 $Fe(OH)_3$ 的溶度积常数。

6.14　在 25 ℃ 下已知:

$$Cu(NH_3)_4^{2+}(aq) + 2e^- \rightarrow Cu(s) + 4NH_3(aq), \qquad \varphi_{Cu(NH_3)_4^{2+}/Cu}^{\ominus} = -0.12 \text{ V}$$

$$Cu^{2+}(aq) + 2e^- \rightarrow Cu(s), \qquad \varphi_{Cu^{2+}/Cu}^{\ominus} = 0.337 \text{ V}$$

(1) 请用这两个电极组装原电池,并写出电池反应。

(2) 计算 25 ℃ 下配离子 $Cu(NH_3)_4^{2+}$ 的累积稳定常数。

6.15　分析说明在一定温度下,如何借助电池 $Pt, H_2(p) \mid H^+(c_1) \parallel Cu^2(c_2) \mid Cu(s)$ 的电动势测定值求算同温度下 Cu^{2+} 的标准摩尔生成吉布斯函数。已知 H^+、$H_2(g)$ 和 $Cu(s)$ 的标准摩尔生成吉布斯函数均为零。

6.16　在 25 ℃ 下,在 Cu^{2+} 浓度为 $0.06 \text{ mol} \cdot L^{-1}$ 的溶液中,应把 Ag^+ 的浓度控制在多少,电解该溶液时才有可能同时析出铜和银?在 25 ℃ 下已知:

$$\varphi_{Cu^{2+}/Cu}^{\ominus} = 0.337 \text{ V} \qquad \varphi_{Ag^+/Ag}^{\ominus} = 0.799 \text{ V}$$

第7章 原子结构和元素周期律

7.1 近代原子模型

人类生活在一个千变万化的物质世界,并且一直在探索和认识这个物质世界,一直在试图适应和装饰这个物质世界。人们可以把粘土烧制成陶瓷,可把矿石熔烧炼制成钢铁,可用粮食酿造出美酒等。自古以来,大千世界中物质形态的相互转化时时都在朦朦胧胧向人们发问:物质形态的转化是否意味着不同物质具有共同的本原,这些共同的本原是什么,这些共同的本原是以怎样的形式构成万物的。古代人们围绕这些问题,提出了不少朴素的唯物主义猜想和物质观。如中国具有代表性的金、木、水、火、土五行学说,印度的地、水、风、火四大元素学说,古希腊的原子论学说等。不论哪一种学说,其本质都认为物质是由简单的、不可分割的基本单元即原子所组成的。直到18世纪末,虽然这种观念普遍被人们所接受,但这种朴素的原子论对认识和掌握客观世界及其变化规律却毫无帮助,它只是一种哲学理念。

1. 道尔顿原子模型

随着经验知识的积累,随着对客观世界认识的不断深入,道尔顿(Dalton,英国) 于 1803 年提出的原子学说与古老的原子论有本质的区别。道尔顿原子学说的要点如下:

(1) 原子是最小的、不能再分割的实心球体。同种元素的原子是相同的,如体积、质量以及化学性质等,但不同元素的原子是不同的。

(2) 化合物是由两种或两种以上元素的原子组成的。在化合物中,任意两种元素的原子数之比不是一个整数就是一个简单的分数。

(3) 化学反应就是不同原子的分离、结合或重新组合,而没有原子的创生或消失。

道尔顿原子学说不仅能够充分解释已有的化学基本定律(如质量守恒定律、当量定律[①]等),而且能与实验事实相互印证,从而使该学说去掉了哲学面纱,真正成为一种科学理念。道尔顿原子学说的建立,标志着人类对物质结构的认识前进了一大步,为物理学、化学和生物学的发展奠定了重要的理论基础,特别是打开了化学学科汹涌澎湃、迅速发展的闸门。但另一方面,由于当时科学水平和实验条件的限制,原子不可分割的思想在较长一段时间阻碍了物质结构理论的进一步发展。

2. 汤姆孙原子模型

到了 1890 年,人们发现在高电压的作用下,阴极射线管的阴极会发出一种看不见的射线,这种射线向阳极移动。但如果在玻璃质的射线管表面涂一层硫化锌,则阴极射线会以绿色荧光

---

① 参与中和反应的酸和碱有相等的当量数。如果酸溶液和碱溶液的当量浓度相等,则两种等体积的溶液可以完全中和;如果两种溶液的当量浓度不相等,则两种溶液完全中和所需的体积与它自身的当量浓度成反比。

的形式展现在人们面前。进一步通过该射线与磁场相互作用的实验发现，这种射线是由带负电荷的粒子流组成的，如图 7.1 所示。人们把这种带负电荷的粒子叫做电子。到了 20 世纪初，已积累的大量实验结果表明：所有原子中都包含有电子。紧接着又相继发现了 X 射线和放射性衰变。种种迹象表明，原子并非不可分割，原子中既包含带负电荷的电子，也包含带正电荷的原子核，而且原子也可以发生变化。进一步从电子的荷质比（即所带的电量与其质量之比 e/m）测定结果发现，电子的质量远小于整个原子的质

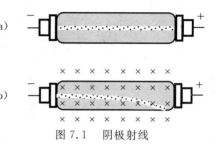

图 7.1　阴极射线

量。在此基础上，汤姆孙（Thomson，英国）于 1904 年提出了新的原子模型。即原子是球形胶冻状的颗粒，其中均匀分布着一定数量的正电荷，并且在这个球形胶冻状的颗粒上镶嵌着一定数量的电子。但是原子作为一个整体是电中性的，其中包含的正电荷数目和负电荷数目相等，如图 7.2 所示。

3. 卢瑟福的含核原子模型

20 世纪初，物理学家卢瑟福（Rutherford，英国）等人做了多次 α 粒子（即氦原子核 He^{2+}）散射实验，如图 7.3 所示。结果是 α 粒子受到铂薄膜散射时，绝大多数的散射角在 2°～3°之间，但是约有 1/8000 的 α 粒子的散射角大于 90°，其中还有接近 180°的。该实验结果用汤姆孙原子模型是无法解释的。因此，卢瑟福于 1911 年提出了

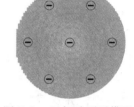

图 7.2　汤姆孙原子模型

含核原子模型。他认为在原子中心，有一个带正电的、体积很小的、几乎集中了全部原子质量的原子核。在原子核外有与原子核所带正电荷数目相同的电子，这些电子在原子核外绕核高速旋转。原子核的直径大约在 10^{-15}～10^{-14} m 之间，而原子直径通常约为 10^{-10} m。

4. 玻尔原子模型

卢瑟福的含核原子模型虽然简单易懂，但是用该模型无法解释随后不久发现的线状氢光谱。我们知道，当日光通过一个棱镜时，会得到如同彩虹一样的色带。随着透射光的颜色依红、橙、黄、绿、青、蓝、紫的次序变化，其波长是连续变化的，即得到

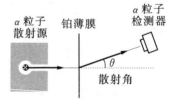

图 7.3　粒子散射实验

的是连续光谱。我们把这种连续光谱称为**带状光谱**。与此形成鲜明对照的是，如果在一个密封的玻璃管中装有稀薄的氢气并使其灼热发光，此光被棱镜分解后得到的是一组具有不同波长的**线状光谱**。这组线状光谱由一条条波长确定的光线组成，而不是波长连续变化的带状光谱，如图 7.4 所示。

根据经典的电磁理论，电子绕原子核高度旋转时必然会发射电磁波，与此同时电子的能量会逐渐减小，最终电子会落到原子核上，这时原子就毁灭了。用经典电磁理论分析得到的这种结论显然与事实不符，其根本原因在于卢瑟福的含核原子模型仍有不足之处。为了说明氢原子光谱的实验结果，玻尔（Bohr，丹麦）于 1913 年结合已有的实验结果，并引用普朗克的量子理论即微观粒子不能以连续的电磁波形式吸收或发射能量，而只能不连续地、一份一份地吸收或发射能量，提出了玻尔原子模型。玻尔原子模型要点如下：

（1）核外电子只能在一些特定的具有一定能量的圆形轨道上运动,这种运动不吸收也不放出能量,即在电子运动过程中原子的能量不变。把这种运动状态叫做**定态**（stationary state）。在不同轨道上运动的电子就处于不同的定态。

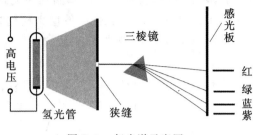

图 7.4　氢光谱示意图

（2）当电子在离核最近的轨道上运动时,电子的能量最低,把这种定态称为**基态**（ground state）。通常各原子都处于基态。当外界供给能量时,处于基态的电子就有可能吸收能量而被激发跳跃到离核较远的、能量较高的轨道上运动。把这种能量较高的定态叫做**激发态**（excited state）。

（3）当电子在不同定态之间跃迁时,会伴随能量的吸收或放出。如果是以电磁波的形式吸收或放出能量,则电磁波的频率 ν 与两个定态间的能量差 ΔE 的关系如下:

$$\Delta E = |\,E_2 - E_1\,| = h\nu$$

其中,$h = 6.626 \times 10^{-34}$ J·s,h 为普朗克常数。

由于不同定态（亦即不同能级）的能量 E_1、E_2,… 是分立的、不连续的,所以吸收或发射光谱的频率（或者波长）也是分立的、不连续的,其光谱是线状光谱。

虽然用玻尔原子模型可以说明简单的氢原子光谱,但这只是其成功的一面。实际上,用分辨率很高的仪器时,上述图 7.4 所示的每一条氢原子谱线都是由波长很接近的几条谱线组成的。用玻尔原子模型无法说明这种氢原子光谱的精细结构,也不能说明多电子原子光谱。这说明玻尔原子模型也有它的不足之处。尽管如此,玻尔理论第一次把光谱实验事实纳入了一个理论体系中,在含核原子模型的基础上提出一种动态的原子结构轮廓。该理论指出了经典物理学不能完全适用于微观粒子,提出了微观粒子运动特有的量子规律,开辟了当时原子物理学向前发展的新途径。

7.2　微观粒子的运动特征

1. 光电效应

光电效应就是用光照射金属使其发射出电子的现象。由于这种电子是金属吸收了光的能量后才产生的,故把这种电子称为光电子。在实验过程中,对于不同金属均连续改变入射光的波长,并检测打出的光电子的动能随入射光波长的变化情况。实验结果如图7.5 所示。

从图 7.5 可以看出,欲产生光电子,不同金属所需要的入射光的临界频率（最小频率）是不一样的,其值与金属的种类有关。更确切地讲,临界频率与不同金属的电子逸出功有关。金属越活泼,其电子逸出功越小,临界频率就越小。在入射光频率大于临界频率的前提

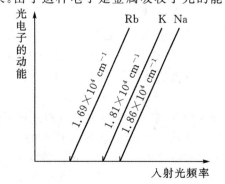

图 7.5　光电效应示意图

条件下,频率越高,打出的光电子的动能就越大。从实验结果同时也发现,当入射光频率一定时,打出的光电子数会随光强度的增大而增多。这些现象用经典的电磁波理论都是无法解释的。因为根据经典的电磁波理论,波的能量与其强度成正比而与其波长无关。这显然与实验事实不符。

分析这些光电效应的实验结果,爱因斯坦(Einstein,美籍德裔犹太人)于 1905 年提出:光不仅具有波动性,也有粒子性,光束就是光子流。在光电效应实验中,光子的能量被分为电子逸出功和光电子的动能两部分。故对于同种金属,入射光频率越大,打出光电子的动能就越大;频率一定时,入射光强度越大,打出光电子的数目就越多。光子的能量与其频率 ν、质量 m、光速 c、波长 λ 及动量 p 的关系如下:

$$\varepsilon = h\nu = mc^2 = pc$$

所以
$$p = h\nu/c = h/\lambda \tag{7.1}$$

2. 微观粒子的波粒二象性

德布罗意(de Broglie,法国)受光的波粒二象性启发,于 1924 年提出:所有的实物粒子不仅具有粒子性,同时也都具有波动性。他认为在光学方面,过去人们只注重光的波动性而忽略了它的粒子性。那么,对于实物粒子而言,人们是否只过多地考虑了它的粒子性而忽略的它的波动性呢?进一步的实验发现,实物微粒的确有波动性。这就是微观粒子的**波粒二象性**。如单晶金和金-钒多晶体对电子束的衍射情况分别如图 7.6(a) 和 7.6(b) 所示。实物粒子的波粒二象性也服从式(7.1)。对于实物粒子的波动性,用经典物理学中只考虑粒子性的牛顿力学是无法解释的。

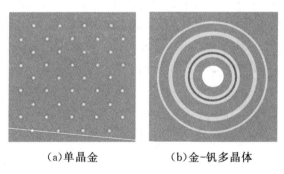

(a)单晶金   (b)金-钒多晶体

图 7.6 不同晶体对电子的衍射

3. 测不准原理

让一束电子通过狭缝发生衍射后,在感光屏上衍射强度的分布情况如图 7.7(a) 中的曲线所示。其中的 A、O 两点分别代表狭缝的最高点和中点,B 点代表感光屏上与散射强度最大点相邻的散射强度最小点。从狭缝到感光屏上的散射强度最大点和最小点之间的夹角为 θ。图 7.7(b) 是狭缝及 θ 角的放大图。由于 θ 角很小,故可以近似把线段 $\overline{AB}$ 和 $\overline{OB}$ 看做平行。那么,从 A 点到 B 点和从 O 点到 B 点的光程差就等于 OC 线段的长度。又因为 B 点的散射强度为零,所以分别从 A 点和 O 点到达 B 点的光程差应为电子束的波长 λ 的一半,结果才会使它们的强度正好完全抵消。这种关系可用数学式表示如下:

$$\overline{OB} - \overline{AB} = \overline{OC} = 0.5\lambda$$

所以
$$\sin\theta = 0.5\lambda / \overline{AO} \tag{7.2}$$

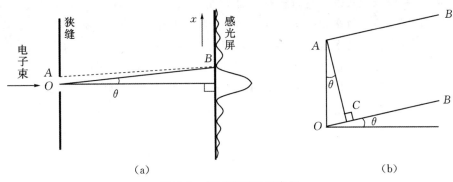

图 7.7　测不准原理示意图

电子束通过狭缝之前,原本是沿水平方向从左到右运动的,其动量在 x 方向上的分量 p_x 为零。以 B 点为参考,当电子束通过狭缝后,它在 x 方向上的动量变化值为

$$\Delta p_x = p_x \geqslant p\sin\theta$$

把式(7.1)和式(7.2)代入此式后可得

$$\Delta p_x \geqslant \frac{0.5h}{AO} \tag{7.3}$$

当电子束通过狭缝时,其位置在 x 方向上的不确定范围(或称不确定度)为

$$\Delta x = 2\,\overline{AO}$$

所以

$$\overline{AO} = \frac{\Delta x}{2}$$

将此代入式(7.3)可得

$$\Delta p_x \cdot \Delta x \geqslant h \tag{7.4}$$

因 h 是一个常数,由此可见,不可能同时准确测定电子的动量和位置。若 p_x 测定得越准确即 Δp_x 越小,则位置的不确定度 Δx 就越大;若位置测定得越准确即 Δx 越小,则动量的不确定度 Δp_x 就越大。这就是**测不准原理**。

例如,一个电子和一个子弹的质量分别为 9.1×10^{-28} g 和 25 g,它们的运动速度分别为 3×10^{6} m·s^{-1} 和 9.0×10^{2} m·s^{-1}。根据式(7.1),它们的波长可以表示为

$$\lambda = h/p = h/(mv)$$

代入数据可以求得电子和子弹的波长分别为 2.4×10^{-10} m 和 2.94×10^{-35} m。根据两者的波长,并结合式(7.2)可以看出,电子的衍射角较大,而宏观物体子弹的衍射角 θ 非常非常小,与无衍射没有什么两样,完全可以将它的衍射忽略不计。所以,虽原则上所有物体(或称其为粒子)都有波粒二象性,但是宏观物体的波动性(表现在衍射角)非常非常小,完全可以忽略不计,通常只需考虑其粒子性而不必考虑波动性。对于微观粒子,其波动性较大,应同时考虑其粒子性和波动性即波粒二象性。

4. 波的统计意义

由于德布罗意提出了物质波概念,并奠定了波动力学基础,故德布罗意于 1929 年获得了诺贝尔物理学奖。当时诺贝尔委员会对他的评价是:德布罗意的理论使得"物质特性的一个全新的、以前完全没有被发现的方面呈现在我们的面前"。在研究微观粒子运动规律方面,德布罗意的理论使人们大开眼界,使人们大胆地向一象性的经典物理学告别,而朝着波粒二象性的量

子物理学靠拢,并用波函数来描述微观粒子的运动状态。

根据波动力学原理,就微观粒子而言,对应于空间的一个状态,就有一个伴随着该状态的**德布罗意波函数**(亦称为**几率波**)。若与电子对应的波函数 Ψ 在空间某点为零,这就意味着电子在该点出现的几率为零。在空间任何一点,微观粒子的德布罗意波的强度正比于粒子在这个点上出现的**几率密度**(即单位体积内出现的几率)。而德布罗意波的强度是用波函数的平方 Ψ^2 来描述的,所以微观粒子在空间某点出现的几率密度与该点的 Ψ^2 成正比。

7.3　单电子原子结构

1. 原子轨道概念

对于上一节中介绍的种种微观粒子运动特征,用经典物理学都无法给予合理的解释,这暴露了经典物理学的局限性。困难和危机引起了物理学向微观世界的深入研究,促进了量子力学的诞生。1926 年,物理学家薛定谔(Schrödinger,奥地利) 根据德布罗意几率波的观点,并引用电磁波的波动方程,提出了描述微观粒子运动规律的波动方程即**薛定谔方程**。该方程的表达形式如下:

$$\frac{\partial^2 \Psi}{\partial x^2} + \frac{\partial^2 \Psi}{\partial y^2} + \frac{\partial^2 \Psi}{\partial z^2} + \frac{8\pi^2 m}{h^2}(E-V)\Psi = 0 \tag{7.5}$$

上式中的 E 是微观粒子的总能量,V 是微观粒子的势能,m 是微观粒子的质量。解此二阶偏微分方程即可得到微观粒子运动的波函数 Ψ。Ψ 是一个空间函数即 $\Psi = \Psi(x,y,z)$。对于原子中的电子,这种波函数也叫做**原子轨道**,常用 AO(atomic orbital) 表示。但是此处的"轨道"只是沿用过去的述语,实际上它不是微观粒子的运动轨迹,而是几率波。它与经典物理学中的轨道概念完全是两码事。

2. 四个量子数

1) 四个量子数的引出

由于薛定谔方程中的波函数 Ψ 是几率波,Ψ^2 反映的是几率密度,故这种波函数在空间任意一点必须满足有限、单值、连续可导这三个条件,即该函数必须是**品优函数**。考虑到这一点,对于原子中的电子,在求解薛定谔方程(7.5)的过程中,就自然而然地引入了三个量子数。这三个量子数分别是**主量子数** n、**角量子数** l 和**磁量子数** m。每一组 $n、l、m$ 对应一个原子轨道(即一个波函数)Ψ。另外,实验表明,电子除了轨道运动外还有自旋运动。其自旋运动有顺时针和逆时针两种不同方向,这两种自旋运动方向也常被称为上自旋和下自旋。与电子自旋运动相关的是**自旋磁量子数** m_s。

2) 四个量子数的取值范围

在求解薛定谔方程(7.5)的过程中,不仅引入了 $n、l、m$ 这三个量子数,还得到了这些量子数的取值范围。而且在进一步的讨论分析过程中,可以明确这些量子数的物理意义。

主量子数 l 只能取 $1,2,\cdots$ 正整数。n 代表电子运动主层,n 越大表明电子离原子核越远,其能量越高。根据主量子数 n 的大小,把电子层距离原子核从近到远可依次划分为 K 层、L 层、M 层、N 层、O 层、P 层 ……,也常把这些电子主层依次称为第一主层、第二主层 ……。

对于任意一个主量子数 n,角量子数 l 的取值范围是 $0,1,2,\cdots,n-1$,即 l 共有 n 个不同的值。n 个不同的角量子数反映了在主量子数为 n 电子主层共有 n 个不同的电子亚层。与角量子数 $0,1,2,3,\cdots$ 相对应的电子亚层分别是 s 亚层、p 亚层、d 亚层、f 亚层……。由此推测,在第一主层($n=1$),角量子数 l 只有一个值($l=0$),只有一个电子亚层即 s 亚层;在第二主层($n=2$),角量子数 l 可取 0 和 1 两个值,故第二主层有两个电子亚层即 s 亚层和 p 亚层;在第三主层($n=3$),角量子数 l 可取 0、1、2 三个值,故第三主层有三个电子亚层即 s 亚层、p 亚层和 d 亚层;第四主层有 s、p、d 和 f 四个亚层。

磁量子数 m 的取值范围是 $0,\pm1,\pm2,\cdots,\pm l$。在每一个电子亚层,与角量子数 l 相对应,共有 $2l+1$ 个不同的磁量子数,这反映了在角量子数为 l 的电子亚层共有 $2l+1$ 伸展方向不同的原子轨道。在同一个电子亚层,各原子轨道的伸展方向与磁量子数 m 的值有关。由此推测,每个主层上与 $l=0$ 对应的 s 亚层只有一个原子轨道即 s 轨道;每个主层上与 $l=1$ 对应的 p 亚层有三个原子轨道即 p_x 轨道、p_y 轨道和 p_z 轨道;每个主层上与 $l=2$ 对应的 d 亚层有五个原子轨道即 d_{xy} 轨道、d_{xz} 轨道、d_{yz} 轨道、$d_{x^2-y^2}$ 轨道和 d_{z^2} 轨道。

电子自旋运动方向只有两种,故自旋磁量子数 m_s 只有两种取值,这两个值分别是 $+1/2$ 和 $-1/2$。自旋磁量子数不是在求解薛定谔方程的过程中引入的。

3) 四个量子数的物理意义

类氢离子就是结构与氢原子类似的简单离子,即只有一个原子核,而且原子核外只有一个电子,如 He^+ 离子、Li^{2+} 离子。主量子数 n 与原子轨道能密切相关。对于单电子原子或类氢离子,第 n 主层的原子轨道能 E_n 可以表示为

$$E_n = -\frac{\mu e^4}{8\varepsilon_0^2 h^2}\frac{Z^2}{n^2} = -13.6\frac{Z^2}{n^2}(\text{eV}) \tag{7.6}$$

在式(7.6)中,μ 表示原子核与电子的折合质量;e 表示一个电子所带的电量;Z 表示原子核中的核电荷数即质子数;ε_0 表示真空介电常数。能量的单位用电子伏特 eV 表示。所以,在核电荷数相同的情况下,主量子数越大轨道能越高。在主量子数相同的情况下,核电荷数越多,能量越低。对于多电子原子而言,在同一主层中,原子轨道能不仅与核电荷数及主量子数 n 有关,还与角量子数 l 有关。在核电荷数和主量子数相同的情况下,角量子数 l 越大的电子亚层,其轨道能越高。

角量子数 l 与电子的轨道运动角动量 M 有关。l 值越大,轨道运动角动量越大。

磁量子数 m 与原子轨道的伸展方向有关,也与电子的轨道运动角动量在磁场方向上的分量 M_z 有关(通常把 z 方向选定为磁场方向)。因为同一电子亚层中可以有多个原子轨道,这些轨道的伸展方向不同,所以电子的轨道运动角动量在磁场方向的分量不同。

自旋磁量子数与电子的自旋运动角动量在磁场方向的分量有关。

4) 电子自旋的实验验证

电子除了轨道运动外,同时也有两种不同方向的自旋运动,即上自旋和下自旋。原本电子自旋运动角动量的方向也是随机的,宏观物体中不同电子的上自旋和下自旋的差异对外表现不出来。但由于电子是带电荷的,自旋方向不同必然导致自旋电流产生的磁场方向不同,从而使其与外加磁场的作用方向相反。如图 7.8 所示,当一束含有未配对电子的原子通过磁场后,就会被分成两束,结果投射到接收屏的两个不同点上。该实验结果说明,的确电子有两种不同的自旋运动方式。自旋方向不同,其自旋运动角动量的方向就不同,自旋运动角动量在磁场方向的分量就不同。与自旋运动角动量在磁场方向的分量密切相关的就是自旋磁量子数 m_s。

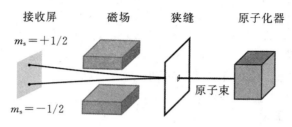

图 7.8　实验验证电子有两种自旋方向

例 7.1　分析判断下列各组量子数的正误

(1) $n = 2, l = 1, m = -2$；

(2) $n = 3, l = 2, m = -1$；

(3) $n = 3, l = 3, m = 0, m_s = -1/2$；

(4) $n = 3, l = -2, m = 1, m_s = 0$；

(5) $n = 2, l = 0, m = 0, m_s = -1/2$；

(6) $n = 3, l = 0, m = 0$；

(7) $n = 0, l = 0, m = 0$。

解　(1)、(3)、(4)、(7) 是错误的。

(1) 中，m 的取值范围只能是 $0, \pm 1, \pm 2, \cdots, \pm l$，此处 $|m| > l$。

(3) 中，l 的取值范围只能是 $0, 1, 2, \cdots, n - l$，此处 $l = n$。

(4) 中，$l < 0$ 是错误的，$m_s = 0$ 也是错误的。m_s 只能取 $+1/2$ 或 $-1/2$。

(7) 中，n 的取值范围只能是 $1, 2, 3, \cdots$，这样的正整数，不能为零。

3. 原子轨道波函数和电子云

原子的性质与其核外的电子运动状态密切相关，而电子运动状态是用原子轨道 Ψ 来描述的。所以原子的性质与原子轨道的形状、伸展方向、电子云分布（即几率密度分布）等都密切相关，有必要了解电子运动波函数和电子云的分布情况。

在具体讨论这些问题之前，首先有必要了解原子轨道的符号表示方法。通常每个原子轨道的表示符号由三部分组成。第一，把原子轨道所属的主层用主量子数表示；第二，把由角量子数 $0, 1, 2, 3, \cdots$ 描述的不同电子亚层分别用 s, p, d, f, $\cdots$ 表示；第三，把由磁量子数决定的属于同一亚层但伸展方向不同的原子轨道以下标的形式给出，如 $2p_x$ 轨道、$3d_{x^2-y^2}$ 轨道等。由于 s 亚层都只有一个轨道，而且是球对称的，故 s 轨道都没有下标。对于其余的轨道，若所讨论的问题只与电子亚层有关而与轨道的伸展方向无关，这时也可以不写出下标，如 3p 轨道、5f 轨道等。

例 7.2　主量子数 n 等于 3 时对应的是 M 主层。

(1) M 主层共有哪几个亚层？

(2) 每一个亚层分别有几个原子轨道？

(3) M 主层共有几个原子轨道？

解　(1) 因为角量子数 l 的取值范围是 $0, 1, 2, \cdots, n - 1$，共有 n 个值，所以当 $n = 3$ 时，l 可分别取 0, 1, 2 这三个值，即 M 主层共有三个亚层。与 0, 1, 2 这三个角量子数对应的电子亚层分别是 3s 亚层、3p 亚层和 3d 亚层。

(2) 因为对于每个电子亚层，磁量子数 m 的取值范围是 $0, \pm 1, \pm 2, \cdots, \pm l$，共有 $(2l + 1)$

个值,即角量子数为 l 的亚层共有 $(2l+1)$ 个不同的原子轨道。

$l=0$ 时,$m=0$。所以,3s 亚层只有一个原子轨道即 3s 轨道。

$l=1$ 时,$m=0,\pm 1$。所以,3p 亚层共有三个 3p 轨道。

$l=2$ 时,$m=0,\pm 1,\pm 2$。所以,3d 亚层共有五个 3d 轨道。

(3) M 主层共有 9 个原子轨道。

1) 原子轨道等值线图

原子轨道波函数在原子核外不同点上的值不尽相同。与此同时,原子轨道波函数是品优函数,是有限的连续可导函数。将同一个原子轨道在核外数值相等的点网联在一起,就会得到一个个不同的等值面。这种等值面是三维空间曲面。用 xy 平面(或 yz 平面、zx 平面)将这种等值的三维空间曲面剖开,便会得到原子轨道在 xy 平面(或 yz 平面、zx 平面)上的一条条等值线。这就是原子轨道的等值线图,如图 7.9 所示。其中的数字代表原子轨道波函数值的相对大小,但不是它的真值。在不同区域,原子轨道波函数的值可能大于零,可能小于零,也可能等于零。

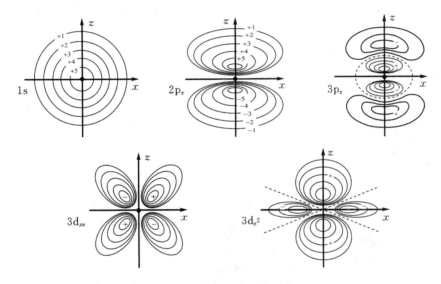

图 7.9　原子轨道横切面的等值线图

把图 7.9 中 1s 轨道的等值线图绕 z 轴或 x 轴旋转 $180°$,其等值线在三维空间掠过的痕迹就构成了 1s 轨道在三维空间的等值面图。把图 7.9 中 $2p_z$ 轨道的等值线图绕 z 轴旋转 $180°$,其等值线在三维空间掠过的痕迹就构成了 $2p_z$ 轨道在三维空间的等值面图。把图 7.9 中 $3p_z$ 轨道的等值线图绕 z 轴旋转 $180°$,其等值线在三维空间掠过的痕迹就构成了 $3p_z$ 轨道在三维空间的等值面图。把图 7.9 中 $3d_{z^2}$ 轨道的等值线图绕 z 轴旋转一周,其等值线在三维空间掠过的痕迹就构成了 $3d_{z^2}$ 轨道在三维空间的等值面图。图 7.9 中 $3d_{xz}$ 轨道等值线图的四个部分都有各自的对称轴,其对称轴与坐标轴的夹角都是 $45°$。把 $3d_{xz}$ 轨道的这四个部分分别绕各自的对称轴旋转 $180°$,其等值线在三维空间掠过的痕迹就构成了 $3d_{xz}$ 轨道在三维空间的等值面图。原子轨道等值面图是三维空间图形。等值面类似于洋葱是一层一层的。许多书中给出的**原子轨道轮廓图**就是等值面图中的一个等值面。确切地讲,原子轨道轮廓图就是在该轮廓内电子出现的几率不小于 90% 的等值面图。

根据上述讨论,1s 轨道是球形对称的。实际上每个主层的 s 轨道都是球形对称的。p_z 轨道是哑铃形的,其伸展方向是在 z 轴的正向和负向。p_x 和 p_y 轨道的形状与 p_z 相同,它们的伸展方向分别是 x 轴的正向和负向、y 轴的正向和负向。每个 d 亚层共有 5 个 d 轨道,其中除了 d_{z^2} 以外,其余都形状相同。其中 d_{xy} 轨道的四个部分分别平分 x 轴和 y 轴之间的夹角;d_{xz} 轨道的四个部分分别平分 x 轴和 z 轴之间的夹角;d_{yz} 轨道的四个部分分别平分 y 轴和 z 轴之间的夹角;$d_{x^2-y^2}$ 轨道的四个部分分别沿 x 轴和 y 轴的正负方向分布。

在图 7.9 的 $3p_z$ 轨道中,椭圆型虚线代表此线上波函数的值为零。实际上,$3p_z$ 轨道立体图中有一个波函数为零的椭球面。原因是波函数都是品优函数,都连续可导,故其值从大于零的区域到小于零的区域变化时,必然要经过等于零的面。我们把这种不通过原子核的波函数为零的称为**节面**。不同原子轨道的节面数可用下式表示:

$$节面数 = n - l - 1 \qquad (7.7)$$

如 5s 轨道的节面数为 4,5d 轨道的节面数为 2。

2) 电子云分布图

根据波的统计意义,在三维空间不同点上波函数的平方 Ψ^2 代表电子在该点出现的几率密度,Ψ^2 无负值。以图 7.9 中的 $2p_z$ 轨道为例,该轨道 Ψ 分布在 xy 平面的上方和下方,并且呈现**镜面反对称**分布(即上下形状相同即互为镜像,但一边是正,另一边是负),其几率密度是镜面对称分布的。可以设想,随着时间的推移,同一个原子轨道中的电子会在核外不同区域留下浓淡程度不同的印迹,Ψ^2 值越大的区域印迹越浓重,Ψ^2 值越小的区域印迹越清淡。我们把这种浓淡程度不同的印迹形象地叫做**电子云**。所以,核外不同区域电子云的浓淡程度就反映了电子出现的几率密度大小,电子云与原子轨道波函数密切相关。图 7.10 是几种不同原子轨道的电子云分布图。

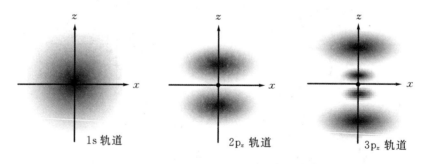

1s 轨道　　　　　2p_z 轨道　　　　　3p_z 轨道

图 7.10　　原子轨道的电子云分布图

3) 电子云的径向分布图

以 1s 轨道为例,由于在三维空间不同点上电子出现的几率密度为 Ψ^2,所以在原子核外距离原子核半径为 r、厚度为 dr 的球壳内,找到电子的几率为 $\Psi^2 \cdot 4\pi r^2 \cdot dr$。那么,在单位厚度球壳内找到电子的几率就可以表示为

$$D(r) = \frac{\Psi^2 \cdot 4\pi r^2 \cdot dr}{dr}$$

即
$$D(r) = \Psi^2 \cdot 4\pi r^2 \qquad (7.8)$$

我们把 $D(r)$ 称为电子云的径向分布,把 $D(r)-r$ 曲线称为**电子云径向分布图**,参见图 7.11。其中,原子核外 $D(r)$ 为零处就是原子轨道中节面所处的位置。在每一个轨道中,当 r 趋于零时,$D(r)$ 也趋于零。这从式(7.8)看是很直观的。另一方面,也可以这样理解:当 r 趋于零时,虽然

不同原子轨道的 Ψ^2 值都大于零,但是单位厚度球壳的体积趋于零,故在单位厚度球壳内找到电子的几率趋于零。

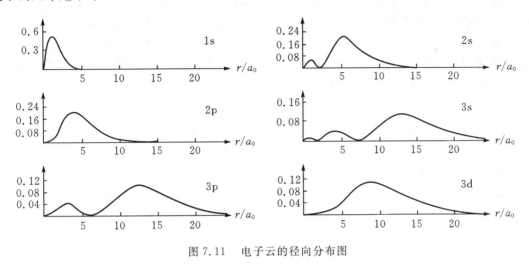

图 7.11　电子云的径向分布图

7.4　多电子原子结构

1. 中心力场模型

与氢原子或类氢离子不同,多电子原子的核外电子不仅受原子核的吸引作用,而且彼此之间也存在互相排斥作用。由于电子都是绕原子核运动的,对于每一个电子而言,其余电子对它的排斥作用的综合效果如同在原子中心(即原子核位置处)有一个负的点电荷,结果使原子核对它的吸引力减弱,或者说结果使每一个电子感受到的核电荷数减少了。如此说来,可以把多电子原子中的每一个电子都视为类氢离子中的电子,它只受到中心力场的作用。这就是原子结构理论中的**中心力场模型**。其中心力场作用的大小应该用**有效核电荷数** Z^* 来描述,而非实际的核电荷数 Z。有效核电荷数未必都是正整数。对于中性多电子原子而言,通常有效核电荷数 Z^* 都小于核电荷数 Z 而大于1,而且不同原子轨道中的电子感受到的有效核电荷数未必相同。所以,根据中心力场模型求解薛定谔方程后,得到的结果与氢原子大致相同,也都是与 n、l、m 三个量子数有关的波函数。其差别主要是原子轨道波函数及其能级公式中要用有效核电荷数 Z^* 来代替核电荷数 Z。其能级公式如下:

$$E_n = -\frac{\mu e^4}{8\varepsilon_0^2 h^2}\frac{Z^{*2}}{n^2} = -13.6\frac{Z^{*2}}{n^2}(\mathrm{eV}) \tag{7.9}$$

从式(7.9)表面上看,多电子原子的轨道能也只与主量子数 n 有关。但实际上,每一个被考察电子感受到的有效核电荷数 Z^* 不仅与自身的主量子数 n 和角量子数 l 有关,而且还与其余电子的主量子数 n 和角量子数 l 有关。所以在多电子原子中,各原子轨道的能量与主量子数 n 和角量子数 l 都有关系。对于多电子原子,其原子轨道主层和亚层的划分方法与氢原子或类氢离子相同;每个主层包含的亚层数目、每个亚层包含的原子轨道数目也与氢原子或类氢离子相同;原子轨道的形状、伸展方向、节面数等大致都与氢原子或类氢离子相同,故此处不必赘述。

2. 屏蔽效应和钻穿效应

在多电子原子中,每个电子不仅受到原子核的吸引,而且电子彼此之间也有相互排斥作用。某一个电子受其他电子的排斥作用与原子核对它的吸引作用相反,其结果相当于其余电子削弱了原子核对它的吸引。或者说对于该电子而言,其余电子屏蔽了部分核电荷对它的作用,使它感受到的有效核电荷数减少了。我们把一个电子受其他电子的这种作用叫做**屏蔽效应**。屏蔽效应的强弱可用屏蔽常数 σ 来衡量。

$$Z^* = Z - \sum \sigma_i \qquad (7.10)$$

其中 σ_i 是电子 i 对被考察电子的屏蔽系数。内层电子对外层电子的屏蔽作用尤为明显。受到屏蔽效应时,电子的能量会升高。在多电子原子中,由于屏蔽效应的存在,结果使得角量子数 l 相同轨道的能量随主量子数 n 的增大而迅速增大(在单电子原子中,轨道的能量也随 n 的增大而增大,但这仅仅是由于离核的距离较远造成的,而且增大较缓慢),如

$$E_{1s} < E_{2s} < E_{3s}\cdots, \quad E_{2p} < E_{3p} < E_{4p}\cdots, \quad E_{3d} < E_{4d} < E_{5d}\cdots$$

另一方面,由于有些原子轨道中有节面,节面不仅可以出现在离核较远处,也可以出现在离核较近处,参见图 7.11。对于主量子数较大而角量子数较小的轨道,根据式(7.7),其节面数较多。在这种情况下,如果仅从主量子数看,该电子离核较远,而且受到内层电子的屏蔽作用较大,故其能量较高。另一方面,由于它有节面,它在离核较近处也有一定的出现几率。当它在离核较近处运动时,它受到其他电子的屏蔽作用就较小,受到核电荷的作用就较大,其能量就较低。我们把这种作用称为**钻穿效应**。节面越多的轨道其钻穿效应越明显。

具体对于一个电子而言,屏蔽效应源于其他电子,钻穿效应是自发产生的。受到屏蔽作用越强的电子其能量就越高。自发的钻穿效应越强的电子,其能量就越低。而且钻穿效应使自身能量降低的同时,会对其他电子产生屏蔽作用。所以自发的钻穿效应越强,对其他电子的屏蔽作用也就越强。

屏蔽效应和钻穿效应共同作用的结果,会使同一主层中不同亚层的原子轨道从能量相同变为能量不同。其中,角量子数越大,轨道能就越高,即 $E_{ns} < E_{np} < E_{nd} < E_{nf}$。我们把这种情况叫做**能级分裂**。以第三主层为例,其不同亚层轨道的电子云径向分布情况如图 7.12 所示。原本 3s、3p 和 3d 这三种轨道的主量子数相同,其能量也是相同的,但是从图上可以看出,从 3d 到 3p 再到 3s,其钻穿效应越来越明显,而且各轨道在发生钻穿效应使自身

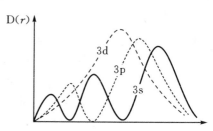

图 7.12　第三主层轨道的径向分布

能量降低的同时还会对其他轨道上的电子产生屏蔽效应使它们的能量升高。所以,$E_{3s} < E_{3p} < E_{3d}$。

鲍林(Pauling,美国)根据大量光谱实验数据和一些近似的理论计算结果,得到了多电子原子中原子轨道的近似能级图,参见图 7.13(a)。其中的黑点 • 代表原子轨道,在图中不同轨道的位置高低近似反映了该轨道能量的高低。此图中把能量相近的轨道划归为同一个**能级组**。此图与定性地根据屏蔽效应和钻穿效应分析导致的能级分裂结果是一致的。原本在单电子原子或类氢离子中,主量子数越大能量越高,但在多电子原子中,能级分裂的结果会使不同轨道的能量高低顺序与主量子数的大小顺序不完全一致,如 4s、3d 和 4p 的能量较接近,它们同属于

第四能级组。又如 6s、4f、5d 和 6p 的能量较接近,它们同属于第六能级组。这就是说,属于同一个能级组的轨道未必属于同一个主层。我们把这种情况叫做**能级交错**。由于能级交错,结果使同一能级组的组成情况变得较复杂。但参考图 7.13(b),能级组的划分还是容易记忆的。即每个能级组都是从 s 轨道开始,沿图 7.13(b) 中箭头所示路线包括下一个 s 轨道前的所有轨道。

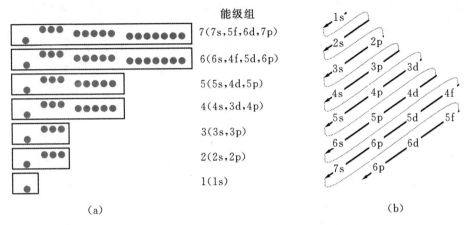

图 7.13　原子轨道的能级分布和能级组的划分

了解了能级组的划分情况后,会对进一步认识和掌握原子中的电子排布情况以及由此演绎出来的元素周期律有很大帮助。

7.5　核外电子排布和元素周期律

1. 顺磁性和反磁性

我们知道,电流会产生磁场。而电流的本质就是电荷的定向流动。所以,电子的自旋方向不同,就会产生不同方向的环形电流,并且由于电子带负电,故环形电流的方向与电子自旋方向相反。不同方向的电流会产生不同方向的磁场,如图 7.14 所示。以氦原子中的两个 1s 电子为例,如果两者自旋方向相同即自旋平行($\boxed{\uparrow\,\uparrow}$ 或 $\boxed{\downarrow\,\downarrow}$),则其自旋产生的环形电流的磁场由于方向相同而相互叠加。这种自旋排布方式会使氦气具有**顺磁**

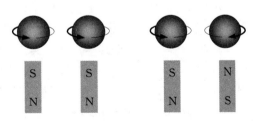

图 7.14　电子自旋与物质的磁性

性,它会与外加磁场产生相互作用。可是实际上,氦原子中两个 1s 电子的自旋方向相反即自旋配对($\boxed{\downarrow\,\uparrow}$),其自旋产生的环形电流的磁场由于方向相反而相互抵消了。这种自旋排布方式使氦气具有**反磁性**,即它不会与外加磁场产生相互作用。实际上,只有当原子中具有未配对电子时,它才具有顺磁性。

2. 核外电子排布规则

对于所有的微观粒子而言,其基态是指它的能量最低最稳定的运动状态。基态原子中的电子在核外的不同原子轨道中排布时遵守的三大原则分别是**能量最低原理、泡利(Pauli) 不相容原理**

和**洪特**（Hund）**规则**。掌握了能级组的划分情况和电子排布的三大原则后，就能很方便地给出一个基态原子的核外电子排布情况，也就是说能容易写出一个基态原子的电子构型。在后续讨论中，若无明显标志或文字说明，则涉及到的所有原子的电子结构都是相对于基态原子而言的。

根据泡利不相容原理，每个原子轨道最多只能容纳两个电子，而且这两个电子必须自旋方向相反。如果原子轨道上只有一个电子，则该电子不受泡利不相容原理的制约，可以是上自旋也可以是下自旋。能量最低原理就是在满足泡利不相容原理的前提条件下，按照能级组的划分情况和能量从低到高的顺序，每个电子都尽量填充在能量最低的原子轨道（激发态除外）。根据洪特规则，当电子在具有相同能量的轨道（即同一亚层轨道）中填充时，电子总是尽量以自旋平行（即自旋方向相同）方式分占不同的轨道。例如若 3 个 p 轨道中需要填充两个电子，则其填充情况可能是

$\boxed{\uparrow}\,\boxed{\uparrow}\,\boxed{}$ 或 $\boxed{\downarrow}\,\boxed{\downarrow}\,\boxed{}$ ，但不会是 $\boxed{\uparrow}\,\boxed{\downarrow}\,\boxed{}$ 或 $\boxed{\downarrow}\,\boxed{\uparrow}\,\boxed{}$ ，更不会是 $\boxed{\uparrow\,\uparrow}\,\boxed{}\,\boxed{}$ 。

洪特规则进一步指出，当原子轨道填充电子时，同一亚层的轨道处于全充满、半充满或全空状态时整个系统的能量较低、较稳定。此称洪特规则的补充内容。其中，**全充满**是指这些轨道都被两个自旋相反的电子所占据，如 p^6、d^{10}、f^{14} 等。**半充满**是指这些轨道各填充一个电子，而且它们都自旋平行，如 p^3、d^5、f^7。**全空**是指这些轨道中都没有电子，全都是空轨道。关于这一点，会在下面的核外电子构型部分结合实例给予充分说明。

3. 核外电子构型和周期表

核外电子构型也就是**电子排布式**。核外电子构型的书写方法是，将填充了电子的轨道按照主量子数 n 从小到大的顺序（即按照主层 K、L、M、N…… 的顺序）依次排列。对填充了电子的属于同一主层但属于不同亚层的轨道，按照角量子数 l 从小到大的顺序依次排列（即按照 s、p、d、f…… 的顺序）。把各亚层轨道中排布的电子数作为上标用阿拉伯数字写在亚层符号的右上角。如原子序数为 1 ～ 10 这十种元素的核外电子构型依次为：$1s^1$（氢），$1s^2$（氦），$1s^2 2s^1$（锂），$1s^2 2s^2$（铍），$1s^2 2s^2 2p^1$（硼），$1s^2 2s^2 2p^2$（碳），$1s^2 2s^2 2p^3$（氮），$1s^2 2s^2 2p^4$（氧），$1s^2 2s^2 2p^5$（氟），$1s^2 2s^2 2p^6$（氖）。

为了书写方便起见，常把核外电子构型中与某个最大的**稀有气体**原子的电子构型相同的部分，用这个稀有气体原子的电子构型来代替。这时，把该稀有气体的电子构型用带有中括号的元素符号来表示，并将其称为**原子实**。如上述原子序数为 3 ～ 10 的原子核外电子构型可依次简记为 $[He]2s^1$，$[He]2s^2$，$[He]2s^2 2p^1$，$[He]2s^2 2p^2$，$[He]2s^2 2p^3$，$[He]2s^2 2p^4$，$[He]2s^2 2p^5$，$[He]2s^2 2p^6$。这些电子构型中都有一个氦原子实 $[He]$。

按照前边介绍的核外电子排布三大原则，并结合此处介绍的电子构型书写方法，将所有元素原子的电子构型列于表 7-1。按照原子序数的递增顺序从此表可以看出，各基态原子的电子结构的变化规律是很明显的，大都遵守能量最低原理。其中 Cr 的电子构型是 $[Ar]3d^5 4s^1$ 而不是 $[Ar]3d^4 4s^2$，Cu 的电子构型是 $[Ar]3d^{10} 4s^1$ 而不是 $[Ar]3d^9 4s^2$，Pd 的电子构型是 $[Kr]4d^{10}$ 而不是 $[Kr]4d^8 5s^2$……，这些都与洪特规则中所说的具有相同能量的同一亚层轨道处于全充满或半充满或全空状态较稳定有关。

表 7-1　基态原子的核外电子构型

周期	原子序数	元素符号	元素名称	电子构型	周期	原子序数	元素符号	元素名称	电子构型
一	1	H	氢	$1s^1$		55	Cs	铯	$[Xe]6s^1$
	2	He	氦	$1s^2$		56	Ba	钡	$[Xe]6s^2$
二	3	Li	锂	$[He]2s^1$		57	La	镧	$[Xe]5d^1 6s^2$
	4	Be	铍	$[He]2s^2$		58	Ce	铈	$[Xe]4f^1 5d^1 6s^2$
	5	B	硼	$[He]2s^2 2p^1$		59	Pr	镨	$[Xe]4f^3 6s^2$
	6	C	碳	$[He]2s^2 2p^2$		60	Nd	钕	$[Xe]4f^4 6s^2$
	7	N	氮	$[He]2s^2 2p^3$		61	Pm	钷	$[Xe]4f^5 6s^2$
	8	O	氧	$[He]2s^2 2p^4$		62	Sm	钐	$[Xe]4f^6 6s^2$
	9	F	氟	$[He]2s^2 2p^5$		63	Eu	铕	$[Xe]4f^7 6s^2$
	10	Ne	氖	$[He]2s^2 2p^6$		64	Gd	钆	$[Xe]4f^7 5d^1 6s^2$
三	11	Na	钠	$[Ne]3s^1$		65	Tb	铽	$[Xe]4f^9 6s^2$
	12	Mg	镁	$[Ne]3s^2$		66	Dy	镝	$[Xe]4f^{10} 6s^2$
	13	Al	铝	$[Ne]3s^2 3p^1$		67	Ho	钬	$[Xe]4f^{11} 6s^2$
	14	Si	硅	$[Ne]3s^2 3p^2$		68	Er	铒	$[Xe]4f^{12} 6s^2$
	15	P	磷	$[Ne]3s^2 3p^3$	六	69	Tm	铥	$[Xe]4f^{13} 6s^2$
	16	S	硫	$[Ne]3s^2 3p^4$		70	Yb	镱	$[Xe]4f^{14} 6s^2$
	17	Cl	氯	$[Ne]3s^2 3p^5$		71	Lu	镥	$[Xe]4f^{14} 5d^1 6s^2$
	18	Ar	氩	$[Ne]3s^2 3p^6$		72	Hf	铪	$[Xe]4f^{14} 5d^2 6s^2$
四	19	K	钾	$[Ar]4s^1$		73	Ta	钽	$[Xe]4f^{14} 5d^3 6s^2$
	20	Ca	钙	$[Ar]4s^2$		74	W	钨	$[Xe]4f^{14} 5d^4 6s^2$
	21	Sc	钪	$[Ar]3d^1 4s^2$		75	Re	铼	$[Xe]4f^{14} 5d^5 6s^2$
	22	Ti	钛	$[Ar]3d^2 4s^2$		76	Os	锇	$[Xe]4f^{14} 5d^6 6s^2$
	23	V	钒	$[Ar]3d^3 4s^2$		77	Ir	铱	$[Xe]4f^{14} 5d^7 6s^2$
	24	Cr	铬	$[Ar]3d^5 4s^1$		78	Pt	铂	$[Xe]4f^{14} 5d^9 6s^1$
	25	Mn	锰	$[Ar]3d^5 4s^2$		79	Au	金	$[Xe]4f^{14} 5d^{10} 6s^1$
	26	Fe	铁	$[Ar]3d^6 4s^2$		80	Hg	汞	$[Xe]4f^{14} 5d^{10} 6s^2$
	27	Co	钴	$[Ar]3d^7 4s^2$		81	Tl	铊	$[Xe]4f^{14} 5d^{10} 6s^2 6p^1$
	28	Ni	镍	$[Ar]3d^8 4s^2$		82	Pb	铅	$[Xe]4f^{14} 5d^{10} 6s^2 6p^2$
	29	Cu	铜	$[Ar]3d^{10} 4s^1$		83	Bi	铋	$[Xe]4f^{14} 5d^{10} 6s^2 6p^3$
	30	Zn	锌	$[Ar]3d^{10} 4s^2$		84	Po	钋	$[Xe]4f^{14} 5d^{10} 6s^2 6p^4$
	31	Ga	镓	$[Ar]3d^{10} 4s^2 4p^1$		85	At	砹	$[Xe]4f^{14} 5d^{10} 6s^2 6p^5$
	32	Ge	锗	$[Ar]3d^{10} 4s^2 4p^2$		86	Rn	氡	$[Xe]4f^{14} 5d^{10} 6s^2 6p^6$
	33	As	砷	$[Ar]3d^{10} 4s^2 4p^3$		87	Fr	钫	$[Rn]7s^1$
	34	Se	硒	$[Ar]3d^{10} 4s^2 4p^4$		88	Ra	镭	$[Rn]7s^2$
	35	Br	溴	$[Ar]3d^{10} 4s^2 4p^5$		89	Ac	锕	$[Rn]6d^1 7s^2$
	36	Kr	氪	$[Ar]3d^{10} 4s^2 4p^6$		90	Th	钍	$[Rn]6d^2 7s^2$
五	37	Rb	铷	$[Kr]5s^1$		91	Pa	镤	$[Rn]5f^2 6d^1 7s^2$
	38	Sr	锶	$[Kr]5s^2$		92	U	铀	$[Rn]5f^3 6d^1 7s^2$
	39	Y	钇	$[Kr]4d^1 5s^2$		93	Np	镎	$[Rn]5f^4 6d^1 7s^2$
	40	Zr	锆	$[Kr]4d^2 5s^2$		94	Pu	钚	$[Rn]5f^6 7s^2$
	41	Nb	铌	$[Kr]4d^4 5s^1$		95	Am	镅	$[Rn]5f^7 7s^2$
	42	Mo	钼	$[Kr]4d^5 5s^1$		96	Cm	锔	$[Rn]5f^7 6d^1 7s^2$
	43	Tc	锝	$[Kr]4d^5 5s^2$		97	Bk	锫	$[Rn]5f^9 7s^2$
	44	Ru	钌	$[Kr]4d^7 5s^1$	七	98	Cf	锎	$[Rn]5f^{10} 7s^2$
	45	Rh	铑	$[Kr]4d^8 5s^1$		99	Es	锿	$[Rn]5f^{11} 7s^2$
	46	Pd	钯	$[Kr]4d^{10}$		100	Fm	镄	$[Rn]5f^{12} 7s^2$
	47	Ag	银	$[Kr]4d^{10} 5s^1$		101	Md	钔	$[Rn]5f^{13} 7s^2$
	48	Cd	镉	$[Kr]4d^{10} 5s^2$		102	No	锘	$[Rn]5f^{14} 7s^2$
	49	In	铟	$[Kr]4d^{10} 5s^2 5p^1$		103	Lr	铹	$[Rn]5f^{14} 6d^1 7s^2$
	50	Sn	锡	$[Kr]4d^{10} 5s^2 5p^2$		104	Rf	𬬻	$[Rn]5f^{14} 6d^2 7s^2$
	51	Sb	锑	$[Kr]4d^{10} 5s^2 5p^3$		105	Db	𬭊	$[Rn]5f^{14} 6d^3 7s^2$
	52	Te	碲	$[Kr]4d^{10} 5s^2 5p^4$		106	Sg	𬭳	$[Rn]5f^{14} 6d^4 7s^2$
	53	I	碘	$[Kr]4d^{10} 5s^2 5p^5$		107	Bh	𬭛	$[Rn]5f^{14} 6d^5 7s^2$
	54	Xe	氙	$[Kr]4d^{10} 5s^2 5p^6$		108	Hs	𬭶	$[Rn]5f^{14} 6d^6 7s^2$
						109	Mt	䥑	$[Rn]5f^{14} 6d^7 7s^2$

从表 7-1 还可以看出,对于划归到同一周期的元素,其原子的电子构型中原子实以外部分都属于同一个能级组。这就是说,基态原子的最后一个电子填充在同一个能级组的元素都属于同一个**周期**。而且一个基态原子的最高能级组涉及的不同轨道的最大主量子数就是该元素所属的**周期数**。如表 7-1 中的第五周期元素的最高能级组中主量子数最大的轨道是 5s 或者 5p;第七周期元素的最高能级组中主量子数最大的轨道是 7s 或者 7p。

实际上,门捷列夫元素周期表就是按照基态原子的电子排布规则\核电荷数(即核外电子数)的递增顺序和原子中最后一个电子的填充位置(由所在的能级组和亚层决定)将其排列成一行行(即一个个不同的周期)和一列列(即一个个不同的族)的,参见表 7-2。

表 7-2　元素周期表的分区

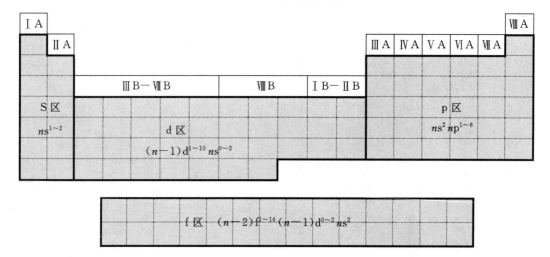

在元素周期表中从上往下数,一种元素处在第 i 行,其原子中的最后一个电子就填充在第 i 个能级组,该元素也就属于第 i 周期。另外,根据每个元素原子的价层电子结构将元素周期表划分为 s 区、p 区、d 区和 f 区。所谓**价电子层结构**,它是指在化学变化过程中最高能级组里容易发生变化的那些亚层轨道的电子排布情况。s 区元素的价电子层结构都是 $ns^{1\sim2}$;p 区元素的价电子层结构都是 $ns^2np^{1\sim6}$;d 区元素的价电子层结构都是 $(n-1)d^{1\sim10}ns^{0\sim2}$;f 区元素的价电子层结构大都是 $(n-2)f^{1\sim14}(n-1)d^{0\sim2}ns^2$。

如果价电子层结构只涉及最外主层的原子轨道如 ns 或 ns 与 np,则将其划归为**主族**并用 A 表示。除此以外,把所有的元素都划归为**副族**并用 B 表示。主族元素共有 ⅠA～ⅧA 八个族。对于主族元素,其所属的族数就等于它的最外层电子数。但对于稀有气体,虽然氦原子较特殊,其最外层只有两个电子,但由于它的性质与其他稀有气体元素相似,故将氦元素和其他稀有气体元素一并划入了 ⅧA 族。之所以这样划分,原因是主族元素的化学性质变化规律比副族要明显得多。

副族元素也共有 ⅠB～ⅧB 八个族。其中 Ⅲ～Ⅶ 副族的族数等于最高能级组中最外层和次外层的电子数总和,也就是 ns 轨道和 $(n-1)d$ 轨道的电子数总和。副族 ⅠB 和 ⅡB 的族数等于 $(n-1)d$ 轨道填满电子后最外层的电子数,也就是 ns 轨道的电子数。把 ns 轨道和 $(n-1)d$ 轨道的电子总数不少于八个的都划归到 ⅧB 族,原因是它们的性质相近。

本书末附有较完整详实的元素周期表。实际上,元素周期表中包含的规律远不止上述这些,详情请看下面的讨论。

4. 元素性质的周期性变化规律

1) 原子半径

原子是由原子核与核外电子共同组成的,而电子运动具有波粒二象性,又因波函数是连续的,故严格说来核外电子的运动区域是无边界限制。就拿原子轨道轮廓图来说,其边界面代表的是等几率密度面(即 Ψ^2 值相等的面),并且在该边界面内找到电子的几率并非百分之百。所以原子半径没有一个绝对值。但另一方面,原子的相对大小与其物理性质和化学性质密切相关。为了讨论问题方便,有必要引入原子半径概念来描述原子的相对大小,并借此说明和比较不同物质的物理化学性质。

根据相邻原子之间作用力的差异,对同一种原子可引入多种不同的原子半径。其中应用较多的分别是**共价半径、金属半径和范德华半径**。对于同一个原子,不同半径的值通常是不一样的,参见图 7.15。共价半径(covalent radius)是指同核双原子分子的核间距的一

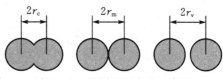

图 7.15　不同原子半径示意图

半,也就是同核双原子分子中键长的一半,常用 r_c 表示。金属半径(metal radius)是指在纯金属晶体中相邻原子的核间距的一半,常用 r_m 表示。在分子晶体中,相邻分子彼此之间最接近的两个原子的核间距就等于这两个原子的范德华半径(Van der Waals radius)之和。范德华半径常用 r_v 表示。

表 7-3 给出了部分元素的原子半径,其中金属的原子半径都是金属半径,稀有气体的原子半径都是范德华半径,其余都是共价半径。

表 7-3　各元素的原子半径 r/pm

	ⅠA	ⅡA	ⅢB	ⅣB	ⅤB	ⅥB	ⅦB	ⅧB	ⅧB	ⅧB	ⅠB	ⅡB	ⅢA	ⅣA	ⅤA	ⅥA	ⅦA	ⅧA
一	37																	122
二	152	111											88	77	70	66	64	160
三	186	160											143	117	110	104	99	191
四	227	197	161	145	132	125	124	124	125	125	128	133	122	122	121	117	114	198
五	248	215	181	160	143	136	136	133	135	138	144	149	163	141	141	137	133	217
六	265	217	173	159	143	137	137	134	136	136	144	160	170	175	155	153		

从表 7-3 可以看出,在短周期中随着原子序数的增大,原子半径逐渐减小。原因是在短周期中,不论原子序数大小,它们的核外电子层数相同。在短周期中随着原子序数的增大,新增加的电子都排布在最外层(属于同一层),又因为最外层的电子彼此之间屏蔽作用不大,所以随着原子序数的增大,核外所有电子感受到的有效核电荷(即受到的静电引力)一直在增大,而且增大得较明显。对于长周期中的副族元素,虽然总趋势仍是原子半径随原子序数的增大而减小,但是原子半径减小得较缓慢,而且在后半部分还有波动。原因是副族元素的最后一个电子大多都是填充在次外层的 $(n-1)\text{d}$ 轨道而非最外层轨道,所以随着原子序数的增加,虽然核电荷数是增加的,但填充在次外层 $(n-1)\text{d}$ 轨道的电子对最外层电子的屏蔽作用也显著增大,从而使最外层的 $n\text{s}$ 电子感受到的有效核电荷增加得不明显,故原子半径减小较缓慢。又因为到了 ⅠB 族和 ⅡB 族,次外层的 d 轨道都填满了,新增加的电子填充在最外层的 $n\text{s}$ 轨道,这种结

构较特殊,故ⅠB族和ⅡB族的原子半径略有增大。当原子序数进一步增大时,新增加的电子填充在最外层的 np 轨道。这时,伴随有效核电荷数的增加,最外层电子感受到的屏蔽效应增加得不明显,而感受到的有效核电荷数增加得较明显,故这时原子半径又呈现明显的收缩趋势。

镧系元素随着原子序数的增大,总体上原子半径仍然是减小的,但其原子半径减小得很缓慢,原因是它们的价层电子都是填充在 $(n-2)f$ 层即次次外层,故对于最外层的 ns 电子和次外层的 $(n-1)s$、$(n-1)p$、$(n-1)d$ 电子而言,它们感受到的有效核电荷数不会有明显的增大。但与此同时,整个镧系共 14 个元素从前到后大跨度的原子半径缓慢收缩积累起来还是明显的。这种积累效果就叫做**镧系收缩**。镧系元素从前到后,个别元素的原子半径反弹增大与 $(n-2)f$ 亚层轨道半充满或全充满有关,这时 $(n-2)f$ 亚层电子云的球对称分布对其外层电子的屏蔽效应很强,其外层电子感受到的有效核电荷数明显减少,故镧系元素的原子半径在逐渐减小的过程中会有个别反弹。

原本第六周期的 ⅢB ~ ⅧB 族比第五周期的 ⅢB ~ ⅧB 族多一个电子主层,第六周期的原子半径本应明显大于第五周期,可是从表7-3可以看出,这些同族而不同周期元素的原子半径非常接近。实际上,这种情况就是由于镧系收缩造成的。本来这些同族而不同周期元素原子的价电子层结构就彼此相似,加上因镧系收缩导致它们的半径近于相同,结果使这些同族而不同周期元素的化学性质非常相似,以致这些元素常形成类似的化合物,而且其化合物在自然界往往同时出现,性质也很相似,很难用一般的化学方法将它们彼此分开。

2) 电离能

当处于基态的气态原子失去一个电子变成气态一价正离子时,把该变化过程所需的最小能量称为该原子的**第一电离能**(first ionization energy),并把它用 I_1 表示。此过程可表示为

$$A(g) - e^- \longrightarrow A^+(g)$$

同理,当气态一价正离子再失去一个电子变成气态二价正离子时,此过程所需要的最小能量就是该原子的**第二电离能**,并将它用 I_2 表示,以此类推。原子的电离能与多种因素有关。结合图7.16 可以看出:

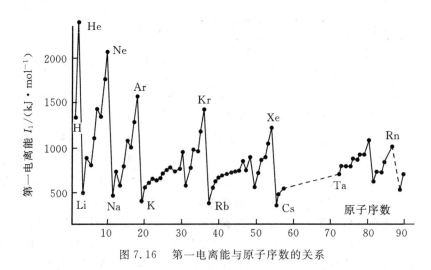

图 7.16   第一电离能与原子序数的关系

第一,在同一周期,原子序数越大即核电荷数越多,第一电离能就越大。因为同周期元素的原子核外电子层数相同,随着核电荷数的增多,最外层电子感受到的有效核电荷数逐渐增多,

而且原子半径逐渐减小，所以电离能会逐渐增大。如从 Li 到 Ne、从 Na 到 Ar、从 K 到 Kr……都是这样，参见图 7.6。

第二，同族元素从上到下，原子的价层电子结构大多都是相同的（主族元素尤其是这样），但它们的电子层数逐渐增多，其价层电子离原子核越来越远，价层电子受原子核的引力越来越弱。所以，同族元素从上到下，其第一电离能逐渐减小。其实，同族各元素原子的第二电离能、第三电离能……也从上到下逐渐减小。在图 7.16 中可以看出，这种电离能变化趋势对于主族元素都是很明显的。

第三，从图 7.16 看，虽然第一电离能在同一周期从左到右逐渐增大的趋势很明显，但其中也有波动。究其原因，这与洪特规则的补充内容即全充满、半充满以及全空时能量较低、较稳定有关。根据前边叙述的同一周期从左到右电离能变化的大趋势，铍的第一电离能本应小于硼的第一电离能，但由于铍的价电子层结构为 $2s^2 2p^0$，其中的 2s 轨道为全充满，2p 轨道为全空，这种结构较稳定。与此形成鲜明对照，硼失去一个电子后其价层电子结构才会变为 $2s^2 2p^0$。所以铍原子失去电子的难度较大，而原子硼失去一个电子较容易。故实际上硼的第一电离能小于铍的第一电离能。同理，氧的第一电离能不是高于氮的第一电离能，而是低于氮的第一电离能。类似的例子还有许多，此处不再一一列举。

通常，电离能越小的元素越容易失去电子变成正离子，其金属性越强，反之则反。

3）电子亲和能

我们把气态原子获得一个电子形成气态一价负离子时放出的能量称为该原子的**第一电子亲和能**（first electron affinity），并把它用 A_1 表示。此过程可用反应式表示如下：

$$A(g) + e^- \longrightarrow A^-(g)$$

同理，我们把气态一价负离子得到一个电子变成气态二价负离子时放出的能量称为该原子的**第二电子亲和能**，并把它用 A_2 表示，以此类推。

电子亲和能的大小反映了得电子的难易程度。原子的电子亲和能越大越容易得到电子变成负离子，其非金属性越强，反之则反。图 7.17 展示了部分元素的第一电子亲和能。从图 7.17 可见，非金属元素的第一电子亲和能一般都大于零，即得电子时一般都放出能量，结果使系统变得更稳定；而金属元素的第一电子亲和能一般都小于零，即得电子时常需要吸收能量，结果使系统变得不稳定，故通常没有带负电的金属离子。

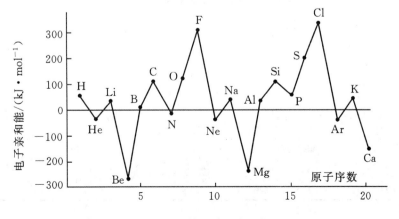

图 7.17　第一电子亲和能

电子亲和能的大小既与核电荷的吸引力(即核电荷数)有关,也与核外电子彼此间的互斥力有关。虽然原则上电子亲和能会随原子半径的减小而增大,但对同一周期或同一族元素而言,均缺乏明显的单调变化规律。

4) 电负性

上面讨论过的电离能和电子亲和能都是把孤立的气态原子作为考察对象,分别衡量这些孤立的气态原子(与其他原子彼此之间无相互作用)失电子和得电子的难易程度。其中都没有考虑不同物质(如固态单质)中彼此成键的原子之间的键合作用,所以单凭电离能或电子亲和能来描述不同元素的金属性和非金属性是不全面的。另一方面,在所有的化学键中,非极性的同核原子之间的化学键只占很少一部分,绝大多数是带有极性的异核之间的化学键。在异核之间的化学键中,不同原子对于成键电子对的吸引力不同,从而导致共价键与离子键之间的过渡,并引起不同物质的一系列物理化学性质的变化。正因为这样,才有必要引入电负性的概念。

电负性(electronegativity)是指元素的原子在分子中吸引电子的能力,常用希腊字母 χ(读音"西")表示。当 A、B 两种原子键合成分子 A—B 时,若 A 的电负性较大,则成键电子对会更靠近于 A 原子,即 A 原子带负电而 B 原子带正电;若 B 的电负性较大,则成键电子对会更靠近于 B 原子,即 B 原子带负电而 A 原子带正电。我们把成键电子对不偏不倚处于中间位置的化学键称为**非极性共价键**,把成键电子对有偏倚的化学键称为**极性共价键**。成键电子对的偏倚程度有大有小,故共价键的极性有强有弱。随着化学键极性的逐渐增强,化学键也会逐步由共价键过渡到离子键。

元素电负性的标度和计算方法有多种。鲍林于 1932 年指定元素 F 的电负性为 4.0,以此为参考并根据热力学数据和键能计算出了一套电负性参数,见表 7-4。除了鲍林的电负性参数外,常见的还有穆里肯电负性参数。虽然不同电负性参数的参考依据和计算方法不同,同种元素的电负性数值各异,但不同元素的电负性变化规律都大致相同,即同周期元素从左到右电负性逐渐增大,同主族元素从上到下电负性逐渐减小。这说明同周期元素从左到右非金属性逐渐增强,而金属性逐渐减弱;同主族元素从上到下非金属性逐渐减弱,而金属性逐渐增强。过渡元素的电负性变化规律不明显,它们都是金属,但金属性都明显比ⅠA 和ⅡA 元素差。根据表7-4 中的数据,大多数金属的电负性一般都在 2.0 以下,非金属元素的电负性一般都在 2.0 以上。对于成键原子对而言,由于电负性差别越大化学键的极性越强,又因为化学键的极性足够强时共价

表 7-4 元素的电负性(鲍林电负性)

H 2.1																	
Li 1.0	Be 1.5												B 2.0	C 2.5	N 3.0	O 3.5	F 4.0
Na 0.9	Mg 1.2												Al 1.5	Si 1.8	P 2.1	S 2.5	Cl 3.0
K 0.8	Ca 1.0	Sc 1.3	Ti 1.5	V 1.6	Cr 1.6	Mn 1.5	Fe 1.8	Co 1.9	Ni 1.9	Cu 1.9	Zn 1.6	Ga 1.6	Ge 1.8	As 2.0	Se 2.4	Br 2.8
Rb 0.8	Sr 1.0	Y 1.2	Zr 1.4	Nb 1.6	Mo 1.8	Tc 1.9	Ru 2.2	Rh 2.2	Pd 2.2	Ag 1.9	Cd 1.7	In 1.7	Sn 1.8	Sb 1.9	Te 2.1	I 2.5
Cs 0.7	Ba 0.9	La-Lu 1.0-1.2	Hf 1.3	Ta 1.5	W 1.7	Re 1.9	Os 2.2	Ir 2.2	Pt 2.2	Au 2.4	Hg 1.9	Tl 1.8	Pb 1.9	Bi 1.9	Po 2.0	At 2.2
Fr 0.7	Ra 0.9																

键就演变成了离子键,所以人们常把 $\Delta\chi = 1.7$ 作为划分共价键和离子键的参考依据,即通常把成键原子对的电负性差异 $\Delta\chi > 1.7$ 的化学键视为离子键,而把 $\Delta\chi < 1.7$ 的化学键视为共价键。

5)氧化数

氧化数与化合价彼此之间有联系也有区别。在具体讨论不同元素的氧化数变化规律之前,有必要首先把这两个基本概念搞清楚。

化合价亦称为**原子价**。它表示一种元素的原子在其所处的化合物中的成键能力,其值与分子结构有关。除了单原子分子外,所有单质和化合物中各原子的化合价均为大于零的正整数。化合价本没有正负之分,但许多人习惯于用正数表示电负性较小的原子的化合价,而用负数表示电负性较大的原子的化合价。原因是共用的成键电子对与电负性较小的原子较疏远,使它显正电性;共用的成键电子对与电负性较大的原子较亲近,使它显负电性。

在离子化合物中,一种元素的化合价等于该元素对应的离子所带的电荷数。对于离子型化合物,也常把各元素的化合价叫做电价。如在氯化钠中,钠原子的化合价是 $+1$,氯原子的化合价是 -1。在共价化合物中,一种元素的化合价等于该元素的原子形成共价键的数目,也等于其原子形成共价键时所共用的电子对数目。对于共价化合物,也把其中各元素的化合价叫做共价。例如,在 CO_2 分子中,C 的化合价是 4,O 的化合价是 2。但由于 O 原子的电负性比 C 原子的大,成键电子对靠近 O 原子一方,故在 CO_2 分子中把 C 看做 $+4$ 价,把 O 看做 -2 价。

氧化数也叫做**氧化值**,它表示一种原子在化合物中所带的形式电荷数,氧化数有正有负,而且其值可以是整数也可以是分数。可以用氧化数表示在单质或化合物中不同原子的氧化还原状态,并借此讨论分析和配平氧化还原反应。在离子化合物中,各原子的氧化数等于它所带的电荷数。所以在离子化合物中,氧化数和化合价常常可以混用。在共价化合物中,确定氧化数的规则如下:

(1)单质中原子的氧化数均为零。

(2)除 NaH 等金属氢化物外,一般化合物中氢原子的氧化数都是 $+1$;

(3)除 OF_2、过氧化物等以外,一般化合物中氧原子的氧化数都是 -2;

(4)化合物中各原子的氧化数的代数和为零。

根据上面的叙述,以同核双原子分子 N_2、O_2 和 F_2 为例,其中 N、O 和 F 的化合价分别是 3、2 和 1,但其中各元素的氧化数均为零。又如在 H_2O_2 中,O 元素的化合价为 2,但它的氧化数为 -1。又如在 Fe_3O_4 中,有两个铁原子的化合价是 $+3$,另一个铁原子的化合价是 $+2$,但其中所有铁原子的氧化数都是 $+8/3$。

当不同单质彼此形成化合物时,各原子常力图得到或失去电子以使其最外电子层(主层)变为较稳定的 2 电子结构、8 电子结构或 18 电子结构。所以,不同元素的氧化数与其原子的价电子构型密切相关,其值取决于价电子的数目。对于主族元素,其价电子都由最外层的电子组成。所以,主族元素的最高氧化数等于它的价电子数或者族数,其氧化数与其电子构型见表7-5。

表 7-5　主族元素的价电子构型与最高氧化数

族	ⅠA	ⅡA	ⅢA	ⅣA	ⅤA	ⅥA	ⅦA
价电子构型	ns^1	ns^2	ns^2np^1	ns^2np^2	ns^2np^3	ns^2np^4	ns^2np^5
最高氧化值	$+1$	$+2$	$+3$	$+4$	$+5$	$+6$	$+7$

表 7 - 6　副族元素的价电子构型与最高氧化数

族	价电子构型	最高氧化数	族	价电子构型	最高氧化数
ⅢB	$(n-1)d^1 ns^2$	$+3$	ⅦB	$(n-1)d^5 ns^2$	$+7$
ⅣB	$(n-1)d^2 ns^2$	$+4$	ⅧB	$(n-1)d^{6\sim10} ns^{0\sim2}$	$+8$
ⅤB	$(n-1)d^{3\sim4} ns^{1\sim2}$	$+5$	ⅠB	$(n-1)d^{10} ns^1$	$+1$
ⅥB	$(n-1)d^{4\sim5} ns^{1\sim2}$	$+6$	ⅡB	$(n-1)d^{10} ns^2$	$+2$

　　根据多电子原子中的电子填充规则,各原子的最外层电子数都不会超过 8 个。对于 d 区元素而言,其价电子不仅包括最外层的电子,还包括未填满的次外层电子,但这些原子的最外层电子数都是 ns^2、ns^1 或 ns^0。不过,它们的次外层电子常常可借助于适当外加能量的方法被激发到最外层,使其最外层具有 3～8 个电子,所以把 d 区元素也划分为 Ⅰ～Ⅷ类,并分别用 ⅠB～ⅧB 表示,称它们为为副族元素。它们的最高氧化数也从 +1 到 +8 逐渐增大,其值也等于各自所处的族数。副族元素的价电子结构及其最高氧化数见表 7-6。关于 ⅧB 元素,到目前为止只看到了 Ru 和 Os 的最高氧化数为 +8。对于 ⅠB 和 ⅡB 元素,其 $(n-1)d$ 轨道已填满了 10 个电子,它的次外层已填满了 18 个电子,次外层已到达了一种较稳定的结构,故 ⅠB 族和 ⅡB 族元素的最高氧化数分别是 +1 和 +2。不过此处也有例外,如铜的氧化数常常是 +2 而不是 +1,金的最高氧化数是 +3 而不是 +1。

　　有关金属的熔点、硬度、电导率等许多物理性质也都可以从各自的核外电子排布情况或各自在周期表中所处的位置进行分析。原子结构和元素周期律对认识复杂多样的元素性质及了解不同元素之间的相互联系提供了重要的切入点。按照原子的内部结构和元素周期律以及量变到质变的辩证关系,可以大大提高分析问题和解决问题的主观能动性,大大提高科研工作的效率。

7.6　原子光谱[*]

　　量子化是微观粒子运动的基本规律之一。与此同时,对于不同原子中的电子,即使其主量子数 n 和角量子数 l 都相同,它们的能级高低通常也是不一样的,它们的能级间隔通常也彼此各异。能级高低和能级间隔的大小均与各原子的本性有关,其中包括核电荷数、中子数以及核外电子数等。或者说,能级高低和能级间隔的大小是不同物质本性的反映。所以,当不同原子的核外电子在不同能级之间跃迁时,需要吸收或放出的能量是不相同的,其对应的电磁波的波长是不同物质本性的反映。正因为这样,可用原子发射光谱或原子吸收光谱来鉴定分析不同材料或矿物质的组成,这种鉴定分析对许多科研和生产实践具有重要的指导意义。如鉴定分析一种合金材料是由哪几种金属组成的,其中各组分的含量分别是多少。

1. 原子发射光谱

　　首先采取适当的措施使样品气化变成气态原子或离子,并进一步使气态原子或离子中的电子被激发,使其从低能级跳跃到高能级。根据原子核外的电子排布规则,这种激发态是不稳定的,它会自发从激发态又跳回到基态,与此同时会把多余的能量以电磁波(光)的形式释放出来。这种光通常都是复色光,它具有多种不同波长。把这种光经过分光器(如三棱镜或光栅)

分光并投射到感光板上,即得按波长顺序排列的**原子发射光谱**,参见图 7.4。原子发射光谱都是一条条的线状光谱,而不是连续的带状光谱,其波长分别与电子跃迁所涉及的两个状态的能级差相对应。这种情况类似于用 DNA 作亲子鉴定,很具有特征性。最后,用检测器检测原子发射光谱中谱线的波长和强度。待检测结果出来后,通过比较待测样品与标准样品的原子发射光谱的频率特征,即可定性判断待测样品是由哪些元素组成的。进一步通过原子发射光谱的谱线强度分析,还可判断各不同元素的含量。

在原子发射光谱中,**第一共振谱**是指由第一激发态(此处的序数源于激发态能量从低到高的顺序)跳回到基态时发射的光谱线。除了基态以外,由于第一激发态的能量最低,故在所有的激发态原子中通常处于第一激发态的最多。正因为这样,通常第一共振线是众多发射光谱线中强度最大的谱线。在实践中常把第一共振线作为不同元素的定性分析和定量分析的主要依据。

在原子发射光谱中,谱线的强度不仅与激发态原子或离子的浓度有关,而且还受其他多种因素的影响。所以更多的是用原子发射光谱做定性分析,而不是定量分析。即使用原子发射光谱做定量分析,通常也仅限于半定量分析,即分析结果的相对误差较大,其相对误差可高达 5% ～ 20%。

由于原子发射光谱是由彼此独立的特征谱线组成的,彼此没有相互干扰,所以不论样品中含有多少种元素,一般都可以直接进行定性分析和半定量分析。这种分析方法操作简单、快速、不必事先对样品进行浓缩或富集、待测样品的消耗量少(通常只需要几毫克至几十毫克)。对于化学性质相似的稀土元素,一般用化学方法只能测得它们的总量,但是用原子发射光谱分析法可以确定不同稀土元素的含量(半定量)。

2. 原子吸收光谱

原子吸收光谱主要用于不同元素的定量分析,其结果比较准确。可利用特殊光源(分析不同元素需要用不同的光源,如分析铜元素需要用铜灯,分析镍元素需要用镍灯 ……) 辐射出待测元素的特征光波,这种特征光波有许多波长不同的共振线。经分光器可从特征光波中分离出较灵敏的共振线,其波长只有一种。当这种光波通过样品蒸气(已被原子化器分解成气态原子)时会有一部分被蒸气中待测元素的基态原子吸收(即吸光),结果使这种光波的强度减弱。吸光前,待测样品中待测元素的激发态原子非常少,其基态原子的含量近似等于该元素的总含量,故样品中待测元素的含量越高,特征光波被吸收的就越多,透光率(即透光强度)就越小。由透光率的大小便可以确定样品中待测元素的含量。

透光率 T 等于透射光强度 I 与入射光强度 I_0 的比值,其变化范围是 $0 \sim 100\%$。显然待测元素的含量越高,透光率越小。此处定义**吸光度**如下:

$$A = \log \frac{1}{T} \tag{7.11}$$

吸光度也叫做**消光值**。根据朗伯-比耳定律,吸光度与样品中待测组分的浓度 c 成正比,也与特征光波通过样品蒸气的厚度 l 成正比,即

$$A = klc \tag{7.12}$$

在式(7.12)中,比例系数 k 主要与吸光介质的性质以及光的频率有关。在一定条件下 k 为常数,我们把 k 叫做**吸光系数**。在一定条件下做原子吸收光谱实验时,样品池的厚度 l 是确定的。在这种情况下,吸光度 A 就只与样品中待测组分的浓度 c 有关。在同样条件下,先测定一组浓

度不同的标准样品的吸光度,并画出 $A - c$ 标准工作曲线。然后在相同条件下测定未知样品的吸光度。根据测得的吸光度,并借助 $A - c$ 标准工作曲线即可确定未知样品中待测元素的含量。

思考题 7

7.1 为何测不准原理只在微观粒子世界有所表现?

7.2 什么实验说明光具有粒子性?

7.3 什么实验说明微观粒子具有波动性?

7.4 实物粒子原本都具有波动性,可是我们通常为什么只能观察到宏观物体的粒子性而观察不到它们的波动性?

7.5 什么实验说明电子有两种自旋运动?

7.6 到底原子轨道是什么样子,能否用三维空间曲线来描述?

7.7 原子轨道波函数的平方 $\Psi^2(x, y, z)$ 反映了在 x, y, z 点上的电子云密度。该如何理解电子云密度,它与在原子核外不同区域找到电子的几率有什么关系?

7.8 不同原子轨道的节面数如何确定?

7.9 原子轨道 Ψ 的电子云径向分布情况可以表示为 $D(r) = \Psi^2 \cdot 4\pi r^2$。其中该如何理解 $D(r)$ 的物理意义?

7.10 为什么在靠近原子核处,所有原子轨道的径向分布都趋于零?

7.11 何谓能级分裂?是什么因素导致了能级分裂?

7.12 什么是屏蔽效应?

7.13 什么是钻穿效应?

7.14 对于基态的 He 和 He$^+$,哪个核外电子离原子核更近,为什么?

7.15 多电子原子与氢原子(或类氢离子)的能级有何异同?

7.16 原子核外电子排布的三大原则分别是什么?

7.17 什么是全充满、半充满和全空?

7.18 一种物质到底有没有顺磁性,这与什么因素有关?

7.19 一种元素属于第几周期,这取决于什么?

7.20 为什么同一周期从左到右原子半径逐渐减小?

7.21 周期表中的 s 区、p 区和 d 区原子的电子结构分别有何特点?

7.22 同一周期从左到右,第一电离能一直增大吗?请参阅书中的插图给予解释。

7.23 引入电负性概念有何意义?

7.24 同一周期从左到右、同一族从上到下,电负性是如何变化的?

7.25 什么是原子发射光谱?

7.26 线状光谱和带状光谱有何异同?为什么原子光谱是线状光谱?

7.27 原子发射光谱有何特点,有何实用价值?

7.28 什么是原子吸收光谱?

7.29 原子吸收光谱有何特点,有何实用价值?

习 题 7

7.1 微观粒子运动的不同能级的能量或不同能级的间隔可以用焦耳 J 为单位表示,也可以用电子伏特 eV 为单位表示,还可以用波数表示。光子的波数是指单位长度的振动次数,常用符号 $\tilde{\nu}$ 表示。波数 $\tilde{\nu}$ 与频率 ν 有一一对应的关系,即 $\tilde{\nu} = \nu/c$,其中 c 为光速。所以,有了波数就可以求得频率。由频率可进一步求得光子的能量,即 $\varepsilon = h\nu$。故波数与能量有一一对应的关系。波数的常用单位是 cm^{-1},其 SI 单位应为 m^{-1}。

(1) 1eV 等于多少焦耳?

(2) 与波数 10000 cm^{-1} 相对应的能量等于多少焦耳?

7.2 在 20 ℃ 下,空气中氧分子的平均运动速率为 440.4 $m \cdot s^{-1}$。求 20 ℃ 下空气中氧分子的平均波长。

7.3 原子核外每个电子的运动状态可用 n、l、m 和 m_s 这四个量子数来描述,但这四个量子数取值必须遵守一定规则。请问下列各组量子数是否正确,若不正确请给予纠正。

(1) 3,1,2,$+1/2$;   (2) 3,2,-1,0;

(3) 4,4,-3,$-1/2$;   (4) 0,0,0,$+1/2$。

7.4 请补充下列各组缺少的量子数,使其各成为一组正确的量子数。

(1) $n =$, $l = 3$, $m = -1$, $m_s = -1/2$;

(2) $n = 6$, $l = 1$, $m =$, $m_s = +1/2$;

(3) $n = 6$, $l =$, $m = -3$, $m_s = +1/2$;

(4) $n = 6$, $l = 4$, $m = -1$, $m_s =$ 。

7.5 某原子核外的 2p 电子只有一个,它的四个量子数有多种组合,请把它们全部写出来。

7.6 原子价层有 3 个 2p 电子。根据核外电子排布规则,写出这三个电子的四个量子数。

7.7 根据电子排布规则,下列原子的电子排布式是否正确,为什么?如果不正确,请写出正确的电子排布式。

(1) 硼 $1s^2 2p_x^1 2p_y^1 2p_z^1$;

(2) 碳 $1s^2 2s^1 2p_x^1 2p_y^1 2p_z^1$;

(3) 氮 $1s^2 2s^2 2p_x^2 2p_y^2$;

(4) 氧 $1s^2 2s^3 2p_x^1 2p_y^1 2p_z^1$。

7.8 写出基态 Cr 原子和 Fe 原子的核外电子排布式。

7.9 对于第四电子主层(即 N 层):

(1) 该主层共有哪几个亚层,各亚层分别有几个原子轨道?

(2) 该主层最多可容纳多少个电子?

7.10 就第四能级组而言:

(1) 该能级组包括哪些电子亚层?共有多少个原子轨道?

(2) 根据电子排布规则,最后一个电子填充在该能级组的元素共有几个?

(3) 根据电子排布规则,最后一个电子填充在该能级组的元素属于第几周期?

7.11 某基态原子中有 7 个电子处在 $n = 3$、$l = 2$ 的原子轨道。

（1）该元素属于第几周期？

（2）请给出该原子的电子排布式。

（3）该元素属于什么族、什么区？

（4）请给出它的原子序数、元素符号和名称。

7.12 分别按照下列性质，用大于号"$>$"对 Se、Sb 和 Te 进行排序。

（1）金属性；　（2）原子半径；　（3）电负性；　（4）第一电子亲和能。

7.13 根据下面给出的不同原子的电子构型回答问题。

① $1s^2 2s^2 2p^6 3s^2$　　　② $1s^2 2s^2 2p^6$　　　③ $[Ar]4s^1$

④ $[Ar]3d^{10} 4s^2 4p^5$　　　⑤ $[Ne]3s^2 3p^3$

（1）写出这五种元素的元素符号。

（2）第一电离能最小的是什么？

（3）第一电子亲和能最大的是什么？

（4）电负性最大的是什么？

7.14 根据下列各原子的电子构型，确定它们分别属于第几周期、第几族（应区分主族和副族）、原子序数是几，并给出相应的元素名称和元素符号。

电子构型	周期	族	原子序数	元素名称	元素符号
$[Ar]3d^6 4s^2$					
$[Ar]3d^2 4s^2$					
$[Kr]4d^{10} 5s^2 5p^3$					
$[Xe]4f^{14} 5d^{10} 6s^2$					

7.15 根据下表给出的几种原子的价电子构型，推测它们所在的周期和族，写出元素符号，并给出它们的最高氧化数。

价电子构型	周期	族	元素符号	最高氧化数
$4s^2$				
$3d^5 4s^1$				
$5s^2 5p^4$				

7.16 第三周期元素的第一电离能 I_1 见下表。

元素	Na	Mg	Al	Si	P	S	Cl	Ar
$I_1/\text{kJ} \cdot \text{mol}^{-1}$	495.8	737.7	577.5	786.5	1011.8	999.6	1251.2	1520.6

（1）由表中数据可以看出，第一电离能变化的大趋势是随原子序数的增大而增大，请问这是为什么？

（2）其中有两个分别与 Al 和 S 对应的极小点，请解释其中的缘由。

7.17 下表里各基态原子中分别有几个未配对电子？

基态原子	Na	Mg	Al	Si	P	S	Cl	Ar
未配对电子数								

7.18 当氢原子中的电子分别从 $n = 2$ 和 $n = 3$ 的电子主层跳回到基态时：

（1）利用式 $E_n = -13.6 \dfrac{Z^2}{n^2} \text{eV}$ 计算发射光谱的波长？

（2）两者分别属于紫外光、红外光还是可见光？

7.19 同一周期中 A、B、C、D 四种元素的最外层电子数分别为 1、2、3、4。它们的原子实均可用［Kr］表示。其中，A 原子和 B 原子的次外电子层均有 8 个电子，C 原子和 D 原子的次外电子层均有 18 个电子。由此判断 A、B、C、D 分别是什么元素，并写出它们的电子构型。

第8章　化学键与分子结构

化学键的英文单词是 chemical bond。汉字"键"指的是把转轴与齿轮或皮带轮键合(即固定)在一起的零件。键一般都是钢质的四棱柱形,使用时把它安装在待连接的两个机件上预先制成的键槽中。英文 bond 的含义是结合力或粘结剂。所以用化学键或 chemical bond 表示成键原子对之间强烈的结合力是比较形象又比较确切的。化学键是把原子结合成分子或结合成晶体的第一结合力、是构成大千世界的第一结合力。万有引力不属于化学键力。因为相对于化学键力,分子内不同原子之间的万有引力是微不足道的,完全可以忽略不计。

根据化学键力作用形式的差异,可大致把化学键分为离子键、共价键和金属键。这三种键型仅仅是三种典型的极限键型,实际上有更多的化学键介于这些典型的极限状态之间,它们属于过渡键型。通常,过渡键型相对而言更接近于哪种极限键型,就说它是那种键。下面就来分别讨论这几种不同键型以及键型对化合物性质的影响。

8.1　离子键与离子化合物

1. 离子键

活泼的金属原子与活泼的非金属原子所形成的化合物如 NaCl、CsCl、MgO 等,大都是以离子键结合的,是离子型化合物。离子键理论认为:

(1) 当电负性小的金属原子与电负性大的非金属原子相遇时,它们电子构型都有趋于稳定的倾向。如果两个原子的电负性差别较大,以钠原子和氯原子为例,则它们彼此之间就容易发生电子转移即电子得失。

(2) 电负性小的钠原子的电子层结构为 $1s^2 2s^2 2p^6 3s^1$,它易失去最外层的一个 3s 电子而成为带一个正电荷的钠离子 Na^+。Na^+ 的电子结构为 $1s^2 2s^2 2p^6$,它的各电子亚层均为全充满结构,如同稀有气体的电子结构,故比较稳定。电负性大的氯原子的电子结构为 $1s^2 2s^2 2p^6 3s^2 3p^5$,它易获得一个电子而成为带一个负电荷的氯离子 Cl^-。Cl^- 的电子结构为 $1s^2 2s^2 2p^6 3s^2 3p^6$,它的各电子亚层也均为全充满结构,如同稀有气体的电子结构,所以也比较稳定。

(3) Na^+ 和 Cl^- 可借助静电引力而相互靠拢,但与此同时它们的价层电子彼此之间也存在静电互斥作用。所以它们彼此不能无限制地靠近,最终当这两种截然相反的静电相互作用处于平衡状态时,彼此之间的核间距就等于二者的离子半径之和。

这种由于原子间发生电子转移而形成的正、负离子彼此通过静电互吸作用形成的化学键叫**离子键**。由离子键形成的化合物叫**离子型化合物**。例如碱金属和碱土金属(Be 除外)的卤化物都是比较典型的离子型化合物。

离子键的形成条件主要是彼此成键的原子对的电负性差别较大。成键原子对的电负性差别越大,化学键的离子性越强。根据元素周期律,碱金属的电负性较小,卤素的电负性较大,它们彼此化合时形成的化学键都是离子键。不过,近代实验研究表明,即使在电负性最小的铯与电负性最大的氟化合形成的离子型化合物 CsF 中,其化学键的离子性也只有 92% 而非 100%,其共价性占 8%。这就是说,它们彼此之间的化学键力不是纯粹的静电相互作用,也存在着具有共价特征的原子轨道间的相互作用。

进一步的理论分析表明,当两个原子的电负性差值为 1.7 时,其单键中的离子性约占 50%。故通常人们把它作为一个衡量化学键型的重要参数。当两个原子的电负性差大于 1.7 时,就认为二者之间形成的化学键属于离子键;当两个原子的电负性差小于 1.7 时,就认为二者之间形成的化学键属于共价键。

离子键是由正负离子通过静电吸引作用而形成的。以简单离子(由单个原子构成的离子)为例,它们的电荷分布是球形对称的,因此每个离子在空间任何方向且不论远近,都能与带有相反电荷的离子发生静电互吸作用。所以,离子键既没有方向性,也没有饱和性。例如在氯化钠晶体中,虽然每个钠离子周围有六个氯离子,同时每个氯离子周围也有六个钠离子,但这并不意味着它们的静电相互作用达到了饱和,并不意味着离子键有饱和性。原因是离子都是有体积的,而非一个个几何点。所以在密堆积的情况下,每个离子周围的带相反电荷的离子数目肯定是有限的,而不是无限的。这种有限并不代表离子键有饱和性。实际上在氯化钠晶体中,每个离子不仅与周围最靠近它的六个带相反电荷的离子之间存在静电相互作用,它与自身周围所有的(不论方向和远近)带相反电荷的离子之间都有静电相互作用,只是相互作用的大小不完全相同而已。

2. 晶格能

离子键是由原子得失电子后形成的,是正负离子之间通过静电互吸作用而形成的。此处可以近似将正、负离子的电荷分布视为球形对称的点电荷。根据库仑定律,两个带相反电荷(q^+ 和 q^-)的离子之间的静电引力 f 与各离子所带电荷的乘积成正比,与它们彼此的核间距 r 的平方成反比,即

$$f = k\frac{q^+ q^-}{r^2}$$

由此可见,各离子所带的电荷数越多、正负离子的核间距越小,它们彼此间的静电引力即离子键就越强。离子键的强弱可用晶格能表示。**晶格能**是指在一定温度和标准状态下破坏 1 mol 晶体,使其变成气态正离子和气态负离子时所需要的能量,也就是在一定温度和标准状态下,由气态正离子和气态负离子结合成 1 mol 晶体时所放出的能量。常把晶格能用 U 表示。通常晶格能越大离子键越强,结果晶体也就越稳定,晶体的熔沸点也就越高,晶体的硬

图 8.1 伯恩-哈勃循环

度也就越大。以氯化钠晶体为例,可借助伯恩-哈勃循环求算离子型化合物的晶格能,参见图 8.1。由于状态函数的改变量只与始终态有关而与路线无关,所以

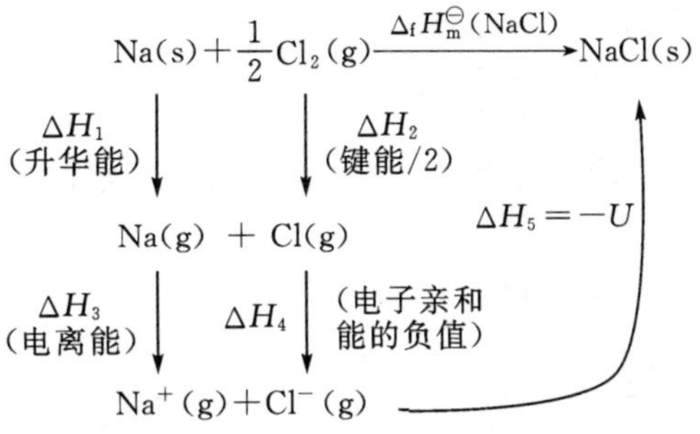

$$\Delta H_1 + \Delta H_2 + \Delta H_3 + \Delta H_4 - U = \Delta_f H_m^\ominus(NaCl,s)$$

所以

$$U = \Delta H_1 + \Delta H_2 + \Delta H_3 + \Delta H_4 - \Delta_f H_m^\ominus(NaCl,s)$$

表 8-1 给出了部分离子晶体的物性与它们的晶格能。从表中的数据可以看出:正负离子的核间距越短,晶格能越大;正负离子带电荷数越多,晶格能越大;晶格能越大,晶体的熔点越高;

晶格能越大,晶体的硬度越大。这就是说,晶格能与物性的确是密切相关的。

表 8-1 晶格能与物性

晶体	NaF	NaCl	NaBr	NaI	MgO	CaO	SrO	BaO
核间距 /pm	231	279	294	318	210	240	257	277
晶格能 /(kJ·mol^{-1})	933	770	732	636	3916	3477	3205	3042
熔点 /K	1261	1074	1013	935	3073	2843	2703	2196
硬度(金刚石硬度为10)	3.2	2.5	<2.5	<2.5	6.5	4.5	3.5	3.3

1. 离子电荷

离子电荷就是每个离子所带的电荷数,它等于一个原子失去或得到电子的数目。联想到第一电离能、第二电离能等,它们是电离过程所需要的能量,其值越来越大,即失去电子越来越困难。第一电子亲和能、第二电子亲和能等,它们是得电子过程所放出的能量,其值越来越小,即得电子越来越困难。简单正离子的电荷数通常不大于+4,简单负离子的电荷数通常不小于-3[①]。

2. 离子半径

利用 X 射线衍射法可以测得离子晶体中正负离子之间的平均距离,其值等于正负离子的半径之和。同一个原子不论失去电子还是得到电子,其核电荷数不变。由于原子核外不同电子之间存在不同程度的屏蔽作用,故同一个原子失去的电子越多,其剩余电子感受到的屏蔽作用越小,其剩余电子感受到的有效核电荷数越多,受核的吸引力越大,其半径越小。同一个原子得电子数越多,则其核外电子感受到的屏蔽作用越大,其核外电子感受到的有效核电荷数越少,受核的吸引力越小,其半径越大。在价电子层结构和离子电荷数相同的情况下,电子(主)层数越多,离子半径越大。一些常见离子的离子半径参见表 8-2。

表 8-2 部分简单离子的离子半径(pm)

Li+ 78	Be2+ 34											Al3+ 57		N3- 171	O2- 140	F- 133
Na+ 98	Mg2+ 78											Ga3+ 62			S2- 184	Cl- 181
K+ 133	Ca2+ 106	Sc3+ 83	Ti3+ 68	V5+ 59	Cr3+ 64	Mn2+ 91	Fe2+ 82	Co2+ 82	Ni2+ 78	Cu2+ 72	Zn2+ 83	In3+ 92	Sn3+ 74		Se2- 198	Br- 195
Rb+ 148	Sr2+ 127								Ag+ 113	Cd2+ 103		Tl3+ 105	Pb4+ 84	Sb5+ 62	Te2- 211	I- 220
Cs+ 165	Ba2+ 143								Au+ 137	Hg2+ 112						

此外,离子键的强弱也与离子的价电子构型、极化能力和极化率有关。有关这方面的具体内容,将在下面的离子极化部分给予讨论。

3. 离子型化合物的特性

由于离子键没有方向性和饱和性,而且离子键较强,故离子化合物中没有单个分子可言,一个个离子晶体颗粒就如同一个个大分子。离子化合物的显著特点是:大都具有较高的熔点和

---

① 确切地讲,离子所带的电荷数是指带正电荷的数目。一个离子所带的电荷数越多,其周围的电势就越高。

沸点、较大的硬度、挥发性低、较脆，其熔融状态或水溶液都能导电，但是其固体一般都不导电。离子晶体大多数易溶解于水，但彼此在水中的溶解度差别较大。

4. 离子极化

以简单离子为例，离子的电子云分布本应该是球对称的，但是在周围反号离子电场的作用下，其电子云会发生变形。变形的结果不再是球形对称的。这种现象就叫做**离子极化**。

原本当电负性差别较大的原子相遇时，电负性小的原子失去电子变成正离子，电负性大的原子得到电子变成负离子。正离子和负离子都是球对称的，即二者的正负电荷中心都是重合的。然后正离子和负离子借助静电引力以离子键的形式形成离子化合物。可是离子极化的结果是：正离子借静电引力试图吸引负离子核外的电子而排斥其原子核，使负离子的正负电荷中心不再重合，使负离子的核外电子云不再呈现球对称结构。在正离子吸引并靠近负离子的同时，正离子核外的电子云会受到负离子的排斥作用，结果也使得正离子的正负电荷中心分离，不再呈现球对称结构。这如同正离子并未完全失去电子，负离子并未完全得到电子，从而使化学键的离子性减弱，使共价性增强，使键长缩短，使晶体中各离子的配位数也因此而发生变化（一般都减少）。在极端情况下，离子键就变成了共价键，如图 8.2 所示。

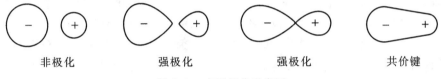

非极化　　　　　强极化　　　　　强极化　　　　　共价键

图 8.2　离子极化示意图

离子极化是相互的，极化程度与正离子和负离子都有关系。极化程度取决于正离子和负离子的极化能力以及它们的极化率。**极化能力**是指一种离子使带相反电荷离子的电子云发生极化即发生变形的能力，它描述的是一种离子极化其他离子的能力。极化能力反映的是一种主动行为。**极化率**是指一种离子的核外电子云在带相反电荷离子的作用下的变形性大小，它描述的是一种离子被极化的难易程度。极化率反映的是一种被动行为。由于正离子带正电荷且半径小，故正离子的电场强度都较大、极化能力都较强，但是其极化率普遍较小。正离子带电荷数越多，它的极化能力就越强，与此同时它的极化率就越小。由于负离子带负电且半径都较大，故负离子核外的电场强度一般都较小，其极化能力都较小，但是负离子核外电子云的变形性即极化率都较大。负离子带电荷数越多，它的极化率越大。由离子极化引起的键型变化会显著影响化合物的性质，参见表 8-3。其中，键型的变化与离子极化有关，溶解度与键型有关，分解温度与化合物中化学键力的大小有关。

表 8-3　离子极化对物性的影响

	AgF	AgCl	AgBr	AgI
键型	离子键	过渡型键	过渡型键	共价键
颜色	白色	白色	浅黄色	黄色
溶解度 /(mol · L^{-1})	14	1.3×10^{-5}	7.1×10^{-7}	9.2×10^{-9}
分解温度 /℃	很高	较高	700	552

一般情况下，由正离子电场引起的负离子极化是矛盾的主要方面。只有当正离子最外层有 18 电子时（如 Ag^+、Cu^+ 等），正离子的极化率才比较大。如在 AgI 晶体中，正负离子间的相互极化都很突出，两种离子的电子云都会发生显著变化，使其离子键变成了共价键，从而缩短了正

负离子的核间距。如在 AgI 晶体中，Ag^+ 和 I^- 的核间距按离子半径之和应为 342 pm，而实测核间距为 299 pm，键长缩短了 43 pm。

在不同正离子的电荷数相同而半径相近的情况下，其极化率主要取决于离子的价电子构型。**离子的价电子构型**是指离子最外层（主层）的电子构型。离子的最外层电子离核最远，受原子核的吸引力最弱，故受极化时变形性最大。所以，价电子构型对离子极化率的影响是很显著的。离子的价电子构型主要有以下几种：

2 电子型	如 Li^+、Be^{2+}	$1s^2$
8 电子型	如 Na^+、Mg^{2+}	$2s^2 2p^6$
18 电子型	如 Zn^{2+}、Cu^+	$3s^2 3p^6 3d^{10}$
	又如 Sn^{4+}、Ag^+	$4s^2 4p^6 4d^{10}$
18＋2 电子型	如 Sn^{2+}	$4s^2 4p^6 4d^{10} 5s^2$
不规则电子型	如 Fe^{3+}	$3s^2 3p^6 3d^5$

通常离子的极化率与其价电子构型的关系如下：

$$8 电子构型 < 不规则构型(9 \sim 17) < 18 及 18＋2 电子构型$$

之所以这样，原因在于极化率是核外电子云（主要是价层）变形性的量度。离子的最高能级组中包含的电子数越多，它的变形性即极化率就越大。例如，Cu^+ 的半径为 96 pm，Na^+ 的半径为 95 pm。两者的半径相近，电荷数相同。可是，CuCl 不溶于水，并且受热易分解；而 NaCl 易溶于水，并且即使加热使其气化它都不分解。原因在于 Na^+ 是 8 电子构型，其极化率小，NaCl 是典型的离子化合物。而 Cu^+ 是 18 电子构型，其极化率大，CuCl 中的离子极化较强，其化学键中的共价成分较多。

正负离子之间的极化是相互的。如果正离子的极化率大，其极化能力也会因此而增强。所以，当不同正离子的电荷数相同且离子半径相近时，其极化能力主要取决于它的价电子构型。这时，正离子的极化能力与价电子构型的关系类似于极化率与价电子构型的关系即

$$8 电子构型 < 不规则构型(9 \sim 17) < 18 及 18＋2 电子构型$$

8.2 共价键与共价化合物

1. 共价键的形成与特性

与离子键不同，**共价键**是靠彼此成键的带正电的原子核共享一些带负电的电子而形成的，常把被共享的电子叫做共用电子。以共价键结合的是原子而不是离子，因为它们并没有得到或失去电子。共价键的形成即共用电子的介入，常常会使成键原子双方的电子层结构都达到饱和，使它们的价电子层均达到全充满，使整个系统的稳定性因形成共价键而大大增加。

与离子键不同，共价键有一定的键长、键角、方向性和饱和性。如氢氧化合可形成 H_2O 而不能形成 HO、H_3O……。在 H_2O 分子中，O—H 键的键长是 98 pm，键角 $\angle HOH$ 为 $104°45'$。由于共价键有一定的饱和性，故借助共价键结合得到的**共价化合物**是由一个个分子组成的，而非一颗颗晶粒那样的"大分子"。

共价化合物是由共价键结合而成的，其性质与共价键的作用方式密切相关。要充分认识和掌握共价化合物的特性，就有必要了解与共价键相关的基本理论。有关共价键的基本理论主要有三种，即价键理论、杂化轨道理论和分子轨道理论。下面将分别对其作以简单介绍。

2. 价键理论

1）价键理论的要点

价键理论亦称为 VB **理论**（valence bonding theory），其要点如下：

（1）本来每个原子轨道可容纳两个自旋方向相反的电子，但实际上每个轨道中未必有两个自旋相反的配对电子。当具有未配对电子的原子相互靠近时，它们的未配对电子所在的原子轨道可以彼此重叠。原本未配对的电子可以彼此自旋相反并成对地出现在原子轨道的重叠区域，从而把彼此靠近的两个带正电的原子核紧紧地笼络在一起。这样的电子对被彼此靠近的两个原子共享，并且被称为**成键电子对**。

（2）已与其他电子自旋相反配对的电子，不论它是否参与了成键，它都不能再与其他未配对电子（可形象地称其为第三者）配对或配对成键。又因不同原子的未配对电子数有限，故共价键有一定的饱和性。

（3）参与成键的原子轨道重叠得越多，在彼此成键的原子之间电子出现的几率就越大，由此形成的共价键就越牢固。在成键原子对彼此靠近的过程中，虽然成键电子对对它们的引力会逐渐增大，但是带正电的原子核之间的斥力也会逐渐增大，两个原子核外的其他电子彼此之间的斥力也会逐渐增大，故随两者核间距的变化有一个能量最低点。另一方面，在核间距一定的条件下，彼此靠近的方向不同，原子轨道重叠程度就不一样。以水分子为例，氧原子价层有两个分占不同 2p 轨道（假设是 $2p_x$ 和 $2p_y$）的未配对电子。在氧原子和氢原子核间距一定的情况下，为了保证

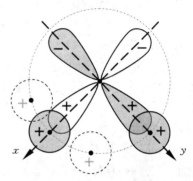

图 8.3　水分子的成键情况

氧原子的 $2p_x$ 轨道和 $2p_y$ 轨道与两个氢原子的 1s 轨道最大限度地重叠，必然对重叠方向有一定要求，即共价键有方向性，参见图 8.3。

2）共价键的分类

我们把成键原子核之间的连线叫做**键轴**。根据价键理论要点，共价键有方向性，在一定条件下原子轨道应满足最大限度重叠。正因为这样，常见的原子轨道重叠方式有两种，常见的共价键有 σ 键和 π 键之分别[①]。一种是相对于键轴而言，原子轨道重叠前后都是轴对称的，或者说不同原子的原子轨道是以头碰头方式重叠的，参见图 8.4 左侧的轨道重叠方式。我们把以这种方式形成的共价键称为 σ **键**。图 8.4 左侧的 σ_{s-s}、σ_{s-p} 和 σ_{p-p} 分别代表由两个 s 轨道头碰头形成的 σ 键即 σ_{s-s}、由一个 s 轨道和一个 p 轨道头碰头形成的 σ 键即 σ_{s-p}、以及由两个 p 轨道头碰头形成的 σ 键即 σ_{p-p}。另一种重叠方式是原子轨道重叠前后都有一个包含键轴的反对称面，或者说不同原子的原子轨道是以肩并肩方式重叠的。我们把以这种方式形成的共价键称为 π **键**。图 8.4 右侧的 π_{p-p} 就代表由两个 p 轨道肩并肩重叠形成的 π 键。

根据不同原子轨道的形状或电子云分布情况可以看出，在两个成键原子的核间距一定的情况下，σ 键中的轨道重叠情况明显比 π 键充分。所以，通常 σ 键比较稳定（牢固），而 π 键的稳定性较差（活泼），在许多化学反应中 π 键容易被打开，如许多不饱和烃都容易发生加成反应。

---

① 实际上，共价键除了 σ 键和 π 键以外，还有 δ 键。若有必要了解，可参阅结构化学书籍。

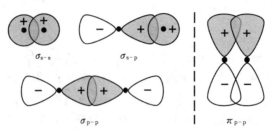

图 8.4 σ键和 π键的形成

3. 杂化轨道理论

价键理论虽然简单明了,能说明共价键的饱和性和方向性,但是也有许多问题不能用价键理论说明。例如,根据价键理论,水分子中的键角应为 90°,但实验测得水分子的键角为 104°45′。又如基态碳原子的电子结构为[He]$2s^2 2p^2$,其中只在 2p 轨道有两个未配对电子。根据价键理论,碳与氢化合时只会形成两个 C—H 键且其键角为 90°。可是实际上,碳氢化合可以得到 CH_4,其键角为 109°28′。凡此种种,这说明价键理论还存在诸多缺陷。

针对价键理论的上述缺陷,鲍林于 1931 年在**电子配对理论**[①]的基础上提出了**杂化轨道理论**。该理论认为:不同原子在成键过程中由于相互影响,并且都有趋于稳定、趋于形成牢固化学键的倾向,结果可能导致同一个原子中类型不同但能量相近的原子轨道"混合"并重组出一套数目不变但成键能力更强的原子轨道。原子轨道如此混合重组的过程叫做**原子轨道杂化**,经过杂化新得到的原子轨道叫做**杂化轨道**。为加深对杂化轨道理论的理解并了解几种不同的杂化轨道类型,下面将用杂化轨道理论来说明几个特定化合物的结构。

1)甲烷的分子结构 ——sp^3 杂化

基态碳原子的电子结构为[He]$2s^2 2p^2$,其中共有四个价电子,但是这四个价电子中只有 2p 轨道中的两个电子是未配对的。由于碳原子价层的一个 2s 轨道和三个 2p 轨道能量相近,在化学反应中这四个轨道可以杂化并形成四个杂化轨道。由于这四个杂化轨道是由一个 s 轨道和三个 p 轨道形成的,故称这种杂化为 sp^3 **杂化**,称这四个杂化轨道为 sp^3 杂化轨道。在与其他原子成键之前,这四个杂化轨道是等性的,即其形状和能量均相同,只是伸展方向各异。它们分别指向正四面体的四个顶点,如图 8.5(a)所示,原子核处在正四面体的中心位置。图 8.5(b)表示每一个 sp^3 杂化轨道的形状和分布情况。

由图 8.5 可以看出,与 p 轨道相比,原子轨道杂化的结果会使电子云较集中地分布在原子核的某一侧。这样就会使下一步成键时的轨道重叠程度显著增大,会使形成的化学键更牢固更稳定。在甲烷分子中,碳原子经过轨道杂化后,根据电子填充规则,它的四个价电子会自旋平行分占四个不同的 sp^3 杂化轨道。即此时碳原子中有四个未配对电子。接下来根据价键理论,一个碳原子可以与四个氢原子化合生成 CH_4,其中包含四个 C—H 键。这四个 C—H 键均为 σ键。由于四个 C—H 键是等价的,所以 CH_4 分子的几何构型不仅是四面体,而且是正四面体,参见图 8.5(c)。除了甲烷分子外,还有 SiH_4、NH_4^+ 等,它们的中心原子均采取 sp^3 杂化,它们的几何构型也都是正四面体。

---

① 电子配对理论是价键理论的先驱和核心内容。该理论认为:含有未配对电子的原子可彼此化合组成分子,其中的化学键是由各自的未配对电子彼此配对(被称为成键电子对)构成的。如 Cl∶Cl、O∷O、N⋮⋮N、H∶O∶H 等。

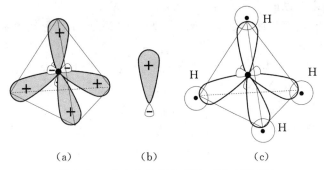

图 8.5 sp³ 杂化轨道和 CH₄ 的几何构型

2）三氟化硼的分子结构 ——sp² 杂化

基态硼原子的电子结构为 $[He]2s^2 2p^1$，其中共有三个价电子，但只有一个 2p 电子是未配对的。由于其价层的 2s 轨道和 2p 轨道能量相近，在化学反应中一个 2s 轨道和两个 2p 轨道可以杂化并形成三个杂化轨道。由于这三个杂化轨道是由一个 s 轨道和两个 p 轨道形成的，故称这种杂化为 sp² **杂化**，称杂化后得到的这三个杂化轨道为 sp² 杂化轨道。在与其他原子成键之前，这三个 sp² 杂化轨道是等性的。它们分别指向等边三角形的三个顶点，如图 8.6(a) 所示。硼原子中剩余的未参与杂化的 p 轨道与该等边三角形平面垂直。硼原子核处在等边三角形的中心位置。图 8.6(b) 表示每一个 sp² 杂化轨道的形状和分布情况。

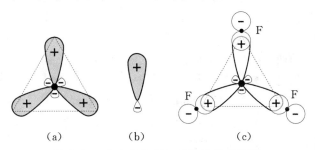

图 8.6 sp² 杂化轨道与 BF₃ 的几何构型

在三氟化硼分子中，硼原子经过轨道杂化后，它的三个价电子会自旋平行分占这三个 sp² 杂化轨道。此时硼原子中有三个未配对电子。接下来根据价键理论，一个硼原子会与三个氟原子化合生成 BF₃，其中包含三个 B—F 键（均为 σ 键）。它们都是硼原子的 sp² 杂化轨道与氟原子的 2p 轨道头碰头重叠形成的。由于三个 B—F 键是等价的，所以 BF₃ 分子的几何构型是等边三角形，参见图 8.6(c)。

又如乙烯分子，它的两个碳原子也都采取 sp² 杂化。并且各拿出一个 sp² 杂化轨道彼此头碰头重叠形成一个碳-碳 σ 键，它们的剩余 sp² 杂化轨道各与一个氢原子的 1s 轨道重叠形成一个碳-氢 σ 键。乙烯分子中两个碳原子的未参与杂化的 2p 轨道都与三个 sp² 杂化轨道垂直，而且彼此平行，可以彼此肩并肩重叠形成 π 键。原本不形成 π 键时，两个次甲基 —CH₂ 可以绕彼此之间借 sp² 杂化轨道形成的碳-碳 σ 键灵活转动，但 π 键的形成限制了这种转动。因为转动会破坏 π 键，会使系统的能量大大升高。所以乙烯分子是平面型的，如图 8.7

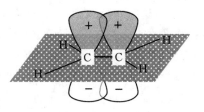

图 8.7 乙烯分子结构

所示。苯分子中的碳原子也都采取了 sp^2 杂化,苯分子也是平面型分子。其中每个碳原子中的那个未参与杂化的 2p 轨道彼此都是平行的,可以彼此肩并肩重叠形成大 π 键。

3)二氯化铍的分子结构 ——sp 杂化

基态铍原子的电子结构为 $[He]2s^2$,共有两个价电子,但其中没有未配对的电子。由于它价层的 2s 轨道和 2p 轨道能量相近,在化学反应中它的一个 2s 轨道和一个 2p 轨道可以杂化并形成两个 sp 杂化轨道。由于这两个杂化轨道是由一个 s 轨道和一个 p 轨道形成的,故称这种杂化为 sp **杂化**,称杂化后得到的这两个杂化轨道为 sp 杂化轨道。在与其他原子成键之前,这两个杂化轨道是等性的,彼此间的夹角为 $180°$,如图 8.8(a)所示。图 8.8(b)表示每一个 sp 杂化轨道的形状和分布情况。

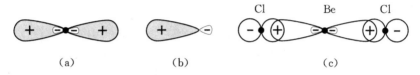

图 8.8 sp 杂化轨道和 $BeCl_2$ 的几何构型

在二氯化铍分子中,铍原子经过轨道杂化后,它的两个价电子会自旋平行分占这两个不同的 sp 杂化轨道。即此时铍原子中有两个未配对电子。接下来根据价键理论,一个铍原子会与两个氯原子化合生成 $BeCl_2$,其中包含的两个铍-氯 σ 键都是铍原子的 sp 杂化轨道与氯原子的 3p 轨道头碰头重叠形成的。由于其中的两个铍-氯 σ 键是等价的,所以 $BeCl_2$ 分子的几何构型是线形的,参见图 8.8(c)。

又如乙炔分子,它的两个碳原子采取的也都是 sp 杂化。两个碳原子各拿出一个 sp 杂化轨道彼此头碰头重叠形成一个碳-碳 σ 键,它们的剩余 sp 杂化轨道各与一个氢原子的 1s 轨道头碰头重叠形成碳-氢 σ 键。乙炔分子中的两个碳原子还各有两个未参与杂化的、彼此相互垂直并垂直于刚形成的碳-碳 σ 键的 2p 轨道。属于不同碳原子的这些 2p 轨道可以两两肩并肩重叠形成两个碳-碳 π 键,而且这两个碳-碳 π 键是相互垂直的。所以,乙炔分子中的四个原子是线型分布的,乙炔分子是一个线形分子,如图 8.9 所示。

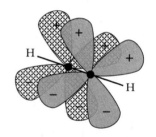

图 8.9 乙炔分子结构

4)CO_2 的分子结构

在 CO_2 分子中,碳原子采用的是 sp 杂化。其成键情况如图 8.10 所示。其中,两个氧原子和碳原子之间的 σ 键是由碳原子的 sp 杂化轨道与氧原子的一个含有未配对电子的 2p 轨道头碰头重叠形成的。这时,每个氧原子都还有两个彼此相互垂直并都垂直于键轴的 2p 轨道,其中一个 2p 轨道中有两个电子,另一个 2p 轨道中只有一个电子。

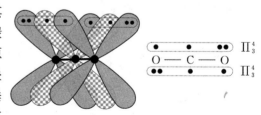

图 8.10 CO_2 分子结构

这两个 2p 轨道分别与碳原子的两个未参与杂化的、彼此相互垂直并且都垂直于键轴的、含未配对电子的 2p 轨道相互平行。所以,在 O—C—O 体系中有两个由 2p-2p-2p 三个轨道肩并肩重叠形成的大 π 键。这两个大 π 键是相互垂直的,所得到 CO_2 分子中的 O、C、O 三个原子是线型分布的,即 CO_2 分子是线形分子。每个大 π 键涉及 O—C—O 三个原子,涉及四个电子,故称它们为三中心四电子 π 键,并将其记为 $\prod_3^4$。

涉及两个以上中心的 π 键就是大 π 键。大 π 键都是离域的,即成键的 π 电子不像普通的定域 π 键电子或定域 σ 键电子那样只在两个原子之间运动,而是在多个原子之间运动。离域 π 键比定域 π 键稳定。丁二烯-1,3(C═C—C═C)中有一个四中心四电子大 π 键即 $\prod_4^4$,苯分子(⬡)中有一个六中心六电子大 π 键即 $\prod_6^6$,萘分子(⬡⬡)中有一个十中心十电子大 π 键即 $\prod_{10}^{10}$。

以上介绍了 s 轨道和 p 轨道之间的所有可能的几种杂化形式,实际上 d 轨道也有可能参与轨道杂化,但这种情况稍复杂一些,其相关内容将在配合物的化学键理论部分给予介绍。杂化轨道一般都参加成键或填充**孤对电子**(孤对电子就是不参与成键的电子对),而不存在空的杂化轨道,但杂化轨道参与成键时只能形成 σ 键而不能形成 π 键。在多重键中,除了 σ 键以外,其余的化学键都不是由杂化轨道形成的。

4. 分子轨道理论

虽然价键理论简单易懂,用它可以说明共价键的方向性和饱和性,可以说明许多分子的几何构型,并且在此基础上可进一步说明各种物质的许多宏观性质,如相似相容规则、熔沸点的高低、挥发性的大小等(参见后续的“分子间力”部分),但是价键理论也存在明显的不足,如根据价键理论无法说明为什么氧分子具有顺磁性(即与磁场有相互作用),不能说明为什么 C、O 的电负性差别较大而一氧化碳分子的偶极矩却很小,不能说明为什么己三烯 C═C—C═C—C═C 明显比苯(⬡)活泼。因此,只停留在价键理论是远远不够的,只停留在价键理论对进一步深入讨论物性和研究开发各种新型磁功能材料、光功能材料、超导材料、压电材料等都是不利的。此处有必要对分子轨道理论做以简单介绍。

1) 分子轨道理论

分子轨道理论的要点如下:

(1) 分子中的电子不再从属于某个特定原子(即不是定域的),而是在遍及多个原子或整个分子的范围内运动,即分子中的电子都是离域的。其运动波函数被称为**分子轨道**,并把它用 MO(molecular orbital) 表示。

(2) MO 由原子轨道(AO)线性组合而成,MO 总数和参与组合的 AO 数目相同。

(3) 电子在分子轨道的排布规则和在原子轨道中的排布规则相同,即遵守能量最低原理、泡利不相容原理和洪特规则。

(4) 原子轨道线性组合成分子轨道时遵守的三原则分别是:原子轨道的对称性匹配、原子轨道的能量相近、原子轨道的最大重叠。

以 A 原子和 B 原子化合生成 AB 分子为例。A 原子的原子轨道 Ψ_a 和 B 原子的原子轨道 Ψ_b 可以线性组合成分子轨道 Ψ_{I} 和 Ψ_{II}。与 Ψ_a 和 Ψ_b 相对应的原子轨道能分别为 E_a 和 E_b。分子轨道与原子轨道之间的线性组合关系可表示如下:

$$\Psi_{\mathrm{I}} = c_a \Psi_a + c_b \Psi_b$$
$$\Psi_{\mathrm{II}} = c_a' \Psi_a + c_b' \Psi_b$$

其中 c_a、c_b、c'_a、c'_b 为组合系数。可以把上式表示的 Ψ_I 和 Ψ_{II} 代入薛定鄂方程并求解,即可得到这些组合系数,可得到分子轨道 Ψ_I 和 Ψ_{II} 的具体表达形式及其相应的分子轨道能 E_I 和 E_{II}。在此过程中,系统的能量变化情况如图 8.11 所示。

在原子轨道线性组合成分子轨道的三原则中,所谓对称性匹配,是指参与组合的原子轨道应具有相同的对称性,譬如同为轴对称或同为镜面反对称。这样才能保证彼此重叠部分的正负号相同,才能发生有效重叠。

所谓能量相近,是指 Ψ_a 和 Ψ_b 的能量差别越小越好。从图 8.11 可以看出,得到的分子轨道 Ψ_I 比两个原子轨道的能量都低,得到的分子轨道 Ψ_{II} 比两个原子轨道的能量都高。原因是求解薛定鄂方程后得到的 c_a 与 c_b 符号相同,这意味着 Ψ_a 和 Ψ_b 的确是对称性匹配,彼此重叠部分的正负号确实相同,彼此的确发生了有效重叠,结果使系统的能量降

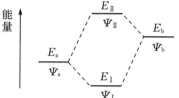

图 8.11　分子轨道的形成

低。与此同时,由于求解薛定鄂方程后得到的 c'_a 与 c'_b 符号相反,这意味着 Ψ_a 和 Ψ_b 是反对称重叠的,即重叠部分的正负号恰恰相反。如此重叠还不如不重叠,其结果不但不能使系统的能量降低,反而会使系统的能量升高。我们把能量降低的分子轨道叫做**成键轨道**,而把能量升高的分子轨道叫做**反键轨道**。如果原子轨道 Ψ_a 和 Ψ_b 中共有一个或两个电子,则这些电子都会填充在成键轨道 Ψ_I 中,即原子 A 和 B 成键使系统的能量降低。如果 Ψ_a 和 Ψ_b 中共有三个电子,则第三个电子会填充到反键轨道 Ψ_{II} 中,结果使系统的稳定性降低。如果 Ψ_a 和 Ψ_b 中共有四个电子,则成键轨道和反键轨道各填充两个电子,结果系统的总能量不变,即原子 A 和 B 不能有效成键。

根据薛定谔方程的求解结果,Ψ_a 和 Ψ_b 的能量差别越大,则 E_I 与 E_a 越接近,E_{II} 与 E_b 越接近。在极端情况下 $E_I = E_a$,$E_{II} = E_b$,此时这两个原子轨道不能有效组成分子轨道,或者说这两个原子轨道彼此无相互作用,结果使原子 A 和 B 不能有效成键。与此相反,Ψ_a 和 Ψ_b 的能量越接近,则成键轨道能量降低得越多,反键轨道能量升高得越多,越有利于形成稳定的化学键。

根据原子轨道最大重叠规则,原子轨道组合成分子轨道时,成键 σ 分子轨道(对应于 σ 键)的能量降低较多较稳定,成键 π 分子轨道(对应于 π 键)的能量降低较少,稳定性较差。与此同时,反键 σ 分子轨道的能量升高较多,反键 π 分子轨道的能量升高较少。

2)分子轨道的分布特点和电子排布图

分子轨道是由原子轨道线性组合而成的。图 8.12 是常见的由 s 轨道或 p 轨道组成的分子轨道示意图。其中,成键分子轨道的表示符号都无上标 *,反键轨道的表示符号都有上标 *,小黑点 • 表示原子核,下标表示分子轨道是由什么原子轨道组成的。可以看出,不论成键轨道还是反键轨道,其 σ 分子轨道和 π 分子轨道的划分依据与价键理论中的 σ 键和 π 键的划分依据相同。

在 σ 轨道上的电子称为 σ 电子。如果由于 σ 轨道上填充电子而使系统的稳定性增大,我们把这种共价键称为 σ 键。同理,如果由于 π 轨道上填充电子而使系统的稳定性增大,我们把这种共价键称为 π 键。图 8.13 根据分子轨道理论分别给出了 H_2^+、H_2 和 He_2^+ 的分子轨道能级图。由此可以看出,H_2^+ 中由于只有一个电子填充在成键 σ 轨道,其能量降低较少。所以,虽然 H_2^+ 有一定的稳定性,但其稳定性较差。在 H_2 中,其成键 σ 轨道中填充了两个电子,其能量降低较多,

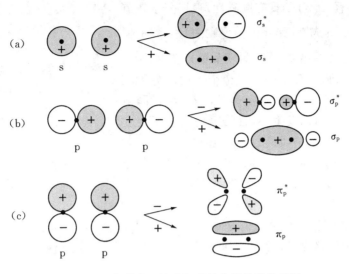

图 8.12　s 轨道或 p 轨道组成的分子轨道分布图

稳定性较大。在 He_2^+ 中,虽然其成键 σ 轨道中填充了两个电子使系统的能量降低较多,但是它的反键 σ 轨道中也填充了一个电子又使系统的能量有所升高。故 He_2^+ 虽然有一定的稳定性,但其稳定性较差。此处把成键轨道填充的电子数与反键轨道填充的电子数之差的一半称为**键级**。由图可见,H_2^+ 和 He_2^+ 的键级均为 0.5,而 H_2 的键级为 1。这就是说,H_2^+ 和 He_2^+ 中只有半个 σ 键,而 H_2 中有一个 σ 键。键级越大,化学键力就越强,结合得就越牢固。

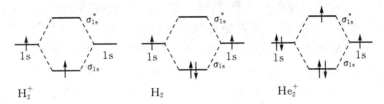

图 8.13　H_2^+、H_2 和 He_2^+ 的电子排布图

3）氧分子的电子排布图

氧分子 O_2 是由两个氧原子组成的。两个氧原子的 1s 轨道属于内层轨道,虽然它们的对称性相同且能量相等,但这两个轨道彼此组合得到的成键轨道和反键轨道都填满了电子,对键级的贡献为零。实际上,由于氧原子的 1s 电子都离核很近,彼此的相互作用很小,无法有效组成分子轨道,所以考察 O_2 的成键情况时不必考虑其内层电子。在这种情况下,O_2 分子的分子轨道排布情况如图 8.14 所示。

可以看出,根据分子轨道理论和分子轨道中的电子排布规则,由 2s 原子轨道组合得到的分子轨道对键级的贡献为零。由 $2p_z$ 原子轨道组合得到的分子轨道对键级的贡献为 1,它就是两个氧原子之间的一个 σ 键。由 $2p_x$ 和 $2p_y$ 原子轨道组合得到的分子轨道对键级的贡献均为 0.5。原因是其中的两个 π 键均为三电子 π 键,即每个成键 π 轨道填充了两个电子而每个反键 π 轨道填充了一个电子,故其键级为 0.5。或者说,每个三电子 π 键只相当于 0.5 个 π 键。所以从总结果看,就如同 O_2 分子中只包含一个 σ 键和一个 π 键。但是从图 8.14 看,O_2 分子中有两个自旋平行的电子,难怪 O_2 分子具有顺磁性。根据分子轨道理论,常把 O_2 分子的成键情况简记为 O ⫶ O。显然根据价键理论得不到这样的结果,无法说明氧的顺磁性。

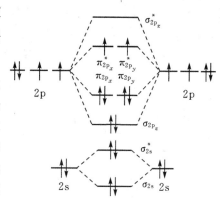

图 8.14　O_2 分子轨道的电子排布图

根据分子轨道理论,分子中的一个个不同的分子轨道代表了分子中一个个不同的电子运动状态。在不同条件下分子中的电子也可以发生能级跃迁,与此同时会发生光吸收或光辐射。若某物质的分子轨道能级间隔处在可见光范围,则该物质吸收某种可见光后就会以补色光的形式对外表现出来。目前常用的紫外可见光谱分析技术就是建立在分子轨道理论基础上的,常用于未知物的定性分析与混合物中某指定物质的定量分析。实际上,根据分子轨道理论能够说明和解决的问题是很多很广泛的,此处不便一一列举。

8.3　分子的几何构型

1. 价电子对互斥理论

常把**价电子对互斥理论**简记为 VSEPR 理论(valence shell electron pair repulsion)。VSEPR 理论主要是针对 AB_n 型共价分子或离子而言的。运用 VSEPR 理论可以推测这类分子或离子的几何构型,从而进一步推测这类分子或离子的性质。对于这类分子或离子,我们常把处于中心位置的 A 形象地叫做**中心原子**,而把处在 A 周围的 B 原子形象地叫做**配位原子**。**价电子对**是指在 AB_n 型分子或离子中,可供中心原子享用的在中心原子价层中成对出现的电子。这些价电子通常或以**成键电子对**的形式出现,或以未成键的**孤电子对**形式出现。

VSEPR 理论认为:中心原子周围的价电子对之间由于相互排斥,所以彼此相距越远越稳定。这就要求分布在中心原子周围与中心原子靠成键电子对结合的配位原子尽可能相距远一些。由此可以说明许多 AB_n 型简单分子或离子的几何构型。VSEPR 理论的要点如下:

(1) 任何时候系统都尽可能趋于稳定,价电子对的斥力必趋于最小。若价电子对都是等价的,它们必然等距离地对称地分布在中心原子周围,即等距离地对称地分布在以中心原子为中心的球面上。当价电子对数为 2 时,其分布为线形;当价电子对数为 3 时,其分布为平面正三角形;当价电子对数为 4 时,其分布为正四面体;当价电子对数为 5 时,其分布为三角双锥形;当价电子对数为 6 时,其分布为正八面体。

(2) 实际上,成键电子对和孤对电子的分布情况并不相同。因为成键电子对大致分布于彼此成键的原子核之间即分布在键轴上,成键电子对归键连的两个原子所共有,而孤对电子属中心原子所独有的,而且离中心原子较近。在这种情况下,孤对电子与成键电子对相距较近,孤对电子对成键电子对的斥力较大。其效果如同孤对电子体积肥大,占用的空间大。不同价电子对之间的斥力大小顺序如下:

孤电子对-孤电子对 > 孤电子对-成键电子对 > 成键电子对-成键电子对

2. 价电子对数的计算方法

运用 VSEPR 理论推测分子几何构型的关键是正确计算中心原子的价电子对数目。一个配位原子与中心原子不论是以单键还是双键或三键结合,该化学键对中心原子的价电子对数目的贡献都是 1。因为这些成键电子不论多少,它们都处在同一个区域,并作为一个整体与中心原子的其他价电子对相互排斥。所以,中心原子的价电子对数等于配位原子数与中心原子核外未参与成键的孤电子对数的加和,即

$$价电子对数目 = 配位原子数 + 孤电子对数$$

计算孤电子对数目时,可以把中心原子的价电子数与整个分子所带的负电荷数(即得电子数)相加并减去与配位原子成键用掉的中心原子的电子数,然后将其结果除以 2,其结果就是中心原子核外未参与成键的孤电子对数目,即

$$孤电子对数目 = \frac{价电子数 + 带负电荷数 - 参与成键的电子数}{2}$$

　　计算中心原子的孤电子对数时,如果其值为半整数,则应将其进升为整数。根据价键理论,配位原子如果以单键与中心原子结合,中心原子就需提供一个电子;配位原子如果以双键与中心原子结合,中心原子就需提供两个电子;配位原子如果以三键与中心原子结合,中心原子就需提供三个电子。如果整个分子是带负电荷的,则带负电荷数很直观。如果整个分子是带正电荷的,则带负电荷数等于带正电荷数的负值。现举例见表 8-4,以供计算价电子对数时参考。

表 8-4　计算不同分子或离子的价电子对数目

分子	中心原子的价电子数	带负电荷数	参与成键的电子数	孤电子对数	配位原子数	价电子对总数
HCN	4	0	4	$(4+0-4)/2 = 0$	2	2
CO_2	4	0	4	$(4+0-4)/2 = 0$	2	2
NH_3	5	0	3	$(5+0-3)/2 = 1$	3	4
SO_2	6	0	4	$(6+0-4)/2 = 1$	2	3
SO_4^{2-}	6	2	8	$(6+2-8)/2 = 0$	4	4
NO_3^-	5	1	6	$(5+1-6)/2 = 0$	3	3

3. 价电子对互斥理论与分子的几何构型

　　有了中心原子的价电子对数目以后,根据价电子对彼此互斥、彼此越远越稳定的原则,可首先推测这些价电子对在中心原子周围是如何分布的。也就是说,若把这些价电子对视为多面体的一个个顶角,则它们将组成何种多面体。由于分子的几何构型是由原子组成的,故下一步是在价电子对排布方式的基础上,推测排除孤对电子以后成键电子对的几何构型。成键电子对的几何构型就是所考察分子的几何构型。此处之所以排除孤电子对,是因为孤电子对离中心原子很近,它与中心原子属于一个整体,而分子的几何构型是由原子组成的。

　　AB_n 型分子或离子的几何构型与其价电子对数及配位原子数的关系见表 8-5。

表 8-5 价电子对与分子的几何构型

价电子对数目	价电子对排列方式	分子类型	孤电子对数目	分子构型	实例
2	直线形	AB_2	0	直线形	BeH_2，$BeCl_2$，$Hg(CH_3)_2$，CO_2，HCN，CS_2，$Ag(NH_3)_2^+$
3	正三角形	AB_3	0	正三角形	BF_3，SO_3，CO_3^{2-}，NO_3^-
		AB_2	1	角形（V 形）	SO_2，$SnCl_2$，O_3，NO_2，NO_2^-
4	正四面体	AB_4	0	正四面体	CH_4，ClO_4^-，PO_4^{3-}，SO_4^{2-}，NH_4^+
		AB_3	1	三角锥形	NH_3，PH_3，PCl_3，ClO_3^-，$SOCl_2$
		AB_2	2	角形（V 形）	H_2O，H_2S，ClO_2，ClO_2^-，OF_2
5	三角双锥	AB_5	0	三角双锥	PCl_5，PF_5，$SbCl_5$
		AB_4	1	变形四面体	SF_4，SCl_4，$TeCl_4$
		AB_3	2	T 形	ClF_3，BrF_3，ICl_3
		AB_2	3	线形	XeF_2，ICl_2^-，I_3^-
6	正八面体	AB_6	0	正八面体	SF_6，MoF_6，$[AlF_6]^{3-}$，IO_6^{5-}，FCl_6^-
		AB_5	1	四方锥形	BrF_5，IF_5，$XeOF_4$
		AB_4	2	平面四边形	XeF_4，ICl_4^-

VSEPR 理论是继杂化轨道理论后用于推测 AB_n 型分子或离子几何构型的重要理论。该理论不涉及原子之间成键的许多细节和原子轨道概念，且简单易懂，应用起来非常方便。但与此同时，VSEPR 理论的应用范围主要局限于由主族元素形成的 AB_n 型化合物。即使在这样的小范围内，也并非能够解释所有 AB_n 型化合物的几何构型。如对于碱土金属卤化物 CaF_2、SrF_2、BaI_2，根据 VSEPR 理论它们都应该是线形的，可是实验测得它们在高温下都是气态的角形分子。VSEPR 理论和前边介绍过的杂化轨道理论，都是化学键理论中不同的近似模型，两者分别从不同角度讨论分析分子的几何构型，其结果大致相同。但严格说来，杂化轨道理论更严谨一些，其应用范围更广，它不仅能够说明许多分子的几何构型，还能说明许多分子中的成键情况。但是，借用杂化轨道理论说明分子的几何构型时，不如价电子对互斥理论那么简单明了，使用起来也不太方便，如对于 PCl_5、SO_3 等分子。

化合物的许多性质不仅与它的几何构型有关，有时与它的成键情况关系更大。所以，对于一个分子，我们可以先借助 VSEPR 理论推测其几何构型，接着用杂化轨道理论去讨论分析它的成键情况和性质。表 8-6 给出了几种常见分子的几何构型和键参数。其几何构型与 VSEPR 理论推测的结果完全一致。下面将对其键参数做一些具体分析。

表 8-6 几种常见分子的键参数

分子式	几何构型	键长 /pm	键角
H_2O	角形	95.8	104°45′
H_2S	角形	133.6	92°28′
NH_3	三角锥	100.8	107°18′
PH_3	三角锥	141.9	93°18′
CH_4	正四面体	109.1	109°28′

这些分子的中心原子均采用 sp^3 杂化,其杂化轨道呈正四面体分布。由于 CH_4 分子中的四个 C—H 完全等价,故 CH_4 分子是正四面体,其键角均为 $109°28'$。H_2O 分子和 H_2S 分子中均有两个孤电子对。由于孤电子对对成键电子对的斥力较大,所以 H_2O 和 H_2S 分子中的键角均小于 $109°28'$。H_2S 比 H_2O 的键角更小,原因在于 S 原子明显比 O 原子半径大,S—H 键明显比 O—H 键长,S—H 键的成键电子对距离中心原子较远,两个 S—H 键的成键电子对之间的互斥力较小,故它们容易被两个孤电子对挤压使其键角变小。NH_3 分子和 PH_3 分子中均有一个孤电子对,它们的键电子对受孤电子对挤压,其键角都小于 $109°28'$。与此同时,这两种分子中都只有一对孤电子,与 H_2O 分子和 H_2S 分子相比较,其键电子对受到的排拆力较小。正因为这样,从而使得 NH_3 和 H_2O 虽然键长接近,但 NH_3 的键角大于 H_2O 的键角;PH_3 和 H_2S 虽然键长接近,但 PH_3 的键角大于 H_2S 的键角。由于 PH_3 分子中的键长明显大于 NH_3 分子中的键长,故与 NH_3 分子相比 PH_3 分子中成键电子对之间的斥力较小,结果导致 PH_3 的键角小于 NH_3 的键角。

8.4　分子间力

1. 分子的极性

分子都是由原子组成的,而原子是由带正电的原子核和带等量负电荷的电子组成的。所以原子是电中性的,分子也是电中性的。另一方面,虽然整个分子作为一个整体是电中性的,但其中的正负电荷中心未必重合在一起。如 HCl 分子中,正电荷中心靠近 H 原子,负电荷中心靠近 Cl 原子。如果正负电荷中心重合在一起,该分子就是非极性分子,否则就是极性分子。分子极性的强弱可用偶极矩来衡量。分子的**偶极矩 μ** 等于其正、负电荷中心之间的距离 r 和电荷中心所带电量 q 的乘积,即

$$\mu = q \times r$$

偶极矩是一个矢量,其方向是从正电荷中心指向负电荷中心。它的单位是 D(德拜[①])。

仔细分析,分子中的原子都是靠共价键结合在一起的。共价键可分为极性键和非极性键。严格说来,只有同核双原子分子中的共价键才是真正的非极性键,其中的成键电子对才不偏不倚处于中间位置,其正负电荷中心才是完全重合的。极性键的成键电子对都或多或少地偏向两个成键原子中的某一方,从而产生一定的键矩。**键矩**是一个共价键的偶极矩,故键矩和分子的偶极矩没有本质的区别,分子中所有键矩的矢量合就等于分子的偶极矩。由此可见,分子极性的强弱不仅与其中包含的化学键的极性大小有关,还与分子的几何构型有关。例如,虽然甲烷分子中的共价键都是极性键,但由于甲烷分子的几何构型是正四面体,其键矩的矢量合为零。故甲烷的偶极矩为零。甲烷是非极性分子。

2. 范德华力

通常,分子间力主要是范德华力。**范德华力**包括色散力、诱导力和取向力。

色散力在任何分子之间都是存在的。以非极性分子为例。本来非极性分子的偶极矩为零,它的正负电荷中心是重合的,非极性分子彼此之间没有静电相互作用。但是,客观世界没有静

---

① 　德拜 D 是一个常用的非 SI 单位。$1D = 3.336 \times 10^{-30}$ C·m。此处 C 是电量的单位库仑。

止不动的物体,微观粒子尤其如此。分子中的电子每时每刻都在高速运动。在此过程中,当分子的正负电荷中心分开时,就会有偶极产生。我们把这种偶极叫做**瞬时偶极**。不仅非极性分子中有瞬时偶极,极性分子中除了固有的偶极矩外也有瞬时偶极。由于偶极是电性的,彼此也会同性排斥而异性相吸,因此若两个偶极相遇,彼此会调整方向以达到异性相吸,使系统的能量降低。把这种由瞬时偶极引起的不同分子之间的作用力叫做**色散力**。任何分子(不论是极性的还是非极性的)彼此之间都有色散力存在。

极性分子有其自身的**固有偶极**,这是由极性分子本身的正负电荷中心不重合引起的。当极性分子彼此相遇时,会适当调整方向以达到异性互吸,使系统的能量降低。这种因固有偶极相互作用而造成的极性分子与极性分子之间的作用力叫做**取向力**。取向力只存在于极性分子与极性分子之间,但极性分子与极性分子之间的分子间力不仅只有取向力,还有刚才讲过的色散力。

在涉及极性分子的系统中,因极性分子有其自身的固有偶极,即使不考虑不同分子之间的色散力和取向力,这种固有偶极也会诱导其他分子使其正负电荷中心发生相对位移,使非极性分子产生偶极,使极性分子的偶极矩增大。这些都属于**诱导偶极**。诱导偶极产生的结果会使不同分子间的作用力增大。我们把分子之间由于诱导偶极引起的那部分相互作用力通称为**诱导力**。

综上所述,非极性分子与非极性分子之间只有色散力;极性分子与非极性分子之间,不仅有色散力,还有诱导力,但没有取向力;极性分子与极性分子之间既存在色散力和取向力,还存在着诱导力。在范德华力中,通常色散力是主要的,而且色散力会随分子量的增大而增大。原因是分子中的电子数一般会随分子量的增大而增多。分子中的电子数越多,则它的电子云的变形性以及由此导致的瞬时偶极就越大,而且当这种分子与极性分子相遇时产生的诱导偶极也就越大。范德华力的这些特点可以从表 8-7 中的数据得到验证,其中的作用能是作用力大小的反映。

表 8-7　几种分子的分子间作用能　　　　　　　　$kJ \cdot mol^{-1}$

分子	分子量	色散能	诱导能	取向能	总能量
H_2	2.0	0.17	0.00	0.00	0.17
Ar	39.9	8.49	0.00	0.00	8.49
Xe	131.3	17.41	0.00	0.00	17.41
CO	28.0	8.74	0.008	0.003	8.75
HCl	36.5	16.82	1.10	3.30	21.12
HBr	80.9	28.45	0.71	1.09	30.25
HI	127.9	60.54	0.31	0.59	61.44
NH_3	17.0	14.73	1.55	13.30	29.58
H_2O	18.0	9.00	1.92	36.36	47.28

从表 8-7 中的数据看,NH_3 和 H_2O 较特殊。NH_3 分子彼此之间和 H_2O 分子彼此之间的取向能都很大。实际上,NH_3 分子彼此之间和 H_2O 分子彼此之间都存在着氢键,它们的总能量中包含了氢键作用能。而且这两种物质中的氢键都较强,氢键作用能对总能量的贡献都较大。

关于氢键,后面还将专门给予讨论。

离子化合物是借助离子键结合在一起的。离子键的本质是正负离子间的静电引力。实际上,离子化合物中的正负离子之间不仅有静电引力,也有范德华力。对于只包含球形离子(主要是单原子离子,如 Na^+、Cu^{2+}、Cl^-、O^{2-} 等)的化合物,其中的范德华力既包括色散力,也包括诱导力。对于不完全由球形离子组成的化合物,其中的非对称离子具有一定的偶极矩。故在这种化合物中,除了正负离子之间的静电引力外,不仅有色散力和诱导力,还有取向力。在前边的离子化合物中讨论过的离子极化过程就是产生诱导偶极的过程。所以在极化过程中,极化越显著,产生的诱导偶极矩就越大,离子间的共价结合力也就越强。

3. 氢键

同族元素的氢化物和稀有气体的熔沸点随同族元素所属周期的变化情况如图 8.15 所示。由图可见,除了 H_2O、NH_3 和 HF 以外,每个系列(即每一条线)的熔沸点均随同族元素原子序数(即分子量)的增大而升高。这与前边讨论过的色散力的变化规律是完全一致的。但是,在同族氢化物中,为什么会出现 H_2O、NH_3 和 HF 的分子量最小,而它们的熔沸点却不是最低这种反常现象呢?其根本原因是,在这几种反常的物质中,分子之间存在着较强的氢键。氢键的存在大大强化了这几种物质中的分子间力,结果使它们的熔沸点显著升高。

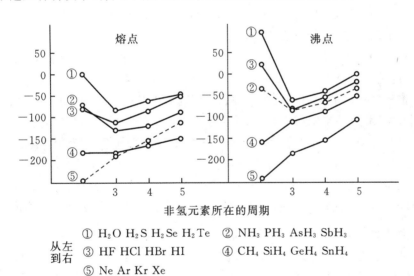

图 8.15　主族元素氢化物的熔点和沸点

什么是氢键?在什么情况下才会形成氢键呢?

人们从大量的实验结果中发现,如果氢原子 H 与电负性较大而半径却较小的原子 X 形成了化合物 HX,则 HX 分子中的 H 原子还会与其他分子 YR 中电负性较大而半径却较小的原子 Y 之间形成氢键,即形成 X—H⋯Y—R。此处用 ⋯ 代表氢键。仔细分析,由于 X 的电负性较大,在 HX 分子中虽然 H—X 键是共价键,但是该键的极性很强,以至其中的 H 几乎成了一个裸体质子。由于质子带正电且半径非常小,故其附近的电场强度很大。又因 YR 分子中原子 Y 的电负性较大且半径较小,故 YR 分子中原子 Y 会带有较多的负电荷,而且电场强度也较大。在这种情况下,"裸体质子"与原子 Y 的价层未成键的孤对电子之间会产生强烈的互吸作用。这种相互作用就是**氢键**。

之所以说氢键是"裸体质子"与原子 Y 的价层孤对电子之间的作用,原因是孤电子对不同于成键电子对。孤电子对很靠近原子核,其所在之处带负电的 Y 原子的电场强度大,所以"裸体质子"与 Y 的价层孤电子对之间的作用很强。由此可进一步推知:根据价电子对互斥理论,每个原子的价层孤电子对都是有一定取向的,所以氢键也有一定方向。既然氢键有一定方向,氢键也必然有饱和性。只要满足适当的条件,相同分子之间和不同分子之间都可以形成氢键,而且在同一个分子内的不同原子之间也可以形成氢键,参见图 8.16。

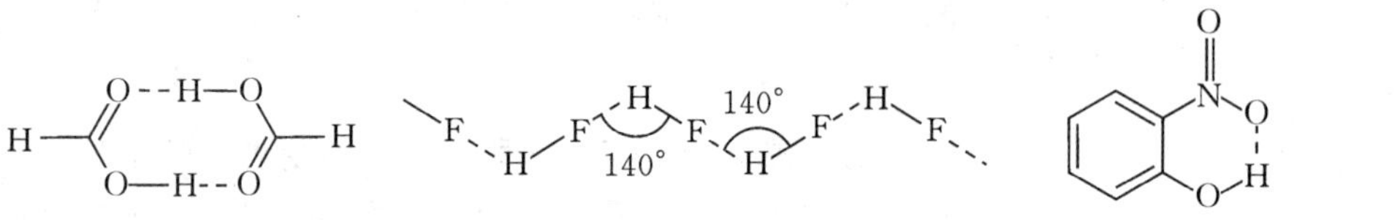

分子间氢键生成甲酸二聚体   分子间氢键生成(HF)$_n$缔合分子   邻硝基苯酚的分子内氢键

图 8.16   分子间氢键和分子内氢键

形成氢键时,与氢原子相连的原子通常是 F 原子、O 原子和 N 原子。虽然氯原子的电负性也较大,但它的半径也大,这对于形成氢键是不利的。故氯原子通常不形成氢键,HCl 分子彼此之间只能形成微弱的氢键,一般可不予考虑。

通常氢键的作用能为 $20 \sim 50$ kJ·mol^{-1}。该值远小于共价键力,但明显大于范德华力。前边结合图 8.15 已把氢键对熔沸点的影响作了介绍。冰的密度明显小于水的密度,这主要是氢键的方向性和饱和性造成的,其中有许多空隙。又因为氢键的强度有限,当冰吸热熔化时,会有许多氢键遭到破坏,结果使空隙减少,使水的密度增大。氢键还会影响许多物质的酸碱性。如氢卤酸中只有氢氟酸是弱酸,其根本原因就在于 HF 分子彼此之间存在较强的氢键,结果使 HF 的解离明显受到较强的约束。氢键还会影响溶解度,如在 20 ℃ 和常压下,单位体积水中可溶解 700 体积的氨 NH$_3$,但是单位体积水中可溶解的磷化氢 PH$_3$ 不足 0.26 体积。其根本原因是 NH$_3$ 分子与 H$_2$O 分子之间可以形成氢键,而 PH$_3$ 分子与 H$_2$O 分子之间不能形成氢键。

4. 分子间力及其对物性的影响

分子间力是分子之间作用力的总称,它既包括范德华力,也包括氢键。分子间力对许多物性具有显著的影响,如熔沸点、挥发性、熔化热、气化热、粘度、溶解度、界面张力等。

以分子晶体为例,一种物质要从固体变成液体自由流动,就必须获得足够的能量以克服较大的分子间力。要从液体变成气体,就需要进一步获得更多的能量,以克服或超脱分子间力。所以,一种物质的分子间力越大,它的熔沸点就越高,它的挥发性或一定温度下的饱和蒸气压就越小,它的摩尔熔化热、摩尔气化热和摩尔升华热就越大。液体流动涉及到不同分子之间的相对运动,所以一定温度下分子间力越大,流体的粘度就越大,其流动性就越差。不同物质彼此间的溶解性也与它们的分子间力密切相关。由于溶解过程是混乱度增大的过程,故溶解过程中系统的熵都是增大的,即 $\Delta S > 0$。结合吉布斯函数最低原理,由式 $\Delta G = \Delta H - T\Delta S$ 可知,溶解过程是否吸热不要紧。只要 $\Delta H < T\Delta S$,ΔG 就小于零,溶解过程就能顺利进行。或者说,溶解过程的 ΔH 越小越有利于溶解。相似相溶规则就是指溶质分子彼此间的作用能和溶剂分子彼此间的作用能大小相似。在这种情况下,溶质与溶剂混合后,不同分子之间的相互作用与混合前同

种分子之间的相互作用大小相近,那么溶解过程中 ΔH 的绝对值必然较小,ΔG 必然小于零,溶解过程必然可以自发进行。在固体催化、色谱分析等许多与吸附有关的专业领域,分子间力也是一个至关重要的影响因素。有关分子间力对物性的影响还有很多,此处不再一一列举。

8.5　配合物的化学键理论

有关配合物的一些基本概念、解离平衡及其应用等内容在第 3 章已作过介绍。此处主要对配合物的化学键理论作简单介绍。

1. 配合物的价键理论

价键理论在前边已介绍过。配合物的价键理论就是用价键理论来解释配合物中的配位键。据此可将配合物分为外轨型配合物和内轨型配合物。形成配合物时,如果中心离子提供的用于容纳配位体提供的配位电子对的轨道都是最外层的轨道如 ns、np、nd,则这种配合物就是**外轨型配合物**。由于中心离子的最外层有足够多的空轨道,故在形成外轨型配合物的过程中,中心离子的电子结构不必发生变化,即中心离子价层的未配对电子无需挤压配对并让出空轨道。因此,外轨型配合物中未配对的自旋平行电子较多,故外轨型配合物也叫做**高自旋配合物**。如果中心离子提供的用于容纳配位体提供的配位电子对的轨道不仅有最外层的,也有次外层的,即这些轨道中包括 $(n-1)d$ 轨道,则这种配合物就是**内轨型配合物**。由于中心离子的次外层轨道 $(n-1)d$ 通常不是全空的,其中的电子原本都是尽量自旋平行分占不同的轨道。在形成内轨型配合物时,为了腾出足够多的用于容纳配位体提供的配位电子对的轨道,中心离子原有的 $(n-1)d$ 轨道中的电子就需要挤压配对,结果使自旋平行的未配对电子数减少。故内轨型配合物也叫做**低自旋配合物**。一种配合物到底是高自旋还是低自旋,可根据其磁性的大小(用磁矩表示)来判断。磁矩的大小可借助于古埃(Gouy)磁天平进行实验测定。

以呈现八面体构型的配离子 $[FeF_6]^{3-}$ 为例,实验测定结果表明其中有 5 个未配对电子,是高自旋的。根据价键理论,它的成键情况如下:

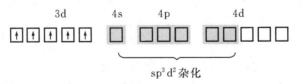

即 Fe^{3+} 最外层的一个 4s 轨道、三个 4p 轨道和两个 4d 轨道杂化,得到六个等性的 sp^3d^2 杂化轨道。这六个等性的杂化轨道对称分布,分别指向正八面体的六个顶点,如图 8.17 所示。这些杂化轨道都是空的,可以容纳由六个配位体 F^- 提供的六对配位电子。F^- 提供的配位电子对所处的轨道是 F^- 的 2p 轨道。其中的配位键是由 F^- 的 2p 轨道与 Fe^{3+} 的 sp^3d^2 杂化轨道头碰头形成的 σ 键。

配离子 $[Fe(CN)_6]^{3-}$ 也呈现八面体构型,但实验测得该配离子是低自旋的。在形成该配离子的过程中,Fe^{3+} 的价电子层结构发生了重排。成键时使用的是 d^2sp^3 杂化轨道。d^2sp^3 杂化轨道的分布情况与 sp^3d^2 杂化轨道相同。这两种杂化轨道表示方法中字母 d 的排列次序一个在最后边,另一个在最前边。实际上这种排序就是按照从内层到外层的顺序进行的。所以,从杂化轨道符号就可以看出是高自旋配合物还是低自旋配合物。在配位体 CN^- 中,由于 N 的电负性大于 C 的电负性,故 C 作为配位原子用它的 2p 轨道中的一对未成键的电子与中心离子 Fe^{3+} 形成配位键。

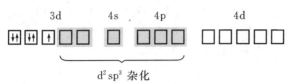

d^2sp^3 杂化

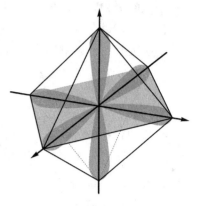

图 8.17 sp^3d^2 杂化轨道

在 $[Ag(NH_3)_2]^+$ 配离子中,Ag^+ 采用 sp 杂化轨道接受 NH_3 分子中 N 原子的占据 sp^3 杂化轨道的孤对电子形成配位键。 所以,$[Ag(NH_3)_2]^+$ 配离子是线形的。 在 $[Ni(CN)_4]^{2-}$ 配离子中,Ni^{2+} 采用 dsp^2 杂化轨道与 CN^- 中 C 的 2p 轨道形成配位键,其几何构型为平面四边形。

配合物的价键理论虽然可以较合理地解释配合物的几何构型和磁性大小,但是仅依赖配合物的价键理论无法解释在什么情况下形成高自旋配合物,在什么情况下形成低自旋配合物;无法解释为什么许多配合物常常具有不同的颜色;无法解释同样是八面体几何构型,但是为什么 $[Ni(NH_3)_6]^{2+}$ 是正八面体,为什么 $[Co(NH_3)_6]^{2+}$ 是变形的正八面体而不是正八面体。所以,仅局限于配合物的价键理论还是不够的。

2. 晶体场理论

在配合物中,中心离子或原子 M 处在配位体 L 所产生的静电场中。配位体 L 通常是负离子或极性分子。M 与 L 的相互作用类似于离子晶体,故称这种场为晶体场。由于 M 的 5 个 d 轨道的取向不同,原本具有相同能量的这 5 个 d 轨道在配位体的晶体场作用下会发生能级分裂。其能级分裂情况与晶体场的对称性有关。把能级分裂后 d 轨道之间的能级差称为**分裂能**,并将其用 Δ 表示。d 轨道能级分裂可能会导致 d 电子的重排,从而使配合物体系的能量降低,使配合物的稳定性增大。即使 d 电子不重排,根据电子排布的能量最低原理,也会因为 d 轨道的能级变化,从而产生**晶体场稳定化能**。确切地讲,晶体场的稳定化能是指 d 电子处在分裂前的 d 轨道中的总能量与处在分裂后的 d 轨道中的总能量之差。也就是 d 轨道分裂前后总能量的降低值。

图 8.18 给出了 3d 轨道的分布情况,由此可对 d 轨道的伸展方向一目了然。原本同一主层上 5 个 d 轨道的能量相同,在球形场中它们的能量也相同。可是在六配位的正八面体场中,当六个配位体分别沿三个坐标轴的正向和负向逐渐接近中心离子时,与配位体较接近的与晶体

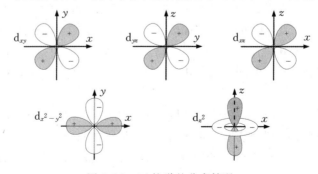

图 8.18 3d 轨道的分布情况

场作用较强的是 $d_{x^2-y^2}$ 和 d_{z^2} 这两个 d 轨道。其余三个 d 轨道与晶体场的作用情况相同而且较弱。所以，与八面体场作用的结果使原本能量相同的 5 个 d 轨道发生能级分裂变为两组。其中 $d_{x^2-y^2}$ 和 d_{z^2} 的能量较高，其余三个 d 轨道的能量较低，如图 8.19 所示。

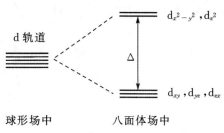

根据电子排布规则，在中心离子（或原子）的 5 个 d 轨道发生能级分裂前，其电子必然尽可能自旋平行分占不同的轨道。当中心离子（或原子）的 5 个 d 轨道发生能级分裂后，原有的 d 电子排布时，一方面应力图满足能量最低原理，与此同时当两个电子试图填充在同一个轨道时需要克服电子成对能 P，因为两个电子相互排斥，两个电子占据同一个轨道时能量会升高。这就是说，如果三个能量较低的轨道已经半充满，那

图 8.19　八面体场中的 d 轨道能级分裂

么下一个电子是填充在低能量轨道还是高能量轨道主要取决于分裂能 Δ 与电子成对能 P 的大小。或者说，到底是高自旋配合物还是低自旋配合物，关键取决于分裂能 Δ 与电子成对能 P 的大小。如果 $\Delta > P$，就形成低自旋配合物；如果 $\Delta < P$，就形成高自旋配合物。晶体场理论对高自旋和低自旋的解释比较自然合理，根本不涉及内轨型和外轨型的概念。

分裂能 Δ 的大小不仅与中心离子（或原子）有关，也与配位体有关。在配位体和配合物几何构型相同的情况下，中心离子带电荷越多，配位体就越靠近中心离子，其分裂能就越大。对于阴离子配位体，所带电荷数越多其电场强度就越大，其半径越小电场强度也越大。晶体场强度越大，分裂能就越大。对于极性分子配位体，其极化率越大，晶体场强度就越大，分裂能也就越大。当中心离子（或原子）及配合物的几何构型相同时，与不同配位体相对应的分裂能的大小顺序如下：

$$I^- < Br^- < Cl^- < F^- < H_2O < SCN^- < 乙二胺 < NH_3 < NO_2^- < CN^-$$

这就是晶体场强度的顺序，亦称为**光谱化学序**。

根据晶体场理论，有了分裂能概念，就可以合理地解释配合物的颜色。大多数八面体配合物的 Δ 值为 $10000 \sim 30000\ \text{cm}^{-1}$（波长为 $1000 \sim 330\ \text{nm}$），而大多数四面体配合物的 Δ 值为 $300 \sim 3000\ \text{cm}^{-1}$（波长为 $33000 \sim 3300\ \text{nm}$）。由此可见，大多数八面体配合物的分裂能处于可见光范围。当受到可见光照射时，配合物会吸收相应波长的电磁波而使其 d 电子在不同能量的 d 轨道之间跃迁，并对外显出补色。所以许多配合物都有一定的颜色。

实验表明，配位数为 6 的过渡金属配合物并非都是正八面体构型，其中有些是或多或少的变形八面体。此称配合物的几何畸变。d 轨道中电子数的多少以及电子数相同时 d 电子采用高自旋还是低自旋，都有可能影响不同 d 轨道感受到的晶体场强弱，结果可能得到等性杂化轨道，也可能得到非等性杂化轨道。对于非等性杂化的六配位化合物，其构型必然不是正八面体。而对于等性杂化的六配位化合物，其构型必然是正八面体。

8.6　晶体结构

1. 晶体及其分类

1）晶体与非晶体

固体物质可分为晶体和非晶体，参见图 8.20。在三维空间，原子、分子或离子按照一定的

规律周期性排列形成的固体就是**晶体**。在非晶体中,原子、分子或离子的排列是杂乱无章的。晶体的分布非常广泛,自然界里绝大多数固体物质都是晶体。气体、液体和非晶体在合适的条件下也可以转变成晶体。在晶体内部,原子或分子在三维空间的周期性排列是晶体的最基本特征,从而使晶体物质具有下列特性。

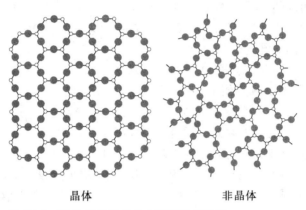

晶体　　　　　　　　　　　　　非晶体

图 8.20　晶体和非晶体的内部结构示意图

　　(1)各向异性。如果晶体物质内部不同方向上原子或分子的排布规律不同,则其许多宏观性质在不同方向上就不一样。譬如,给云母片(属硅酸盐类物质)上涂一层石蜡,待石蜡固化后把一根烧红的铁丝垂直插入石蜡面并穿透云母片。结果就会发现,在铁丝周围不同方向上,石蜡的熔化速度是不一样的。如图 8.21 所示,在水平方向熔化较快,在垂直方向熔化较慢。其根本原因在于云母片是晶体,其内部的组成粒子在不同方向上排列的

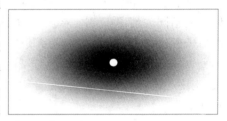

图 8.21　晶体的各向异性

规律性不同,从而导致这种晶体物质在不同方向上的导热性能有别。晶体物质的各向异性还表现在导电性、磁化率、热涨系数、硬度、弹性模量、折光率等许多方面。非晶体物质在各个方向上的性质是完全相同的。

　　(2)规则的几何外形。晶体物质都有棱有角、有规则的几何外形。这是晶体内部微观粒子按照一定规律周期性排列的必然结果。如无色针状的石碳酸(苯酚)晶体、无色透明的氯化钠立方晶体、蔗糖晶体、石英晶体、金刚石晶体等。又如当一大块氯化钠晶体(立方体)受力冲击破碎后,会得到许多小的立方体氯化钠颗粒。与此相反,非晶体物质没有确定的几何构型。如玻璃和沥青,无需加入其他物质,就可以人工将其制作成各种各样的外形。又如把一块玻璃打碎后,得到的玻璃渣子无确定的几何外形。

　　(3)有一定的熔点。如固态水(冰)、干冰(固体二氧化碳)、石碳酸、冰醋酸、铜、铁等,在一定压力下它们都有确定的熔点和沸点。以水为例,在 1 atm 下固态水的熔点是 0 ℃,液态水的沸点是 100 ℃。在 1 atm 和 0 ℃下不论供给多少热量,只要冰未完全熔化,其温度就不会升高。在 1 atm 和 100 ℃下不论供给多少热量,只要液态水未完全蒸发,其温度也不会升高。非晶体物质无确定的熔点。如加热玻璃或沥青时,随着温度的升高,它们会逐渐变软,流动性越来越大,没有一个明确的能区分固体和液体的温度点。所以,人们也常把非晶体叫做"过冷的液体"。

　　化学成分相同的物质,由于形成条件不同,其组成粒子可以规则有序地排列成为晶体,也

可以杂乱无章地堆积成为非晶体。如石英是晶体 SiO_2，而燧石是非晶体 SiO_2。

晶体可进一步细分为单晶体、多晶体和微晶体。**单晶体**是由一个微小的晶核各向均匀生长而成的，其内部的粒子基本上都是按其特有的规律性整齐排列的，是长程有序的。单晶体具有典型的晶体结构和规则外形。单晶体大多都是在特殊条件下形成的，故自然界里单晶体比较少见。**多晶体**是由很多个小的单晶体颗粒按照不同取向聚集而成的。在多晶体中，虽然每颗小晶粒是各向异性的，但由于无数小晶粒的排列是杂乱无章的，结果各向异性被相互抵消了。因此，宏观上多晶体无规则的几何外形，也表现不出各向异性。大多数天然的和合成的固体物质，如矿石、化学制品、金属及合金都是多晶体。**微晶体**介于晶体和非晶体之间，其微粒在很小的范围内规则排列，即粒子排列情况只是短程有序的，其结构重复只有几个到几十个周期。例如土壤中的高岭土和炭黑（石墨的微小颗粒）都是微晶体。对于微晶体，更无各向异性和规则的几何外形可言。由于微晶体的比表面很大，故微晶体的表面吸附作用和表面活性都很突出。

2）晶胞

对于实际的三维晶体，由于其内部的原子、分子或离子是按照一定规律周期性排列的，故可以在三个不相互平行的方向上各选择一个能满足周期性延伸要求的最小单位矢量 a、b、c，如图 8.22 所示。a、b、c 的大小未必相同，一般说来彼此是不同的。如此可组成一个平行六面体。这样的平行六面体可分别沿着 a、b、c 的正向和负向排布延伸，结果就会得到晶体。或者说，可以把晶体划分为一个个完全等同的平行六面体，这种平行六面体代表了晶体结构的基本重复单位，故称其为**晶胞**。

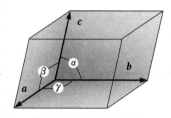

图 8.22　晶胞示意图

晶胞一定是平行六面体。整个晶体是由晶胞按其周期性在三维空间重复排列而成的，而且这种排列只能是晶胞的并置堆砌，而不是非并置堆砌。所谓**并置堆砌**，它是指平行六面体之间没有任何空隙，并且八个相邻的平行六面体共用一个顶点，如图 8.23 所示。

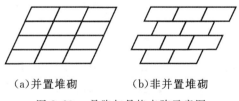

（a）并置堆砌　　　（b）非并置堆砌

图 8.23　晶胞与晶格点阵示意图

晶胞是晶体结构的基本重复单位，研究晶体结构的关键就是搞清楚晶胞结构。晶胞有两个基本要素：其一是晶胞的大小和形状，可用晶胞参数 a、b、c 和 α、β、γ 来表示；其二是晶胞由什么粒子（即什么原子、什么分子或什么离子）组成的，这些粒子的坐标分别是多少。常把晶胞中不同粒子的坐标分别用 a、b、c 的分数（亦称为分数坐标）来表示。以具有立方结构的 CsCl 晶体为例，参见图 8.24。其中 Cs^+ 处在由 Cl^- 构成的立方体的中心。每个晶胞中包含一个 Cl^- 和一个 Cs^+，其分数坐标分别为

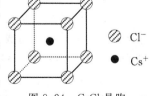

图 8.24　CsCl 晶胞

$$Cs^+: \quad \frac{1}{2} \quad \frac{1}{2} \quad \frac{1}{2} \qquad Cl^-: \ 0 \ 0 \ 0$$

虽然从图8.24看,CsCl晶胞有八个Cl^-离子,但是立方体的每个顶角上的Cl^-都是被相邻的八个等同的立方体公用的,故每个晶胞实际上只有一个Cl^-离子。

2. 不同类型的晶体

1) 离子晶体

离子晶体的晶胞是由离子组成的。离子晶体的晶胞是依靠正负离子间的静电引力(离子键)结合在一起的。由于离子键没有方向性和饱和性,所以离子晶体中离子的堆积形式与金属晶体相似,采用的都是**最紧密堆积**方式(参见后续的金属晶体部分)。其中的每一个离子都与尽可能多的异号离子相接触。如此排列可使系统的能量最低、最稳定。所以在离子晶体中,各离子的配位数都较高。以NaCl晶体为例,其晶胞如图8.25所示。其中每个Na^+的配位数是6,每个Cl^-的配位数也是6,两者的个数比为1∶1。故把氯化钠用化学简式

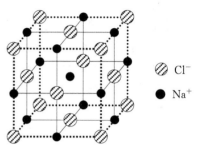

Cl^-　　　Na^+

图 8.25　NaCl 晶胞

NaCl表示。此处NaCl并非表示一个氯化钠分子,在氯化钠晶体中没有NaCl分子存在。

离子键是一类典型的化学键,其结合力属于化学键力。化学键力不同于分子间力。化学键力远比分子间力强。离子键的强度反映在离子晶体的晶格能一般都较大。所以,离子晶体一般都表现为硬度较大、熔点较高、挥发性较小、较稳定。与此同时,由于异号离子相互吸引而同号离子相互排斥,所以离子晶体一般都比较脆,延展性很差。表8-8给出了几种离子晶体的性质。

表 8-8　几种离子晶体的性质

化合物	正负离子间距 /nm	晶格能 /(kJ·mol^{-1})	熔点 /℃	硬度(金刚石 10)
MgO	0.210	3932.96	2852	5.5 — 6.5
CaO	0.240	3522.93	2614	4.5
SrO	0.258	3309.54	2420	3.8
BaO	0.277	3125.45	1918	3.3

虽然离子晶体是由带相反电荷的离子组成的,但由于离子键较强,在离子晶体中这些离子是不能自由运动的,所以离子晶体一般都是不导电的。只有供给足够多的热量使离子晶体熔融后,它才能导电。

2) 原子晶体

原子晶体的晶胞是由原子组成的。原子晶体亦称**共价晶体**。原子晶体的晶胞是由中性原子完全依靠共价键结合而成的。类似于离子晶体,原子晶体中也没有独立的分子,整个晶体是由"无限"个原子借助共价键构成的"大分子",即一个个晶体颗粒就是一个个"大分子"。如果整个晶体不是这样的大分子,而是由许多有限的分子组成的,则这些分子与分子之间的结合力就不再是共价键力,而是分子间力。这样的晶体就不是原子晶体,而是后面将要讨论的分子晶体了。以金刚石为例,它属于原子晶体,其晶体结构如图8.26所示。在金刚石中,每个碳原子都采用sp^3杂化与周围四个碳原子以共价键相连,其中的共价键都是C—C共价单键。这种结构可以朝各不同方向无限延伸。因为共价键具有方向性和饱和性,故原子晶体中各原子的配位数都较少。金刚石中碳原子的配位数是4。

常见的原子晶体除了金刚石外,还有单晶硅、单晶锗、金刚砂(SiC)、氮化硼(BN)、氮化铝(AlN)、β-方石英(SiO_2)等。相对而言,自然界的原子晶体较少。

由于原子晶体中的每一个原子都被周围其他原子以很强的共价键束缚,所以原子晶体都具有很高的硬度、很高的熔点,很难挥发,没有延展性,原子晶体几乎不溶于任何溶剂,而且它的化学性质非常稳定。由于原子晶体中没有离子和自由电子,所以其固态或熔融态均不导电。例如,金刚石的熔点是 3570 ℃、硬度是 10;金刚砂的熔点是 2700 ℃、硬度是 9.5。正因为这样,许多原子晶体物质可作为耐摩、耐高温材料,可用于机加工的刀具和钻

图 8.26　金刚石的晶体结构

头、可用于耐高温轴承等。与此同时,原子晶体如硅、锗、砷化镓等可作为优质的半导体材料。以单晶硅为例,虽然单晶硅本身的导电性能极差,但是当采用适当的方法往单晶硅中掺入微量的砷或硼时,其晶体结构不变,如图 8.27 所示,这时单晶硅中就会有微量的多余电子或正电空穴。在电场作用下,微量的多余电子会朝着高电势方向移动并形成电子电流,这就是 N 型半导体。在电场作用下,微量的正电空穴会由于电子的补充而朝着低电势方向移动并形成空穴电流,这就是 P 型半导体。这些半导体的导电性能与它们的组成密切相关。

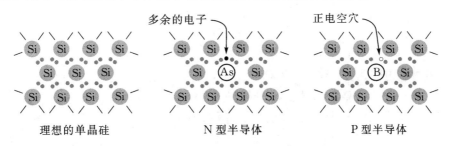

图 8.27　单晶硅(原子晶体)半导体材料

3) 金属晶体

金属晶体的晶胞是由金属原子组成的。在一百多种化学元素中,金属约占百分之八十,而且不同的金属有许多共性,即不透明、有金属光泽、导电和传热性能优良、富有延展性等。金属晶体的这些性质是金属内部结构的反映。金属元素的电负性较小,电离能也较小。在金属内部,金属原子的价电子容易脱离原子核的束缚而自由运动,故常把金属原子的价电子称为**自由电子**。对于每个金属原子而言,除了自由电子,其余部分就是带正电的金属离子了。金属离子中的核外电子都是呈球形分布的。不论在固态还是液态金属中,不论在纯金属还是合金中,其自由电子能够比较自由地在球形对称的正离子所形成的势场中运动,故自由电子亦称为**离域电子**。这些在金属中离域范围很大的自由电子与带正电的金属离子吸引胶合在一起的作用力就是**金属键力**。实际上,这是有关金属键的经典的"自由电子理论模型"。

主要依靠金属键形成的晶体即为**金属晶体**。金属晶体包括金属单质与合金。金属键的本质也是正负电荷之间的吸引力。所以如同离子键,金属键也没有方向性与饱和性,金属晶体中的各原子也都趋于最紧密堆积,从而使系统的势能降到最低,使系统最稳定,结果每个原子的配位数也最多,参见图 8.28。其中,● 代表紧密堆积的第一层和第三层原子,○ 代表紧密堆积的

第二层原子。从图 8.28 中间位置的双层密堆积可以看出,第二层的每个原子均处于第一层的三个原子的中心位置,否则就不可能是最紧密堆积。在双层密堆积的基础上,第三层原子的密堆积方式有两种。一种排列方式是左侧的 A₁ **型密堆积**,即其中的每一个原子都处于第二层的三个原子的中心位置。不过,在 A₁ 型密堆积

A₁ 型密堆积　　双层密堆积　　A₃ 型密堆积

图 8.28　　金属晶体的密堆积

中,第三层原子的投影既不与第二层原子重叠,也不与第一层原子重叠,但第四层原子排列时,其投影将与第一层重叠,第五层原子的投影将与第二层重叠,第六层原子的投影将与第三层重叠,并如此反复。因此,可以把 A₁ 型密堆积的堆积方式用符号 $\cdots ABCABC\cdots$ 表示。另一种排列方式是右侧的 A₃ **型密堆积**。在 A₃ 型密堆积中,第三层原子的投影与第一层原子重叠,第四层原子的投影将与第二层原子重叠,并如此反复。即奇数层的投影彼此完全重叠,偶数层的投影也彼此完全重叠。因此,可以把 A₃ 型密堆积的堆积方式用符号 $\cdots ABAB\cdots$ 表示。

由于自由电子的存在,从而使金属导电性能和导热性能通常比非金属好得多。由于自由电子的存在,当金属受到外力挤压变形时,虽然许多正离子会发生位移,但自由电子始终会牢牢把它们胶合在一起。正因为如此,所以金属一般都具有较好的延展性,可以被压片或被拉丝。例如金箔的厚度可以小到 $0.1\ \mu m$,此时每平方厘米金箔的质量约为 $0.0002\ g$。放在桌面观察时稍不注意,就有可能因呼吸而将其吹飞。

4) 分子晶体

在**分子晶体**中,组成晶胞的化学微粒都是分子,而不是原子或离子。虽然在分子内部,不同原子是依靠较强的共价键结合在一起的,但是在分子晶体的晶胞中,不同化学微粒彼此之间是靠分子间力结合的。图 8.29 是二氧化碳晶体(即干冰)的晶胞。该晶胞具有面心立方结构,每个晶胞中包含四个 CO_2 分子。

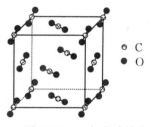

○ C
● O

图 8.29　　二氧化碳晶胞

许多非金属单质(如白磷 P_4、斜方硫 S_8、氯 Cl_2、溴 Br_2、碘 I_2 等)、非金属化合物(如 SO_3、AsO_3、I_2O_5、ICl、ICl_3 等)、稀有气体等处于固态时都属于分子晶体。我们知道,分子间力远比化学键力弱,故只需供给较少的能量就会使分子晶体遭到破坏。所以,与前边介绍过的几种晶体相比,分子晶体的熔沸点都较低,其熔点一般都低于 $400\ ℃$;分子晶体的挥发性大,如用于衣物防蛀虫的萘、樟脑、各种固体香精等,而且许多分子晶体容易升华,如干冰、碘、砒霜 As_2O_3 等;分子晶体的硬度小、导电性能差、较脆。

前面在原子晶体部分提到过,SiO_2 晶体属于原子晶体,而此处谈及到的 CO_2 晶体(干冰)却属于分子晶体。虽然两者均属于第四主族元素的二氧化物,都是共价化合物,但这两种晶体的确存在很大差别。干冰是由一个个 CO_2 分子组成的,它很容易升华并得到一个个 CO_2 分子。SiO_2 晶体是由 Si 和 O 两种中性原子组成的,其中不存在 SiO_2 分子。如果欲勉强从中划分出一个个 SiO_2 原子组也可以,但这些原子组彼此之间还是以共价键相连的,而并非以范德华力作为纽带。正因为这样,所以干冰和 SiO_2 晶体的性质有着天壤之别。在 1 个大气压力下,干冰的升华温度是 $-78.5\ ℃$,而 SiO_2 晶体的熔点是 $1610\ ℃$。

固态水(冰)也是分子晶体。其中不同水分子之间的作用力除了范德华力以外,更重要的

是氢键。由于氢键有方向性和饱和性,所以固态水中水分子的配位数较少,如图 8.30 所示。其中,● 代表氢原子,○ 代表氧原子,实线代表 O—H 键,虚线代表氢键。由于固态水中水分子的堆积方式不是最紧密的(有方向性的氢键会产生较大的空隙),所以冰的密度小于液态水的密度。

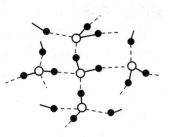

图 8.30　冰的结构

5) 不同类型晶体的比较

由于组成不同类型晶体的基本粒子彼此之间的作用形式和作用力大小截然不同,从而导致不同类型晶体的性质具有很大差异。此处有必要把不同类型晶体的性质放在一起进行对比,以便加深对不同类型晶体的认识,参见表 8-9。

表 8-9　几种不同类型晶体的结构与性质比较

	离子晶体	原子晶体	金属晶体	分子晶体
组成晶体的基本粒子	离子	中性原子	金属原子	分子
粒子间的作用力	离子键,较强	共价键,较强	金属键,较强	分子间力,较弱
晶体中粒子的堆积方式	密堆积,因为离子键无方向性、无饱和性	非密堆积,配位数较少,因共价键有方向性和饱和性	密堆积,因为金属键无方向性、无饱和性	密堆积,因为分子间力无方向性、无饱和性
热学性质	熔沸点高,难挥发	熔沸点高,难挥发	熔沸点高,难挥发	熔沸点低,易挥发或升华
机械性能	硬度较大,较脆,机加工性能差	硬度很大,较脆,机加工性能差	硬度较大,延展性好,机加工性能好	硬度小,较脆,机加工性能差
电学性质	不导电	不导电	导电性好	不导电
实例	$NaCl$,$CuSO_4$,$CaCO_3$,NH_4Cl	金刚石、单晶硅 SiC,β-方石英	Au,Ag,Cu,Al,Fe,黄铜	蔗糖、碘、冰醋酸、硫磺 S_8、白磷 P_4

6) 过渡型晶体

前边讨论过的是几种典型的晶体类型,彼此的主要区别在于组成晶胞的化学微粒彼此之间的作用力不同。在自然界和生产实践中,实际上还有一些过渡型晶体。在过渡型晶体中,不同化学微粒之间存在着两种或两种以上的结合力。所以把过渡型晶体也叫做具有混合键型的晶体。

以石墨为例,其结构如图 8.31 所示。石墨晶体是**层状结构**的晶体。在每一层内,所有的碳原子都采取 sp^2 杂化并彼此形成 σ 键,所有碳原子的未参与杂化的 p 轨道在同一平面内彼此肩并肩重叠形成一个"无限"延伸的大 π 键。每一层就如同一个大的共轭分子。正是由于这种大 π 键中的电子可以在大范围自由运动,结果使石墨具有良好的导电性能和导热性能。在每一层中,C—C 键都是等价的,其键长均为 142 nm。该键长小于乙烷分子中的 C—C 键(154 nm),该键长大于乙烯分子中的 C—C 键（134 nm）。这些实验数据与此处所讲的石墨层内成键情况是一致的。所以在同一层内，不同碳原子是依赖共价键结合的。由此可见，每个石墨层是一个完整的大分子。石墨的层与层之间的作用力是分子间力而非化学键力。相邻层间距的实测结果 335 nm 告诉我们，相邻层之间不可能存在化学键力，因为该间距比 C—C 单键（154 nm）大得多。正因为这样，所以层与层之间的结合力很弱，层与层之间容易滑动。实际上，石墨确实是一种很好的固体润滑剂。在日常生活中，如果钥匙插入锁孔有困难或门锁的舌簧伸缩不灵活，均可使用铅笔的笔芯给于改善。

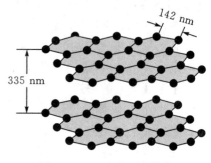

图 8.31　石墨的层状结构

又如天然的硅酸盐，它的基本结构单元是硅氧四面体 SiO_4^{2-}。根据其中硅氧比的差异，这种四面体基本单元可采用不同的连接方式，从而得到多种不同的硅酸盐晶体。图 8.32 是每个硅氧四面体 SiO_4^{2-} 都用两个顶点彼此前后相连形成的链状硅酸盐负离子，其化学式可以表示

图 8.32　链状硅酸盐结构示意图

为 $(SiO_3)_n^{2n-}$，其中的硅氧比为 1∶3。在图 8.32 中，● 代表硅原子；○ 代表氧原子；◉ 代表以俯视方式观察时上下重叠的硅原子和氧原子；虚线三角形代表硅氧四面体 SiO_4^{2-} 的俯视图。在硅酸盐链内，不同原子彼此之间均以共价键相连，但这些长链都是带负电荷的，链与链之间都是靠带正电的金属离子把它们笼络在一起，即链与链之间的化学键力属于相对较弱离子键。这种结构受力时易断裂成纤维状，故将这种晶体称为**链状结构**的晶体。实际上这就是石棉的晶体结构，它是纤维状镁、钙和钠的硅酸盐矿物的总称。石棉常用作保温材料和耐火材料。

3. 晶体缺陷

以上分类所讲的晶体结构都是组成粒子排列整齐的、完美无缺的晶体结构。这样的晶体结构只有在特殊条件下才能得到。在实际的晶体生长过程中，或由于条件控制无法做到绝对严格，或由于各种外界因素的干扰（如重力场、电磁场等），结果最终得到的往往是非完美的、具有种种缺陷的晶体。晶体缺陷可大致分为点缺陷、线缺陷、面缺陷和体缺陷。晶体缺陷会在晶体学中给予较详细的分析和解释。由于晶体缺陷破坏了正常的晶体点阵结构，使其能量有所升高，故晶体缺陷常常会对晶体的力学性能、电学性能、磁学性能、光学性能等产生显著的影响。在许多情况下，这种影响是正面的、是我们所需要的。这种影响对于各种新材料的研究开发具有重要的指导意义。这种影响属于固体物理、固体化学、材料科学等领域重要的基础知识。此处主要简单介绍一下点缺陷。

如果晶体中有空位、或有填隙粒子、杂质粒子，这种晶体就不是完美晶体，这种缺陷就是**点缺陷**，如图 8.33 所示。通常，间隙粒子和空位同时出现。这种点缺陷是由于粒子的热运动而产生的。其中部分能量较大的粒子离开各自的平衡位置而进入间隙，并

填隙粒子　　空位　　杂质粒子

图 8.33　点缺陷示意图

在各自原来的位置留下空位,故这种点缺陷也叫做**热缺陷**。由于杂质粒子进入晶体而引起的点缺陷也叫做**杂质缺陷**。图 8.27 所示的 N 型半导体和 P 型半导体就属于杂质缺陷。

4. 非整比化合物

晶体的点缺陷是很常见的。由于点缺陷可能是空位造成的,也可能是间隙原子造成的,所以导致许多化合物中不同元素的原子数之比不像其化学式那样成整比,它们实际上属于非整比化合物。如 $Zn_{1+x}O$、TiO_{2-x} 等都属于阳离子过剩的非整比化合物,$Fe_{1-x}O$、TiO_{1+x} 等都属于阴离子过剩的非整比化合物。这些化合物都具有半导体的性质。实际上,这些化合物都是不带电的,其中既没有过剩的正离子,也没有过剩的负离子。这种化合物的成分可变,其本质是其中出现了变价原子。许多过渡金属氧化物和硫化物都是非整比化合物。在这类化合物中,由于它们的组成连续可变,其中变价原子的比例也连续可变,结果使这些化合物晶体具有特殊的光学性质、磁学性质、化学反应活性,具有半导体性质,甚至具有金属性。所以,这些非整比化合物在固体材料领域扮演着或将要扮演一个个重要的角色。下面给出几种变价化合物的实例。

例一,如果在 1000 K 左右把 ZnO 晶体放在锌蒸气中加热,该晶体就会变为红色,生成具有 N 型半导体性质的 $Zn_{1+x}O$。室温下它的电导率比整比化合物 ZnO 的电导率大得多。

例二,化合物 TiO_{1+x} 的组成变化范围很宽,从 $TiO_{0.82}$ 到 $TiO_{1.18}$。由整比化合物 TiO 晶体的密度和晶胞参数可知,常温下大约有 15% 的 Ti^{2+} 和 O^{2-} 的空位。若将 TiO 在高于它的分解压的氧气中加热,即可在空位中引入过量的氧,使其变成 TiO_{1+x}。若在氧气的压力小于 TiO 分解压的环境中加热 TiO 晶体,即可脱去部分氧而造成过量的钛,使其变成 TiO_{1-x}。氧含量不同,不同价态的钛所占的比例就不同,其导电性能就不一样。其导电性能甚至可以好到如同金属。

例三,各种硫化物磷光体的发光现象与其存在着晶体缺陷有很大关系。作为激活剂,某些少量杂质元素的掺入可以大大提高其发光性能。与此同时,另一些杂质元素的掺入会大大降低其发光效率。例如,作荧光屏用的硫酸锌镉($Zn_xCd_{1-x}SO_4$)需要加入万分之几的 Ag 作为激活剂,但是少量 Ni 的存在会显著降低其发光效率。

例四,严格说来,各种晶体表面本身就是缺陷。由于处于表面的原子或离子其化合价并未得到完全满足,存在着一定的余价,因此晶体表面会吸附其他原子、分子或离子。尤其是在表面的晶格畸变或原子空位处(晶体缺陷),其活性特别明显。多相催化反应就是在催化剂表面的活性中心进行的。正因为这样,一种物质能否作为催化剂,其催化性能如何,不仅与该物质的本性有关,还与它的表面状态密不可分,而表面状态与加工的工艺条件有关。

思考题 8

8.1　为何离子键既没有方向性,也没有饱和性?

8.2　不同原子彼此化合时形成离子键还是共价键主要与什么因素有关?

8.3　什么是极化率?

8.4　离子极化会对物性有何影响?

8.5　什么是晶格能?其值大小与离子晶体的稳定性有什么关系?

8.6　共价键理论有哪几种,各有何特点?

8.7　π 键和 σ 键有什么异同?

8.8 通常为什么 π 键不如 σ 键稳定?

8.9 为什么 O_2 具有顺磁性?

8.10 C 和 O 的电负性差别很大,为什么 CO 的偶极矩很小?

8.11 什么是配位键,配位键与普通的共价键有何异同?

8.12 什么是配合物的价键理论,该理论有什么不足?

8.13 什么是配合物的晶体场理论,该理论有什么优点?

8.14 用杂化轨道理论可以解释哪些用价键理论不能说明的问题?

8.15 用 VSEPR 理论判断 AB_n 型分子的几何构型时怎样计算价电子对数目?

8.16 用 VSEPR 理论判断 AB_n 型分子的几何构型时怎样计算孤电子对数目?

8.17 AB_n 型分子的几何构型与价电子对数目和孤电子对数目有什么关系?

8.18 什么是固有偶极,什么是瞬时偶极?

8.19 包含极性键的分子都是极性分子吗?

8.20 分子间力包括哪几种力?

8.21 色散力、诱导力和取向力分别存在于哪些分子之间?

8.22 讨论分子间力有什么意义?

8.23 有人说"非极性分子之间只存在色散力,极性分子之间只存在取向力",请问这种观点是否正确。

8.24 范德华力是否包括氢键的相互作用?

8.25 化学键共有哪几种,它们分别有何特点?

8.26 晶体与非晶体的结构及性质有何区别?

8.27 同属于第四主族元素的二氧化物,为什么 CO_2 是气体而 SiO_2 是固体?

8.28 为什么许多晶体具有各向异性?

8.29 什么是延展性?

8.30 晶体有哪几种类型?它们的性质有什么明显差异?

8.31 分子晶体和原子晶体有何异同?

8.32 什么是晶体缺陷,晶体缺陷有哪几种?

8.33 讨论非整比化合物有何意义?

习　题　8

8.1 解释下列实验事实

(1) TiO_2 比 MgF_2 的硬度大,NaF 比 NaCl 的硬度大。

(2) MgO 比 $MgCl_2$ 的熔点高,MgS 比 Na_2S 的熔点高。

8.2 在 25 ℃ 下计算 RbF 的晶格能。在同温度下已知:

固体 Rb 的升华能为	78 kJ·mol^{-1}
气体 F_2 的解离能为	160 kJ·mol^{-1}
Rb 的第一电离能为	402 kJ·mol^{-1}
F 的第一电子亲和能为	350 kJ·mol^{-1}
RbF 晶体的标准摩尔生成热为	-552 kJ·mol^{-1}

8.3　请按照化合物中正离子的极化率从大到小对 $CaCl_2$、$FeCl_2$、$CuCl$、$MgCl_2$ 和 $ZnCl_2$ 进行排队,并说明理由。

8.4　指出 $\overset{1}{C}H_3 - \overset{2}{C} - \overset{3}{C} = \overset{4}{C} - Cl$ 分子中不同编号的碳原子所采取的杂化轨道类型。

（第2个碳上有 $\overset{\|}{O}$，第3个碳上有 H）

8.5　据你所知,与价键理论相比,分子轨道理论有哪些明显的优点?

8.6　用杂化轨道理论说明 H_2S 分子、AsH_3 分子和 GeH_4 分子的几何构型,并把它们的键角从大到小进行排序。

8.7　根据价电子对互斥理论,借助下表分析计算不同分子的几何构型。

分子式	$BeCl_2$	BCl_3	NH_4^+	PH_3	H_2O
中心原子的价电子数					
带负电荷数					
成键电子数					
孤电子对数					
配位原子数					
价电子对总数					
价电子对的几何构型					
分子的几何构型					

8.8　对于 CS_2、BF_3 和 NF_3 这三种分子:

（1）请用价电子对互斥理论推测它们的几何构型。

（2）请用杂化轨道理论说明它们的几何构型。

8.9　对于 BF_3、$HgCl_2$、H_2O、NH_3 和 PO_4^{3-}:

（1）这些分子中的键电子对和孤电子对分别是几?

（2）这些分子的价电子对构型和分子几何构型分别是什么?

（3）请按分子或离子中的键角大小排序。

8.10　分子间力包括范德华力和氢键。范德华力又可细分为色散力、诱导力和取向力。下列各对分子之间分别存在哪几种力?

（1）O_2 和 CO_2；　　　（2）CO 和 CO_2；　　　（3）CH_3COOH 和 CH_3COOH；

（4）SO_2 和 SO_2；　　　（5）丙酮和乙醇；　　　（6）苯和对二氯苯。

8.11　根据已学过的知识,推测各组物质的性质递增顺序,并说明理由。

（1）比较 Br_2、Cl_2、F_2 和 I_2 的沸点。

（2）比较 $BaBr_2$、$BaCl_2$、BaF_2 和 BaI_2 的熔点。

（3）比较 $NaBr$、$NaCl$、NaF 和 NaI 的硬度。

（4）比较 $AgBr$、$AgCl$、AgF 和 AgI 在水中的溶解度。

8.12　针对化合物 BeH_2、BF_3、SiH_4、PCl_3、CS_2 和 OF_2,根据已有知识:

（1）推测其中心原子可能采取的杂化轨道类型。

（2）由上述推测结果判断这些分子的几何构型。

（3）其中哪些是极性分子？

8.13　稀有气体 He、Ne、Ar、Kr 和 Xe 的沸点分别为 4 K、27 K、76 K、121 K 和 174 K。请解释它们的沸点变化规律。

8.14　请按照沸点从低到高的顺序对 CO、H_2、HF 和 Ne 进行排队，并说明理由。

8.15　解释下列现象：

（1）在常温常压下，为何一氯甲烷（CH_3Cl）是气体而甲醇（CH_3OH）是液体？

（2）为什么 I_2 在 CCl_4 中的溶解度明显大于它在水中的溶解度？

8.16　我们知道，碱金属卤化物在水中都是易溶的，而卤化银（AgF 除外）在水中都是难溶的。请解释这是为什么？

8.17　单质 B、BCl_3 以及 LiCl 的熔点分别为 2300 ℃、−107.3 ℃ 和 650 ℃。由它们的熔点并结合不同元素的其他性质推测这几种固体物质分别属于什么类型的晶体。

8.18　关于氨 NH_3，请回答下列问题：

（1）其中 N 原子采取什么杂化轨道类型？

（2）NH_3 分子有无极性？

（3）在低温下，晶体氨属于哪种类型的晶体？

8.19　请根据相关的晶体知识填写下表。

固体物质	晶体类型	组成晶胞的化学粒子类型	粒子间的主要作用力类型	主要的物理性质
$CuSO_4$				
SiO_2				
H_2O				
NaCl				
C（金刚石）				

附录 Ⅰ   25 ℃ 下部分物质的标准热力学数据

物　质	$\dfrac{\Delta_f H_m^{\ominus}}{kJ \cdot mol^{-1}}$	$\dfrac{S_m^{\ominus}}{J \cdot K^{-1} \cdot mol^{-1}}$	$\dfrac{\Delta_f G_m^{\ominus}}{mol \cdot L^{-1}}$	$\dfrac{C_{p,m}}{J \cdot K^{-1} \cdot mol^{-1}}$
Ag(s)	0.0	42.70	0.0	25.49
Ag₂O(s)	-30.57	121.71	-10.8	65.56
AgCl(s)	-127.03	96.11	-109.72	50.79
AgNO₃(s)	-123.14	140.92	-32.17	93.05
Al(s)	0.0	28.32	0.0	24.34
Al₂O₃(s)	-1669.7	52.99	-1576.41	78.99
Ar(g)	0.0	154.72	0.0	20.79
B(s)	0.0	6.53	0.0	11.97
Be(s)	0.0	9.54	0.0	17.82
B₂H₆(g)	31.4	232.88	82.8	56.40
B₂O₃(s)	-1263.6	54.02	-1184.1	62.26
Br₂(l)	0.0	152.3	0.0	75.7
Br₂(g)	30.71	245.34	3.14	35.98
C(s,金刚石)	1.90	2.44	2.87	6.05
C(s,石墨)	0.0	5.69	0.0	8.64
C(g)	718.38	157.99	672.97	20.84
Ca(s)	0.0	41.63	0.0	26.27
CaO(s)	-635.09	39.7	-604.2	42.80
CaF₂(s)	-1214.6	68.87	-1161.9	67.02
CaCO₃(s,方解石)	-1206.87	92.9	-1128.76	81.88
CaSiO₃(s)	-1584.1	82.0	-1498.7	85.27
CaSO₄(s,无水)	-1432.68	106.7	-1320.30	99.6
CaSO₄ · $\frac{1}{2}$H₂O(s)	-1575.15	130.5	-1435.20	119.7
CaSO₄ · 2H₂O(s)	-2021.12	193.97	-1795.73	186.2
Ca₃(PO₄)₂(s)	-4137.5	236.0	-3899.5	227.82
CCl₄(g)	-106.69	309.41	-64.22	83.51

续表

物　　质	$\dfrac{\Delta_f H_m^{\ominus}}{kJ \cdot mol^{-1}}$	$\dfrac{S_m^{\ominus}}{J \cdot K^{-1} \cdot mol^{-1}}$	$\dfrac{\Delta_f G_m^{\ominus}}{mol \cdot L^{-1}}$	$\dfrac{C_{p,m}}{J \cdot K^{-1} \cdot mol^{-1}}$
$CCl_4(l)$	-128.2	214.43	-68.74	131.75
$CH_3Cl(g)$	-81.92	234.18	-58.41	40.79
$CH_3Br(g)$	-34.3	245.77	-24.69	42.59
$CHCl_3(g)$	-100.0	296.48	-67.0	65.81
$CHCl_3(l)$	-131.8	202.9	-71.5	116.3
$CH_4(g)$	-74.85	186.19	-50.79	35.71
$C_2H_2(g)$	226.75	200.82	209.2	43.93
$C_2H_4(g)$	52.28	219.45	68.12	43.55
$C_2H_6(g)$	-84.67	229.49	-32.89	52.65
C_3H_6(丙烯,g)	20.42	267.05	62.79	63.89
C_3H_6(环丙烷,g)	53.30	237.55	104.46	55.94
$C_3H_8(g)$	-103.85	270.2	-23.37	73.51
C_6H_6(苯,g)	82.93	269.20	129.8	81.67
C_6H_6(苯,l)	49.04	173.2	123.1	138.1
$CO(NH_2)_2(s)$	-333.19	104.6	-197.15	93.14
$CH_3OH(g)$	-201.2	239.7	-161.88	43.9
$CH_3OH(l)$	-238.64	126.8	-166.31	81.6
$C_2H_5OH(l)$	-277.63	160.7	-174.76	111.46
$CH_3CHO(g)$	-166.35	265.7	-133.72	62.8
$CH_3COOH(l)$	-484.5	159.8	-389.9	124.3
$(COOH)_2(s)$	-826.7	120.1	-697.9	109.0
$Cl_2(g)$	0.0	222.95	0.0	33.93
$CO(g)$	-110.52	197.91	-137.27	29.14
$CO_2(g)$	-393.51	213.64	-394.38	37.13
$COCl_2(g)$	-223.01	289.24	210.50	60.71
$CS_2(l)$	87.9	151.04	63.6	75.7
$Cu(s)$	0.0	33.30	0.0	24.47
$CuO(s)$	-155.2	43.51	-127.2	44.4
$Cu_2O(s)$	-166.69	100.8	-146.36	69.9
$CuSO_4(s)$	-769.86	113.4	-661.9	100.8
$CuSO_4 \cdot 5H_5O(s)$	-2277.98	305.4	-1879.9	281.2
$F_2(g)$	0.0	203.3	0.0	31.46

续表

物　质	$\dfrac{\Delta_f H_m^{\ominus}}{kJ \cdot mol^{-1}}$	$\dfrac{S_m^{\ominus}}{J \cdot K^{-1} \cdot mol^{-1}}$	$\dfrac{\Delta_f G_m^{\ominus}}{mol \cdot L^{-1}}$	$\dfrac{C_{p,m}}{J \cdot K^{-1} \cdot mol^{-1}}$
Fe(s)	0.0	27.15	0.0	25.23
FeO(s)	−266.5	59.4	−256.9	48.12
Fe_2O_3(s)	−824.2	90.0	−741.0	104.6
Fe_3O_4(s)	−1120.9	146.4	−1014.2	143.4
H_2(g)	0.0	130.59	0.0	28.84
H(g)	217.94	114.61	203.24	20.79
HBr(g)	−36.23	198.40	−53.22	29.12
HCN(g)	130.5	201.79	120.1	35.90
HCOOH(l)	−409.2	128.95	−346.0	99.04
HCl(g)	−92.31	186.68	−95.26	29.12
He(g)	0.0	126.06	0.0	20.79
HF(g)	−268.6	173.51	−270.7	29.08
Hg(l)	0.0	77.4	0.0	27.82
HgO(s,红)	−90.71	72.0	−58.53	45.77
HgO(s,黄)	−90.21	73.2	−58.40	
Hg_2Cl_2(s)	−264.93	195.8	−210.66	101.7
$HgCl_2$(s)	−230.12	144.35	−176.6	76.6
HI(g)	25.9	206.33	1.30	29.16
HNO_3(l)	−173.23	155.60	−79.91	109.87
H_2O(g)	−241.83	188.72	−228.59	33.58
H_2O(l)	−285.84	69.94	−237.19	75.30
H_2O_2(l)	−187.02	105.86	−118.11	88.41
H_2S(g)	−20.15	205.64	−33.02	33.97
I_2(s)	0.0	116.7	0.0	54.98
I_2(g)	62.24	260.58	19.37	36.86
K(s)	0.0	63.6	0.0	29.16
K(g)	90.0	160.23	61.17	20.79
K_2(g)	128.9	249.75	92.5	37.9
KCl(s)	−435.87	82.67	−408.32	51.50
$KMnO_4$(s)	−813.4	171.71	−713.79	119.2
KOH(s)	−425.93	59.41	−374.5	64.9
Kr(g)	0.0	163.97	0.0	20.79

续表

物　　质	$\dfrac{\Delta_f H_m^{\ominus}}{kJ \cdot mol^{-1}}$	$\dfrac{S_m^{\ominus}}{J \cdot K^{-1} \cdot mol^{-1}}$	$\dfrac{\Delta_f G_m^{\ominus}}{mol \cdot L^{-1}}$	$\dfrac{C_{p,m}}{J \cdot K^{-1} \cdot mol^{-1}}$
Li(s)	0.0	28.03	0.0	23.64
Li(g)	155.10	138.67	122.13	20.79
Li$_2$(g)	199.2	196.90	157.32	35.65
Li$_2$O(s)	−595.8	37.91	−560.24	
LiH(g)	128.4	170.58	105.4	29.54
LiCl(s)	−408.78	58.16	−383.3	51.0
Mg(s)	0.0	32.51	0.0	23.89
MgO(s)	−601.83	26.8	−569.57	37.40
Mg(OH)$_2$(s)	−924.66	63.14	−833.74	77.03
MgCl$_2$(s)	−641.82	89.5	−592.32	71.30
Mn(s)	0.0	31.76	0.0	26.32
MnO$_2$(s)	−519.6	53.1	−466.1	54.02
N$_2$(g)	0.0	191.49	0.0	29.12
N(g)	472.64	153.19	455.51	20.79
Na(s)	0.0	51.0	0.0	28.41
Na(g)	108.70	153.62	78.11	20.79
Na$_2$(g)	142.13	230.20	103.97	37.6
NaBr(s)	−359.80	83.7	−350.2	52.3
NaCl(s)	−411.00	72.4	−384.0	49.71
Na$_2$CO$_3$(s)	−1130.9	136.0	−1047.7	110.50
NaNO$_3$(s)	−466.08	116.3	−365.89	93.05
Na$_2$O(s)	−415.9	72.8	−376.6	68.2
Na$_2$O$_2$(s)	−510.9	93.3	−430.1	89.33
NaOH(s)	−426.6	64.18	−379.5	59.66
Na$_2$SO$_4$(s)	−1384.49	149.49	−1266.83	127.61
Na$_2$SO$_4 \cdot 10H_2$O(s)	−4324.08	592.87	−3643.97	587.4
Ne(g)	0.0	144.14	0.0	20.79
NH$_3$(g)	−46.19	192.51	−16.63	35.66
NH$_4$Cl(s)	−315.39	94.6	−203.89	84.1
NO(g)	90.37	210.62	86.69	29.86
NO$_2$(g)	33.85	240.45	51.84	37.91
N$_2$O(g)	81.55	220.0	103.60	38.6

物 质	$\dfrac{\Delta_f H_m^{\ominus}}{kJ \cdot mol^{-1}}$	$\dfrac{S_m^{\ominus}}{J \cdot K^{-1} \cdot mol^{-1}}$	$\dfrac{\Delta_f G_m^{\ominus}}{mol \cdot L^{-1}}$	$\dfrac{C_{p,m}}{J \cdot K^{-1} \cdot mol^{-1}}$
$N_2O_4(g)$	9.37	304.3	98.28	78.99
$N_2O_5(g)$	13.3	355.7	117.1	95.3
$O_2(g)$	0.0	205.03	0.0	29.36
$O(g)$	247.52	160.95	230.09	21.91
$O_3(g)$	142.2	237.6	163.43	38.16
P(s,白)	0.0	44.0	0.0	23.22
P(s,红)	−18.4	22.8	−13.8	20.83
$P_4(g)$	54.89	279.91	24.35	66.9
Pb(s)	0.0	64.89	0.0	26.82
$PH_3(g)$	9.25	210.0	18.24	
$P_4O_{10}(s)$	−3096.0	280.0		204.8
Rn(g)	0.0	176.15	0.0	20.79
S(s,斜方)	0.0	31.88	0.0	22.59
S(s,单斜)	0.3	32.55	0.10	23.64
$SF_6(g)$	−1220.5	291.5	−1116.5	97.0
Si(s)	0.0	18.70	0.0	19.87
$SiO_2(s,石英)$	−859.4	41.84	−805.0	44.43
$SO_2(g)$	−296.06	248.52	−300.37	39.79
$SO_3(g)$	−395.18	256.22	−370.37	50.63
Xe(g)	0.0	169.58	0.0	20.79
Zn(c)	0.0	41.63	0.0	25.06
ZnS(s,闪锌矿)	−202.9	57.74	−198.3	45.2
ZnS(s,纤维锌矿)	−189.5	57.7	−242.5	

附录 Ⅱ 25℃ 下部分物质的标准摩尔燃烧焓

物　质	$\dfrac{\Delta_c H_m^{\ominus}}{kJ \cdot mol^{-1}}$	物　质	$\dfrac{\Delta_c H_m^{\ominus}}{kJ \cdot mol^{-1}}$
$H_2(g)$	-285.84	$C(石墨)$	-393.51
$CO(g)$	-282.99	$C_5H_{12}(l)$ 正戊烷	-3509.1
$CH_4(g)$ 甲烷	-890.31	$C_2H_5OH(l)$ 乙醇	-1366.91
$C_2H_2(g)$ 乙炔	-1301.1	$C_6H_5OH(s)$ 苯酚	-3053.48
$C_2H_4(g)$ 乙烯	-1410.97	$HCHO(g)$ 甲醛	-570.7
$C_2H_6(g)$ 乙烷	-1559.84	$CH_3COCH_3(l)$ 丙酮	-1789.9
$C_3H_6(g)$ 丙烯	-2058.4	$C_2H_5OC_2H_5(l)$ 乙醚	-2723.9
$C_3H_6(g)$ 环丙烷	-2079.6	$HCOOH(l)$ 甲酸	-254.6
$C_3H_8(g)$ 丙烷	-2219.07	$CH_3COOH(l)$ 乙酸	-874.2
$C_4H_{10}(g)$ 正丁烷	-2878.34	$C_6H_5COOH(s)$ 苯甲酸	-3226.9
C_4H_{10} 异丁烷	-2871.5	$C_7H_6O_3(s)$ 水杨酸	-3022.5
$C_6H_6(l)$ 苯	-3267.54	$C_3H_5(OH)_3(l)$ 甘油	-1655.4
$C_6H_{14}(l)$ 正己烷	-4143.4	$C_3H_7OH(l)$ 正丙醇	-2021.3
$C_6H_{12}(l)$ 环己烷	-3919.86	$C_6H_{12}O_6(s)$ 果糖	-2828.1
$C_7H_8(l)$ 甲苯	-3925.4	$C_6H_{12}O_6(s)$ 葡萄糖	-2817.2
$C_{10}H_8(s)$ 萘	-5153.9	$C_{12}H_{22}O_{11}(s)$ 蔗糖	-5649.5
$C_5H_{12}(g)$ 正戊烷	-3509.2	$CHCl_3(s)$ 氯仿	-373.2
$C_6H_5NO_2(l)$ 硝基苯	-3091.2	$CH_3Cl(g)$ 氯甲烷	-689.1
$C_6H_5NH_2(l)$ 苯胺	-3396.2	$CS_2(l)$ 二硫化碳	-1076.0
$C_4H_9OH(l)$ 正丁醇	-2673.2	$CO(NH_2)_2(s)$ 脲素	-634.3
$CH_3OH(l)$ 甲醇	-726.64		

附录 Ⅲ 25℃ 下部分物质在水溶液中的标准热力学数据

物　质	$\dfrac{\Delta_f H_m^{\ominus}}{kJ \cdot mol^{-1}}$	$\dfrac{S_m^{\ominus}}{J \cdot K^{-1} \cdot mol^{-1}}$	$\dfrac{\Delta_f G_m^{\ominus}}{kJ \cdot mol^{-1}}$
Ac^-	-488.86	86.6	-372.46
Ag^+	105.90	73.93	77.11
$Ag(NH_3)_2^+$	-111.80	241.8	-17.40
Be^{2+}	-389.0	-118.0	-356.48
Br^-	-120.92	80.71	-102.80
Ca^{2+}	-542.96	-53.1	-553.04
Cl^-	-167.44	55.2	-131.17
ClO^-	-107.1	43.1	-37.2
ClO_2^-	-69.0	100.8	-10.71
ClO_3^-	-98.3	163.0	-2.60
ClO_4^-	-131.42	182.0	-8.0
CO_2	-412.92	121.3	-386.22
CO_3^{2-}	-676.26	-53.1	-528.10
Cr^{2+}	-143.5		-176.1
Cr^{3+}		-307.5	-215.5
$Cr_2O_7^{2-}$	-1460.6	213.8	-1257.3
CrO_4^{2-}	-894.33	38.5	-736.8
Cu^+	51.9	-26.4	50.2
Cu^{2+}	64.39	-98.7	64.98
$Cu(NH_3)_4^{2+}$	-334.3	806.7	-256.1
F^-	-329.11	-9.6	-276.48
H^+	0.0	0.0	0.0
HAc	-488.44	86.6	-399.61
H_3BO_3	-1067.8	159.8	-963.32
$H_2BO_3^-$	-1053.5	30.5	-910.44
H_2CO_3	-698.7	191.2	-623.42
HCO_3^-	-691.11	95.0	-587.06

物　　质	$\dfrac{\Delta_f H_m^\ominus}{kJ \cdot mol^{-1}}$	$\dfrac{S_m^\ominus}{J \cdot K^{-1} \cdot mol^{-1}}$	$\dfrac{\Delta_f G_m^\ominus}{kJ \cdot mol^{-1}}$
HCl	-167.44	55.2	-131.17
HNO_3	-206.56	146.4	-110.58
H_3O^+	-285.85	69.96	-237.19
H_3PO_4	-1289.5	176.1	-1147.2
$H_2PO_4^-$	-1302.5	89.1	-1135.1
HPO_4^{2-}	-1298.7	-36.0	-1094.1
H_2S	-39.3	122.2	-27.36
HS_2^-	-17.66	61.1	12.59
H_2SO_4	-907.51	17.1	-741.99
HSO_4^-	-885.75	126.85	-752.86
I_2	20.9		16.44
I_3^-	-51.9	173.6	-51.50
I^-	-55.94	109.36	-51.67
K^+	-251.21	102.5	-282.25
Li^+	-278.44	14.2	-293.80
Mg^{2+}	-461.95	-55.2	-456.01
Mn^{2+}	-218.8	-84.0	-223.4
MnO_4^-	-518.4	189.9	-425.1
MnO_4^{2-}			-503.8
Na^+	-239.66	60.2	-261.88
NH_3	-80.83	110.0	-26.61
NH_4^+	-132.80	112.84	-79.50
Ni^{2+}	-64.0	-128.9	-48.24
$Ni(NH_3)_6^{2+}$			-251.4
$Ni(CN)_4^{2-}$	363.5	138.1	489.9
NO_3^-	-206.56	146.4	-110.58
OH^-	-229.95	-10.54	-157.27
Pb^{2+}	1.63	21.3	-24.31
PO_4^{3-}	-1284.1	-218.0	-1025.5
S^{2-}	41.8	28.5	83.7
SO_4^{2-}	-907.51	17.1	-741.99
Zn^{2+}	-152.42	-106.48	-147.19

附录 IV　25 ℃ 下部分弱酸和弱碱的解离平衡常数

弱　　酸	$K_a^{\ominus}$	弱　　碱	$K_b^{\ominus}$
H_3BO_3（硼酸）	5.8×10^{-10}（$K_{a,1}^{\ominus}$）	NH_3（氨水）	1.8×10^{-5}
H_2CO_3（碳酸）	4.2×10^{-7}（$k_{a,1}^{\ominus}$） 5.6×10^{-11}（$K_{a,2}^{\ominus}$）	N_2H_4（联氨）	3.0×10^{-6}（$K_{b,1}^{\ominus}$） 7.6×10^{-15}（$K_{b,2}^{\ominus}$）
HCN（氢氰酸）	6.2×10^{-10}	NH_2OH（羟氨）	9.1×10^{-9}
HCOOH（甲酸）	1.8×10^{-4}	CH_3NH_2（甲胺）	5.6×10^{-4}
CH_3COOH（乙酸）	1.76×10^{-5}	$(CH_3)_2NH$（二甲胺）	4.2×10^{-4}
$H_2C_2O_4$（草酸）	5.9×10^{-2}（$K_{a,1}^{\ominus}$） 6.4×10^{-5}（$K_{a,2}^{\ominus}$）	$N(CH_3)_3$（三甲胺）	6.31×10^{-5}
$C_4H_6O_6$（d -酒石酸）	9.1×10^{-4}（$K_{a,1}^{\ominus}$） 4.3×10^{-5}（$K_{a,2}^{\ominus}$）	$C_2H_5NH_2$（乙胺）	1.2×10^{-4}
C_6H_5COOH（苯甲酸）	6.2×10^{-5}	$(C_2H_5)_2NH$（二乙胺）	1.3×10^{-3}
$C_6H_4(COOH)_2$ （邻苯二甲酸）	1.1×10^{-3}（$K_{a,1}^{\ominus}$） 3.9×10^{-6}（$K_{a,2}^{\ominus}$）	$C_2H_8N_2$（乙二胺）	8.5×10^{-5}（$K_{b,1}^{\ominus}$） 7.1×10^{-8}（$K_{b,2}^{\ominus}$）
$C_6H_8O_7$（柠檬酸）	7.4×10^{-4}（$K_{a,1}^{\ominus}$） 1.7×10^{-5}（$K_{a,2}^{\ominus}$） 4.0×10^{-7}（$K_{a,3}^{\ominus}$）	$C_6H_5NH_2$（苯胺）	4.07×10^{-10}
C_6H_5OH（苯酚）	1.1×10^{-10}	$(C_6H_5)_2NH$（二苯胺）	7.08×10^{-14}
HF（氢氟酸）	6.6×10^{-4}	$C_6H_{12}N_4$（六次甲基四胺）	1.4×10^{-9}
HNO_2（亚硝酸）	5.1×10^{-4}	C_5H_5N（吡啶）	1.7×10^{-9}
H_3PO_4（磷酸）	7.6×10^{-3}（$K_{a,1}^{\ominus}$） 6.3×10^{-8}（$K_{a,2}^{\ominus}$） 4.4×10^{-13}（$K_{a,3}^{\ominus}$）	C_2H_7NO（乙醇胺）	3.2×10^{-5}
H_3PO_3（亚磷酸）	5.0×10^{-2}（$K_{a,1}^{\ominus}$） 2.5×10^{-7}（$K_{a,2}^{\ominus}$）	$C_6H_{15}NO_3$（三乙醇胺）	5.8×10^{-7}
H_2S（氢硫酸）	1.3×10^{-7}（$K_{a,1}^{\ominus}$） 7.1×10^{-15}（$K_{a,2}^{\ominus}$）		
H_2SO_4（硫酸）	1.0×10^{-2}（$K_{a,2}^{\ominus}$）		
H_2SO_3（亚硫酸）	1.3×10^{-2}（$K_{a,1}^{\ominus}$） 6.3×10^{-8}（$K_{a,2}^{\ominus}$）		
H_2SiO_3（偏硅酸）	1.7×10^{-10}（$K_{a,1}^{\ominus}$） 1.6×10^{-12}（$K_{a,2}^{\ominus}$）		

附录 Ⅴ 部分金属离子配合物的稳定常数
(18 ~ 25 ℃)

配位体	金属离子	配位数	$\log\beta_n$
氨(NH₃)	Ag^+	1,2	3.24、7.05
氨(NH₃)	Cd^{2+}	1 ~ 6	2.65、4.75、6.19、7.12、6.80、5.14
氨(NH₃)	Co^{2+}	1 ~ 6	2.11、3.74、4.79、5.55、5.73、5.11
氨(NH₃)	Co^{3+}	1 ~ 6	6.7、14.0、20.1、25.7、30.8、35.2
氨(NH₃)	Cu^+	1,2	5.93、10.86
氨(NH₃)	Cu^{2+}	1 ~ 4	4.31、7.98、11.02、13.32
氨(NH₃)	Ni^{2+}	1 ~ 6	2.80、5.04、6.77、7.96、8.71、8.74
氨(NH₃)	Zn^{2+}	1 ~ 4	2.37、4.81、7.31、9.46
溴(Br⁻)	Bi^{3+}	1 ~ 6	4.30、5.55、5.89、7.82、—、9.70
溴(Br⁻)	Cd^{2+}	1 ~ 4	1.75、2.34、3.32、3.70
溴(Br⁻)	Cu^+	2	5.89
溴(Br⁻)	Hg^{2+}	1 ~ 4	9.05、17.32、19.74、21.00
溴(Br⁻)	Ag^+	1 ~ 4	4.38、7.33、8.00、8.73
氯(Cl⁻)	Hg^{2+}	1 ~ 4	6.74、13.32、14.07、15.07
氯(Cl⁻)	Sn^{2+}	1 ~ 4	1.51、2.24、2.03、1.48
氯(Cl⁻)	Sb^{3+}	1 ~ 6	2.26、3.49、4.18、4.72、4.72、4.11
氯(Cl⁻)	Ag^+	1 ~ 4	3.04、5.04、5.04、5.30
氰(CN⁻)	Ag^{+e}	1 ~ 4	—、21.1、21.7、20.6
氰(CN⁻)	Cd^{2+}	1 ~ 4	5.48、10.60、15.23、18.78
氰(CN⁻)	Cu^+	1 ~ 4	—、24.0、28.59、30.3
氰(CN⁻)	Fe^{2+}	6	35
氰(CN⁻)	Fe^{3+}	6	42
氰(CN⁻)	Hg^{2+}	4	41.4
氰(CN⁻)	Ni^{2+}	4	31.3
氰(CN⁻)	Zn^{2+}	4	16.7
氟(F⁻)	Al^{3+}	1 ~ 6	6.13、11.15、15.00、17.75、19.37、19.84
氟(F⁻)	Fe^{3+}	1 ~ 3	5.28、9.30、12.06
氟(F⁻)	Th^{4+}	1 ~ 3	7.65、13.46、17.97

配位体	金属离子	配位数	$\log\beta_n$
乙二胺$(C_2H_8N_2)$	Ag^+	1,2	4.70、7.70
乙二胺$(C_2H_8N_2)$	Cd^{2+}	1～3	5.47、10.09、12.09
乙二胺$(C_2H_8N_2)$	Co^{2+}	1～3	5.91、10.64、13.94
乙二胺$(C_2H_8N_2)$	Co^{3+}	1～3	18.7、34.9、48.69
乙二胺$(C_2H_8N_2)$	Cu^+	2	10.80
乙二胺$(C_2H_8N_2)$	Cu^{2+}	1～3	10.67、20.00、21.0
乙二胺$(C_2H_8N_2)$	Fe^{2+}	1～3	4.34、7.65、9.70
乙二胺$(C_2H_8N_2)$	Hg^{2+}	1,2	14.3、23.3
乙二胺$(C_2H_8N_2)$	Mn^{2+}	1～3	2.73、4.79、5.67
乙二胺$(C_2H_8N_2)$	Ni^{2+}	1～3	7.52、13.80、18.06
乙二胺$(C_2H_8N_2)$	Zn^{2+}	1～3	5.77、10.83、14.11
草酸$(C_2O_4^{2-})$	Al^{3+}	1～3	7.26、13.0、16.3
草酸$(C_2O_4^{2-})$	Co^{2+}	1～3	4.79、6.7、9.7
草酸$(C_2O_4^{2-})$	Co^{3+}	3	～20
草酸$(C_2O_4^{2-})$	Fe^{2+}	1～3	2.9、4.52、5.22
草酸$(C_2O_4^{2-})$	Fe^{3+}	1～3	9.4、16.2、20.2
草酸$(C_2O_4^{2-})$	Mn^{2+}	1～3	9.98、16.57、19.42
草酸$(C_2O_4^{2-})$	Ni^{2+}	1～3	5.3、7.64、～8.5
草酸$(C_2O_4^{2-})$	Zn^{2+}	1～3	4.89、7.60、8.15

注:β_n 为累积稳定常数;$\beta_n = k_1 k_2 \cdots k_n$;$k_i$ 为分级稳定常数;$\log\beta_n = \log k_1 + \log k_2 + \cdots + \log k_n$。

附录 Ⅵ 部分物质的凝固点降低常数和沸点升高常数

溶　剂	熔点 T_f/℃	K_f/(K·mol^{-1}·kg)	溶　剂	沸点 T_b/℃	K_b/(K·mol^{-1}·kg)
苯胺	−6.0	5.87	苯胺	184.4	3.69
苯	5.5	5.1	苯	80.2	2.57
水	0.0	1.86	水	100.0	0.52
四氯化碳	−23.0	29.8	四氯化碳	76.7	5.3
吡啶	−42.0	4.97	吡啶	115.4	2.69
苯酚	41.0	7.3	苯酚	181.2	3.60
醋酸	16.7	9.3	醋酸	118.4	3.1
硝基苯	5.7	6.9	硝基苯	210.9	5.27
对二甲苯	13.2	4.3	乙酸甲酯	57.0	2.06
甲酸	8.4	2.77	甲醇	64.7	0.84
樟脑	178.4	39.7	樟脑	208.25	5.95
硫酸	10.5	6.17	氯仿	61.2	3.83
环己烷	6.5	20.2	丙酮	56.0	1.5
对甲苯胺	43.0	5.2	二硫化碳	46.3	2.29
萘	80.1	6.9	乙酸乙酯	77.2	2.79

附录 Ⅶ　25 ℃ 下的标准电极电势

电 极	还原电极反应	$\varphi^{\ominus}$ /V
$Ag \mid Ag^+$	$Ag^+ + e^- \rightarrow Ag$	0.7994
$Ag, AgBr(s) \mid Br^-$	$AgBr + e^- \rightarrow Ag + Br^-$	0.0711
$Ag, AgCl(s) \mid Cl^-$	$AgCl + e^- \rightarrow Ag + Cl^-$	0.2221
$Ag, AgI(s) \mid I^-$	$AgI + e^- \rightarrow Ag + I^-$	-0.1521
$Al \mid Al^{3+}$	$Al^{3+} + 3e^- \rightarrow Al$	-1.66
$Pt \mid Au^+, Au^{3+}$	$Au^{3+} + 2e^- \rightarrow Au^+$	1.29
$Au \mid Au^+$	$Au^+ + e^- \rightarrow Au$	1.68
$Au \mid Au^{3+}$	$Au^{3+} + 3e^- \rightarrow Au$	1.42
$Ba \mid Ba^{2+}$	$Ba^{2+} + 2e^- \rightarrow Ba$	-2.90
$Be \mid Be^{2+}$	$Be^{2+} + 2e^- \rightarrow Be$	-1.70
$Pt \mid Br^-, Br_2(l)$	$Br_2(l) + 2e^- \rightarrow 2Br^-$	1.065
$Pt \mid HBrO, Br_2(l)$	$2HBrO + 2H^+ + 2e^- \rightarrow Br_2 + 2H_2O$	1.59
$Ca \mid Ca^{2+}$	$Ca^{2+} + 2e^- \rightarrow Ca$	-2.76
$Cd \mid Cd^{2+}$	$Cd^{2+} + 2e^- \rightarrow Cd$	-0.4028
$Ce \mid Ce^{3+}$	$Ce^{3+} + 3e^- \rightarrow Ce$	-2.335
$Pt \mid Ce^{3+}, Ce^{4+}$	$Ce^{4+} + e^- \rightarrow Ce^{3+}$	1.61
$Pt, Cl_2(g) \mid Cl^-$	$Cl_2 + 2e^- \rightarrow 2Cl^-$	1.3580
$Pt, Cl_2(g) \mid HClO$	$2HClO + 2H^+ + 2e^- \rightarrow Cl_2 + 2H_2O$	1.63
$Pt \mid HClO, Cl^-$	$HClO + H^+ + 2e^- \rightarrow Cl^- + H_2O$	1.490
$Pt \mid ClO^-, Cl^-$	$ClO^- + H_2O + 2e^- \rightarrow Cl^- + 2OH^-$	0.90
$Co \mid Co^{2+}$	$Co^{2+} + 2e^- \rightarrow Co$	-0.28
$Pt \mid Co^{3+}, Co^{2+}$	$Co^{3+} + e^- \rightarrow Co^{2+}$	1.808
$Cr \mid Cr^{3+}$	$Cr^{3+} + 3e^- \rightarrow Cr$	-0.74
$Cr \mid Cr^{2+}$	$Cr^{2+} + 2e^- \rightarrow Cr$	-0.557
$Pt \mid Cr^{3+}, Cr^{2+}$	$Cr^{3+} + e^- \rightarrow Cr^{2+}$	-0.41
$Pt \mid Cr_2O_7^{2-}, Cr^{3+}, H^+$	$Cr_2O_7^{2-} + 14H^+ + 6e^- \rightarrow 2Cr^{3+} + 7H_2O$	1.33
$Cs \mid Cs^+$	$Cs^+ + e^- \rightarrow Cs$	-2.923
$Pt \mid Cu^{2+}, Cu^+$	$Cu^{2+} + e^- \rightarrow Cu^+$	0.158
$Cu \mid Cu^{2+}$	$Cu^{2+} + 2e^- \rightarrow Cu$	0.3400

电　　极	还原电极反应	$\varphi^{\ominus}$ /V
$Cu \mid Cu^+$	$Cu^+ + e^- \rightarrow Cu$	0.522
$Cu \mid CuI_2^-$	$CuI_2^- + e^- \rightarrow Cu + 2I^-$	0.00
$Pt, F_2(g) \mid F^-$	$F_2 + 2e^- \rightarrow 2F^-$	2.87
$Fe \mid Fe^{3+}$	$Fe^{3+} + 3e^- \rightarrow Fe$	-0.036
$Pt \mid Fe^{3+}, Fe^{2+}$	$Fe^{3+} + e^- \rightarrow Fe^{2+}$	0.770
$Fe \mid Fe^{2+}$	$Fe^{2+} + 2e^- \rightarrow Fe$	-0.409
$Pt, H_2(g) \mid H_2O, OH^-$	$2H_2O + 2e^- \rightarrow H_2(g) + 2OH^-$	-0.8277
$Pt, H_2(g) \mid H^+$	$2H^+ + 2e^- \rightarrow H_2(g)$	0.0000
$Pt \mid H_2O_2, H_2O, H^+$	$H_2O_2 + 2H^+ + 2e^- \rightarrow 2H_2O$	1.776
$Hg, Hg_2Cl_2 \mid Cl^-$	$Hg_2Cl_2 + 2e^- \rightarrow 2Hg + 2Cl^-$	0.268
$Hg, Hg_2SO_4 \mid SO_4^{2-}$	$Hg_2SO_4 + 2e^- \rightarrow 2Hg + SO_4^{2-}$	0.6158
$Hg \mid Hg^{2+}$	$Hg^{2+} + 2e \rightarrow Hg$	0.851
$Pt \mid Hg^{2+}, Hg_2^{2+}$	$2Hg^{2+} + 2e^- \rightarrow Hg_2^{2+}$	0.905
$Hg \mid Hg_2^{2+}$	$Hg_2^{2+} + 2e^- \rightarrow 2Hg$	0.7961
$Hg, Hg_2Br_2 \mid Br^-$	$Hg_2Br_2 + 2e^- \rightarrow 2Hg + 2Br^-$	0.1396
$HgO \mid Hg, OH^-$	$HgO + H_2O + 2e^- \rightarrow Hg + 2OH^-$	0.0984
$Pt, I_2(s) \mid I^-$	$I_2 + 2e^- \rightarrow 2I^-$	0.535
$Pt, I_2(s) \mid I_3^-$	$I_3^- + 2e^- \rightarrow 3I^-$	0.5338
$K \mid K^+$	$K^+ + e^- \rightarrow K$	-2.924
$Li \mid Li^+$	$Li^+ + e^- \rightarrow Li$	-3.045
$Mg \mid Mg^{2+}$	$Mg^{2+} + 2e^- \rightarrow Mg$	-2.375
$Mn \mid Mn^{2+}$	$Mn^{2+} + 2e^- \rightarrow Mn$	-1.029
$Pt \mid Mn^{3+}, Mn^{2+}$	$Mn^{3+} + e^- \rightarrow Mn^{2+}$	-1.51
$Pt \mid MnO_4^-, Mn^{2+}, H^+$	$MnO_4^- + 8H^+ + 5e^- \rightarrow 2Mn^{2+} + 4H_2O$	1.491
$Pt, NO(g) \mid HNO_2, H^+$	$HNO_2 + H^+ + e^- \rightarrow NO + H_2O$	0.99
$Pt, NO(g) \mid NO_2^-, OH^-$	$NO_2^- + H_2O + e^- \rightarrow NO + 2OH^-$	-0.46
$Pt \mid NO_3^-, HNO_2$	$NO_3^- + 3H^+ + 2e^- \rightarrow HNO_2 + H_2O$	0.94
$Pt, NO(g) \mid NO_3^-, OH^-$	$NO_3^- + 4H^+ + 3e^- \rightarrow NO + 2H_2O$	0.96
$Na \mid Na^+$	$Na^+ + e^- \rightarrow Na$	-2.711
$Ni \mid Ni^{2+}$	$Ni^{2+} + 2e^- \rightarrow Ni$	-0.23
$Ni, NiO_2 \mid Ni^{2+}$	$NiO_2 + 4H^+ + 2e^- \rightarrow Ni^{2+} + 2H_2O$	1.93
$Pt \mid H_2O_2, H_2O, H^+$	$H_2O_2 + 2H^+ + 2e^- \rightarrow 2H_2O$	1.77
$Pt, O_2(g) \mid H_2O, OH^-$	$O_2(g) + 2H_2O + 4e^- \rightarrow 4OH^-$	0.401

续表

电 极	还原电极反应	$\varphi^{\ominus}/V$
$Pt, O_2(g) \mid H_2O, H^+$	$O_2(g) + 4H^+ + 4e^- \rightarrow 2H_2O$	1.229
$Pb, PbO_2, PbSO_4(s) \mid SO_4^{2-}$	$PbO_2 + SO_4^{2-} + 4H^+ + 2e^- \rightarrow PbSO_4 + 2H_2O$	1.685
$Pb, PbSO_4(s) \mid SO_4^{2-}$	$PbSO_4 + 2e^- \rightarrow Pb + SO_4^{2-}$	-0.356
$Pb \mid Pb^{2+}$	$Pb^{2+} + 2e^- \rightarrow Pb$	-0.1265
$Pb, PbO_2(s) \mid Pb^{2+}$	$PbO_2 + 4H^+ + 2e^- \rightarrow Pb^{2+} + 2H_2O$	1.46
$Pt \mid 醌, 氢醌, H^+$	$C_6H_4O_2 + 2H^+ + 2e^- \rightarrow C_6H_4(OH)_2$	0.6993
$Pt \mid S_2O_8^{2-}, SO_4^{2-}$	$S_2O_8^{2-} + 2e^- \rightarrow 2SO_4^{2-}$	2.01
$Pt \mid SO_4^{2-}, H_2SO_3$	$SO_4^{2-} + 4H^+ + 2e^- \rightarrow H_2SO_3 + H_2O$	-0.20
$Sc \mid Sc^{3+}$	$Sc^{3+} + 3e^- \rightarrow Sc$	-0.208
$Sn \mid Sn^{2+}$	$Sn^{2+} + 2e^- \rightarrow Sn$	-0.1364
$Pt \mid Sn^{4+}, Sn^{2+}$	$Sn^{4+} + 2e^- \rightarrow Sn^{2+}$	0.15
$Sn \mid HSnO_2^-, OH^-$	$HSnO_2^- + H_2O + 2e^- \rightarrow Sn + 3OH^-$	-0.79
$Sr \mid Sr^{2+}$	$Sr^{2+} + 2e^- \rightarrow Sr$	-2.89
$Ti \mid Ti^{2+}$	$Ti^{2+} + 2e^- \rightarrow Ti$	-1.63
$Pt \mid Ti^{3+}, Ti^{2+}$	$Ti^{3+} + e^- \rightarrow Ti^{2+}$	-2.0
$Pt \mid Tl^{2+}, Tl^+$	$Tl^{2+} + e^- \rightarrow Tl^+$	1.247
$Pt \mid V^{3+}, V^{2+}$	$V^{3+} + e^- \rightarrow V^{2+}$	-0.255
$V \mid V^{2+}$	$V^{2+} + 2e^- \rightarrow V$	-1.2
$Zn \mid Zn^{2+}$	$Zn^{2+} + 2e^- \rightarrow Zn$	-0.7630

附录 Ⅷ 25 ℃ 下部分难溶化合物的溶度积常数

难溶化合物	$K_{sp}^{\ominus}$	难溶化合物	$K_{sp}^{\ominus}$
$AgBr$	5.0×10^{-13}	Hg_2CO_3	3.6×10^{-17}
$AgBrO_3$	5.3×10^{-5}	Hg_2I_2	4.5×10^{-24}
$AgCl$	1.8×10^{-10}	Hg_2S	1.0×10^{-47}
$AgCN$	1.4×10^{-16}	$HgS(红)$	4.0×10^{-53}
Ag_2CO_3	8.1×10^{-12}	$HgS(黑)$	1.6×10^{-52}
Ag_2CrO_4	1.1×10^{-12}	Hg_2SO_4	7.4×10^{-7}
$Ag_2C_2O_4$	3.5×10^{-11}	LiF	3.8×10^{-3}
$Ag_2Cr_2O_7$	2.0×10^{-7}	$MgCO_3$	3.5×10^{-8}
AgI	8.3×10^{-17}	MgC_2O_4	8.0×10^{-5}
$AgMnO_4$	1.6×10^{-3}	MgF_2	6.5×10^{-9}
$AgNO_2$	6.0×10^{-4}	$Mg(OH)_2$	6.0×10^{-10}
Ag_3PO_4	1.4×10^{-16}	$Mn(OH)_2$	1.9×10^{-13}
Ag_2S	6.0×10^{-50}	$MnS(肉色)$	3.0×10^{-10}
$AgSCN$	1.0×10^{-12}	$MnS(绿色)$	3.0×10^{-13}
Ag_2SO_3	1.5×10^{-14}	$NiCO_3$	1.3×10^{-7}
Ag_2SO_4	1.4×10^{-5}	NiC_2O_4	4.0×10^{-10}
AuI_3	1.0×10^{-46}	$Ni(OH)_2$	2.0×10^{-15}
$Au(OH)_3$	5.5×10^{-46}	$NiS(\alpha)$	3.0×10^{-19}
$BaCO_3$	4.0×10^{-10}	$NiS(\beta)$	1.0×10^{-24}
$BaCrO_4$	1.2×10^{-10}	$NiS(\gamma)$	2.0×10^{-26}
BaF_2	1.1×10^{-6}	$PbBr_2$	4.0×10^{-5}
$Ba(OH)_2$	5.0×10^{-3}	$PbCl_2$	1.6×10^{-5}
$BaSO_3$	8.0×10^{-7}	$PbCO_3$	7.4×10^{-14}
$BaSO_4$	1.1×10^{-10}	PbC_2O_4	4.8×10^{-10}
$CaCO_3$	4.5×10^{-9}	PbF_2	2.7×10^{-8}
CaC_2O_4	4.0×10^{-9}	PbI_2	7.1×10^{-9}
$CaCrO_4$	7.1×10^{-4}	$Pb(OH)_2$	1.2×10^{-15}
CaF_2	2.7×10^{-11}	PbS	1.3×10^{-28}
$Ca(OH)_2$	3.7×10^{-6}	$PbSO_4$	1.7×10^{-8}

续表

难溶化合物	$K_{sp}^{\ominus}$	难溶化合物	$K_{sp}^{\ominus}$
$CaSO_3$	3.1×10^{-7}	$Pd(OH)_2$	1.0×10^{-31}
$CaSO_4$	2.5×10^{-5}	$Pd(OH)_4$	6.0×10^{-71}
$CdCO_3$	5.2×10^{-12}	$PtBr_4$	3.0×10^{-41}
$Cd(OH)_2$	2.8×10^{-14}	$PtCl_4$	8.0×10^{-29}
CdS	8.0×10^{-27}	$Pt(OH)_2$	1.0×10^{-35}
$Ce(OH)_3$	6.3×10^{-22}	$Sn(OH)_4$	1.0×10^{-56}
Ce_2S_3	6.0×10^{-11}	SnS	1.0×10^{-25}
$CoCO_3$	1.1×10^{-10}	$SrCO_3$	1.1×10^{-10}
$Co(OH)_2$	1.6×10^{-15}	$SrSO_3$	4.0×10^{-8}
$Co(OH)_3$	3.0×10^{-41}	$SrSO_4$	3.2×10^{-7}
$CoS(\alpha)$	4.0×10^{-21}	$SrCrO_4$	2.2×10^{-5}
$CoS(\beta)$	2.0×10^{-25}	SrF_2	2.5×10^{-9}
$CuBr$	5.3×10^{-9}	$Ti(OH)_3$	1.0×10^{-40}
$CuCl$	1.2×10^{-6}	$TlBr$	3.8×10^{-6}
$CuCN$	3.2×10^{-20}	$TlCl$	1.7×10^{-4}
CuI	1.1×10^{-12}	TlI	6.5×10^{-8}
$Cu(OH)_2$	1.3×10^{-20}	$Tl(OH)_3$	6.3×10^{-46}
CuS	6.0×10^{-36}	$Zn(CN)_2$	2.6×10^{-13}
$Fe(OH)_2$	8.0×10^{-16}	$ZnCO_3$	1.4×10^{-11}
$Fe(OH)_3$	3.0×10^{-39}	ZnC_2O_4	1.6×10^{-9}
FeS	6.0×10^{-18}	$Zn(OH)_2$	3.0×10^{-17}
Hg_2Br_2	5.8×10^{-23}	$Zn_3(PO_4)_2$	9.1×10^{-33}
Hg_2Cl_2	1.3×10^{-18}	$ZnS(\alpha)$	1.6×10^{-24}
$Hg_2(CN)_2$	5.0×10^{-40}	$ZnS(\beta)$	2.5×10^{-22}

附录 IX　索引

附录 X　习题参考答案

习题 1

1.1　(1) $63.8 \times 10^{-3}\,\mathrm{m^3}$；(2) $34.6 \times 10^{-3}\,\mathrm{m^3 \cdot mol^{-1}}$

1.2　$-3730\,\mathrm{J}$

1.3　$W = -258.3\,\mathrm{kJ}, Q = 3388\,\mathrm{kJ}, \Delta U = 3130\,\mathrm{kJ}$

1.4　$Q = 2201\,\mathrm{J}, W = -623.6\,\mathrm{J}, \Delta U = 1577\,\mathrm{J}$

1.5　(1) $145\,\mathrm{J}$；(2) $-165\,\mathrm{J}$

1.6　$101.7\,\mathrm{kJ}$

1.7　$\Delta U = 2507\,\mathrm{kJ}, \Delta H = 2507\,\mathrm{kJ}$

1.8　$-104.91\,\mathrm{kJ \cdot mol^{-1}}$

1.9　(1) $Q = \Delta U = 5199\,\mathrm{J}, W = 0, \Delta H = 7278\,\mathrm{J}$；

　　　(2) $W = -2079\,\mathrm{J}, \Delta U = 5200\,\mathrm{J}, Q = \Delta H = 7278\,\mathrm{J}$

1.10　(1) $9.62\,\mathrm{mol}$；(2) $-25000\,\mathrm{kJ}$

1.11　$-14.83\,\mathrm{kJ \cdot mol^{-1}}$

1.12　(1) $298.36\,\mathrm{kJ \cdot mol^{-1}}$；(2) $79.57\,\mathrm{kJ \cdot mol^{-1}}$；(3) $-1366.91\,\mathrm{kJ \cdot mol^{-1}}$；

　　　(4) $-565.98\,\mathrm{kJ \cdot mol^{-1}}$；(5) $-631.21\,\mathrm{kJ \cdot mol^{-1}}$；(6) $178.27\,\mathrm{kJ \cdot mol^{-1}}$；

　　　(7) $-99.12\,\mathrm{kJ \cdot mol^{-1}}$

1.13　$263.9\,\mathrm{g}$

1.14　(1) $3935.1\,\mathrm{kJ}$；(2) $3935.1\,\mathrm{kJ}$

1.15　(1) $-2057.0\,\mathrm{kJ \cdot mol^{-1}}$；(2) $18.5\,\mathrm{kJ \cdot mol^{-1}}$

1.16　(1) 略；(2) $-4817.1\,\mathrm{kJ \cdot mol^{-1}}$；(3) $-223.8\,\mathrm{kJ \cdot mol^{-1}}$

1.17　(1) $2.972 \times 10^4\,\mathrm{kJ}$；(2) $2.967 \times 10^4\,\mathrm{kJ}$

1.18　(1) $-1196\,\mathrm{kJ \cdot mol^{-1}}$；(2) $-35\,\mathrm{kJ \cdot mol^{-1}}$

1.19　(1) $-904.74\,\mathrm{kJ \cdot mol^{-1}}$；(2) $-878.45\,\mathrm{kJ \cdot mol^{-1}}$

1.20　(1) $28.40\,\mathrm{kJ \cdot mol^{-1}}$；(2) $262.4\,\mathrm{kJ \cdot mol^{-1}}$

习题 2

2.1　(1) $12.74\,\mathrm{J \cdot K^{-1}}$；(2) $12.74\,\mathrm{J \cdot K^{-1}}$；

　　　(3) $(Q/T)_1 = \Delta S = 12.74\,\mathrm{J \cdot K^{-1}}, (Q/T)_2 = 0$

2.2　(1) $28.81\,\mathrm{J \cdot K^{-1}}$；(2) 0；(3) $28.81\,\mathrm{J \cdot K^{-1}}$

2.3　$50.46\,\mathrm{J \cdot K^{-1}}$

2.4　(1) $-189.03\,\mathrm{J \cdot K^{-1} \cdot mol^{-1}}$；(2) $160.44\,\mathrm{J \cdot K^{-1} \cdot mol^{-1}}$；

　　　(3) $138.69\,\mathrm{J \cdot K^{-1} \cdot mol^{-1}}$

2.5　$\Delta S = 183.68\,\mathrm{J \cdot K^{-1}}, \Delta G = -64.88\,\mathrm{kJ}$

2.6 (1) 109.58 kJ · mol^{-1};(2) $-$119.84 kJ · mol^{-1};(3) $-$75.05 kJ · mol^{-1}

2.7 (1) 0;(2) 不可逆;(3) 不适用

2.8 (1) $p_{NH_3} = 80$ kPa,$p_{H_2S} = 40$ kPa;(2) 0.256

2.9 (1) 0.176;(2) 1.76 $\times 10^4$ Pa;(3) 18.4%

2.10 略

2.11 (1) 10.30 kJ · mol^{-1};(2) $-$15.89 kJ · mol^{-1};(3) 1.88 MPa

2.12 (1) 略;(2) 0.0166

2.13 6.75 $\times 10^{12}$ MPa

2.14 (1) 5.77 $\times 10^5$;(2) 1.503 mol

2.15 0.192

2.16 (1) 90.56 kJ · mol^{-1};(2) 87.86 kPa

2.17 $-$95.44 kJ · mol^{-1}

2.18 3761 K,即 3488 ℃

2.19 1.00 $\times 10^{-14}$

习题 3

3.1 $x = 0.010, c = 0.557$ mol · L^{-1}, $b = 0.559$ mol · kg^{-1}

3.2 (1) 0.0500 g;(2) 0.0191 g

3.3 $K^\ominus = c_{NH_3}(氯仿)/c_{H_2O}(水) = 0.200$

3.4 55.7 g · mol^{-1}

3.5 (1) 115.9 g · mol^{-1};(2) 5.11 K · mol^{-1} · kg

3.6 (1) 1.29 $\times 10^{-4}$ mol · L^{-1};(2) 314.5 Pa

3.7 0.345 Pa

3.8 (1) 0.301 mol · kg^{-1};(2) 7.76 $\times 10^5$ Pa

3.9 (1) $p = 4.235$ kPa;(2) $T_f = -0.18$ ℃;(3) $T_b = 100.05$ ℃;(4) 2.46 $\times 10^5$ Pa

3.10 (1) $\alpha_1 = 1.88\%$, $\alpha_2 = 4.21\%$;(2) pH(1) = 3.03, pH(2) = 3.38

3.11 (1) 1.49%;(2) pH = 2.92, pOH = 11.08

3.12 (1) 5.65 $\times 10^{-11}$;(2) 略

3.13 (1) 2.33 $\times 10^{-8}$;(2) 1.78 $\times 10^{-4}$

3.14 (1) 1.09%;(2) 0.32%

3.15 (1) 2.35;(2) 3.11 g

3.16 (1) 1.37 : 1;(2) 4.62

3.17 (1) 略;(2) 5.06

3.18 10.42

3.19 7.97

3.20 5.12

3.21 $s(AgCl) = 1.33 \times 10^{-5}$ mol · L^{-1}, $s(CaF_2) = 3.32 \times 10^{-4}$ mol · L^{-1}

3.22 (1) 8.43 $\times 10^{-3}$ mol · L^{-1};(2) 4.7 $\times 10^{-4}$ mol · L^{-1}

3.23 (1) 1.98 $\times 10^{-3}$;(2) 0.0041 mol · L^{-1}

3.24   (1) 2.7×10^{-7}; (2) 0.0030 mol・L^{-1}

3.25   (1) 2.08×10^{6}; (2) $c_{I^{-}} = 9.6 \times 10^{-10}$ mol・L^{-1}, $c_{Cl^{-}} = 0.0020$ mol・L^{-1}

3.26   (1) 3.79×10^{-4}; (2) 1.24

习题 4

4.1   (1) 1.75 mol・L^{-1}・h^{-1}; (2) 5.25 mol・L^{-1}・h^{-1}

4.2   (1) 3; (2) 3; (3) 略

4.3   (1) 略; (2) 略; (3) 27 倍

4.4   (1) 40.66 kPa; (2) 159.34 kPa

4.5   (1) 一级; (2) 93.7%

4.6   (1) 0.0838 kPa・min^{-1}; (2) 205.0 kPa

4.7   278 kPa

4.8   (1) 2048 min; (2) 363 min

4.9 4.67×10^{-4} s^{-1}

4.10   121a

4.11   略

4.12   (1) 2.53×10^{-7} Pa^{-1}・s^{-1}; (2) 79 s

4.13   (1) 176 kJ・mol^{-1}; (2) 2.59×10^{-4} mol^{-1}・L・s^{-1}; (3) 3670 s

4.14   (1) 132.2 kJ・mol^{-1}; (2) 1.30 kPa

4.15   266 kJ・mol^{-1}

4.16 $T \leqslant 501.7$ K 或 $T \leqslant 228.5$ ℃

4.17   (1) $k_{280} = 5.92 \times 10^{-4}$ s^{-1}, $k_{305} = 2.84 \times 10^{-3}$ s^{-1}; (2) $E_a = 166.7$ kJ・mol^{-1}, $k_0 = 3.30 \times 10^{12}$ s^{-1}

习题 5

5.1   (1) 48.6 kg・mol^{-1}; (2) 247 个; (3) 156 m^2・g^{-1}

5.2   1072 KJ

5.3   可以铺展

5.4   2 Pa

5.5 487.4×10^{-3} N・m^{-1}

5.6   (1) 略; (2) 678.9 kPa

5.7   11.8 kPa

5.8   (1) 1.36 L・kg^{-1}; (2) 4810 m^2・kg^{-1}

5.9   (1) 5.76 MPa^{-1}; (2) 982 m^2・g^{-1}

5.10   (1) 5.58×10^{-5} m・s^{-1}; (2) 6270 s

5.11   (1) 4.29×10^{3} kg・mol^{-1}, 3.43×10^{4} kg・mol^{-1}; (2) 46.6 a, 11.7 a

5.12   183

5.13   略

5.14   (1) 略; (2) $MgCl_2 > MgSO_4 > NaCl > Na_2SO_4$

5.15   (1) 0.512 mol・L^{-1}, 0.0043 mol・L^{-1}, 0.000 89 mol・L^{-1}; (2) 略

习题 6

6.1 ～ 6.4   略

6.5   (1) 0.0038 V;(2) 0.0060 V;(3) 0.0230 V;(4) 0.0230 V;(5) 0.0126 V

6.6   (1) 1.140 V;(2) -0.918 V;(3) -1.5059 V

6.7   (1) 略;(2) 0.0968 V

6.8   (1) 略;(2) -0.136 V

6.9 -0.828 V

6.10   (1) 略;(2) 略;(3) 0.0827 V

6.11   (1) 略;(2) -0.0294 V;(3) 0.318

6.12   略

6.13   (1) 略;(2) 6.06×10^{-38}

6.14   (1) 略;(2) 2.81×10^{15}

6.15   略

6.16 3.62×10^{-9} mol $\cdot$ kg^{-1}

习题 7

7.1   (1) 1.6×10^{-19} J;(2) 1.99×10^{-19} J

7.2   28.3 pm

7.3 ～ 7.8   略

7.9   (1) 略;(2) 32 个

7.10   (1) 9 个;(2) 18 个;(3) 第四

7.11   (1) 四;(2) $1s^2 2s^2 2p^6 3s^2 3p^6 4s^2 3d^7$;(3) ⅧB 族,d 区;(4) 27,Co,钴

7.12   略

7.13   (1) Mg,Ne,K,Br,P;(2) K;(3) Br;(4) Br

7.14 ～ 7.17   略

7.18   (1) 122 nm, 103 nm;(2) 略

7.19   Rb、Sr、In、Sn

习题 8

8.1   略

8.2   762 kJ $\cdot$ mol^{-1}

8.3 $CuCl > ZnCl_2 > FeCl_2 > MgCl_2 > CaCl_2$

8.4   1 sp^3, 2 sp^2, 3 sp^2, 4 sp^2

8.5   略

8.6 GeH_4 键角 $>$ AsH_3 键角 $>$ H_2S

8.7   略

8.8   略

8.9   (1) 略;(2) 略;(3) $HgCl_2 > BF_3 > PO_4^{3-} > NH_3 > H_2O$

8.10 ～ 8.19   略

参考文献

[1] 徐崇泉,强亮生.工科大学化学.北京:高等教育出版社,2003.

[2] 王明德,赵翔.物理化学.北京:化学工业出版社,2008.

[3] 唐和清.工科基础化学.北京:化学工业出版社,2005.

[4] 何培之,等.普通化学.北京:科学出版社,2001.

[5] 周公度,段连云.结构化学基础.3版.北京:北京大学出版社,2002.

[6] 章慧.配位化学.北京:化学工业出版社,2009.

[7] 夏玉宇.化验员实用手册.2版.北京:化学工业出版社,2005.

[8] Chang R. Chemistry. 8th ed. New York:McGraw-Hill, 2005.

[9] 周公度.结构与物性.3版.北京:高等教育出版社,2009.